普通高等院校建筑电气与智能化专业规划教材

建筑设备自动化

主　编　江　萍
副主编　王亚娟　王干一
主　审　韩成浩　齐俊峰

中国建材工业出版社

图书在版编目(CIP)数据

建筑设备自动化/江萍主编．—北京：中国建材工业出版社，2016．1(2021.8重印)
普通高等院校建筑电气与智能化专业规划教材
ISBN 978-7-5160-1318-2

Ⅰ．①建… Ⅱ．①江… Ⅲ．①房屋建筑设备—自动化系统—高等学校—教材 Ⅳ．①TU855

中国版本图书馆CIP数据核字(2015)第279686号

内 容 简 介

本书以建筑物内的供暖、空调、通风、给排水、供配电、照明、消防、安防等工程设备控制为主线，简要介绍各系统基本知识，以及各系统主要设备的功能、组成结构及基本原理等，着重介绍建筑设备自动化系统中控制技术、控制设备、检测功能、设备选择计算等基本理论知识，并扩展介绍系统设计、施工、管理等方面应用知识。本书引用新技术、新产品、新规范要求，并列举了一些典型工程案例分析，反映了当前先进技术水平，有助于提高读者专业知识应用与设计能力。

本书可作为普通高校建筑电气与智能化专业、电气工程及其自动化专业、自动化专业、暖通空调专业、建筑环境与能源应用工程专业等的教材使用，也可为各类工程设计、施工、维护人员作为培训教材使用。本书配有电子课件，可登录我社网站免费下载。

建筑设备自动化
江 萍 主 编

出版发行：中国建材工业出版社
地　　址：北京市海淀区三里河路1号
邮　　编：100044
经　　销：全国各地新华书店
印　　刷：北京鑫正大印刷有限公司
开　　本：787mm×1092mm 1/16
印　　张：16.5
字　　数：405千字
版　　次：2016年1月第1版
印　　次：2021年8月第4次
定　　价：42.00元

本社网址：www.jccbs.com　　微信公众号：zgjcgycbs
本书如出现印装质量问题，由我社网络直销部负责调换。联系电话：(010)88386906

前　言

智能建筑越来越受到人们的关注，而建筑设备自动化系统是智能化系统最基础的部分。为适应智能建筑的功能需求，建筑物内的供热系统、空调系统、通风系统、高低压供配电系统、照明系统、消防系统、安防系统等工程需要不同程度的自动化控制与系统集成控制。由于高校专业建设的不断发展，以及在自动控制领域新产品和新技术的不断运用，使得建筑类高校所培养的相关多种专业本科生的教材内容需要进行不断调整。

本书为满足智能建筑的功能需求，以建筑物内的供暖、空调、通风、给排水、供配电、照明、消防、安防等工程设备控制为主线，简要介绍各系统基本知识，以及各系统主要设备的功能、组成结构及基本原理等，着重介绍建筑设备自动化系统中控制技术、控制设备、检测功能、设备选择计算等基本理论知识，并扩展介绍系统设计、施工、管理等方面应用知识。本书引进新技术、新产品、新规范要求，反映了当前先进技术水平，并列举了一些典型工程案例分析，有助于提高读者的专业知识应用及设计能力。

本书的编写吸取了多年的教学经验，涉及多种专业理论，参阅了大量文献资料，并将部分科研成果所转化的产品成果引入到教材中，系统性强，结构合理，深入浅出，通俗易懂，各章都设有本章小结和习题，便于学生理解掌握每章基本知识体系，对自动化技术在智能建筑设备中的应用有一个比较好的理解与应用，为本科生将来从事建筑设备自动化专业方面的工作打下良好的基础。

本书由吉林建筑大学电气与计算机学院江萍担任主编并统稿，编写第1章、第2章、第3章和第6章。吉林建筑大学电气与计算机学院王亚娟担任副主编，编写第7章、第8章和第9章。郑州轻工业学院建筑环境工程学院王干一担任副主编，编写第4章、第5章和第10章。全书由韩成浩教授和齐俊峰教授主审，并提出许多宝贵意见。

本书可作为普通高校建筑电气与智能化专业、电气工程及其自动化专业、自动化专业、暖通空调专业、建筑环境与能源应用工程专业等的教材使用，也可作为各类工程设计、施工、维护人员培训教材使用。

本书在编写过程中，由于作者水平有限，错误之处在所难免，衷心希望读者提出宝贵意见，以便我们及时修改。

谨向本书中引用的有关文献作者及支持者们表示衷心感谢。

编者

2015 年 11 月

目　录

第1章　建筑设备自动化系统概述

随着建筑业的不断发展，人们对从事日常活动的建筑物内部环境有了更高的需求，不仅要求建筑物能够提供高大宽敞的功能空间，还需要为人们提供一个安全、舒适、便捷、绿色的内部环境。因此，建筑内各类机电设备所组成的电力供应、环境控制、消防与安防保护等系统，已成为构建良好建筑内部环境的必要因素，而对这些系统机电设备进行集中监测、控制、管理是构成建筑设备自动化系统的主要内容。

建筑设备自动化系统的运行能够使建筑物节省大量的能量消耗，延长各类机电设备的使用寿命，提高机电设备的安全运行系数，提高建筑物的运行管理水平，提高建筑物室内环境的舒适程度和安全程度。

1.1　建筑设备自动化系统组成与功能

建筑设备自动化系统是一套符合国家相关标准和规范的建筑物机电设备控制系统。它通过计算机技术、信息技术和控制理论，对建筑物内的设备进行集中监测、控制与管理，为建筑物内提供安全与舒适的内部环境，还能提供高效节能的管理途径，使各类机电设备处于最佳的工作状态。

1.1.1　建筑设备自动化系统监控

1. 建筑设备自动化系统监控范围

在建筑物内，通常将建筑设备自动化系统（BAS）、火灾自动报警与消防联动系统（FAS）、安全防范系统（SAS）等三部分组成建筑管理系统（BMS）。建筑设备自动化系统的组成可以根据建筑物规模以及建筑不同功能而定。一般情况下，BAS通常将电力供应系统、照明系统、环境控制系统、交通运输系统等组成集中监视、控制和管理的综合系统。如图1-1所示。

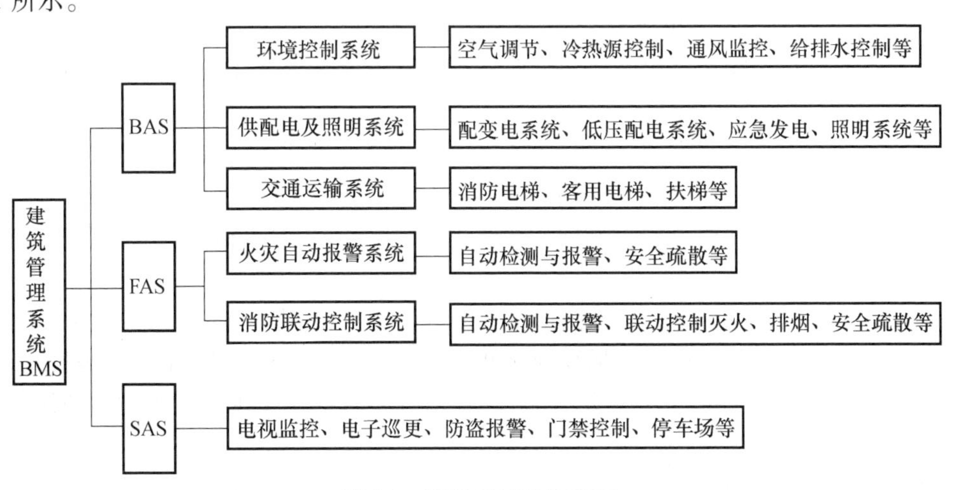

图1-1　BMS系统监控范围

（1）环境控制系统

在建筑物内，环境控制系统主要为建筑物内提供生存环境所需要的冷热需求、生活用水、卫生设备等系统，以保证必要的生活基本需求和舒适程度要求。环境控制系统通常包括空气调节系统、通风系统、供热系统、给排水系统等。对环境控制系统的监控范围主要有中央空调制冷机组、水泵、风机、电磁阀门、电动阀门、风机等主要设备运行状态、故障分析、调度管理、节能管理等。

（2）供配电及照明系统

供配电及照明系统主要为建筑物内提供机电设备所需要的电能，以及为照明器提供电能转化为光能，满足人们对光线的需求。它主要包括10kV/0.4kV或20kV/0.4kV配变电系统、380V/220V低压配电系统、备用电源系统、正常与应急照明系统、建筑防雷系统等。对供配电及照明系统的监控范围主要有变压器、电力开关、转换开关、高低压开关柜、照明器等运行状态、故障分析、节能管理等。

（3）交通运输系统

交通运输系统主要为建筑物内垂直通道和远距离水平通道提供便利的交通服务。它主要包括客用电梯系统、消防电梯系统、扶梯系统、停车场系统等。对交通运输系统主要监控电梯的运行状态，停车场管理状态等。

（4）火灾自动报警与消防联动系统（FAS）

火灾自动报警与消防联动系统（FAS）主要为建筑物内提供防止火灾发生的安全保障服务。主要包括火情自动检测和报警、联动灭火、防排烟、安全疏散指示等系统。消防系统监控范围主要是对火情尽快探测和自动报警，并根据火情的位置，及时与相关区域内的空调、通风、照明、电梯、广播等系统联动控制，进行分区隔离。同时联动控制消防泵、喷淋泵、防排烟系统、应急照明和疏散指示，进行灭火、排烟、疏散人员，尽量缩小火灾范围，确保人身安全，尽量减少财产损失。

（5）安全防范系统（SAS）

安全防范系统（SAS）主要为建筑物提供必要的防入侵、防盗、防破坏等一系列安全措施，避免人员受到伤害，财产受到损失。SAS主要包括电视监控、电子巡更系统、门禁、对讲等系统，能够进行防范、报警、监视、记录、查询等。

2. 建筑设备自动化系统组成

建筑设备自动化系统通常由硬件和软件组成。建筑设备自动化系统硬件通常由传感器、执行器、控制器（分站）、中央站、管理及监控中心等组成。传感器用于检测现场情况参数，控制器（分站）进行计算和判断，执行器执行动作，中央站进行集中监控管理，管理及监控中心由显示控制装置、打印机等组成，用于为管理人员提供记录、分析、存档、管理、决策等信息材料，并通过中央站向各个控制器（分站）发出指令，实现集中监控，分散控制的系统功能。

在建筑设备自动化系统中，软件提供系统显示、控制和报警功能，通信能力强，能够组成不同层次网络结构。软件通常包括系统软件和分站软件。系统软件包括系统操作管理、系统开发、多种控制方式、报警处理及记录等功能；分站软件是实现现场控制器使用的软件，包括信息采集、处理、通信、控制、程序控制、报警参数设定等。

1.1.2 建筑设备自动化系统功能

建筑设备自动化系统（BAS）的基本功能有：自动监视及控制建筑设备的运行状态，自动进行运行工况转换，自动调节建筑设备的运行台数，自动进行设备联锁和故障报警，实现能源管理自动化，与火灾自动报警与消防联动系统（FAS）和安全防范系统（SAS）相互联系，进行集中管理等。

1. 空调系统监控功能

（1）实现控制管理中央空调制冷机组、冷却水泵、冷却塔风机、电磁阀门、风机的启停运行情况功能。

（2）实现监视、显示、记录各设备的运行状态功能。运行状态主要参数有室内外各测点的温度、湿度、压力、流量、二氧化碳含量、空气负离子含量、阀门的开度和运行时间等。

（3）实现系统故障自动报警或停机、联动控制等功能。

（4）动态显示有关水泵、阀门、风机等位置和状态功能。

2. 配变电系统监控功能

（1）实现对配变电设备、应急电源或备用电源设备等进行监视、测量、记录等功能。

（2）实现用电情况计量和统计功能。合理均衡负荷，保障供电的安全性和可靠性。

（3）检测各级高低压电力开关设备运行状态。检测参数主要为主要回路的电流、电压及功率因数，变压器及电缆的温度等。

（4）实现监控发电机运行状态，对故障进行报警等。

3. 照明系统监控功能

（1）对各楼层的配电箱进行自动切换启、停控制功能。

（2）对室内照明、门厅照明、走廊照明、庭院或停车场处照明、广音霓虹灯、节日装饰彩灯、航空照明等设备自动进行启、停控制功能。

（3）自动实现对照明回路的分组控制功能。

4. 电梯系统监控功能

（1）对电梯的控制装置与建筑设备自动化系统进行集成联网，实现相互间的数据通信，监控各个电梯的运行状况。

（2）在火灾或保安的特殊情况下，实现对电梯运行的直接控制功能。

5. 给排水系统监控功能

（1）实现对各给水泵、排水泵、污水泵、饮用水泵等运行状态的监控功能。

（2）对各种水箱及污水池的水位进行实时监测功能。

（3）监测给排水系统运行参数情况，保证给排水系统的正常运行。

6. 火灾自动报警与消防联动系统（FAS）监控功能

（1）对建筑物内消防系统的消防栓、喷淋水、消防水泵、稳压水泵、火灾烟感、温度探测报警器、防火排烟阀、消防电梯、消防广播、消防电话等设备进行联网监视与自动控制。

（2）发生火情时，消防系统在自动运行的同时，通过建筑设备自动化系统，向配变电、给排水、空调、电梯、保安等相关系统发出联动控制指令，共同进入消防控制模式命令，协调消防灭火、防排烟、疏散等动作，实现控制保护功能。

7. 安全防范系统（SAS）监控功能

（1）通过对闭路电视监视、出入口控制、防盗报警、保安巡逻等手段，辨识出运行物体、火焰、烟雾等异常情况，立即进行报警及自动录像功能。

（2）发生情况时，自动对出入口门进行控制，启动自动保护措施。

8. 其他功能

（1）自动检测、显示、打印各种设备的运行参数及其变化趋势或历史数据。当参数超过正常范围时，自动实现越限报警。

（2）根据外界条件、环境因素、负载变化情况自动调节各种设备运行状态，使设备始终运行在最佳状态。

（3）对水、电、燃气等自动进行计量与收费，实现能源管理自动化。

（4）进行设备档案管理，设备运行报表和设备维修等管理。

1.2 建筑设备自动化系统的应用与发展

智能建筑是建筑业的发展方向。智能建筑是指通过先进的技术手段，将建筑物中的房屋结构、设备系统、服务管理等信息，根据用户的需求进行最优化组合，为用户提供一个高效、舒适、便利的建筑环境。建筑管理系统（BMS）、通信自动化系统（CAS）、办公自动化系统（OAS）将组成智能建筑集成管理系统（IBMS）。

建筑设备自动化系统（BAS）是 BMS 中主要组成部分，也是智能建筑集成管理系统（IBMS）中主要管理对象。建筑设备自动化系统利用计算机技术、网络技术、自动控制技术、通信技术构建了自动化程度高的综合管理和控制网络系统，通过控制网络对各类机电设备、防火、安保系统进行有效监视与控制管理，提高建筑物内的舒适度和安全性，同时实现降低损耗，节约能量资源的环境保护要求。

在 20 世纪 70 年代，随着计算机技术和控制理论的发展，建筑设备自动化系统由仪表系统发展成中央监控计算机控制系统（CCMS）。CCMS 控制管理过程为现场设备运行信息由传感器和执行器传递给信息采集分站，信息采集站通过总线再将信息传递给中央管理站，中央管理站根据采集的信息和能量计测数据进行运算判断，输出节能控制和调节指令，通过执行器完成对现场设备的调节控制任务。一台中央计算机控制着整个系统的工作。相互独立的消防系统和安防系统可以与中央计算机适当联锁控制。

20 世纪 80 年代，随着微处理机技术的发展，将微处理器芯片配备到信息分站发展成直接数字控制器（DDC），建筑设备自动化系统又发展为集散控制系统（DCS）。DCS 将使用中央计算机进行集中监视管理，多台分站控制器进行分散就地控制现场设备。

集散控制系统（DCS）的主要特点是只有中央站和分站。配有微处理器芯片的 DDC 分站控制器，通过设定的程序，可以完全独立完成对现场设备的控制、显示、管理等工作，还可以安装打印机和人机接口等外部设备。中央站完成对所有设备运行的监视任务，分站完成现场控制工作。如图 1-2 所示。

在集散控制系统（DCS）中，各厂家产品自成系统，系统不能开放，兼容性差，难以实现产品间的互操作。

20 世纪 90 年代，随着现场总线技术的发展，建筑设备自动化系统产生了开放式集散系统（FCS）。它是一种全数字化的、全分散的、全开放、可互操作和开放式互联的新一代控制系统。在 DDC 分站连接的传感器执行器输入输出模块上应用了开放型的现场总线技术，形成分布式输入输出现场网络层，使分站具有了一定程度的开放性。FCS 能够简化系统的布线结构，并具有控制管理一体化的结构特点，被称为自动化领域的计算机局域网。

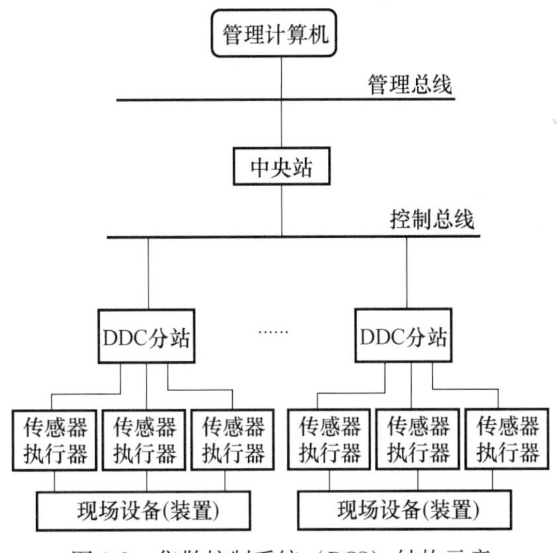

图1-2　集散控制系统（DCS）结构示意

21世纪，随着网络技术的发展，建筑设备自动化系统发展成为网络集成系统。把建筑物自动化系统的服务器改造成为基于Web的工作模式，融合Web功能和赋予Web网络管理技术，使企业网的授权客户，可以通过网络形式去监控管理建筑物自动化系统。基于Web浏览器的建筑设备自动化系统是在其他集成技术建立的集成系统之上加入Web浏览器作为人－机操作界面的系统。这种系统提供统一的人－机界面，还可以利用Web浏览器的客户/服务器（C/S）模式在Web上进行布置，实现远程、无线等监控功能。

在21世纪的智能建筑领域中，科学技术的不断发展，使得计算机技术、网络通信技术、自动化技术和建筑技术将更深入地融入到建筑设备自动化系统中，并与建筑物中的消防系统、安防系统、信息系统、通信系统等进行更高层次的集成，进一步实现网络化、数字化、集成化、生态化的绿色智能建筑。

智能建筑的网络化是指通过网络实现建筑物内的机电设备和家庭住宅的自动化与智能化监控管理。数字化加快了信息传播的速度，提高了信息采集、传播、处理、显示的功能，还能在建筑物中为应用电子商务、物流等现代化技术奠定基础。集成化能实现信息和资源共享，提高系统的稳定度和可靠性。生态化是指将新兴的环保生态学、生物工程学、生物电子学、仿生学、生物气候学、新材料学等新技术渗透到建筑智能化领域，处理垃圾、污水、废气、公害等问题，消除电磁污染，有效地节约能源和资源，既满足当代人的需求，又不损害后代人的发展需求。

智能建筑技术将建造一个可持续发展的建筑物，将人们的工作、生活、居住、休息、交通、通信、管理、文化等各种要求，在时间和空间上有机地结合在一起，提高人类的生存质量。

本章小结

本章主要介绍建筑设备自动化系统（BAS）组成和功能，以及BAS在智能建筑中的地位和作用。简要介绍了建筑设备自动化系统（BAS）发展历程，以及集散式（DCS）系统基本结构框图。初步介绍了IBMS和BMS之间的关系。

习　题

1. 简述建筑自动化系统及其功能。
2. 建筑自动化系统监控范围有哪些内容?
3. 集散式（DCS）系统基本组成是什么?
3. 简述 IBMS 和 BMS 之间的关系。

第2章　建筑设备自动化系统技术基础

建筑设备自动化系统应用检测技术检测现场参数，通过计算机控制技术和执行与调节技术调整现场参数变化情况，实现对各种机电设备自动控制与调节。通过信息通信网络组成集散控制系统（DCS）、现场总线控制系统（FCS）等各种类型自动控制系统。

2.1　检测技术

检测技术是利用各种物理化学效应，选择合适的方法和装置，将能够反映出各种运行过程中的信息参数，进行定性或定量的测量、处理、传输、转换模拟信号或数字信号等处理。通常，将能够自动完成整个检测处理过程的技术称为自动检测与转换技术。

2.1.1　概述

在建筑设备自动化系统中，需要检测技术检测出建筑环境和安全防范措施中的各种运行参数，以便对各种系统进行有效控制管理。检测参数常有电流、电压、功率、温度、湿度、压力、流量、行程、火情等物理量。

1. 电量参数检测

在建筑设备自动化系统中，供配电系统、照明系统中的设备运行状态通常由电压、电流、功率、频率、阻抗等电量参数表示出来。这些电量参数通常能够反映出电气设备在运行过程中的正常和事故等工作状态。

在自动检测技术中，变送器是将测量到的现场设备的电量参数进行放大或衰减处理后传出信息，达到能被控制器识别的标准范围，如图2-1所示。变送器可分为电量变送器和非电量变送器，通常也可以与传感器组合在一起，直接输出标准电量信号。

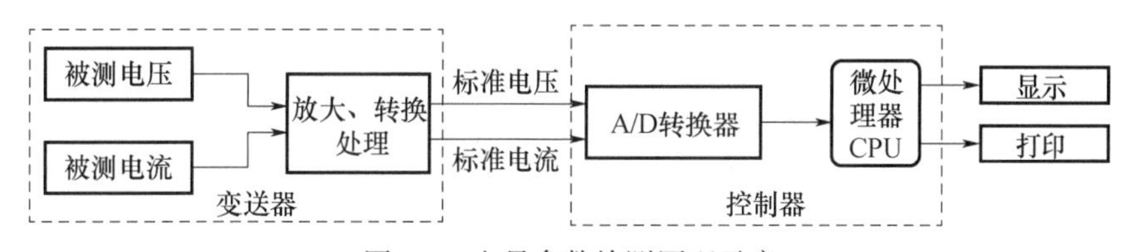

图2-1　电量参数检测原理示意

（1）被测信号的电量处理

在建筑设备自动化系统中，机电设备的运行状态参数主要是电压与电流参量。直流电量还需要经过放大、转化处理，交流电量需要经互感器、交直流变换器等进行处理。不论是交流电量还是直流电量，经过处理后的电量均为标准电量模拟信号。

通常情况下，标准直流电压范围0～5V（DC）、0～10V（DC）、0～15V（DC）、1～5V（DC）、2～10V（DC）等，标准电流范围有0～10mA（DC）、4～20mA（DC）。

（2）接受标准信号的控制器

以微电子技术为基础的控制器，通过模拟信号/数字信号（A/D）转换器，将标准电信号转换为数字信号输送到微处理器CPU，通过程序进行运算处理，经过与设定值、槛值比较，向执行器输出控制信号。微处理器 CPU 具有打印显示功能。

2. 非电量检测

在建筑设备自动化系统中，空调系统、给排水系统和通风系统的运行状态通常由温度、湿度、压力、流量、风量、气体浓度等非电量物理量来表示。传感器能够检测出非电量物理量参数，并转化为电量。传感器在自动检测技术中具有重要的作用。如图 2-2 所示。

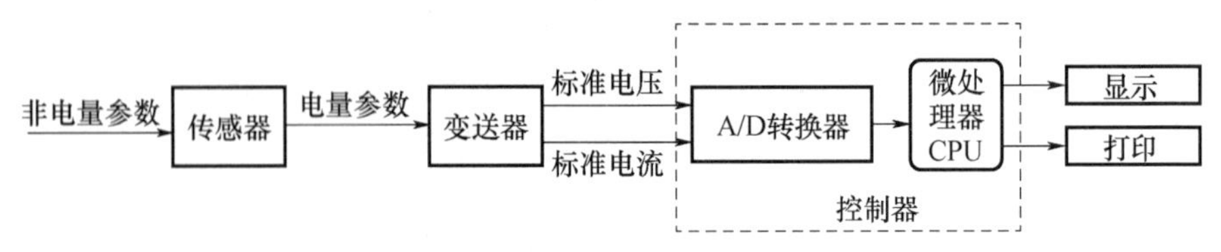

图 2-2 非电量参数检测原理示意

(1) 温度检测

温度检测装置按检测方式分为接触式和非接触式两大类。接触式检测方式是将检测部分与被测物体进行充分接触，通过传导或对流达到热平衡时，显示出被测物体的温度值。非接触式检测方式的检测部分与被测物体互不接触，通过热辐射测量出运动物体的温度。

(2) 湿度检测

湿度是指空气中所含的水蒸气量。湿度经常用绝对湿度和相对湿度来测量表示。绝对湿度是单位体积的空气中所含水蒸气的质量。饱和湿度是指在一定的气压和一定的温度的条件下，单位体积的空气中能够含有水蒸气的极限数值。相对湿度是指绝对湿度与该温度饱和状态水蒸气含量之比用百分数。在 BAS 系统中，通常检测的湿度是指相对湿度。

相对湿度是可直接观测的最普通的湿度量值。相对湿度数值越大说明越接近饱和程度。相对湿度是评定人类生活环境的优劣重要指标。在建筑设备自动化系统中，湿度的检测场所主要在空调系统的风道、室内环境等。一般来说，年平均相对湿度大于 80% 的地区被认为是“潮湿地区”，而小于 50% 的地区则被视为是“干燥地区”。人体感觉环境适宜的相对湿度为 45% ~65% 。

2.1.2 常用传感器

传感器是一种检测装置，它能感受并检测到被测对象的物理量信息，并能将信息按一定规律变换成为电信号输出，满足信息的传输、处理、存储、显示、记录和控制等要求。传感器是实现建筑设备自动化控制的首要环节。

1. 传感器分类

(1) 按输入被测参数或按用途分类，可分为温度传感器、湿度传感器、压力传感器、位移传感器、液位传感器、速度传感器等。

(2) 按输出信息量性质分类，可分为模拟量传感器和数字量传感器。

(3) 按工作原理分类，可分为电容式传感器、压电式传感器、磁电式传感器、智能传感器、无线传感器等。

(4) 按基本效应分类，可分为物理型、化学型、生物型等传感器。

在建筑设备自动化系统中传感器常根据工程被测参数和输出信号性质进行分类。

2. 传感器常用技术参数

(1) 额定载荷。传感器的额定载荷是指在设计此传感器时，在规定技术指标范围内能够测量的最大负荷。但实际使用时，一般只用额定量程的 2/3 ~1/3。

（2）灵敏度。加额定载荷时和无载荷时传感器输出信号的差值。由于传感器的输出信号与所加的激励电压有关，所以灵敏度的以单位 mV/V 来表示，如 2mV/V 等。

（3）非线性。表征传感器输出的电压信号与负荷之间对应关系的精确程度的参数。由空载荷的输出值和额定载荷时的输出值所决定的直线和增加负荷时实测曲线之间的最大偏差对额定输出的百比分。

（4）重复性误差。在相同的环境条件下，对传感器反复加载荷到额定载荷并卸载，加载荷过程中同一负荷点上输出值的最大差值对额定输出的百分比。这项特性很重要，更能反映传感器的品质。

（5）允许使用温度。规定传感器能适用的温度场合。例如常温传感器一般标注为 -20 ~ 70℃。高温传感器标注为 -40 ~ 250℃。

（6）零点温漂。环境温度的变化引起的零点平衡变化。一般以温度每变化 10℃时，引起的零点平衡变化量对额定输出的百分比来表示。

（7）温度补偿范围。传感器的测量值可在温度补偿范围内，额定输出和零点平衡均经过严密补偿，不会超出规定的范围。常温传感器一般标注为 -10 ~ 55℃。

（8）安全过载。传感器允许施加的最大负荷。一般为 120% ~ 150%。

（9）极限过载。传感器能承受的不使其丧失工作能力的最大负荷。当工作超过此值时，传感器将会受到永久损坏。

传感器技术已经从结构型、固体型发展到智能型。新型传感器向微型化、多功能化、数字化、智能化、系统化和网络化发展的总趋势。

2.1.3 温度传感器

温度传感器是指能感受温度并转换成输出电信号的传感器。温度传感器主要类型有热电阻、热电偶、热敏电阻、电阻温度检测器（RTD）和集成温度传感器。集成温度传感器又包括模拟输出和数字输出两种类型。

1. 热电阻传感器

热电阻传感器是利用金属导体的电阻值随温度的变化而改变来进行测量温度。感温元件热电阻通常用铂、铜、镍、锰等纯金属材料，热电阻所反映的是较大空间的平均温度，通常用于测量 -200 ~ 500℃范围内的温度，常用于自动测量和远距离测量中。

热电阻传感器的结构如图 2-3（a）所示。它主要由电阻体、绝缘体、不锈钢套管、接线盒、引线等构成。热电阻传感器的引线通常为二线式，如图 2-3（b）所示。为了提高精度，减小引线电阻的影响，可以采用三线式或四线式。

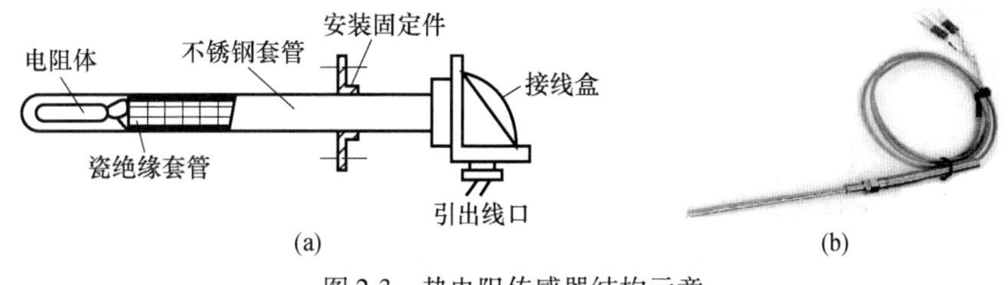

图 2-3 热电阻传感器结构示意

（a）结构；（b）实物

热电阻传感器的基准电阻 R_0 是指参考温度（通常为 0℃）时的电阻值。在建筑设备自动化系统中常采用 R_0 为 50Ω、100Ω、500Ω 的铂、铜作为电阻体，表示为铂热电阻 Pt50、

Pt100、Pt500，铜热电阻为 Cu50、Cu100、Cu500。贵重金属铂 Pt，具有耐高温、温度特性好、使用寿命长等特点，因而得到广泛应用。

铂电阻阻值与温度之间的关系是非线性。当温度在 0～630℃之间时，其电阻值与温度之间的关系为

$$R_t = R_0(1 + \alpha t + \beta t^2) \tag{2-1}$$

式中 R_t——铂热电阻的电阻值，Ω；

R_0——铂热电阻在 0℃时的电阻值，R 为 100Ω；

α——一阶温度系数，$\alpha = 3.908 \times 10^{-3}$℃；

β——二阶温度系数，$\beta = 5.802 \times 10^{-7}$℃。

铜电阻与温度呈线性关系。当温度在 -50～150℃之间时，其电阻与温度关系为

$$R_t = R_0(1 + At) \tag{2-2}$$

式中 A——铜电阻的温度系数，$A = 4.25 \times 10^{-3} \sim 4.28 \times 10^{-3}$℃。

在实际测量温度的电路中，需进一步由铂热电阻的电阻值推算出相应的电压值与温度之间的关系，从而计算出测量实际的温度。

金属热电阻通常为正温度系数，热电阻传感器的阻值随温度的升高而增大。铂热电阻式温度传感器测量精度高，测温复现性好，但价格较高。铜热电阻在测温范围内线性好，灵敏度高，但容易氧化，适用无水及无腐蚀性介质的测温场所。在测温精度要求不高，且测温范围比较小的情况下，可采用铜电阻做成热电阻材料代替铂电阻。

2. 热敏电阻传感器

热敏电阻传感器是利用半导体的温度变化引起电阻变化进行测量温度。热敏电阻通常由半导体陶瓷材料组成，常温器件适用于 -55～315℃的温度范围。

热敏电阻传感器可分为 PTC 型正温度系数、NTC 型负温度系数、CTR 型临界温度等类型（图 2-4）。

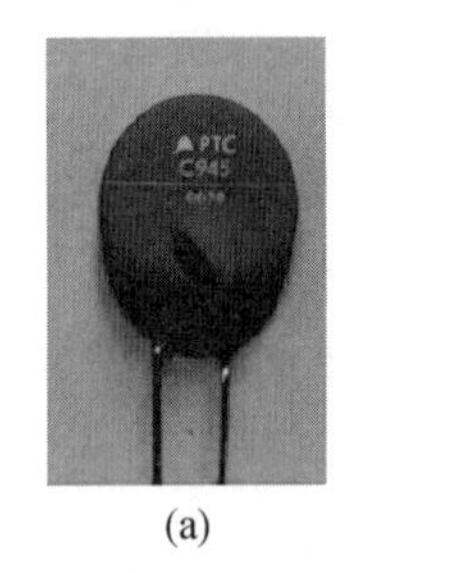

(a)

(b)

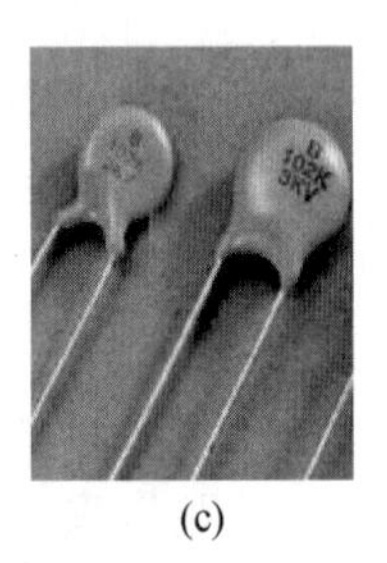
(c)

图 2-4 热敏电阻传感器实例

（a）PTC 型；（b）NTC 型；（c）CTR 型

（1）PTC 型热敏电阻是指在某一温度下电阻急剧增加，且具有正温度系数的热敏电阻材料，可专门用作恒定温度传感器。当电流通过 PTC 型热敏电阻元件后引起温度升高，当超过某温度后电阻增加，从而限制电流增加，于是电流的下降导致元件温度降低，电阻值的减小又使电路电流增加，元件温度升高，周而复始，因此具有使温度保持在特定范围的功能。

（2）NTC 型热敏电阻是指随温度上升电阻呈指数关系减小，且具有负温度系数的热敏电阻材料。NTC 热敏电阻器广泛用于测温、控温、温度补偿等方面。热敏电阻器温度计的精度可以达到 0.1℃，感温时间在 10s 以下。

(3) CTR 型临界温度热敏电阻具有负电阻突变特性。在某一温度下，电阻值随温度的增加激剧减小，具有很大的负温度系数，能够作为控温报警等应用。

热敏电阻传感器具有灵敏度较高，其电阻温度系数要比金属大 10～100 倍以上，能检测出 6～10℃的温度变化。体积小，能够测量其他温度计无法测量的空隙、腔体及生物体内血管的温度。使用方便，易加工，稳定性好。但热敏电阻传感器的电阻值与温度的非线性严重，元件互换性差，易老化。

3. 热电偶传感器

如图 2-5 所示，将两种不同的金属导体 A 和 B 连接起来，组成一个闭合回路，当导体 A 和 B 的两个接点 1 和 2 之间存在温差时，AB 之间便产生电动势 e_{AB}，在回路中形成一定大小的电流，把温度信号转换成为电信号，通过仪表转换成被测介质的温度。

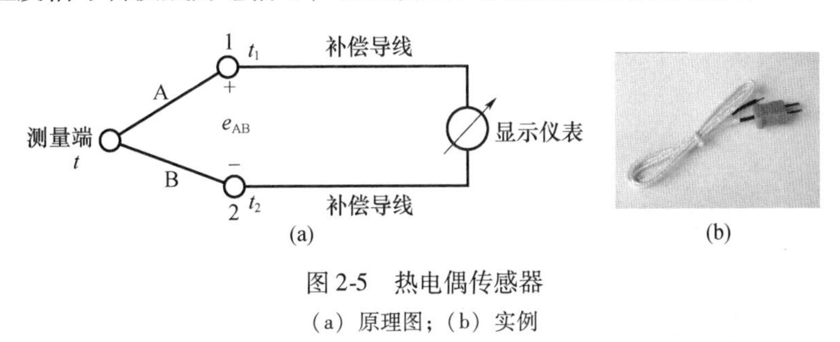

图 2-5　热电偶传感器

(a) 原理图；(b) 实例

常用热电偶可分为标准热电偶和非标准热电偶两大类。标准热电偶是指国家标准规定了其热电势与温度的关系和允许误差，并有统一的标准分度表的热电偶。它有与其配套的显示仪表可供选用。非标准化热电偶在使用范围或数量级上均不及标准化热电偶，一般也没有统一的分度表，主要用于某些特殊场合的测量。而热电偶则测取某具体点的温度，因此各有其适用场合。

热电偶测量时不需要外加电源，直接将被测量转换成电量输出，使用十分方便，结构简单。热电偶测取某具体点的温度，常被用作测量炉子、管道内的气体或液体的温度及固体的表面温度。它的测温范围通常在 −270～2500℃。但它的灵敏度比较低，容易受到环境的信号干扰。

4. 集成模拟温度传感器

传统的热电阻、热敏电阻、热电偶传感器因输出模拟温度信号属于模拟传感器。在一些温度范围内线性不好，热惯性大，响应时间慢。集成模拟温度传感器将各种对信号的处理电路以及必要的逻辑控制电路集成在单片机上，具有灵敏度高、线性度好、响应速度快、实际尺寸小、使用方便等特点。如图 2-6 所示，图 (a) 为 AD590 电流输出型温度传感器；图 (b) 为 LM335 电压输出型温度传感器；图 (c) 为 LM56 逻辑输出型温度开关。

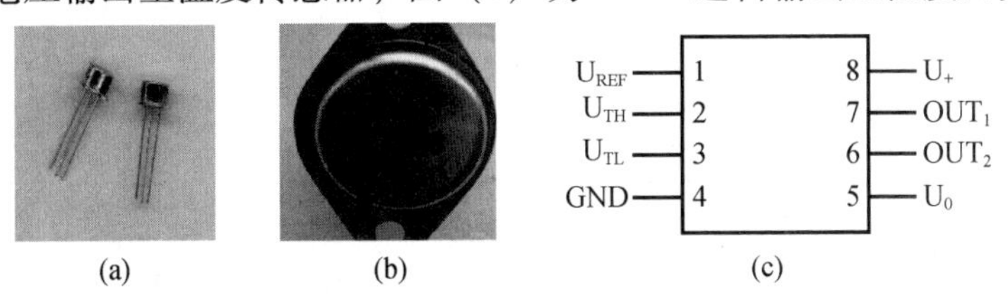

图 2-6　集成模拟温度传感器

(a) AD590；(b) LM335；(c) LM56

5. 集成数字式温度传感器

集成数字式温湿度传感器（图 2-7）能把模拟温度量，通过温度敏感元件和相应电路转换成方便计算机、PLC、智能仪表等数据采集设备直接读取得数字量的传感器。如 MAX6575 数字温度传感器可通过单线和微处理器进行温度数据的传送，测量精度为 ±0.8℃，一条线最多允许挂接 8 个传感器，温度测量范围为 –45℃到 125℃。

6. 非接触式温度传感器

非接触式温度传感器（图 2-8）是利用物体的热辐射能量随温度的变化而变化的原理进行测量温度。接收检测装置可将被测对象发出的热辐射能量转换成可测量和显示的信号，实现温度的测量。非接触式温度传感器的类型主要有光电高温传感器、红外辐射温度传感器、光纤高温传感器等。非接触式温度传感器测量温度范围通常在 600 ~ 6000℃，测量上限高，分辨率高，可用来测量运动物体、小目标和热容量小或温度变化迅速物体的表面温度。

图 2-7　数字式温度传感器

图 2-8　非接触式温度传感器

温度传感器正从模拟式向数字式，由集成化向智能化、网络化方向发展。目前，智能温度传感器的总线技术可实现标准化和规范化，温度传感器作为从机可通过专用总线接口与主机进行通信。

2.1.4　其他传感器

1. 湿度传感器

湿度传感器利用湿敏元件把相对湿度变化转换成电信号进行相对湿度（RH）测量。湿度传感器主要有干湿球式、电容式、电阻式等类型。电容式湿敏传感器测量在 10% ~ 90%，可输出标准电压（0 ~ 5V、0 ~ 10V）信号或电流（4 ~ 20mA）信号。

湿敏电阻型湿度传感器是利用湿敏材料吸收空气中的水分而导致本身电阻值发生进行测量湿度。湿敏电容型湿度传感器一般是用高分子薄膜制成电容，当环境湿度发生改变时，湿敏电容的介电常数发生变化，使其电容量也发生变化，其电容变化量与相对湿度成正比。集成电路型湿度传感器采用集成电路对湿敏元件测量的相对湿度信号进行处理，提高测量精度和线性度。

在建筑设备自动化系统中常用到的相对湿度检测传感器有干湿球湿度计、电容式湿度计、氯化锂电阻式湿度计等，其性能比较参见表 2-1。

表 2-1　常见空气湿度计性能比较

分类	监测原理	应用特点
干湿球湿度计	一只干球温度计，一只湿球温度计，能反映与湿球水温相同的饱和空气温度。利用干湿球温差反映空气中的相对湿度	干湿球湿度计的准确度只有 5% ~ 7% RH，维护简单，适合于在高温及恶劣环境的场合使用

续表

分类	监测原理	应用特点
电容式湿度计	模板电容器的容量正比与极板间介质的介电常数，而介电常数与空气的相对湿度成正比	测量范围在 0 ~ 100% RH，体积小，线性和重复性好，响应快，不怕结露
氯化锂电阻式湿度计	氯化锂在空气中具有很强的吸湿特性，吸湿量与空气的相对湿度有关，吸湿后氯化锂电阻值会减小，通过电阻值可间接测量空气相对湿度。可分为氯化锂电阻湿度计和氯化锂露点湿度计	结构简单，体积小，响应快，灵敏度高。但易老化，受环境温度影响大，需要温度补偿

2. 温湿度传感器

温湿度传感器能将测量的温度量和相对湿度量转换成电信号进行传输显示。如图 2-9 所示为几款温湿度传感器的外形。

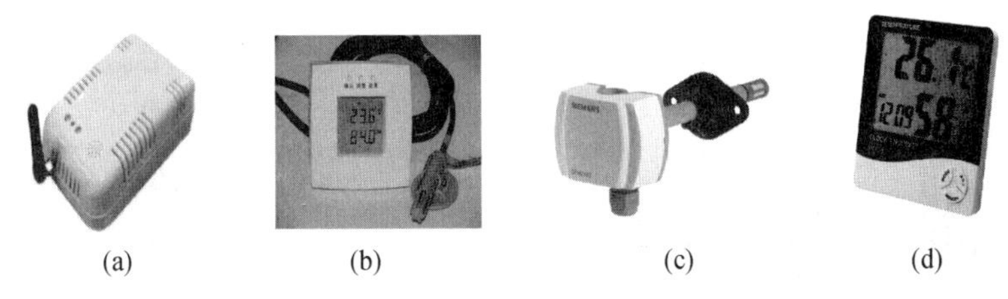

(a)　(b)　(c)　(d)

图 2-9　温湿度传感器外形

（a）无线式；（b）网络式；（c）风道式；（d）室内外式

3. 压力传感器

压力传感器是将压力转换为电信号输出的传感器。压力传感器一般由弹性敏感元件和位移敏感元件组成。弹性敏感元件的作用是使被测压力作用于某个面积上并转换为位移或应变，然后由位移敏感元件或应变计转换为与压力成一定关系的电信号。压力传感器主要用于监测风道和供回水管网中的流体参数状况。如图 2-10 所示为几款压力传感器外形。

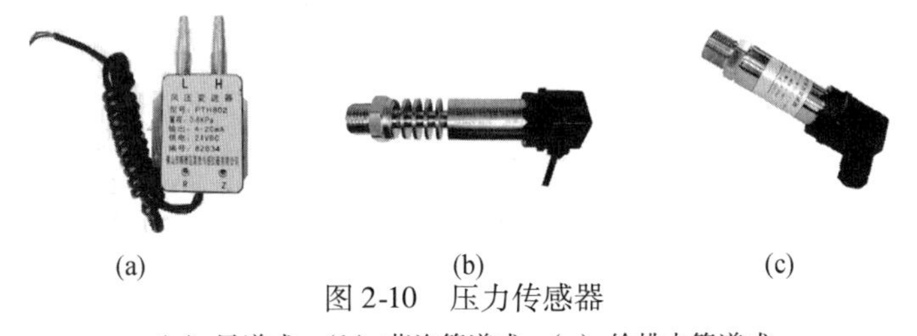

(a)　(b)　(c)

图 2-10　压力传感器

（a）风道式；（b）蒸汽管道式；（c）给排水管道式

4. 液位传感器

在 BAS 中，需要液位传感器检测储水池、给水箱、污水池等中液体的深度，来进行启停给水泵和排污泵的控制。如图 2-11 所示为多点浮球液位计外形。它是利用一个磁浮球发出多点开关信号的液位控制器。在导管内的不同高度装有干簧管，当磁浮球随液位变化而上下浮动时，浮球内的磁钢使相应位置上干簧管的触点吸合或断开，发出开关信号，并且具有自保持功能。

图 2-11　多点浮球液位计

5. 压差传感器

压差传感器是一种用来测量两个压力之间差值的传感器。当被测压力差直接作用于传感器的膜片上时，膜片产生与压差成正比的微位移，使传感器的电阻值发生变化，输出一个相对应压力的标准测量信号。空气压差开关主要用于通风机空调系统中空气过滤网、风机两侧的气流压差检测。水压差传感器主要用于冷热源系统中水泵运行状态和管道压差检测。如图 2-12 所示为几款压差传感器的外形。

6. 一氧化碳（CO）传感器

一氧化碳传感器能将空气中的一氧化碳浓度变量转换成有一定对应关系的输出信号的装置。当一氧化碳气体浓度发生变化时，气体传感器的输出电流也随之成正比变化。其结构是由电极、过滤器、透气膜、电解液、电极引出线（管脚）、壳体等部分组成。一氧化碳气体传感器与报警器配套使用构成了环境检测或监测报警系统。一氧化碳传感器主要应用在煤气、瓦斯等不完全燃烧的室内，以及火灾现场。如图 2-13 所示。

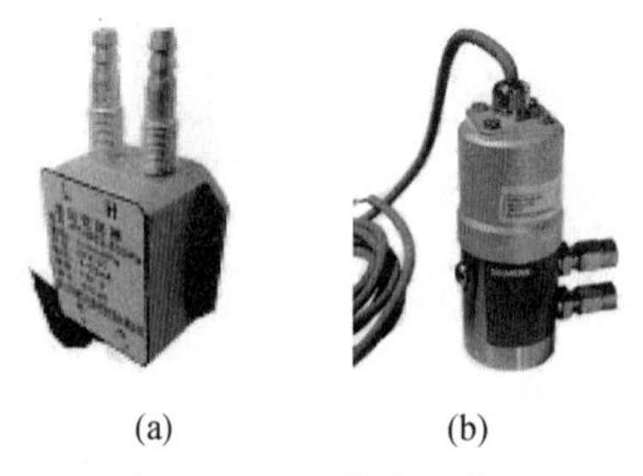

(a)　　(b)

图 2-12　压差传感器外形

（a）房间正负压差传感器；（b）液体压差传感器

图 2-13　CO 传感器外形

7. 二氧化碳（CO_2）传感器

二氧化碳（CO_2）传感器能将空气中的 CO_2气体浓度转变为电信号进行传输。如图 2-14 所示为 CO_2气体检测系统。控制器安装室内安全场合，当二氧化碳（CO_2）浓度超出预设报警点时，系统发出声光报警，同时启动排风扇进行排风，疏散气流，手动复位。二氧化碳（CO_2）传感器主要应用在室内环境质量监控场所。

8. 防冻开关

防冻开关主要由低温传感器、内部开关、导线等组合而成，用于检测需要进行低温保护的管道和设备。在空调系统中，防冻开关主要用于防护加热盘管或表冷器冬天进新风冻结。当低温传感器检测温度下降到设定温度值时，内部开关动作，输出信号，通过控制器将新风阀关闭，停止风机运行，开启热水阀门，保护盘管防止被冻裂。当温度上升到设定值以上时，防冻开关自动回复，系统将正常运行。如图 2-15 所示为防冻开关外形。

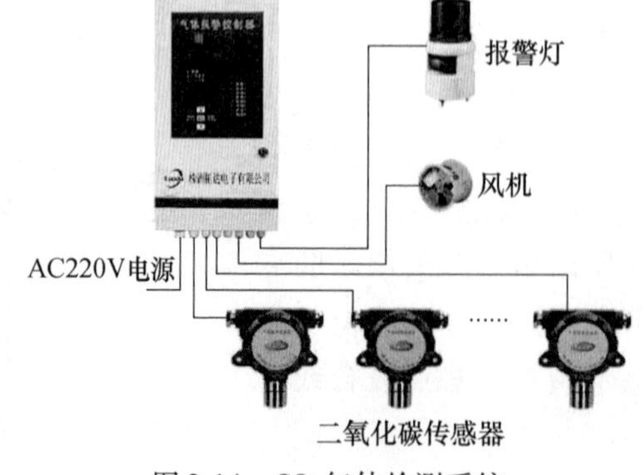

图 2-14　CO_2气体检测系统

图 2-15　防冻开关

2.1.5　传感器的选择

1. 选择原则

在BAS中，传感器的选择使用应符合根据相关规范要求。依据《民用建筑供暖通风与空气调节设计规范》（GB 50736—2012）传感器的选择原则简述如下。

（1）以安全保护和设备状态监视为目的时，宜选用温度开关、压力开关、风流开关、水流开关、压差开关、水位开关等以开关量形式输出的传感器，不宜使用连续量输出的传感器。

（2）传感器的测量范围和精度应与二次仪表匹配，并高于工艺要求的控制和测量精度。

（3）易燃易爆环境应采用防燃防爆型传感器。

（4）温度和湿度传感器测量范围宜为测温点温度范围的1.2～1.5倍。

（5）测量供回水管温差的两个温度传感器应成对选用，且温度偏差系数应同为正或负。

（6）壁挂式温度和湿度传感器应安装在空气流通，能反映被测房间空气状态的位置。

（7）压力或压差传感器的工作压力或压差应大于该点可能出现的最大压力或压差的1.5倍，量程宜为该点压力或压差正常变化范围的1.2～1.3倍。

（8）流量传感器量程应为系统最大流量的1.2～1.3倍，安装部位前后位置应保证产品所要求的直管段长度或其他安装要求。

2. 测温仪表选型注意

在BAS参数检测中，应用数量最多的是温度检测仪表。由于测温范围大，应用领域广，测温仪表选型应注意以下几点。

（1）测温范围与精度。在BAS中，温度的检测场所主要有室内外气温，检测温度范围在－40～45℃。风道内气温，检测温度范围在－30～130℃。供回水管道内的水温，检测温度范围在0～100℃。仪表精度等级应符合工艺参数的误差要求，测量精度优于±1%。

（2）测温仪表选型应力求操作方便、运行可靠、经济、合理，并在同一工程中尽量减少仪表的品种和规格。

2.2　常用执行器

2.2.1　概述

在建筑设备自动化系统中，执行器的任务是接受控制器的指令，转换为对应的位移信号，通过调节机构调节控制管道内流体的输送量，从而实现对流量、温度、压力、相对湿度等物理量的控制作用。

1. 执行器

执行器通常由执行机构和调节机构组成。执行机构按照控制器指令产生推力和位移大小，调节机构接受执行机构产生的位移信号，来改变阀芯与阀座之间的流通面积，达到调节管道内流体的输送量的目的。

执行器通常分为电动、气动、液动等三种。电动执行器是以电能作为动力源，气动或液动执行器是以压缩空气或液体作为动力源。在建筑自动化系统中常用电动执行器。

2. 电动执行器

电动执行器主要采用电动机或电磁线圈作为电动执行机构的动力部分，将控制器传出的指令信号转变为阀门的开度。在建筑设备自动化系统中常用的电动执行机构输出类型有直行程和角行程。直行程执行机构可与直线移动的调节阀配合使用，角行程执行机构可与旋转的球阀或蝶阀配合使用。

电动执行机构一般采用随动系统，如图 2-16 所示。一方面来自控制器的输入信号通过伺服放大器驱动电动机转动，经过减速器带动调节阀动作，同时经位置传感器将阀杆行程的位移行程反馈给伺服放大器，伺服放大器将输入信号和来自位置传感器的反馈信号进行比较，输出偏差信号，驱动电机转动，保证控制器信号准确地转换为阀门位移行程。随动系统主要完成调节阀的输出与输入信号呈线性关系，保证输入信号准确地转换成阀杆的行程。

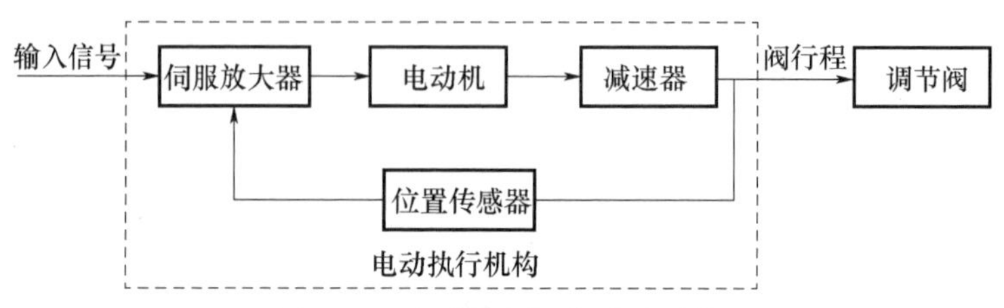

图 2-16　电动执行机构随动系统

电动执行机构主要用于风道中的空气流量和供回水管路上水流量调节。电动执行机构可以直接连接在调节机构的上部，也可以与调节结构分开安装，通过转臂等传递转动。

在建筑设备自动化系统中常用的电动执行器有电磁阀、电动调节阀、风阀等。

2.2.2　电磁阀

电磁阀是利用线圈通电产生电磁引力，提升活动铁芯，带动活动中心杆及阀芯，控制流体通断。电磁阀的执行机构是电磁线圈及铁芯，调节机构是阀芯。电磁阀能够实现通、断两位控制，通常不能实现连续调节。常见电磁阀有直动式和先导式。

如图 2-17（a）、（b）所示为直动式电磁阀结构示意和实物外形图。当线圈通电时，固定铁芯和动铁芯之间的电磁力大于恢复弹簧的弹力，活动中心杆联动阀芯开启，打开阀门，流体通过阀门。当线圈断电时，电磁力消失，恢复弹簧推动活动中心杆及阀芯，关闭阀门，切断流体流动。先导式电磁阀有导阀和主阀，活动中心杆与主阀分开，线圈控制导阀，通过导阀的先导作用促使主阀开闭。

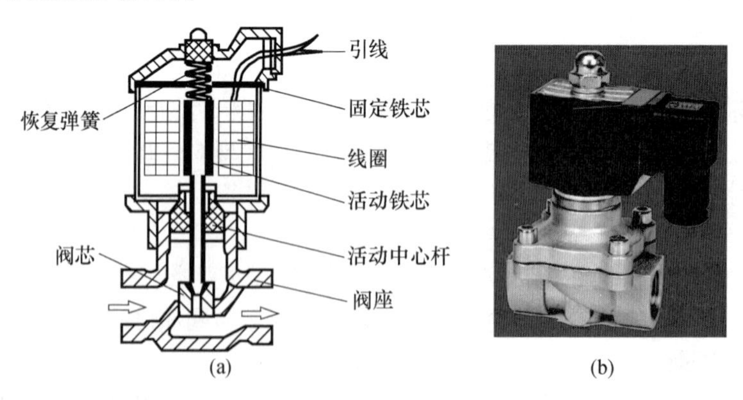

图 2-17　电磁阀

（a）直通电磁阀结构示意；（b）实物外形

直动式电磁阀结构简单，动作迅速，但容易产生水锤现象，常用于小口径管路。先导式电磁阀结构复杂，动作慢，有延迟现象，无水锤作用，常用于大口径管路。电磁阀的通径可与工艺管路的直径相同。

2.2.3　电动调节阀

电动调节阀由以电动机为动力元件的执行机构和调节阀为调节机构共同组成。它是能够连续输出调节动作的执行器。

1. 电动执行机构

电动执行机构输出方式有直行程、角行程和多转式。直行程的电动执行机构配备直线移动的调节阀，角行程的电动执行机构配备旋转的碟阀，多转式的电动执行机构配备多转的感应调节阀。

直线移动的电动调节阀的工作原理为执行机构接受控制器输出的电信号（DC 0～10mA 或 DC 4～20mA），并将其转换为相应的直线位移，推动下部的调节阀动作，改变阀芯和阀座之间的截面积大小，直接调节流体的流量。

电动执行机构有自动连续调节控制和手动控制方式。当电动执行机构需要就地手动操作时，通过切换装置，摇动手轮就可以实现手动操作。

智能型变频电动执行机构是利用数字化变频技术能调节电动机转速，使阀芯的调节速度发生变化。它与各种阀体配合，可以组成各类智能型变频电动调节阀。当输入信号和阀位反馈信号偏差较大时，电动调节阀加速调节动作。当输入信号和阀位反馈信号偏差较小时，电动调节阀调节速度会变慢。在平衡点附近阀门会一点点打开或关闭，提高了阀门的控制精度。

智能型电动执行机构是利用微处理器技术作为执行机构中的控制器，通过软件控制，可以在输出结果的同时显示输出信息，还可以实现远程通信以及故障报警功能。

2. 调节机构

调节机构又称调节阀。调节阀通过改变阀芯的行程来改变阀的阻力系数，从而调节流量。常用调节阀主要有直通单座阀、直通双座阀、三通调节阀等。

（1）直通单座阀

直通单座调节阀的阀体内只有一个阀芯和一个阀座。当阀杆提升时，阀的开度增大，流量增加，阀的开度减小，流量降低。它结构简单，关闭严密，工作性能可靠，泄漏量小，允许压差小。但阀杆的推力较大，对执行器的力矩要求较高。适用于空调机组、风机盘管、热交换器等系统设备的流量控制。电动直通单座阀原理、结构、外形示意如图 2-18 所示。

（2）直通双座阀

直通双座调节阀的阀体内有两个阀芯和两个阀座，两个阀芯和阀座间的流通面积同时增加或减少。它与同口径的单座阀相比，流通能力增加了 20%～25%。当流体通过阀门时，流体对上、下两阀芯上的作用力可以相互抵消，阀杆不平衡力较小，对执行机构的力矩要求较低。但它的上、下两阀芯不易同时关闭，泄漏量较大。适用于控制压差较大，但关闭严密性要求相对较低的场所。如空调冷冻水供回水管上的压差控制。电动直通调节阀的原理、结构、外形示意如图 2-19 所示。

（3）三通调节阀

三通调节阀有两个阀芯和两个阀座，有三个出入口与管道相连。当流体通过阀门时，一个阀芯与阀座间的流通面积增加时，另一个阀芯与阀座间的流通面积减少。电动三通调节阀按流体的作用方式分为合流阀和分流阀两类。合流阀有两个入口，合流后从一个出口流出。分流阀有一个流体入口，经分流成两股流体从两个出口流出。电动三通调节阀的泄漏量较大，通常在常温下工作，两股流体的温度差不宜超过 150℃。电动三通调节阀常用于热交换器的旁路调节，也可以用于简单的配比调节。电动三通调节阀的合流和分流的结构示意如图2-20所示。

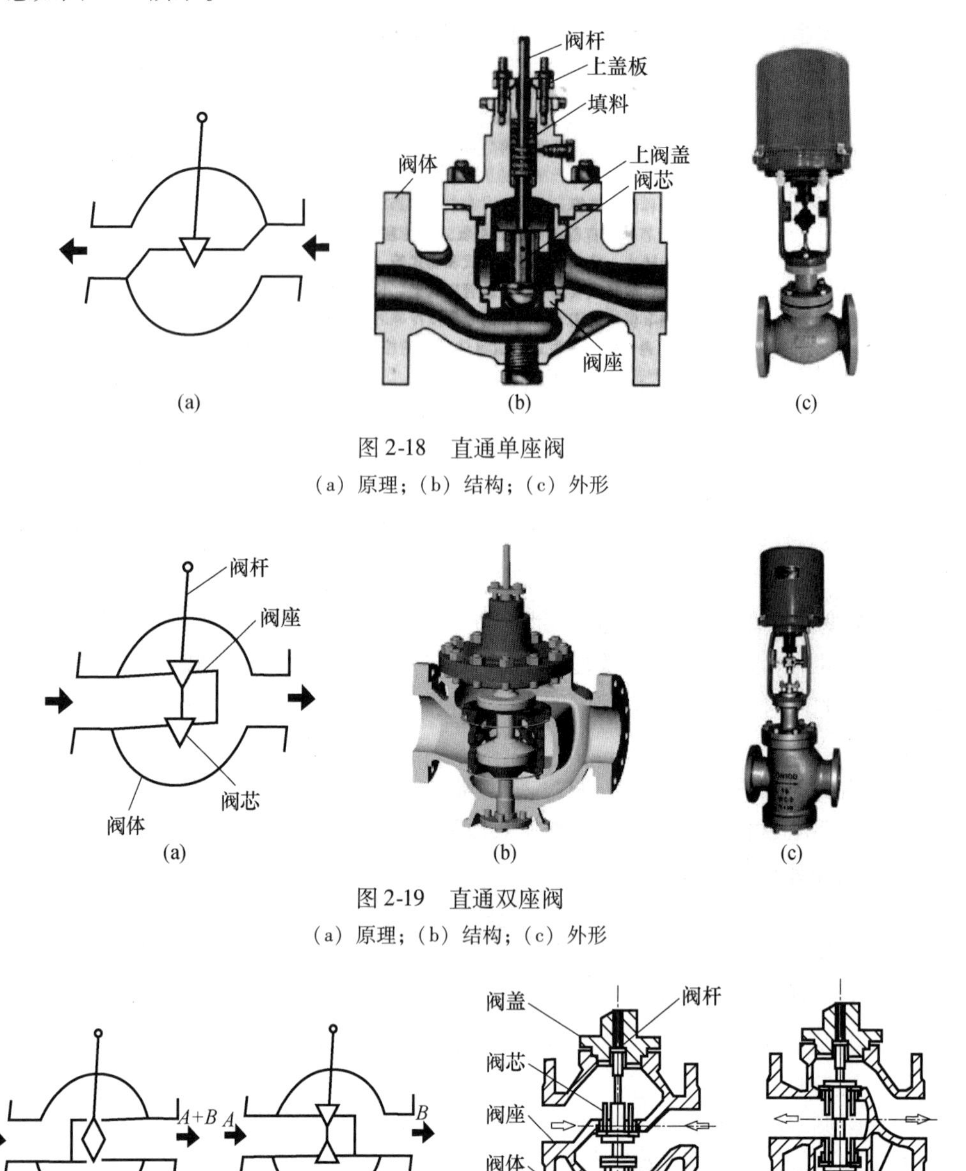

(a) (b) (c)

图2-18 直通单座阀

（a）原理；（b）结构；（c）外形

(a) (b) (c)

图2-19 直通双座阀

（a）原理；（b）结构；（c）外形

(a) (b) (c) (d)

图2-20 电动三通阀

（a）合流阀原理；（b）分流阀原理；（c）合流阀结构；（d）分流阀结构

3. 调节阀的工作特性

（1）理想流量特性

调节阀的理想流量特性又称固有流量特性。它是指在阀两端压差保持恒定的条件下，流体流经调节阀的相对流量与相对开度之间关系。电动调节阀的理想流量特性可分为直线性，等百分比性，快开、抛物线特性等。阀门制作厂所提供的流量特性即指理想流量特性。理想流量特性完全取决于阀的结构参数。不同的阀芯曲面可得到不同的理想流量特性，如图 2-21（a）、（b）所示。

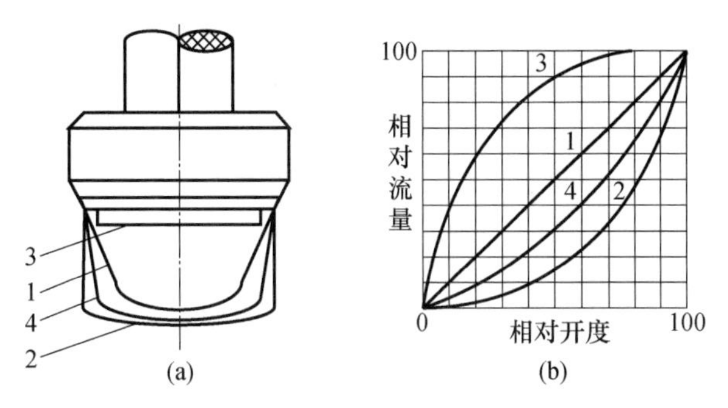

图 2-21　调节阀的阀芯和理想流量特性

（a）阀芯曲面形状；（b）理想流量特性曲线

1—线性；2—等百分比；3—快开；4—抛物线

直线型流量特性的调节阀在小开度时调节作用强，在大开度时调节作用比较缓慢。等百分比流量特性的调节阀在小开度时调节平缓，大开度时调节灵敏。抛物线型流量特性的调节阀介于直线型和等百分比型之间。快开型流量特性的调节阀小开度时流量变化比较大，随着相对开度的增加，流量迅速增大接近最大值。调节阀一打开，流量就比较大，适合双位控制、顺序控制等。

（2）工作流量特性

调节阀的工作流量特性是指在调节阀门两端压差变化时，通过阀门的相对流量与相对开度之间的关系。在实际生产中，阀门以串联或并联与管道相连接。管道系统的总压力由泵或风机提供，并随管道系统的总流量变化而变化。在不同流量下，管路系统的阻力不一样，分配给阀门的压降也不同，因此调节阀两端的压差总是变化的。工作流量特性不仅取决于阀本身的结构参数，也与配管情况有关。

当调节阀与管道串联时，阀门在管道系统承担的压力比例称为阀权度 S。阀权度又称为阀门能力，表明了调节阀的工作流量特性与理想流量特性的偏离程度。

当管道系统阻力为零时，阀权度 $S=1$，系统总压力全部分配在阀门上，并保持不变，这时阀门的工作流量特性为理想流量特性。当管道系统存在阻力，并随流量而变，阀权度 $S<1$，理想流量特性发生畸变，形成一系列向上拱的曲线。直线型趋向快开型，等百分比型趋向直线型。阀权度 S 越大，阀门的控制能力越好。阀权度 S 越小，阀门的控制能力越差。阀权度 $S=1$，阀门具有最好的控制能力。阀权度 $S=0$，阀门没有控制能力。在实际工程中，阀权度 S 的取值范围在 0 ~ 1.0 之间。考虑到技术和经济的综合因素，实际 S 值可以取 0.15 ~ 0.40。

4. 调节阀的选择

（1）流体介质种类

在建筑设备自动化系统中，流体介质通常有水、蒸汽、空气、乙二醇水溶液等。选择不同的介质其密度和黏度不同，对调节阀的影响不同。

（2）阀门的压力等级

调节阀的压力等级有标称压力、实际压力和关断压力。标称压力与阀门的结构和材质有关。实际压力主要取决于介质的温度，介质温度越高，实际压力会降低。关断压力与介质温度和阀门的最小泄漏量有关。关断压力越高的阀门，价格越高。在关断压力要求比较高的场所，可以采用手动阀和调节阀串联的方式进行控制。手动阀起到关断作用，调节阀起调节控制作用。选择阀门的实际压力应大于介质的最大工作压力。

（3）阀门的工作压差

阀门进出口的工作压差越大，其调节能力就越大，但压差过大会引起其他不良影响。在实际工程中，通常分配给阀门的工作压差与被控制对象的压差相等，或按经验分配给阀门的压差为 30～50kPa。

（4）阀门的工作流量特性

如图 2-22 所示，选择阀门的工作流量特性应尽量使阀门的相对开度与控制量（如热量）呈线性关系。以水为介质的换热器，要求阀门的相对开度与换热器的换热量近似线性关系，调节阀应采用等百分比特性的阀门，并选取较大的阀权度 S 值。

控制蒸汽加热器的阀门，应采用等百分比或直线型特性的阀门。用于风机盘管的两通阀，控制精度不高，可选用电磁阀。

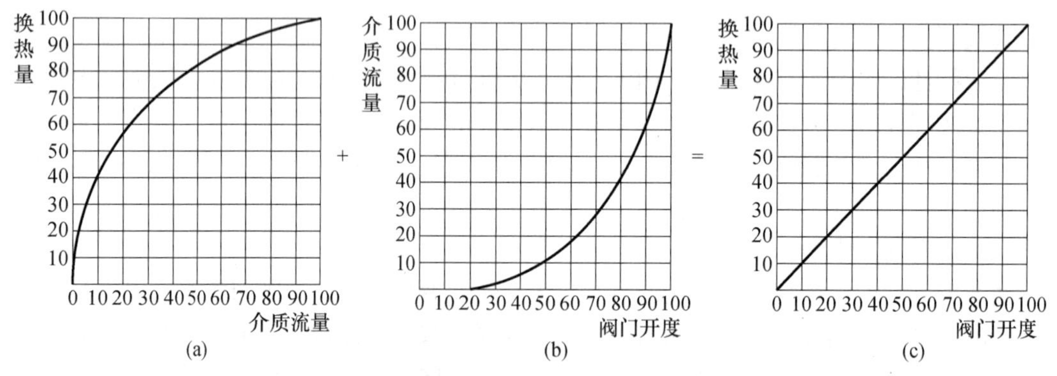

图 2-22　调节阀相对开度与换热量线性关系示意

（5）阀门的口径确定

理论上，根据流体力学基本原理，通过阀门的流体流量 Q 可用表示为：

$$Q=\frac{C}{316}\sqrt{\frac{\Delta P}{\rho}} \tag{2-3}$$

式中　Q——通过阀门的流体流量，m^3/h；

C——阀门的流通能力系数，m^3/h；

ΔP——阀门两端的压力差，Pa；

ρ——流体的密度，g/cm^3，空调系统冷、热水密度可取 $1g/cm^3$。

式（2-3）表明，经过阀门的流量只与流通能力系数和压力差有关。调节阀流量能力系数的定义为：当调节阀全开，阀两端压差 ΔP 为 10^5Pa，流体密度 ρ 为 $10^3kg/m^3$ 的常温水，每小时流经调节阀的流量数。阀门的流通系数 C 定义与阀门的结构参数无关，它综合了阀门所有结构参数对流量的影响，并将这些影响综合为“口径”的影响，这样就可以将流通系数与阀门口径对应起来。根据调节阀流通系数 C，可以选择调节阀的标称口径（D）。阀门的流通系数 C 与调节阀标称口径的对应关系由厂家提供。表 2-2 为某调节阀规格口径与流通能力对照表。

表 2-2　调节阀规格口径与流通能力对照表

公称口径 D（mm）		20				25	32	40	50	65	80	100	125	150	200	250	300
阀门直径 d（mm）		10	12	15	20	25	32	40	50	65	80	100	125	150	200	250	300
流通能力 C（m^3/h）	单座阀	1.2	2.0	3.2	5.0	8	12	20	32	56	80	120	200	280	450	—	—
	双座阀	—	—	—	—	10	16	25	40	63	100	160	250	400	630	1000	1600

一般情况下，调节阀口径通常比管道口径小一至二号，球阀口径比管道小二至三号。在调节频繁的工况下，电机容易产生热保护、减速齿轮损坏、模块可控硅烧毁等故障，而使电动调节阀停止工作。由于电机必须经过多级减速才能输出力矩，所以运行速度还不能很快。

例1：某空调水系统的最大流量为70m^3/h，调节阀前后压差为30kPa，对泄漏无严格要求，试选择调节阀的尺寸。

解：根据式（2-3）可得调节阀的流通能力系数 C 为

$$C=\frac{316Q}{\sqrt{\frac{\Delta P}{\rho}}}=\frac{316\times 70}{\sqrt{\frac{30\times 10^3}{1}}}=127\mathrm{m}^3/\mathrm{h}$$

从表2-2中可查得，选择 $C=160\mathrm{m}^3/\mathrm{h}$，$d=100\mathrm{mm}$，$D=100\mathrm{mm}$，双座阀，能满足要求。

2.2.4　电动风量调节阀

1. 电动风量调节阀的原理结构

在空调通风系统中，安装在风道中的电动风量调节阀（风门）是用来调节风的流量。电动风量调节阀主要由阀体、叶片、传动机构、执行机构等部分组成。按控制方式可分为开关式控制、比例调节式控制、浮点式控制等。开关式控制输出开和关两种状态，对风量调节阀仅起到开关作用。比例式控制对风量调节阀具有连续调节与定位作用。浮点式控制对风量调节阀具有定时运行，不准确定位作用。

电动调节风阀基本工作原理为：当叶片转动时，改变了风量调节阀的阻力系数，风道里的风量也就相应改变了。调节型风量调节阀有单叶型和多叶型。单叶型风阀仅有一个叶片，结构简单，密封性好。多叶型风阀分为平行叶片、对开叶片、菱形叶片，通过转动叶片的转角大小来调节风量。叶片的形状将决定调节阀的流量特性。如图2-23所示为平行叶片电动风量调节阀原理和结构外形。

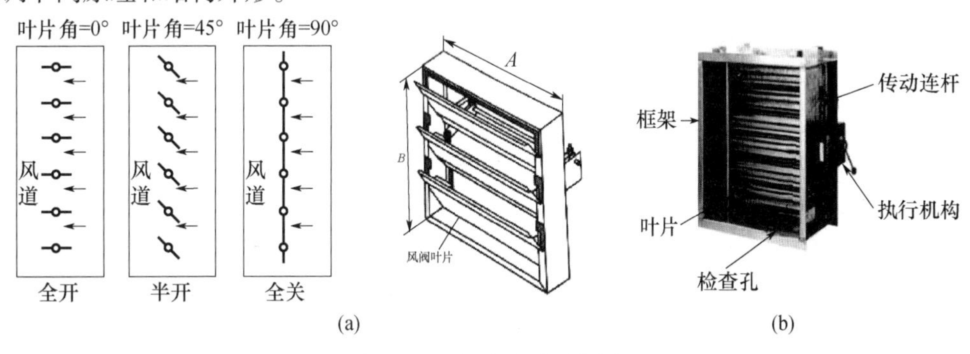

图2-23　电动风量调节阀
（a）原理；（b）结构外形

2. 电动风量调节执行机构

风阀电动执行器是一种专门用于驱动风门的执行机构（图2-24）。电动风量调节阀的执行机构主要由阀门定位器和电动机执行器两个部件组成。电动定位器接受控制器传输过来的DC0～10V 连续电压控制信号，对执行器的位置进行定位控制，使阀门的位置与控制信号呈线性关系。当阀门开度随输入电压增加而加大时为正作用，反之为反作用。

图 2-24　风阀执行机构

阀门定位器与连续输出的控制器配套可实现分程控制。

电动机执行器主要由减速器、电动机开关控制箱、手轮和机械限位等组成，可以进行手动控制，或接受电源信号进行自动控制。执行器将风阀叶片驱动到相应位置，通过减速器将行程信号传递给定位器，并按比例转换为电信号后进行定位控制。

电动风阀执行机器分为开关式与连续式，旋转角度为 90°或为 95°，电源为 AC220V、AC24V、DC24V，控制信号为 DC2～10V。

风量执行机构的选择需要考虑风门面积、风量、扭矩、密闭性等因素，其中确定扭矩为重要参数。因为风量调节阀在风道中调节时，气流流动在叶片上产生的压力，会形成一个力矩，执行机构必须有足够大的力矩来克服它，才能完成调节动作。复位方式通常有机械复位、电子复位、非弹簧复位等。

例 2：某风道上的电动风量调节阀的风门面积为 $1.7\text{m} \times 0.8\text{m}$，风量为 $20000\text{m}^3/\text{h}$，风量调节阀在测试条件下，迎面风速为 5m/s，单位面积扭矩为 5Nm/m^2，风阀为平行叶片，无边缘密封。试选择执行机构的扭矩值。

解：风量调节阀总面积为 $F = 1.7 \times 0.8 = 1.36\text{m}^2$，风速为 $v = \dfrac{20000}{1.36 \times 3600} = 4.08\text{m/s}$，风量调节阀执行机构需要提供的扭矩为 $M = 1.36 \times 5 = 6.8\text{Nm}$。

在实际应用中，还要考虑现场温度、电压、压力和流速的变化等因素对执行机构的影响，应在计算值基础上乘以 10%～20% 的安全系数。故实际需要扭矩值为 $M = 6.8 \times 1.2 = 8.2\text{Nm}$。

选择额定电压最小扭矩为 10Nm 的执行机构，就能驱动 1.36m^2的风门进行调节。

3. 风阀的特性与性能

风阀的固有特性为在等压降和无外部阻力条件下，风阀叶片开度和通过风阀风量之间的关系。多叶对开型风阀的特性近似于等百分比流量特性，多叶平行型风阀特性近似于直线流量特性。

风阀的工作特性与阀权有关。阀权为风阀全开时的阻力与系统阻力之比。系统阻力不含风阀阻力。串接元件的阻力越大，风阀的工作特性变化越大。

4. 风阀的性能参数

（1）漏风量

风阀的漏风量是指风阀全关闭式，在承受静压时泄漏量。当静压增加、叶片越多、叶片越长时，漏风量会增大。漏风量对开阀比平行阀小。

（2）额定温度

风阀的额定温度是指风阀能够完成正常功能的最高环境温度。额定温度与风阀的轴承和密封材料的耐温性有关。风阀的耐温等级通常有 -40 ~ 95℃，-55 ~ 205℃两种。

（3）额定压力

风阀的额定压力是指叶片关闭时，作用在风阀前后的最大允许静压差。额定压差与风阀的宽度成反比。高于额定定压差的压力会引起叶片弯曲，产生过大的漏风量，严重时会损坏风阀。

（4）额定风速

额定风速是指风阀处于全开状态时，气流进入风阀时的最大速度。额定风速与风阀叶片及连杆的刚性、轴承等有关。

（5）力矩要求

风阀正常运行的力矩需要能够满足两个条件。一是叶片完全关闭时的关闭力矩；另一个是克服高速气流在叶片上的动态力矩。风阀所需要的力矩与风阀设计、风门面积传动机构等有关。

2.3　直接数字控制器 DDC

直接数字控制器（Direct Digital Control，DDC）以微处理器为核心，通过模拟量输入通道（AI）和开关量输入通道（DI）实时采集现场传感器、变送器的信号数据，按照一定的规律进行计算，经过逻辑比较后，发出控制信号，通过模拟量输出通道（AO）和开关量输出通道（DO），直接驱动执行器，控制生产过程。

DDC 控制器可以直接完成对现场传感器和执行器的控制任务，能够与现场多个 DDC 及上一级的监控级或管理级计算机组成集散型控制系统，形成建筑设备自动化系。

2.3.1　直接数字控制器 DDC 的组成

DDC 控制器安装在现场，接受传感器和变送器信息，可以根据设定的参数和程序进行各种算法运算，输出控制指令，控制执行器工作，实现控制功能。DDC 控制器可接收上位机输送的控制指令，并将本地的信息传送到上位机。

1. DDC 控制器的硬件基本组成

DDC 控制器由硬件和软件组成。通过程序控制，能够单独运行进行数据采集与控制。

（1）DDC 控制器硬件基本组成

如图 2-25 所示，DDC 控制器的硬件通常由微处理器、存储器、输入通道、输出通道、接口电路、电源电路等组成。

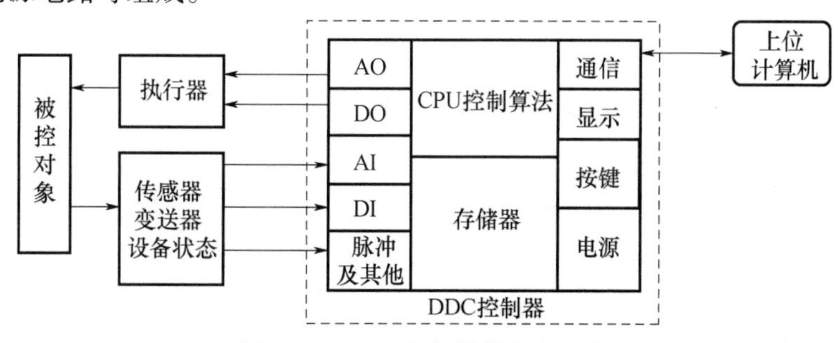

图 2-25　DDC 控制器的基本组成

（2）微处理器 CPU 模块

DDC 控制器中微处理器 CPU 模块采用高性能的 16 位、32 位或 64 位微处理器，还配置浮点运算处理器，数据处理能力很强，工作周期短，可以执行 PID、自整定、顺序、预测、模糊、神经元等多种控制算法。

（3）存储器模块

存储器为程序运行提供存储实时数据与中间变量的空间。DDC 控制器在正常工作运行中将系统的启动、自检、基本的输入/输出（I/O）驱动驱动程序等一套固定的程序，固化在 ROM 只读存储器中。有的系统将用户组态的应用程序也固化在 ROM 存储器中，通电后能够实现对现场被控对象的正常控制。用户修改的设定值、手动操作值、PID 参数、报警界限等运行参数，存入 RAM 随机存储器中。RAM 随机存储器可以写入数据也可以读出数据，而 ROM 只读存储器只能读取数据，不能写入。

（4）电源模块

DDC 控制器通常配备后备电池，系统调点后，可自动保持数据和程序。DDC 控制器的电源模块能够提供24V 直流（DC）稳压电源，内置使用寿命长的锂电池。

（5）模拟量输出（AO）通道模块

DDC 控制器的模拟量输出（AO）通道模块能将 CPU 模块输出的数字信号经过数字/模拟（D/A）信号转换器转换成标准的模拟电信号，驱动执行机构，控制调整现场被控设备进行工作运行。如控制电动调节阀的开度等。AO 模块通常由 D/A 模板、输出端子板及内电缆等组成。D/A 模板一般可提供 4 ~ 64 路模拟输出。输出端子板提供 DDC 控制器的 AO 通道与现场控制电缆之间的连接，并通过机柜内电缆与 D/A 模板连接。

（6）数字量输出（DO）通道模块

DDC 控制器的数字量输出（DO）通道模块用于控制电磁阀、指示灯、继电器、声光报警器等，仅存在开、关两种状态的开关类设备。DO 模块由 DO 板、端子板及内电缆等组成。DO 板用于锁存输出数据，每一路对应一个开关设备。DO 板上一般还有检查开关量输出状态的输出回检电路。端子板用于连接现场控制电缆，一般设有过电压、过电流等保护电路。

（7）模拟量输入（AI）通道模块

DDC 控制器的模拟量输入（AI）通道模块一般由端子板、信号调理器、A/D 转换器能构成，如图 2-26 所示。现场传感器将被控对象的各种连续变化的温度、压力、压差、位移、浓度、电流、电压等参数，转化为标准的电信号，通过模拟量输入（AI）通道送入 CPU 模块进行计算处理。

标准电信号通常有电压、电流电阻等。标准电压信号通常由热电偶、压力、湿度等传感器及变送器产生的 DC1 ~ 5V、DC0 ~ 5V、DC0 ~ 10V 等信号。标准电流信号通常由温度、位移、电磁流量计等产生的 DC4 ~ 20mA 的信号。电阻信号由热电阻传感器产生，对应电阻输入模块。

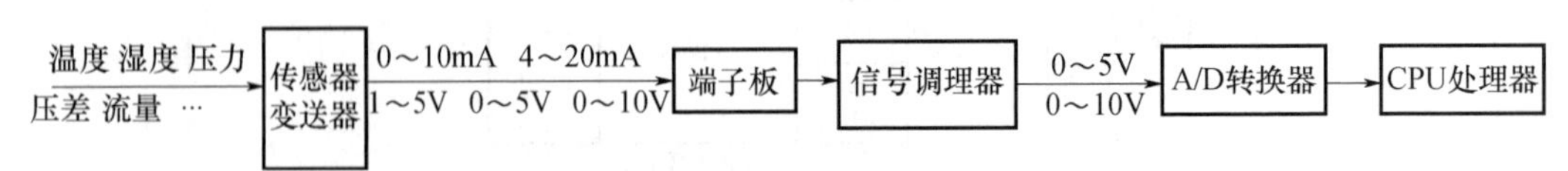

图 2-26 模拟量输入（AI）通道模块基本组成

端子板由于连接现场信号电缆。信号调理电路将各种范围的模拟量输入信号统一转化为 0～5V 或 0～10V 的电压信号，并传输到 A/D 转换器。A/D 转换器将多路模拟信号逐一变换为数字信号，并送入 CPU 处理器。

（8）数字量输入（DI）通道模块

DDC 控制器的模拟量输入（AI）通道模块用来输入限位开关、继电器、电磁阀等各种开关量信号。AI 通道模块通常有端子板、DI 板等组成。各种开关量输入信号在 DI 板内经过电平转换、光电隔离、滤波处理后，放入存储器里，CPU 可周期性的读取存储器中的数据进行处理。当外部开关量信号状态发生改变时，通过中断申请电路向 CPU 提请及时处理。

（9）脉冲量输入模块

脉冲量输入模块接受处理现场仪表中转速器、涡街流量计、脉冲电量表等脉冲信号。输入的脉冲信号经幅度变换、整形、隔离后，输入计数器进行累计。

（10）其他模块

DDC 控制器的通信模块用于与上位机的联络。DDC 控制器可直接接受中央管理计算机（上位机）的操作指令，控制现场设备运行状态。DDC 控制器之间可以通信联络。可以通过现场编程器对 DDC 控制器进行编程以及修改设定参数。DDC 控制器的显示模块可以显示运行状态、历史数据图表显示等功能。按键与显示模块组成人机界面，可实现现场对工况参数进行设定调整等简单操作。扩展总线上连接 I/O 扩展模块，来增加它的输入、输出点的容量，并可通过内置的 LED 显示盘来监控这些点。如图 2-27 所示为几种 DDC 控制器外形。

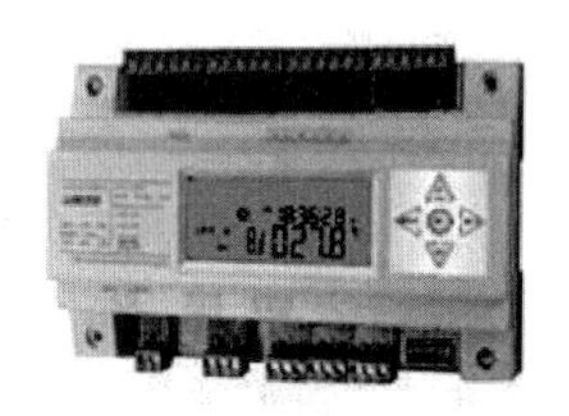
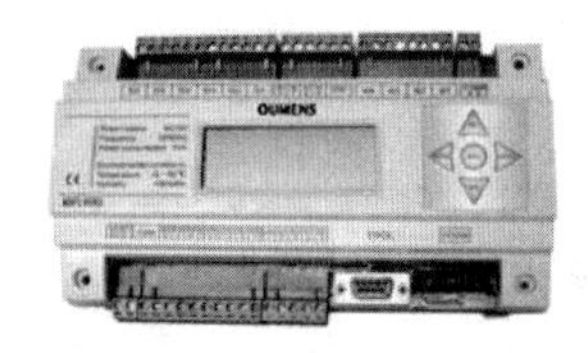

图 2-27　几种 DDC 控制器外形

2. DDC 控制器的软件基本组成

DDC 控制器的软件通常包括基础软件、自检软件和应用软件等。基础软件作为固定程序固化在模块中的通用软件，通常由 DDC 生产厂家直接写在微处理芯片上，不需要由其他人员进行修改。自检软件可保证 DDC 控制器的正常运行，检测其运行故障，便于管理人员维修。应用软件是针对各个现场设备的控制内容进行编写，可根据管理人员的需要进行一定程度的修改。

3. DDC 控制器的工作原理

DDC 控制器通过输入通道，接收现场被控对象的传感器或变送器传送来的输入信号，根据软件程序，经过 CPU 处理器进行计算处理，通过输出通道输出信号到外部设备执行机构，再控制现场被控对象运行状态，如启动或关闭风机运行状态，打开或关闭电磁阀或风阀状态，开大或关小电动调节阀的开度等。

2.3.2　直接数字控制器 DDC 的功能

1. DDC 控制器主要功能

直接数字控制器 DDC 能同时实现对现场被控对象进行采集参数数据、传输控制指令、完成驱动任务等控制功能。还能实现管理、报警、通信等多项功能。一个 DDC 控制器可实现多个常规仪表控制器的功能。

（1）控制功能。DDC 控制器提供模拟比例（P）、积分（I）、微分（D）、逻辑、算术、软件排程等运算，从而达到更准确地控制效果。还具备自动适应控制的功能。

（2）实时功能。DDC 控制器内时间与实际标准时间一致，采集的数据为实时数据。

（3）管理功能。DDC 控制器可对各个现场设备的控制参数以及运行状态进行再设定，同时还具备显视和监测功能，另外与集中控制计算机可进行通信。

（4）报警与联锁功能。DDC 控制器在接到报警信号后，可根据已设置程序联锁有关设备的启停，同时向集中控制计算机发出警报。

（5）能量管理控制。DDC 控制器包括运行控制，自动或编程设定现场设备在工作日和节假日的启停时间和运行台数，记录瞬时和累积能耗以及空调设备的运行时间，比较参数进行工况转换。

2. DDC 控制器的容量

DDC 控制器的容量是指所包含的控制点的数量，即其输入信号或输出信号的数量。也就是说其有几个模拟量输入点，几个开关量输入点，有多少个模拟量输出点和多少个开关量输出点。如 Power MEC1100 系列 DDC 控制器的容量为 8DI、8DO、8AI、8AO 的点数。MEC1101 系列 DDC 控制器的容量为 16DI、8DO、8AI、8AO 的点数。一般来讲点数越多表明其功能越强，可控制和管理的范围越大。

3. DDC 控制器的主要优点

（1）操作方便。终端 DDC 控制器操作系统可及时按客户要求或程序要求作出反应，具有很强的故障诊断能力。

（2）降低运行管理费用。由多个 DDC 控制器组成的集散式控制系统，可在能源和人力方面降低运行和管理费用。中央管理计算机可以对建筑设备自动化系统中的机电设备通过 DDC 控制器集中监控管理，合理调配资源和能源。还可以自动诊断和处理许多问题，而无需维修人员亲临现场，降低维修成本。

（3）提高舒适性。DDC 控制器具有较高的精确度，能使建筑物室内环境中温度、湿度、二氧化碳浓度等参数保持在设定值左右，能够提高室内居住环境品质。

（4）无需校准。DDC 控制器无需校准，减少维修保养费用，并长期保持精度。

4. DDC 控制器监控管理原则

DDC 控制器比较适用于以模拟量为主的过程控制。由于民用建筑的环境控制主要是过程控制，因此，采用 DDC 控制器对建筑物内的空调、通风、冷热源、供配电、照明、电梯、扶梯等系统中的机电设备实现监视、控制与管理。

通常 DDC 控制器不能监控消防专用设备及设施。如消火栓、喷淋水泵、防排烟用排烟机、正压送风机、防火卷帘、电梯回降首层、消防电梯、污水泵、火灾应急照明、疏散指示标志灯、应急广播、供消防设施供电电源、消防专用贮水池和专用高位水箱等。

2.4 计算机控制系统

计算机控制技术是计算机技术、自动控制技术、计算机网络技术等多项技术相结合的综合技术。计算机技术能够实现强大的逻辑运算与判断，实现最优控制，保证建筑设备运行于最佳工作状态。自动控制技术能够对建筑环境控制系统中物理量实施规律变化控制。计算机网络技术是按照网络协议，将多个分散独立运行的计算机系统通过通信设备和线路互相连接起来，应用网络软件，实现网络资源共享。

2.4.1　计算机控制系统的组成

计算机控制系统是利用计算机来实现生产过程或设备运行过程自动控制的系统。计算机控制系统由控制部分和被控对象组成，如图 2-28 所示。

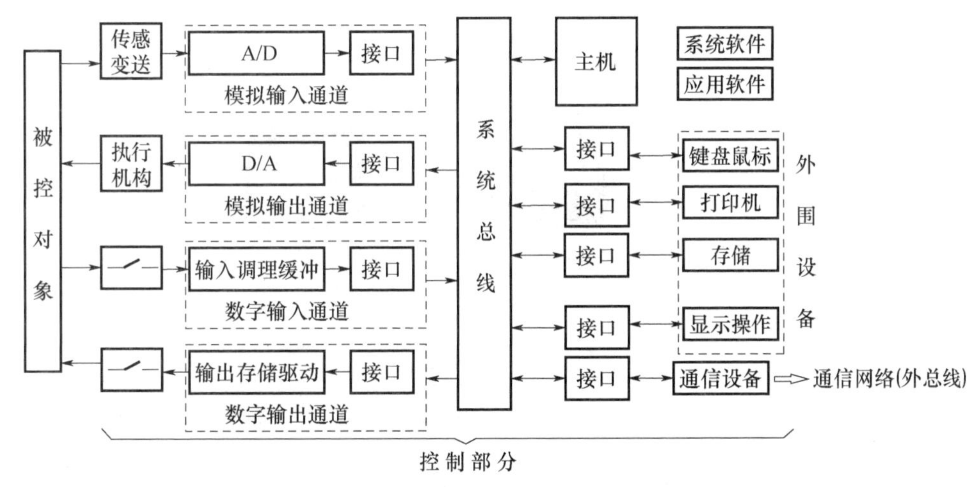

图 2-28　计算机控制系统组成框图

控制部分一般由主机、D/A 转换器、执行机构、传感器、变送器、A/D 转换器、输入输出通道、外围设备、通信设备、系统软件、应用软件等组成。计算机控制系统通过传感器对被控对象运行参数的实时检测与采集数据，利用变送器转化成标准电信号输入到主机。主机对采集的数据进行计算分析，按照以设定的控制规律，对执行机构发出控制指令，控制调节被控对象的实际运行过程。

外围设备主要用于向主机输入、存储、显示、打印等信息交换工作。被控对象的现场模拟信号参数通过模拟量的输入通道传输到主机进行处理，并通过模拟量的输出通道发出模拟量的控制指令。被控对象的现场开关或数字信号参数通过数字量的输入通道传输到主机进行处理，并通过数字量的输出通道发出控制指令。通信设备用于组成通信网络，完成上位机与现场 DDC 控制器以及现场设备之间的信息交换。

系统软件一般包括操作系统、语言处理程序和服务性程序等，通常由计算机制造厂为用户配套，有一定的通用性。应用软件是为实现特定控制目的而编制的专用程序，如数据采集程序、控制决策程序、输出处理程序和报警处理程序等。控制系统的专业人员可利用应用软件自行编制控制程序，对建筑设备实施各种控制策略。

2.4.2　常用计算机控制系统形式

1. DDC 控制系统

DDC 控制系统是计算机控制系统中的最基本形式，既可以独立控制一个设备或一个系统，又可以通过通信功能相互间连接形成自控网络。DDC 控制系统为终端系统，通常由一个 DDC 控制器完成自动控制任务。在建筑物内，一个单独的风机盘管控制器、新风机组控制器、空调机组控制器、热泵控制器等就可以组成最基本的 DDC 系统。如图 2-29 所示。

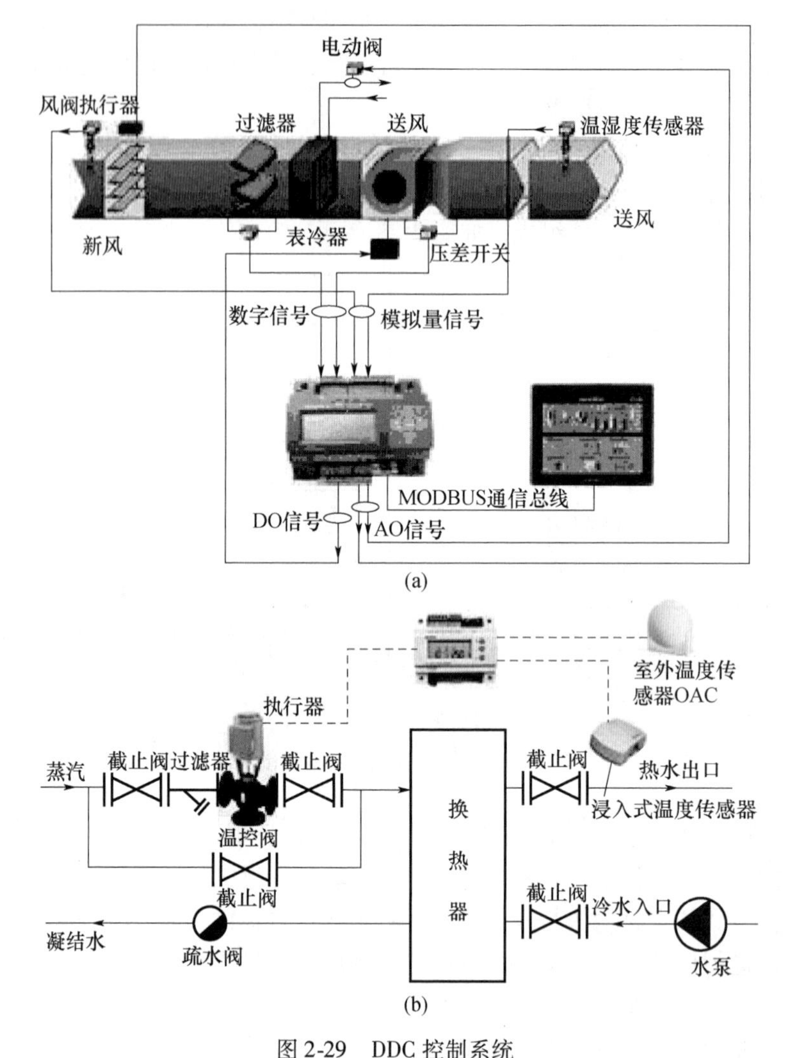

图 2-29　DDC 控制系统

（a）新风机组控制系统；（b）热交换器控制系统

2. 分布式控制系统

分布式控制系统（DCS，distributed Control System）又称集散式控制系统。DCS 控制系统将分散在建筑物内的 DDC 控制器等现场控制系统，通过不同层次的计算机网络连接起来，分为现场控制级、监控级、管理级，实现分散控制、集中操作、分级管理、综合协调、信息共享等多种功能。DCS 控制系统基本组成示意如图 2-30 所示。

（1）管理级通常由多台分散的计算机或区域控制站互联网络形成计算机网路系统，实现全系统范围内资源管理与动态分配。监控系统运行参数，显示和记录各种测量数据、运行状态、故障报警等信息，数据报表打印等。

管理级所面向的使用者是厂长、经理、总工程师、等行政管理人员或运行管理人员。管理系统的主要任务是检测企业各部分的运行情况，利用历史数据和实时数据预测将来趋势，以规划目标，辅助决策。

（2）监控级主要包括运行员操作站、工程师工作站。它是运行员与集散控制系统相互交换信息的人机接口设备，用于观察生产过程的运行情况，读出被监控变量的数值和状态，

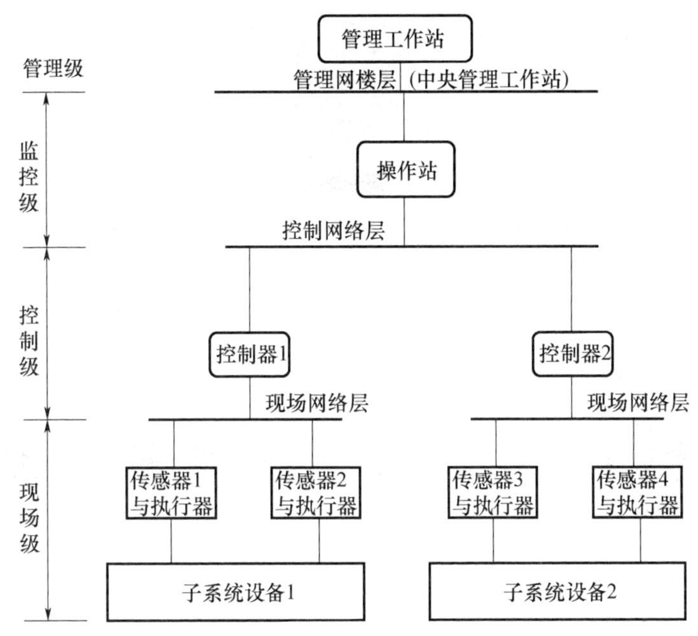

图2-30　集散式建筑设备自动化系统结构组成

判断每个控制回路是否工作正常。手动/自动控制方式切换，修改给定值，调整控制量，操作现场设备，实现对生产过程的干预。打印各种数据报表和曲线。

（3）现场级控制可分为控制级和现场级。控制级主要接收由现场传感器、变送器来的电信号，按照一定的控制策略计算出所需的控制量，并送回到现场的执行器中去，完成连续控制、顺序控制、逻辑控制等控制功能。

控制级可采用DDC控制器或PLC控制器实现与上位机进行数据交换，向上传递现场的各项采集数据和设备运行状态信息，同时接收各上位管理计算机下达的实时指令或参数设定与修改。DDC控制器比较适合现场设备信号多为温度、湿度、流量、电流等模拟信号的传输方式。PLC控制器较适合现场设备信号多为开关量的数值信号的传输方式。

现场级设备位于被控生产过程的附近。现场设备主要是各类传感器、变送器和执行器。传感器将生产过程中的各种物理量转换为电信号，变送器再将这些不够标准的电信号转变为可以让控制器识别的标准的电流或电压信号，执行器接受控制器的电信号，并转换为机械位移、电动调节机构等动作，实现对生产过程的现场调节与控制。

现场级承担现场参数的检测。现场参数测量的监测对象通常有温度、湿度、有害气体、流量、压力、火灾检测等。现场参数控制的受控对象主要有水泵、阀门、控制器、执行开关等，如图2-31所示。

目前现场级的信息传递有模拟信号、数字信号、模拟信号和数字信号的叠加信号等三种形式。模拟信号用于仪表检测与传输模式，数字信号用于现场总线的传输模式，模拟信号叠加了调制后的数字信号用于混合传输模式。

DCS控制系统的通信网络是一个控制网络，常采用Modbus总线结构将所有DDC控制器均通过一条Bus总线与集中控制计算机相联结形成网络。它具有系统结构简单，通信速度较快等特点，适用于中小型自动控制工程。DCS控制系统具有实时性高，适应环境能力强，安全性和可靠性较强。

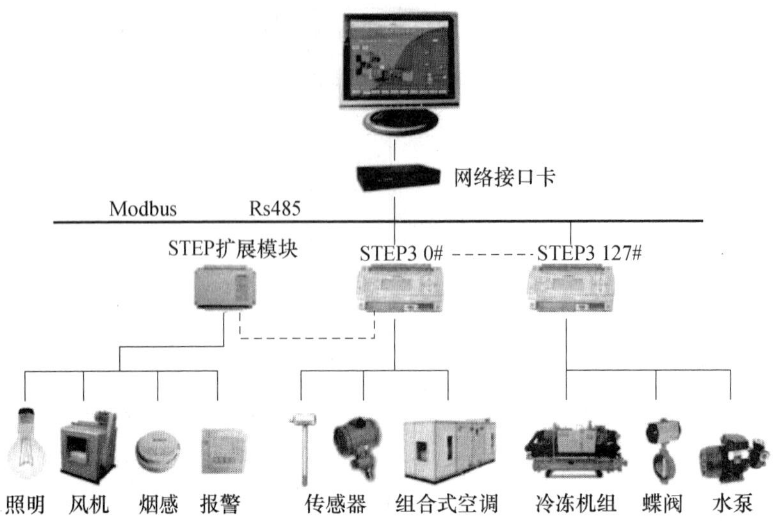

图 2-31　DCS 控制系统示意

3. 现场总线控制系统

现场总线控制系统（FCS，Field bus Control System）是连接智能现场设备的数字式、双向传输、多分支结构的自动化通信网络系统。它是计算机技术、现场通信和控制系统的集成。现场总线设备是指连接在现场总线上的各种仪表设备。现场总线为开放式互联网络，具有总线通信功能。现场总线设备可以相互连接、相互通信，所有的技术标准是完全公开的，所有的制造商都必须遵循。在建筑设备自动化系统中常用的现场总线有 BACnet、Profibus、LonWorks、CAN 等。现场总线系统示意如图 2-32 所示。

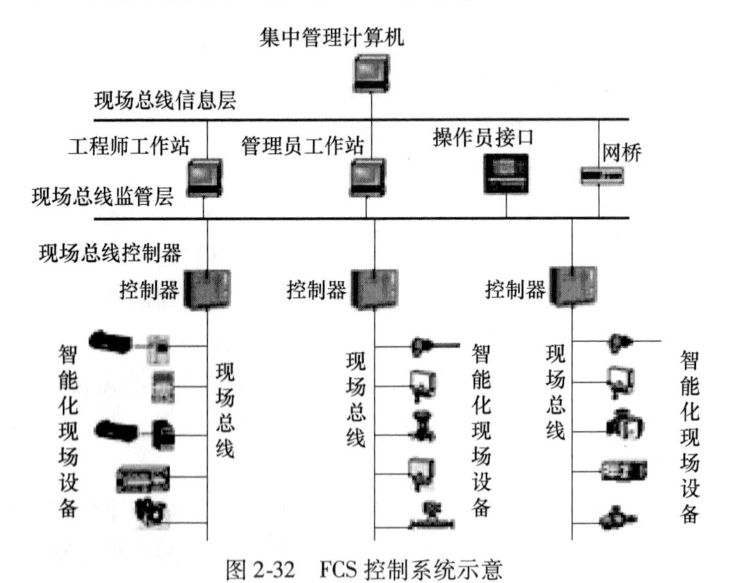

图 2-32　FCS 控制系统示意

现场总线控制系统的控制层可以将一条通信线延伸到智能化仪表等智能化现场设备，数字化的信号传输抗干扰能力强，精度高。现场设备接线简单，互操作性强。

本章小结

本章介绍了建筑自动化系统常用的监测技术，及其检测设备、执行器、DDC 控制器等分类、组成、功能、工作原理、选择使用等基本内容。简要介绍了以计算机控制技术为基础的 DDC 控制系统、分布式控制系统、现场总线控制系统常用三种建筑自动化系统形式。

习　题

1. 常用电量参数和非电量参数监测有哪些不同？
2. 标准信号传输的参数范围？
3. 在 BAS 系统中常用哪几类传感器？主要技术参数有哪些？
4. 温度传感器有哪几种类型？在什么场所使用？信号传输形式为哪种？
5. 简述常用湿度计的种类及检测原理。
6. 简述防冻开关的作用原理。
7. 简述电磁阀工作原理及调节特点。
8. 简述电动调节阀的基本组成与结构形式，其调节特点与输出信号为何。
9. 什么是电动调节阀的工作流量特性？有几种形式？受哪些因素影响？
10. 怎样选择电动调节阀？
11. 电动风量调节阀有哪几种类型？其执行机构如何选择？
12. 什么是 DDC 控制器？由哪些部分组成？如何确定容量？
13. 简述 DDC 控制系统、DCS 控制系统、FCS 控制系统的相同点和不同点。
14. 某流体的最大流量为 $80m^3/h$，密度为 $1.0g/cm^3$，阀前后压差为 40kPa，要求泄漏量小，试选择电动调节阀的公称口径和阀门直径。

第3章　空调系统自动化监控系统

在空调系统中，空调机组设备是改善建筑环境空气质量及舒适度的重要设备之一，为建筑物内创造一个良好的空气环境。空调机组设备的作用是将送风空气处理到符合规定的送风状态。实际运行中，空调机组设备根据建筑环境内部需求的热湿负荷以及外部条件的干扰，进行自动调节空调负荷的变化，以满足建筑环境内生产和生活对空气温度、湿度、压力、流速、洁净度等方面的要求。

3.1　空调系统的基本概念

建筑物室内环境的空气参数由于受到室外气温的变化影响，室内的热湿负荷的需求是不断变化的，空调系统的基本任务就是以设定值为目标值自动调节建筑环境内的空气参数，维持在规范要求的范围之内。

3.1.1　空气调节基本原理及类型

1. 空气调节原理

空气调节是使房间或封闭空间的空气温度、湿度、洁净度和气流速度等空气状态参数，达到给定要求范围之内。通过空气调节技术以满足舒适性和生产工艺过程的要求。

空气调节原理就是应用空气状态参数之间的相互关系，通过空调设备进行合理的加热、加湿、冷却、去湿、调速等过程，使空气状态参数发生人为变化，达到设定值或给定值状态。一般来说，空气调节主要是对空气的温度、相对湿度进行调节。

2. 空调系统的类型

空调系统按空气调节作用可分为舒适型空调和工艺性空调。舒适型空调是以人为主的环境空气调节设备，其作用是维持良好的室内空气状态，为人们提供良好的工作和生活环境。工艺性空调是维持生产工艺过程或科学研究所需要的室内空气状态，以保证生产的正常运行和产品质量。

舒适性空调是按照人体的生理特征和生活习惯进行调节。根据《民用建筑供暖通风与空气调节设计规范》（GB 50736—2012）相关要求，对于人员长期逗留区域的舒适性空调室内设计参数参见表3-1。

表3-1　人员长期逗留区域空调室内设计参数

<table>
<tr><th>类别</th><th>热舒适度等级</th><th>温度（℃）</th><th>湿度（%）</th><th>风速（m/s）</th><th>备注</th></tr>
<tr><td rowspan="2">供热工况</td><td>Ⅰ级</td><td>22～24</td><td>≥30</td><td>≤0.2</td><td rowspan="4">Ⅰ级热舒适度较高，Ⅱ级热舒适度一般</td></tr>
<tr><td>Ⅱ级</td><td>18～22</td><td>—</td><td>≤0.2</td></tr>
<tr><td rowspan="2">供冷工况</td><td>Ⅰ级</td><td>24～26</td><td>40～60</td><td>≤0.25</td></tr>
<tr><td>Ⅱ级</td><td>26～28</td><td>≤70</td><td>≤0.3</td></tr>
</table>

人员短期逗留区域空调室内设计参数宜比长期逗留区域供热工况宜降低1～2℃，风速不宜大于0.5m/s。供冷工况提高1～2℃，风速不宜大于0.3m/s。

工艺性空调以生产工艺、机器设备或存放物品为对象，温度调节以保持适宜的室内温度及健康要求确定。供热工况时，人员活动区的风速不宜大于0.3m/s；供冷工况时，人员活动区的风速宜采用0.2～0.5m/s。辐射供暖室内设计温度宜降低2℃，供冷以提高0.5～1.5℃。

空调系统按其设备的集中程度可分为集中式空调系统、半集中式空调系统、分散式空调系统。

集中式空调系统将风机、冷却器、加热器、加湿器、过滤器等所有的空气处理设备都集中在空调机房，经集中处理后的空气，通过风道送到各空调房间。在建筑物中，集中式空调系统通常称为中央空调系统。集中空调系统可分为全回风的封闭式循环系统、全新风的直流式系统、新风回风按比例混合的混合式系统。

半集中式空调系统通常将一次空气处理设备和冷水机组等设在集中的空调机房内，把二次空气处理设备设在空气调节区内。这类系统与集中式空调系统比较，省去了回风管道，减小了送风管道截面积，节省建筑空间。半集中式空调系统有变风量系统、诱导空调系统、风机盘管系统等。

分散式空调系统又称为局部空调机组。这种空调系统通常将冷热源和空气处理设备、输送设备集中设置在一个箱体内，形成一个紧凑的空调系统。

3.1.2　空调系统基本组成

空调系统通常由空调冷源和热源、空气处理机组、空调风系统、空调水系统、自动控制装置等部分组成。

1. 空调的热源和冷源

空调的热源是用来提供加热空气所需要的热量。常用的空调热源有各类锅炉、电加热器、热水机组等。空调的冷源是为空气处理设备提供冷量来冷却送风空气。常用的空调冷源有各类冷水机组等。

2. 空气处理设备

空气处理设备又称空气处理机组，其作用是将送风空气处理到设定值状态。一般空调处理机组是由空气进风部分、空气过滤器、空气冷却器（又称表冷器）、空气加热器、空气加湿器、喷水室等组成。如图3-1所示为一种组合式空调机组外形。

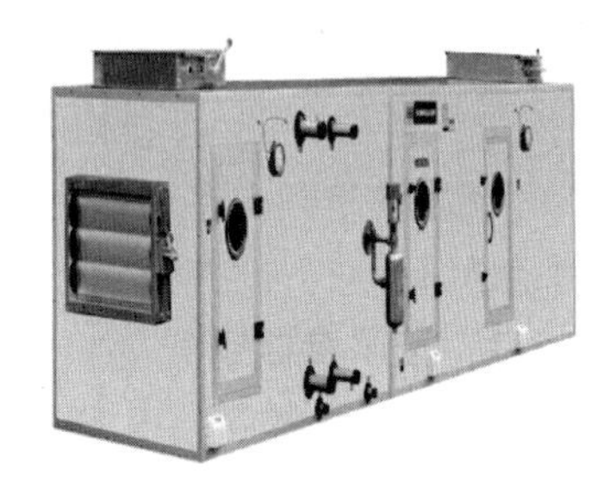

图3-1　组合式空调机组外形

进风部分将根据建筑环境内人们对新鲜空气的生理需求，由进风口和风道吸取室外空气，形成新风。空气过滤部分将除去新风中颗粒尘埃，根据过滤的效率不同，大致可分为初效过滤器、中效过滤器和高效过滤器。空气的热湿处理部分将根据室内热湿负荷的需求调节新风的温度升降和湿度加减。空气输送分配部分将调节好的空气均匀地输送分配到各个空调房间。

（1）空气的加热设备。在空调系统中，空气的加热设备通常有表面式空气加热器和电加热器。表面式空气加热器以热水或蒸汽为热媒在管束内流动，空气在管束外翅片间流动而被加热。电加热器通过电阻丝将电能转化为热能加热空气。

（2）空气的减湿冷却设备。空气的减湿与冷却通常用表面式空气冷却器（简称表冷器）来完成。表冷器的管束内有冷媒流动，当热空气沿表冷器的翅片间流过时，与冷媒进行热量交换，空气温度降低，冷媒温度升高。当表冷器的表面温度低于空气的露点温度时，空气中的一部分水蒸气将凝结出来，表冷器达到对空气进行降温减湿的处理目的。

根据供热理论，增大空气和热媒的流速，增加换热面积和空气与冷（热）媒之间的温差，都能提高传热量。但风速和水的流速过大，会增加风机和循环水泵的耗电量。一般将表冷器迎风面风速控制在2.5m/s左右，管内水流速一般在0.6~1.5m/s。

（3）空气的加湿设备。空调系统中的空气的加湿设备主要有蒸汽式加湿器、水喷雾式加湿器、气化加湿器等。在建筑物中的空调系统常用蒸汽加湿器。

（4）空气净化设备。空气净化包括除尘、消毒、除臭等处理，其中的除尘通常使用空气过滤器。初效过滤器适用于一般的空调系统，可以有效过滤大于5μm的尘埃颗粒，中效过滤器可以有效过滤大于1μm的尘埃颗粒。高效过滤器用于洁净度要求较高的场所，过滤的尘埃颗粒小于1μm。

3. 空调风系统

空调风系统包括送风系统和排风系统。送风系统的作用是将调节好的空气送到空调区域，以保证适合的空气环境。排风系统的作用是将空调区域内污浊的空气从室内排除到室外，也将一部分排风作为回风与新风混合处理后变成送风使用。空调风系统通常包括风机、风管、风口等部分。通常，采用一台送风机的系统称为单风机系统，采用一台送风机和一台回风机的系统称为双风机系统。一般情况，低速（<10m/s）风道多采用矩形，高速（>10m/s）风道多采用圆形。

4. 空调水系统

空调水系统的作用是将热媒水或冷媒水从热源或冷源输送到空气处理机组内。其基本组成通常有循环泵和水管系统。空调水系统可分为冷（热）水系统、冷却水系统和冷凝水系统等。

5. 空调自动控制系统

空调自动控制系统通过程序或人工调节空气状态参数，以适应空调区域内冷热负荷的变化，维持所要求的室内空气状态。

3.2 新风系统监控

新风机组是向室内提供新鲜空气的一种空气调节设备。新风机组监控内容有送风温度控制、送风相对湿度控制、室内温度与CO_2浓度控制、防冻控制以及各种联锁控制等。

3.2.1 送风参数控制

1. 送风温度

新风机组的送风温度控制是通过加热盘管或表冷器实现的。从室外吸进的新风，经过加热或冷却处理后，出风口处的新风温度为送风温度。送风温度控制目标是以保持恒定值为基本原则。由于冬、夏季室内环境温度要求不同，因此冬、夏季新风机组的送风温度目标值不同。根据热平衡关系，通常情况下空调水系统为量调节系统，通过调节盘管中的水流量来调整加热冷风所需的热量，实现送风温度控制。也就是说，夏季控制冷盘管冷水量，冬季控制加热盘管热水量或蒸汽盘管的蒸汽流量，来实现送风温度控制。对于冬夏两用的新风机组，需要进行冬、夏工况转换。

2. 相对湿度

新风机组的相对湿度控制是通过各类加湿器实现的。采用蒸汽加湿器时根据被控湿度的要求，自动调整蒸汽加湿量。当蒸汽加湿器采用调节式阀门（直线特性）控制蒸汽量时，湿度传感器可设于机房内送风管道上。当蒸汽加湿器采用位式控制方式时，湿度传感器应设于典型空调区域内。

3. 新风量

新风机组的新风量控制是通过风量调节阀，手动或自动改变阀门的开启度大小来实现。新风的作用不仅是满足建筑物内长期逗留人员的身体健康需要的氧气含量，还有置换污浊空气，维持室内正负压平衡关系，以及满足洁净度和舒适度等方面的需求。我国对公共建筑、设置新风系统的居住建筑、医院建筑和高密人群建筑等建筑的最小新风量进行了规定。如，《民用建筑供暖通风与空气调节设计规范》GB 50736—2012（第3.0.6条）中规定，公共建筑中的办公室和客房内每人所需最小新风量为30m³/（h·人）。医院建筑的新风系统所需最小新风量宜按换气次数法确定，配药室换气次数为5次/h，门诊室、急诊室、注射室换气次数为2次/h等。

3.2.2 新风系统的监控原理

1. 新风机组的控制原理

新风机组主要由风阀、过滤器、加热器、表冷器、加湿器、送风机等组成。其工作原理为从室外抽取新鲜的空气经过过滤除尘、升温或降温、加湿或减湿等处理后，利用送风机和送风道输送到各个空调区域，置换室内浑浊空气，为室内提供新鲜空气。新风机组的监控原理及配置如图3-2所示。

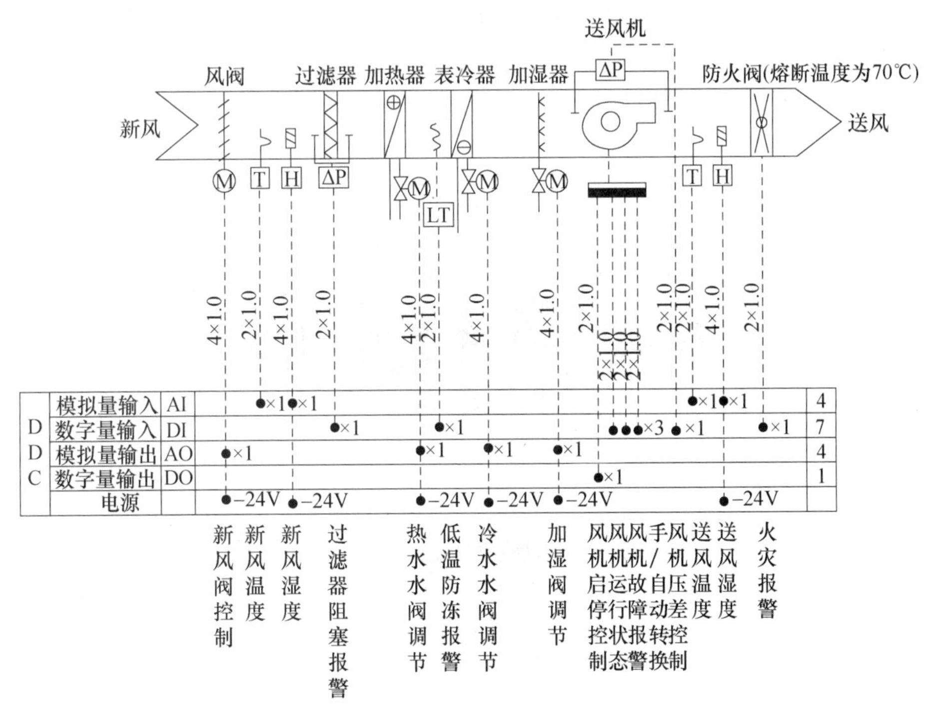

图3-2　新风机组监控原理及配置

2. 新风机组的控制单元

（1）送风温度控制单元

新风机组的主要控制对象为送风温度。送风温度控制单元由温度传感器、加热器或表冷器及水路上的电动调节阀等组成。温度传感器检测出模拟量输入（AI）送风温度信号，输入DDC控制器中，与设定值进行比较，通常经过PID控制算法处理后，输出一个模拟量（AO）信号，调节热水或冷水管路上的电动调节阀的阀门开度，控制流过加热器的热水流量或表冷器的冷水流量，实现对空气的升温或降温处理，控制调节送风温度趋近并最终稳定在设定值范围。

（2）送风湿度控制单元

新风机组的送风湿度控制单元主要由湿度传感器、加（减）湿器及蒸汽电动调节阀等组成。冬季气温低，空气干，需要进行加湿处理。夏季气温高，空气湿，需要进行减湿处理。在冬季，送风湿度的控制主要是DDC控制器通过调节加湿器的电动调节阀的开度实现。DDC控制器依据湿度传感器检测出的模拟输入（AI）送风湿度信号，与送风湿度目标设定值比较，采用PID调节法处理后，输出模拟量（AO）信号，调节加湿器的电动调节阀开度，控制调节送风湿度稳定在设定值。通常民用建筑中新风机组采用喷蒸汽的方式进行加湿，工业空调系统中的新风机组采用喷水方式进行加湿。

（3）新风量控制单元

DDC控制器根据新风的温度和湿度，以及空调房间对空气质量的要求，控制新风阀门的开度，实现按比例调节控制新风量。也可以通过室内CO_2传感器监测数据，与给定值比较后，调节新风阀的开度，增大或减小新风量。

（4）送风机运行状态控制单元

通过风机的配电箱中的各种辅助触点，DDC控制器可以对恒速风机进行启停、运行状态、故障报警、手/自动转换等控制。

如图3-3所示为新风机组组态监控系统示意。DDC控制器通过MODBUS通信总线，可以与中央监控站与上位机联网，实现BAS系统集成控制。

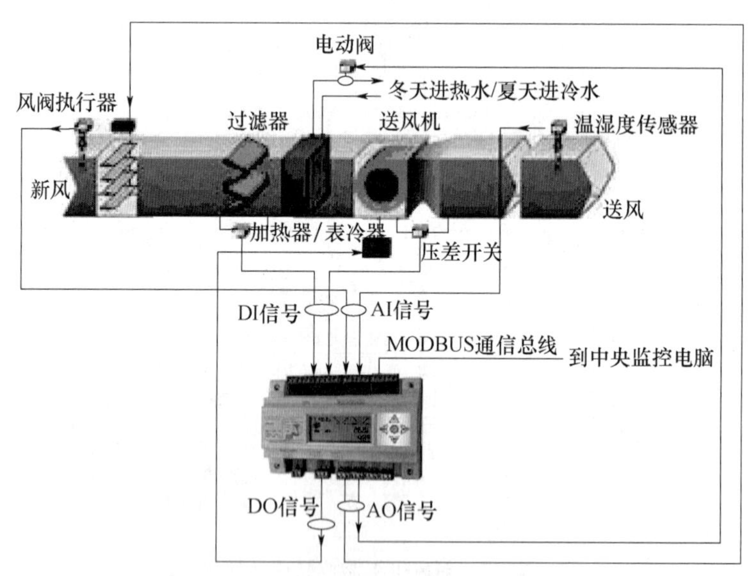

图3-3　新风机组组态监控系统示意

3.2.3　新风机组的监测功能

1. 监测送风机运行状态与显示

通过送风机两侧压差开关的数字量输入（DI）信号来监测送风机工作时气流状态。当风机启动后，风道内产生风压，气流使送风机两侧压差增大，压差开关闭合，表示送风机运行正常。当风机运行时，如果压差信号小于设定值，则说明气流状态不正常，则产生报警信号，以提示风机出现故障，并进行停机控制。风机停转后压差开关断开，显示风机停止运行。风机过载运行和手/自动切换监测，分别由配电箱中的热继电器常开触点和转换开关作为数字量输入（DI）信号接到 DDC 控制器中实现。

2. 监测送风温度和湿度

通过设置在送风口处的温度传感器和湿度传感器，对送风温度和湿度进行实时检测，了解新风机组是否将新风处理到设定值范围的要求。温度传感器和湿度传感器的模拟量输入（AI）信号，可以是 4 ~ 20mA 电流信号，也可以是 0 ~ 10V 电压信号，并输入到 DDC 控制器中。为准确了解新风机组的工作状况，温度传感器的测量精度应小于 ±0.5℃，湿度传感器测量相对湿度应小于 ±0.5%。

3. 监测过滤网堵塞情况

过滤网两侧的差压开关能够监测过滤网是否需要清洗更换。当过滤网黏附的灰尘越多，过滤网两侧的压差值越大，达到压差设定值时，压差开关吸合，产生报警信号，提示需要进行清洗或更换。通常初效过滤器的终阻力为 100Pa，中效过滤器的终阻力为 160Pa，高效过滤器的终阻力为 380 Pa。

4. 监测新风温度和湿度

通过新风机组进风口处的温度传感器和湿度传感器的模拟量输入（AI）信号，可以监测室外气候变化状况，进行室外温度补偿控制，以及冬夏季工况转换控制。

5. 设备启停联锁

为保护新风机组，新风系统启动顺序通常为先打开热水调节阀，再打开新风阀，最后打开送风机。新风机组的停止顺序通常为先关闭送风机，再关闭新风阀，最后关闭热水调节阀。各种设备启停的时间间隔以设备平稳运行或关闭为准。

6. 火灾消防联动控制

按照有关规定，新风系统的送风管上必须设置防火阀，其熔断温度为 70℃。当新风阀熔断时，DDC 控制系统必须关闭送风机，并向火灾监控中心报警。

由于火灾报警系统通常为单独的监控系统，因此在建筑设备监控系统中一般不另设置防火阀监测功能，送风管道上的防火阀的监测功能由单独的消防系统承担。

当发生火灾时，新风处理机组必须在火灾消防系统的要求下联动关停送风机，关闭电动风门调节阀。

3.2.4　新风机组的防冻控制

1. 加热盘管冻结原因

影响加热盘管冻结的原因是复杂的。在冬季，严寒和寒冷地区的气温在 0 ~ －45℃左右。对于新风机组或空调机组变流量调节的水系统来说，电调阀在调节盘管的热水流量时，加热盘管各管束中的压力、流量、流速等参数也会发生不同的变化。

当管束中的水温低于工作压力点对应的凝固点温度时，水开始凝固结冰。相态的变化引起体积膨胀的变化，导致管束容易冻裂。

当寒冷时节，室外温差变化大，自动阀门调节机构的作用常使盘管管束内流量小于设计值，这将导致越是调节频繁，越容易产生冻结现象。加热盘管冻裂会引发跑冒漏水现象，新风机组只能停止运行。

2. 常用防冻措施

（1）限制热盘管电动阀的最小开度

在盘管选择符合一定要求的情况下，才能限制热盘管电动阀的最小开度。最小开度设置后应能保证盘管内水不结冰的最小循环流量。

（2）设置防冻温度控制

在图 3-2 中，通常当冬季加热器后面的风温低于 5℃时，防冻开关常闭触点断开，产生报警信号，DDC 控制器输出信号，使风机停止运行，同时还可开大热水调节阀，加大盘管循环流量，防止冷空气冻裂加热盘管。

防冻开关的保护模式为被动式的停运保护。这对一些密闭性较高的场所，停止供应新风将会造成室内缺氧严重、空气浑浊、气味难闻、室内负压严重等不良影响。

（3）联锁新风阀

为防止冷风过量渗透所引起盘管冻裂，应在停止新风机组运行时，联锁关闭新风阀。当新风机组启动时，则打开新风阀。新风阀可采用电动保温密闭阀，关闭时接通电路进行电加热保温处理，可防止冷风渗透致使加热盘管冻结。

3. 运行防冻措施

采用热水供热新风防冻机组能够使新风机组实现连续运行防冻控制。如图 3-4 所示为热水供热新风防冻机组运行防冻控制原理示意。热水供热新风防冻机组属于新技术产品。

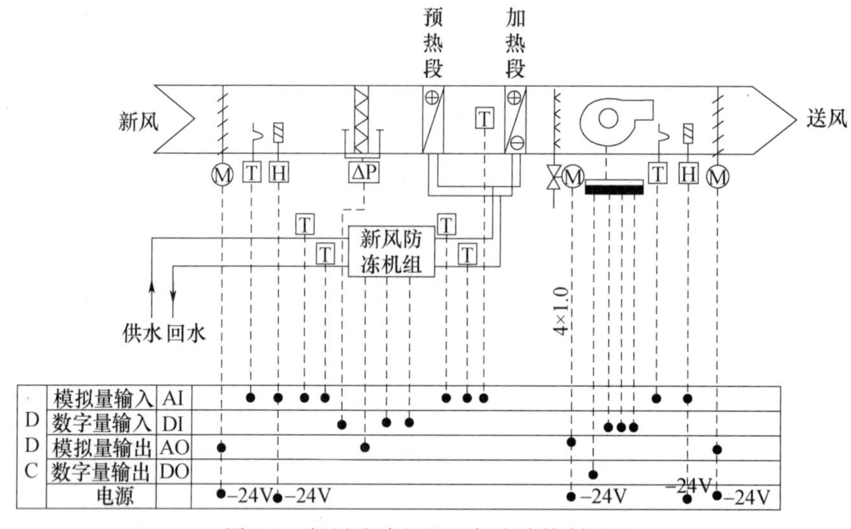

图 3-4　新风防冻机组运行防冻控制原理

热水供热新风防冻机组防冻原理是以调节加热盘管水力工况为目的，维持新风机组正常运行所需要的供热平衡关系。从水路上解决加热盘管管束水力冻结问题，不仅能防止新风机组加热盘管冻结，而且还能使新风机组适应寒冷天气变化连续正常运行。

热水供热新风防冻机组安装在外网供回水管网和新风机组的加热盘管之间，形成两个热水循环回路。一方面新风机组与外网之间形成一次变流量循环回路，维持新风机组工作时所需要的变流量调节功能；另一方面新风机组与加热盘管之间形成二次流量流循环回路，调节加热盘管管束中的水力工况，防止加热盘管管束冻结，这种调节技术还能在夏天制冷工况时均衡调节制冷效果。

热水供热新风防冻机组通过智能控制平台自动调节加热新风所需要热量，以及稳定送风目标温度控制。同时对外网热水管网实现变流量大温差控制，可以减少外网热水资源，充分发挥外网能力。

热水供热新风防冻机组能够根据新风温度、供回水温度、送风温度、预热段和加热段的风温参数，进行自动调节运行，能够适应外网波动等不利影响，不仅在防冻的同时继续保持新风机组的正常运行，还能在新风机组停运时解决冷风渗透而产生的冻结问题。

由于热水供热新风防冻机组能够仅使用一种温度等级的热水资源就能实现运行防冻，因此，它可以代替电加热预热、天然气预热、乙二醇预热、防冻开关等多种防冻控制方式。

热水供热新风防冻机组的保护模式为主动式的运行保护。这种防冻方式能够使新风机组在严寒的冬季，为密闭性场所连续不断地提供室外新鲜空气，提高建筑环境的空气品质。

在图3-4中，通常热水供热新风防冻机组可以形成单独的控制单元，能够对新风温度、送风温度、新风和送风阀执行器等进行控制。

3.2.5　新风系统监控点

采用热水供热新风防冻机组进行运行防冻控制的新风处理机组控制方案，所确定的新风系统的监控功能和监控点数，见表3-2。

表3-2　新风处理机组监控功能及监控点

设备名称	数量	监控功能	AI	DI	AO	DO	导线根数	备注
新风处理机组	1台	新风湿度	1				RVV4×1.0	控制送风机、加湿器、过滤网
		送风湿度	1				RVV4×1.0	
		送风机启停控制				1	RVV2×1.0	
		送风机运行状态		1			RVV2×1.0	
		送风机故障报警		1			RVV2×1.0	
		送风机手自动转换		1			RVV2×1.0	
		送风机压差开关		1			RVV2×1.0	
		加湿阀控制	1				RVV2×1.0	
		压差过滤报警		1			RVV2×1.0	
新风防冻机组	1套	新风温度	1				RVV2×1.0	控制新风机组、新风量、送风温度、供回水温差
		送风温度	1				RVV2×1.0	
		外网供水温度	1				RVV2×1.0	
		外网回水温度	1				RVV2×1.0	
		二次供水温度					RVV2×1.0	
		二次回水温度					RVV2×1.0	
		新风阀控制			1		RVV4×1.0	
		送风阀控制			1		RVV4×1.0	
		新风机防冻机组启停控制				1	RVV2×1.0	
		新风机防冻机组运行状态		1			RVV2×1.0	
		新风机防冻机组故障报警		1			RVV2×1.0	

3.3 定风量空调系统的监控

3.3.1 定风量系统的监控原理

定风量空调系统属于全空气空调系统。全空气送风方式的特点为水管不进入空调房间，室内温度和湿度的调节，均由送风的温度和湿度进行调节。根据能量平衡方程，向室内送入的热量或冷量为

$$Q = \frac{c\rho q(t_n - t_s)}{3600} \tag{3-1}$$

式中 Q——送入室内的冷量或热量，kW；

c——空气的定压比热容，kJ/（kg·℃）；

ρ——空气密度，kg/m^3；

q——送风量，m^3/h；

t_n——室内温度，℃；

t_s——送风温度，℃。

从式（3-1）可以看出，当送风量 q 一定时，通过改变送风温度 t_s，就可以改变送入房间的冷量或热量 Q，满足房间冷或热负荷的需求。

定风量空调系统的监控原理为送风量不变，通过改变送风温度、湿度以满足室内热湿负荷的变化，保持室内舒适的环境要求。

在定风量空调系统中，采用送风机的恒定转速来保证送风量的恒定，采用送风温度的变化来调节室内的热量需求。

全空气系统为了节能，通常使用室内回风与新风混合后再经过空调机组进行热湿处理，送入空调房间与房间进行热湿交换，达到室内环境要求的温度、湿度、流速等空气参数范围。

在夏季，舒适性空调系统常采用带有一定回风量的定风量空调系统。带回风的定风量空调系统的控制调节目标是将空调房间的温度和湿度控制在舒适性要求的范围之内，尽量利用新风进行调节，合理控制新风和回风的混合比例，能实现系统节能运行。

测量房间内温度和湿度的传感器，可以设置在能够代表房间平均温度和湿度地点，也可以设置在回风管道内。如图 3-5 所示为四管制定风量空调系统的监控原理示意。

3.3.2 定风量系统的监控功能

1. 定风量系统运行参数监测

（1）空调机组风温和湿度显示

在新风口处的温、湿度传感器实时监测新风温、湿度；在送风口处的温、湿度传感器实时监测送风温、湿度；在回风口处的温、湿度传感器实时监测回风温、湿度。将这些参数在 DDC 上显示出来，以便了解空调机组的运行状态，进行必要的参数修改与设定。

（2）送风机、回风机运行状态显示与故障报警

送风机和回风机的工作运行状态是通过两端的差压开关进行监测。风机正常运行时，差压开关闭合；风机故障时压差开关断开，并发出报警信号。此外，还有风机中的电动机过载显示报警、手/自动转换显示等。

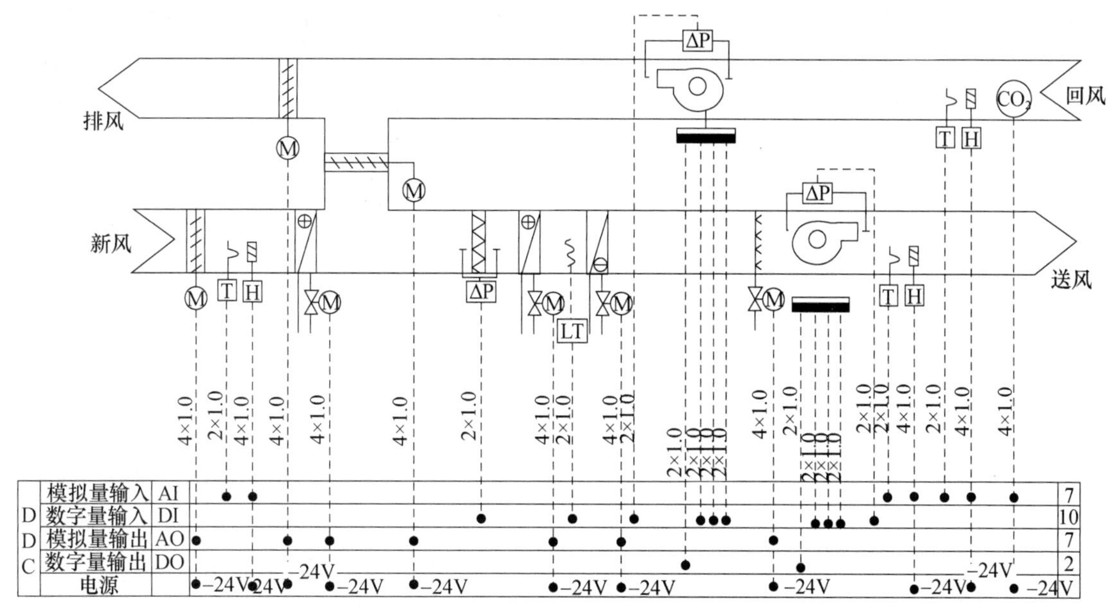

图 3-5　定风量系统的监控原理

（3）过滤网压差报警显示

当过滤网脏堵严重，两端压差增大超限，压差开关 ΔP 闭合报警，提醒维护人员，及时清洗或更换过滤网。

（4）CO_2浓度监测显示

通过回风口处的 CO_2传感器，监测空调室内的空气质量。当 CO_2浓度增大到限定值时，报警显示，并通过 DDC 调节进新风比例，改善室内空气质量。

（5）防冻报警显示与运行防冻保护

采用防冻开关进行停运防冻保护时，当加热器后面的风温低于 5℃时，防冻开关动作，并报警显示，联动停止空调机组运行，并限制热盘管电动阀的开度，以保证盘管内水不结冰的流量。

采用热水供热新风防冻机组进行运行防冻保护时，可以适应任何情况的寒冷天气温度变化，通过调节水力工况，满足供热平衡，防止加热盘管冻结，保证新风机组或空调机组处于运行防冻状态。可取代防冻开关作用，取消加热盘管水路上的电动调节阀，具有防冻、调控、智能控制、显示、报警、记录、数据远传等多种功能。

2. 定风量系统运行控制

定风量空调系统运行控制主要是对回风温度和湿度的控制，对新风量、回风量、排风量的比例调节控制，以及对风机联锁控制等。

（1）空调回风温度自动控制

为保证空调房间内的温度处于舒适区间范围，回风控制系统将能代表室内温度的回风温度作为控制目标，根据回风温度与设定温度的偏差，DDC 输出信号，可按 PID 控制算法规律调整表冷器或加热器回水电动调节阀开度，自动控制送入房间的冷量或热量，调节房间温度，达到稳定目标温度的需求。

在回风温度控制单元中，新风温度作为室外温度补偿控制。室外温度补偿控制系统能将回风温度设定值自动随室外温度按一定规律变化。在夏季，当室外温度升高时，温度补偿控制器能使室内的目标温度按一定比例上升，以减小室内外温差过大所产生的冷热冲击，提高人的舒适感。当室外温度在比较适宜的 10～20℃左右时，室内温度设定值浮动，空调系统既不加热也不冷却。对于舒适性空调，室内温度设定值通常夏季在 24～28℃，冬季在 18～22℃之间。

（2）空调回风湿度自动控制

通过送入 DDC 控制器中的回风道上的湿度传感器模拟量输入（AI）信号与相对湿度设定值比较，输出按 PID 控制算法规律输出调节加湿器的电动调节阀开度，控制蒸汽加湿量达到室内对相对湿度的需求。相对湿度设定值范围通常夏季在 40%～70%，冬季在 30%～60%。对于舒适性空调来说，人体对相对湿度的感觉不像温度那么敏感，不需要考虑室外湿度参数的变化补偿。

（3）新风阀、回风阀、排风阀的比例控制

新风量的控制通常需要满足两项要求，并取二者中最大值作为系统的最小新风量。一是满足空调区域内每个工作人员的最小新风量要求，如 $30m^3$/（h·人）等。二是满足空调区域内微正压或微负压平衡关系。微正压关系为新风量要稍大于排风量与渗透出风量之和。微负压关系为新风量稍小于排风量与渗透出风量之和，如厨房、涂装车间等场所。新风量一般占空调送风量的 30%～50%左右。排风量应等于新风量，因此排风阀和新风阀的开度应该相等。

为了合理回收回风热能，可根据新风与回风的焓值比较来控制新风量和回风量的比例。在定风量空调系统中，将新风通道中的温度、湿度传感器以及回风通道中的温度、湿度传感器实测参数输入 DDC 中进行焓值计算比较，按新风和回风的焓值比例输出一定量的电压控制信号，调节新风电动风门和回风电动风门的开度，使新风与回风比例控制在预定值范围，合理回收回风，能够减少空调系统的运行能耗。

（4）风机联锁控制

为保护空调机组设备，定风量空调系统的启动顺序控制通常为：先开启冷热水调节阀，再启动送风机、回风机，然后再开启新风风门、回风风门和排风风门。停止控制顺序为：先停止回风机、送风机，再关闭新风风门、回风风门、排风风门，然后再关冷热水阀。

（5）寒冷季节的预热控制

在图 3-4 中，在新风阀后及混风阀前设置了预热器。这是因为在严寒和寒冷地区的冬季，气温很低且温差变化幅度大，即使采用最小新风量，加热新风的热负荷依然很大，所以需要启动新风预热器，将寒冷的新风预热到 5℃以上，再与回风混合，进行加热和加湿处理。这样既能满足实际的加热需求，又能防止新风与回风混合点可能落入雾区，而使空气中的水汽凝结析出。预热器可根据新风温度与 5℃的偏差值进行 PID 调节控制。

3.3.3 定风量系统的节能控制

1. 采用变设定值控制节能

将室内温度设定值有规律的随室外气温变化调节，既能改善室内舒适状况，又有节能效果。据有关资料表明，夏季室内温度设定值从 26℃提高到 28℃时，冷负荷可减少 21%～23%。露点温度从 10℃提高到 12℃，除湿负荷可减少 17%。冬季室内温度设定值从 22℃降到 20℃时，热负荷可减少 26%～31%。露点温度从 10℃降到 8℃，加湿负荷可减少 5%。因此，采用变设定值控制可以减少大量的能耗，节能效果显著。

新风补偿控制系统能够实现室内变设定值控制。将新风温度作为室外温度的前馈信号加入回风温度控制系统，在以室内温度为主要设定值的同时，进行室外温度补偿，按一定规律调整室内温度设定值大小，如图3-6所示。

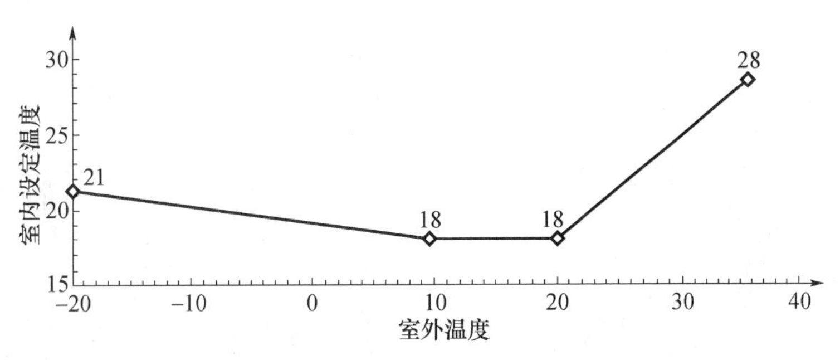

图3-6　室内温度设定值随室外气温补偿曲线

当室外温度在10℃以下时，室内温度设定值随室外温度降低适当提高，以补偿建筑物门、窗、墙等产生的冷辐射产生的不舒适感。当室外温度在10～20℃时，控制器设定值浮动为18℃，空调系统既不加热也不冷却，室内温度处于浮动状态。当室外温度高于20℃时，室内设定温度随室外气温上升，以消除室内外温差过大所产生的冷热冲击，提高舒适度，降低能耗。

2. 根据焓差控制新风量节能

新风负荷一般占空调负荷的30%～50%，在人员密集的公共建筑内可达70%以上。根据新风和回风的焓值比较来控制新风量，能够最大限度地减少冷却或加热新风负荷的能耗，节约能量。

新风负荷计算式为

$$Q_x = \frac{(h_x - h_h)\ q_x}{3600} = \frac{\Delta h q_x}{3600} \tag{3-2}$$

式中　Q_x——新风负荷，kW；

h_x——新风焓值，kJ/kg；

h_h——回风焓值，kJ/kg；

q_x——新风量，kJ/h；

Δh——新风与回风焓值差，kJ/kg。

制冷工况下，当焓差$\Delta h>0$时，应采用最小新风量控制，尽量减少制冷机负荷。当焓差$\Delta h<0$时，应采用最大新风量，或回风与新风相混合，充分利用自然冷风，减轻制冷机组负荷。

在制热工况下，新风焓值通常都比回风焓值小，新风量的控制可以按室内需求调节，焓值比较控制也可作为辅助调节控制手段。

3. 排风热回收节能

采用热回收装置，使新风与排风进行热量交换，回收排风中的部分能量，进行冷却或加热新风负荷，能够节能。据有关资料显示，当显热热回收装置的回收效率达到70%时，空调能耗将降低40%～50%。

排风热回收装置主要有转轮式、液体循环式、板式显热、跷板式、热管式、溶液吸收式等热回收器。

如图 3-7 所示为转轮式热回收空调机组的回收原理和外形示意。以特殊材料制作的蜂窝式转轮，具有蓄热和吸湿性能。通常转轮以 10r/min 的低速旋转，回风从上侧通过转轮排到室外，把大多数的热湿全热保留在转轮中，新风从转轮的下部进入，与蓄热后的转轮进行热交换，冬天预热，夏天预冷。

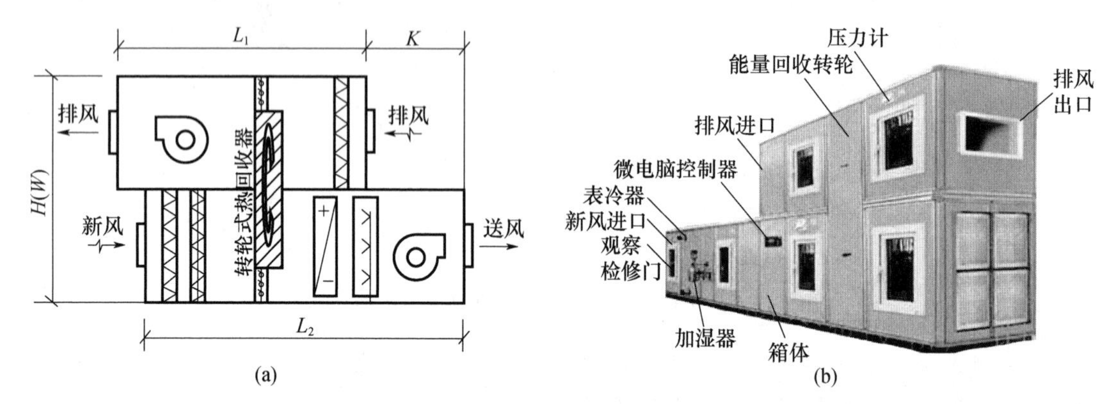

图 3-7 转轮式热回收空调机组

（a）热回收原理；（b）热回收机组外形

为保证热回收效率，要求排风量和新风量基本保持一致。在严寒和寒冷地区的冬季，应采取防止结霜和结冰措施。

液体循环热回收装置是利用中间热媒将排风系统的热量回收到新风系统中使用，如图 3-8 所示。通过调整旁通流量 Q_2，可以提高新风盘管表面温度，预防结霜。

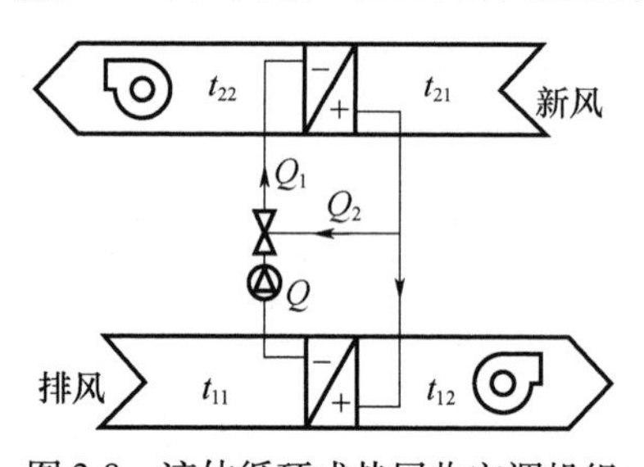

图 3-8 液体循环式热回收空调机组

3.4 风机盘管的控制

3.4.1 风机盘管系统组成

风机盘管系统是对室内空气进行循环处理，一般不做特殊的过滤处理。风机盘管系统不能严格控制室内温度，常年使用时，冷却盘管外表面因冷凝水而滋生微生物和病菌，会进一步恶化室内空气环境，因此对温室和卫生等要求较高的空气调节区域，限制使用风机盘管空调系统。

风机盘管系统可用于全水系统或空气-水系统。风机盘管机组用于全水系统通常为独立工作机组，对室内循环风进行加热升温或冷却降温处理，而室内新风由门窗等途径提供，房间的空气卫生条件不够好。

风机盘管机组用于空气-水系统时，通常为风机盘管加新风空调系统。由新风机组、风机、加热盘管、过滤器和机壳等部分组成。风机一般采用离心风机，电容式 4 极单相电机三档换速，加热盘管一般采用铜管串铝翅片组成。通常新风空调机组只承担新风本身的冷热负荷，风机盘管承担室内的冷热负荷。风机使房间内的空气通过回风口和送风口不断循环，加热盘管使用的冷水或热水，由集中冷源和热源提供。有的风机盘管还配备附加电阻作为预加热，负担室内冷热负荷。过滤器防止循环空气中的灰尘和纤维，净化二次风，能提高使用区的室内空气品质。

3.4.2　风机盘管系统控制原理

如图 3-9 所示为两管制无新风风机盘管系统控制原理。控制目标是保持房间的温度稳定，控制部分通常包括风机转速控制和室内温度控制。

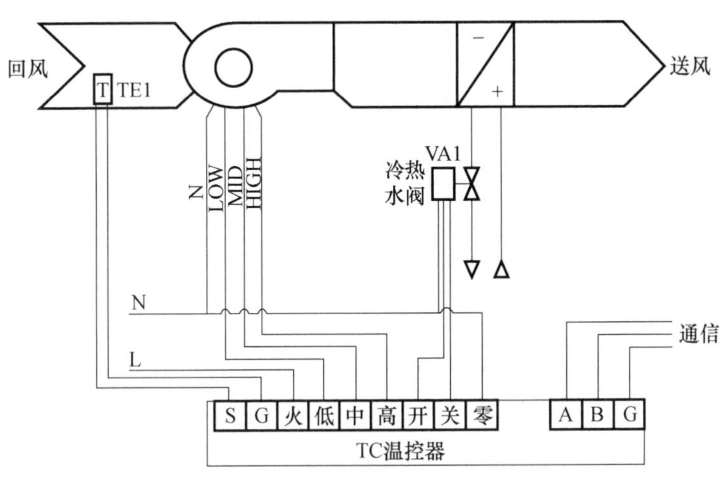

图 3-9　风机盘管控制原理

1. 风机控制系统

风机的启停通过自动控制或手动控制实现。冬季时，室温低于设定值时自动启动风机，室温高于设定值时自动停止风机运行。

风机运行速度的调节通常采用高、中、低三种转速的运转控制送风量，并通过手动控制选择三个档位。

2. 室温控制

室温控制系统由 TC 温控器、回风道上的温度传感器、水路上的电动调节阀 VA1 等部分组成。回风管道上的温度传感器能比较真实的反映实际房间温度，当其监测温度低于温度设定值时，通过温度控制器 TC 输出控制指令，打开水路上的电动调节阀 VA1 进行调节热水或冷水的流量，控制室内温度在设定值范围。

风机盘管的温度控制是针对房间局部区域而设定，通常房间负荷比较稳定，一般能够满足 ±(1～1.5)℃的温度变化要求。在酒店建筑中，通常还设有节能钥匙系统与风机盘管系统联锁运行控制。

3. 夏季和冬季模式转换

风机盘管工作在夏季模式时，空调水管供应冷冻水。风机盘管工作在冬季时，空调水管供应热水。冬夏季的转换，可以手动转换，也可以系统自动转换。

（1）温控器手动转换。在各个温控器上设置冬、夏手动转换开关，可人为操作，进行季节模式转换。

（2）统一区域转换。对于同一朝向的房间中的风机盘管，可以统一设置转换开关，进行集中冬季和夏季工况转换控制，同时取消各房间温控器上的手动转换开关功能。

（3）自动转换。自动转换是在各房间温控器上设置自动冬季和夏季转换开关，在每个风机盘管供水管上设置一个位式温度开关。当水系统供冷水温度为12℃时，转换开关自动转到夏季工况。当水系统供水温度为30～40℃时，自动转换到冬季工况。夏季和冬季的转换温度控制点，可根据情况设定。

3.4.3 风机盘管加新风系统

风机盘管加新风系统将集中处理的全部新风，以恒定的温度和湿度送到各房间入口，经过风机盘管再次升温或降温处理之后送入各房间。

新风系统承担着向室内提供新风的任务，主要用于满足人们对室外新风的需求，并稀释室内污染。通常新风系统不承担室内负荷或承担部分室内负荷。新风可以直接送到风机盘管的吸入端，与房间的回风混合后，再被风机盘管冷却或加热后送入室内。新风也可以与风机盘管的送风并列混合后送入房间。新风的处理设备通常采用组合式空调机组或整体式新风机组，一般具有过滤、冷却、加热、加湿等功能。

风机盘管中的风机转数和盘管回水路上的电动调节阀均由空调房间内的温度控制器控制，可方便调节各房间温度。如图3-10所示为风机盘管加新风系统监控原理示意。

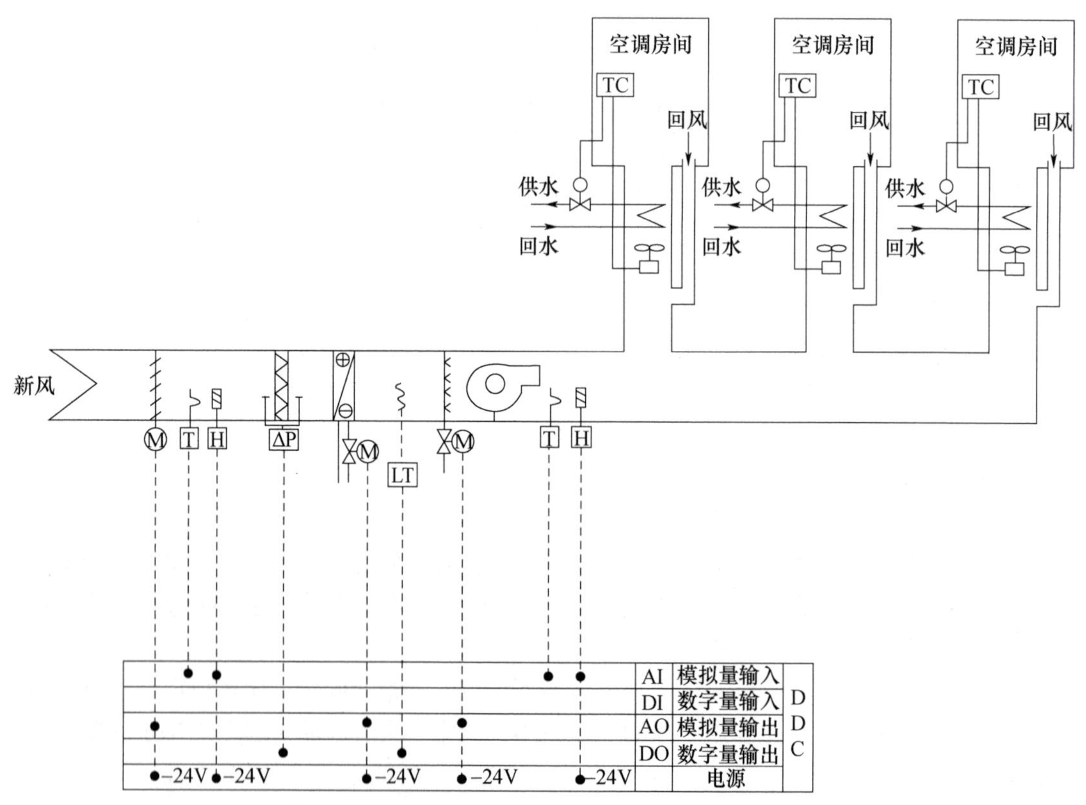

图3-10　风机盘管加新风系统监控原理

1. 新风机组运行参数监控

（1）新风与送风温度和湿度的监测

在新风进口处设置温度传感器和湿度传感器实时监测新风温、湿度参数变化；在送风机出口处设置温度传感器和湿度传感器监测送风温、湿度参数变化；在DDC上显示出来，以便了解新风机组的运行状态。

（2）过滤器两端压差监测

采用压差开关测量过滤器两端压差。当过滤网脏堵严重，压差超过限定值ΔP时，压差开关闭合报警，提醒维护人员，及时清洗或更换过滤网。

（3）防冻停运报警与运行防冻控制

在冬季室外新风低于0℃的地区，新风机组应有防冻措施。可以在风道上和水路上采取防冻措施。

防冻停运报警主要措施为在新风入口处设电动保温密闭阀，与风机联动控制，并显示报警。当停机时，密闭阀自动关闭。在加热盘管后面设置防冻开关，当加热盘管后面的风温低于5℃时，防冻开关动作，显示报警，并联动控制新风机组停止运行，入口处新风阀自动关闭。

运行防冻措施主要是在水路上采用热水供热新风防冻机组进行防冻保护，能够解决加热盘管管束冻结问题，调节水力工况平衡，进行送风温度稳定控制，调节控制新风机组正常运行。

（4）新风机组温度控制

将新风机组出风口处的送风温度传感器的模拟量测量值送入DDC控制器与设定值进行比较，按PID控制规律调节回水管路上的电动调节阀开度，控制盘管中冷水或热水的循环流量，维持送风温度稳定控制。夏季将新风冷却并恒定在设计新风温度。冬季一般将新风加热到室内所需要温度，并进行必要的加湿处理。若新风系统所承担的区域内既有供冷需求区域，又有供热需求区域，则将新风加热和加湿到制冷工况所确定的新风状态点，在供热区域内有风机盘管承担室内加热负荷。

（5）新风机组湿度控制

将新风机出风口处的送风湿度传感器的模拟量测量值送入DDC控制器与设定值进行比较，按PID控制规律调节加湿器电动调节阀的开度，维持房间内相对湿度稳定要求。

2. 风机盘管的控制

室内风机盘管的控制是由带三速开关的温控器（TC）来完成。如前所述，风机盘管的冷/热量调控，可以通过控制盘管的水流量、风机转速等方式综合调节。

3.5　变风量空调系统监控

3.5.1　变风量空调系统的组成

1. 变风量空调系统基本组成

根据式（3-1）可知，当送风量温度t_s一定时，通过改变送风量q，可以改变送入房间的热量或冷量Q，满足房间冷热负荷的需求。

变风量（VAV）空调系统是以送风温度不变，通过改变空调房间的送风量来实现对室内温度调节的全空气系统。由于变风量空调系统的风机输送的风量是随室内负荷大小而不断变化的，输送空气所消耗的能量比定风量系统少，因此节能效果好。通常采用变频调节送风机的转速来改变总的送风量。

如图3-11所示，单风管变风量空调系统控制通常由变风量空调机组（AHU）、变风量末端装置（VAV BOX）及末端控制器、送回风管道、回风机、自动控制系统等部分组成。单风管变风量空调系统只能对各房间同时供暖或同时供冷，适用于各空调区域负荷变化幅度较小且比较稳定，对相对湿度无严格要求的场合。

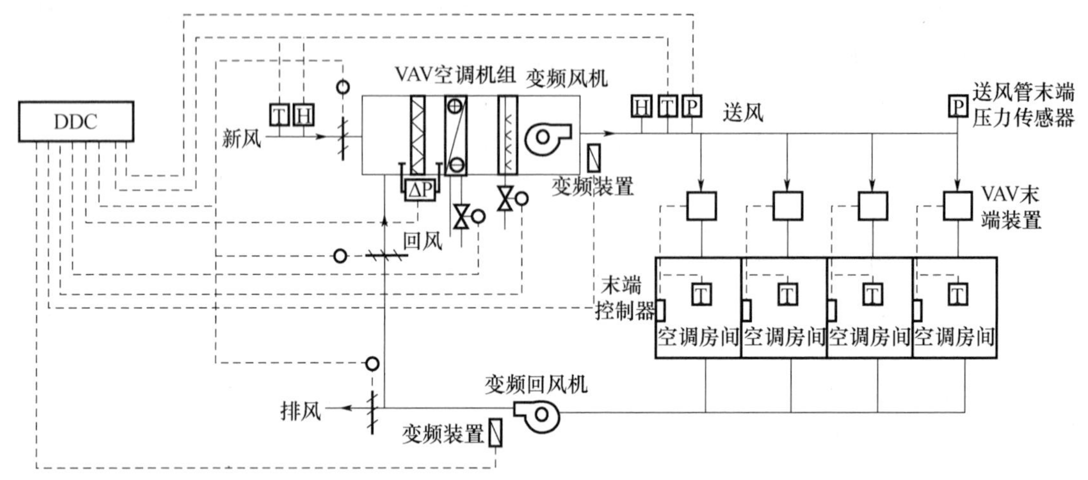

图 3-11 单风管变风量控制系统示意

变风量空调机组（AHU）是对新风与回风混合后进行过滤和热湿处理，并提供空气循环动力。末端装置（VAV BOX）是变风量空调系统的特征设备。实际上它是一个风阀，通过末端控制器调整风阀的开度，可以调节送入房间的风量，实现对各个房间温度的单独调节。有些末端装置还兼有二次回风、再热和空气过滤等功能。送回风管道系统负责对空调系统中的空气进行输送和分配。送风管道内具有一定的静压，并在运行中始终保持静压稳定，这样才有利于变风箱有效而稳定地工作。自动控制系统对空调系统中的温度、湿度、风量、压力、新风量、回风量等进行监测与控制，通过末端装置以室内温度波动为被控量来控制房间送风量，满足房间热湿负荷的变化需求和新风量要求，实现舒适性与节能性控制目标。

2. 变风量空调系统监控原理

变风量空调机组负责处理送风温度和湿度，通过变频送风机，经过送风通道和 VAV 末端装置，将处理后的空气送到空调房间。末端控制器根据空调房间温度的变化，调节 VAV 末端装置中电动风阀的开度，调节被控区域的送风量，维持室内温度平衡稳定。多个空调房间的 VAV 末端装置所改变的风量会引起空调机组送风管道内静压的变化，通过送风管静压传感器发出信号，改变送风机的送风量。送风量的变化将导致送回风量差值的减少，DDC 控制器会相应减少回风量以维持室内风压稳定。风道压力的变化还将导致新风量和排风量的变化，控制器将相应调节新风、回风和排风阀开度，并保持必要的新风量和排风量。

3.5.2 变风量空调系统的监控功能

1. 变风量空调系统运行参数监测

（1）监测显示回风管道的温度和湿度。根据回风温度参数，调整加热器或表冷器水路上的电动调节阀开度。根据回风湿度，控制加湿器电动调节阀开度。

（2）监测显示送风管道的温度和湿度。送风管道上的温度和湿度参数与回风管道上温度和湿度参数相比较，可以了解空调房间冷负荷或热负荷的变化情况。

（3）监测显示新风口处的温度和湿度。通过新风口处的温度和湿度参数，能够了解室外气温变化，确定控制新风、回风阀开度。

（4）监测送风主干风道某点静压。监测送风主干风道某点静压参数变化，通过变频器调节送风机转速来调节送风量。

（5）测量新风口处的风速，控制变风量系统保持所需要的最小新风量。

（6）显示新风阀、回风阀、排风阀、水路电动调节阀、加湿器电动调节阀的开度，了解其工作状态。

（7）送风机和回风机的运行状态显示，故障报警。

（8）调整空调机组送风温度、送风量等送风参数设定值。

2. 变风量空调系统控制

变风量空调系统需要对空调机组和 VAV 末端装置进行控制。对空调机组的控制内容有总送风量、送风温度和湿度、回风量、新风量等调节控制。

（1）总送风量调节控制

在变风量空调系统中，总送风量应随各房间风量的需求而变化，可以通过定静压、变静压、总风量等方法进行调节控制。通常采用监测主风道静压力作为总风量调节主参数，根据主参数的变化，DDC 通过变频装置随时调整送风机转速，达到调节总送风量的目的，满足各房间有足够的风量来调节房间温度。监测主风道静压力通常有定静压法和变静压法。

定静压控制原理是通过变频送风机的转速来调节总送风量变化，以保证主风道上某一点静压力恒定在 VAV 末端装置所要求的压力值。当各房间需要风量增加时，主风道综合阻力系数减小，测量点静压降低。监测该点静压力值，与其设定值比较偏差，按已定的控制规律调节变频装置，从而调节增加送风机的转速来加大总送风量。当总送风量逐步与各房间所需风量平衡时，静压恢复到原来状态，空调系统运行在新的工作点。静压测量点通常取在风道末端，或主风道离送风机 2/3 处。

变静压控制原理是根据变风量末端装置风阀的开度，根据各房间温度设定值与风阀状态，阶段性地改变主风道中压力测试点的静压设定值，通过变频控制送风量，尽量使静压保持在允许最低值，以最大限度节省风机能量。

总风量控制原理为监测各房间 VAV 末端控制箱的瞬间风量并求和，即为此时变风量空调系统需求的总风量。根据风机在各转速下的性能曲线，调节送风机转速与总送风量相匹配。

（2）回风量自动控制

在变风量空调系统中，调节回风机风量是保证空调区域内送风与回风微正压或微负压平衡关系的重要途径。当送风机改变送风量时，要求回风机改变回风量。由于不可能直接测量各房间室内压力，通常测量总送风量和总回风量，调整排风机转速，使总回风量略小于或大于总送风量，维持空调区域微正压或微负压关系。

（3）送风温度和湿度控制

送风温度和湿度的设定值确定及调整，需要依据空调区域内各房间温度、风量情况来确定。可以根据运行经验和理论计算，依据建筑物的使用特点、室内热湿负荷变化情况、室外气温变化等因素确定并调整送风温度和湿度参数。也可以根据各房间温度、风量、风阀位置等控制信息反馈确定送风温度和湿度参数。当各末端装置的风量设定值都低于各自最大风量，说明送风温度与室内温度偏差过大，夏天应提高送风温度设定值，冬天应降低送风温度设定值。当末端装置的风量设定值大于或等于最大风量时，说明送风温度与室内温度偏差过小，夏季应降低送风温度，冬季应提高送风温度。送风相对湿度调节控制也可以取主回风道的相对湿度作为主调参数。

（4）新风量控制

新风量控制是以保证空调系统在任何时候都能够提供满足空调区域内所需要的最小新风量的要求。在变风量空调系统中，常采用保持设计最小新风量不变的方式运行。当送风量变化时，调节回风电动阀开度来调节回风量，满足新风量不变，总送风量变化的需求。回风电动阀的控制可以与送风机同步调节，也可以由总送风量控制。排风量应基本等于新风量。排风阀的开度与新风阀的开度基本相同。

当变风量系统达到最小送风量，并等于最小新风量时，送风机的转速降至设定的最小转速，可以根据回风温度来调节供回水管路上的电动阀开度，根据回风湿度来调节加湿器的电动阀开度，以保证空调区域内适宜的温度和湿度要求。

3. 变风量末端装置的风量控制

在变风量空调系统中，每个变风量末端装置的风量由房间的末端控制器控制。多个房间末端装置改变风量时，会引起送风管道内静压的变化，通过静压传感器，DDC 通过变频装置调节送风机的转速，达到节能目的。变风量末端装置风量调节控制通常有压力相关型和压力无关型。

如图 3-12 所示，压力相关型末端控制装置的风阀 V 开度，直接由室温控制器 TC 控制，其出风口处的风量受风道内静压力变化影响大。

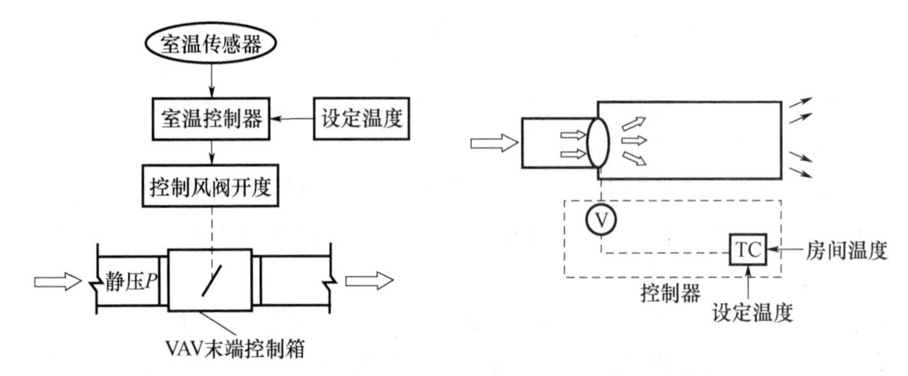

图 3-12　压力相关型变风量末端装置控制原理

采用压力相关型末端装置的变风量系统，根据房间温度实测值与设定值比较偏差，直接调节末端装置中的风阀。对整个空调区域来说，几个房间的风量调节，或总风量的调节变化，容易导致未调节房间末端装置风道处的空气压力变化，使空调系统运行不够稳定。当具有通信功能时，每个末端装置要对风阀进行调节时，相邻末端装置同时按预定的权重系数进行调整修正，以保证系统调节运行的稳定性。

如图 3-13 所示，压力无关型末端装置在其入口处设置风量传感器，监测送风量的变化。通过风量控制器 FC，根据实测风量值与风量设定值比较偏差来控制风阀 V 的开度。温度控制器依据室温变化修正风量控制器的风量设定值。这样一来，压力无关型末端装置的送风量仅与室内温度有关，不会受到风道内静压力变化影响。压力无关型末端装置的调节速度快，一般情况下风量实测值接近设定值。

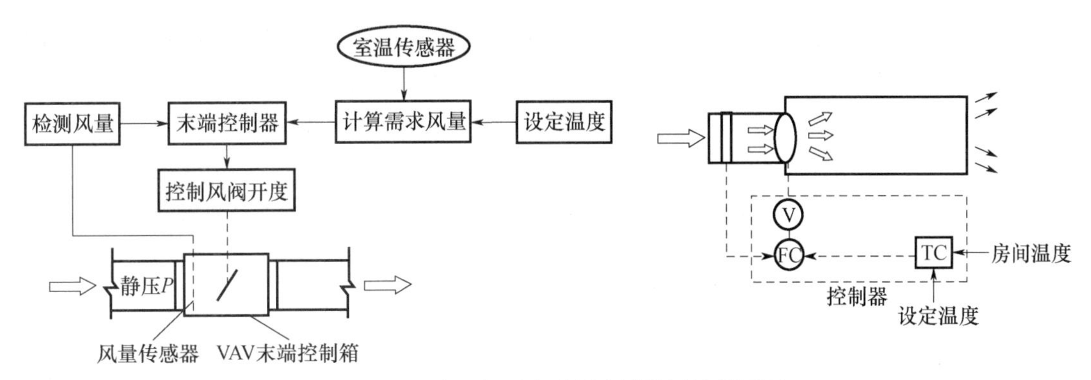

图3-13　压力无关型变风量末端装置控制原理

3.6　多联机（VRV）空调系统的监控

3.6.1　多联机空调系统简介

变制冷剂流量多联分体式空调系统，简称为多联机VRV（Variable Refrigerant Volume）空调系统。多联机系统是由一台或数台室外机，配置多台相同或不同容量的直接蒸发式室内机，构成单一制冷循环的空调系统。一台室外机通过管路能够向若干个室内机输送制冷剂液体，采用电子技术控制室内机盘管中的制冷剂流量，通过压缩机控制系统改变制冷剂的循环量。通过改变制冷剂流量来调节控制空调区域内热湿负荷的变化需求，保证室内空气环境的舒适性，并使空调系统稳定工作在最佳工作状态。

1. 多联机空调系统的组成及工作原理

（1）多联机基本组成

如图3-14所示，多联机空调系统是由一台或多台室外机，连接多台室内机及系列管路系统组成环形管网系统。室外机主要由室外换热器、压缩机、四通阀等其他附件组成。室内机由风机、直接蒸发式换热器、电子膨胀阀、遥控器等组成。管路系统主要由制冷剂液体管道和制冷剂液气体管道及附件组成。制冷或制热由一台或多台室外机完成。

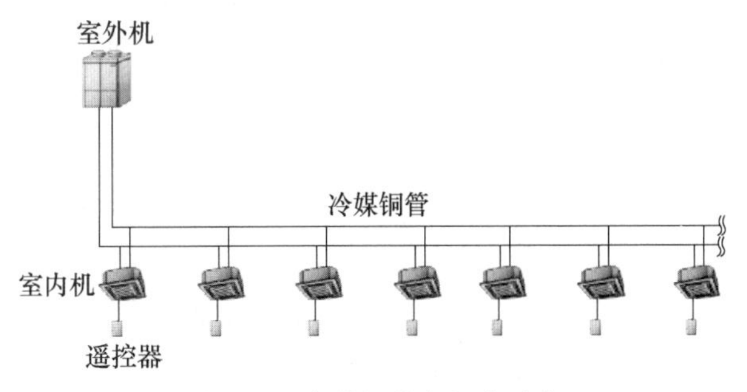

图3-14　多联机基本组成示意

（2）多联机基本工作原理

如图3-15所示为多联机制冷系统原理示意，其工作原理为：由控制系统采集室内舒适性参数、室外环境参数和表征制冷系统运行状况的状态参数，根据系统运行优化准则和人体舒适性准则，主要实现两方面控制任务。一方面，通过电子膨胀阀，控制室内机中换热器的制冷剂流量，调整室内机中换热器的换热能力。通过控制室内机中风机运行状态，调整出风量，保证室内空气环境的舒适性。另一方面，采用变频调速控制，或改变压缩机的运行台数、工作气缸数、电子膨胀阀开度等其他辅助回路，使系统的制冷剂流量变化，能够与室外机提供的制冷（或制热）能力与多台室内机所需的冷（热）负荷相匹配。

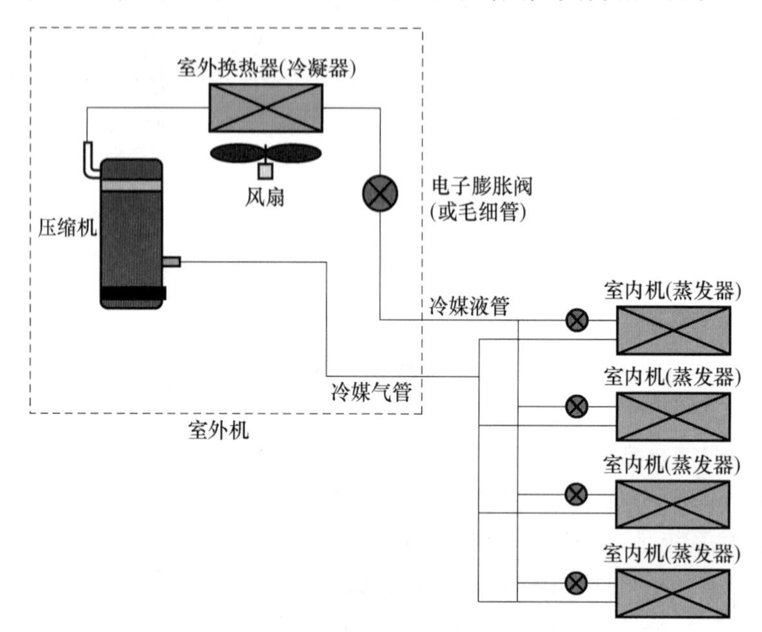

图 3-15　多联机制冷系统工作原理

（3）多联机系统分类

按压缩机类型可分为变频式和定频式。变频式多联机是通过改变压缩机频率来调节制冷剂流量，定频式多联机是通过旁路来调剂制冷剂流量，并与室内变化的负荷相匹配。按室外机冷却方式可分为风冷式和水冷式。室外机组中的换热器是以空气为冷却介质为风冷式，以水为冷却介质为水冷式。按系统功能可分为单冷型、热回收型、热泵型、蓄热型等。单冷型多联机系统仅向室内提供冷量。热回收型多联机系统可回收内区热量，实现内区供冷，内区以外供热。热泵型多联机系统在夏季向室内供冷，冬季向室内供热。蓄热型多联机系统可以利用夜间电力将冷量（热量）储存在冰（水）中，以便在白天负荷高峰时使用。

2. 多联机空调系统主要特点

多联机空调系统设备系统少，节省占用空间。风冷式多联机系统将制冷剂直接送入室内，不需要冷却水和冷冻水系统，节省了大量设备。多联机系统循环制冷室内空气，不需要庞大的风道系统，减少了建筑物的占用空间。

多联机空调系统组合灵活，节能效果好。多联机系统容量可根据建筑物负荷大小自由组合。可灵活选择室内机，安装布置方便。室外机容量可调，室内机可单独控制，节能效果好。

多联机空调系统具有智能化程度高、节能、舒适、运转平稳等特点，各房间可独立调节温度，满足不同房间不同空调负荷的需求。但多联机空调系统的控制复杂，对管材材质、制造工艺、现场焊接等方面要求非常高，且其初投资比较高。多联机系统制冷剂管路长、接头多、易渗漏，会影响系统正常运行。

多联机空调系统对新风问题需要特殊处理。可采用室内机自吸新风，或采用全热交换新风机组，还可以根据需要，在建筑物每层或每个区域内设置新风机组。新风经处理后通过风道送入各个房间。

3.6.2　多联机空调系统的控制方式

1. 多联机空调系统普通控制

在多联机空调系统中，每一台室外机组可以带多台室内机组，室外机组和室内机组接上电源之后，可以根据用户的个人需求，通过有线或无线控制器，根据需求任意设定房间温度，按档位调节出风量，灵活控制室内机组运行状态。可以采用一个控制器对应一台室内机进行控制，也可以采用一个控制器对应一组室内机控制。如图 3-16 所示为多联机控制系统示意。

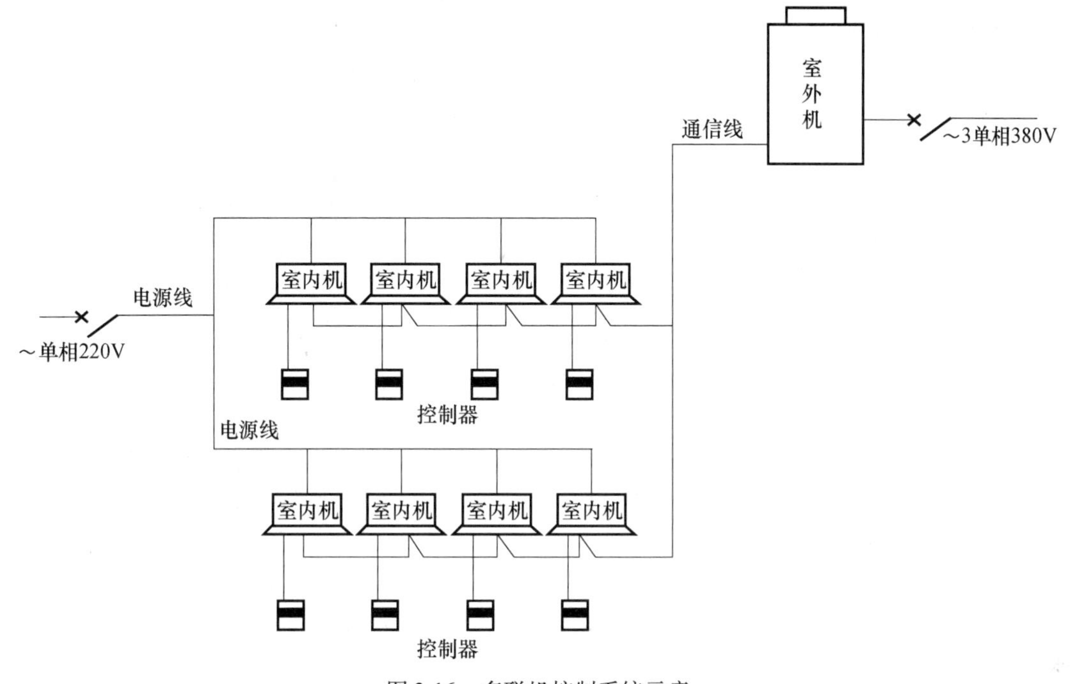

图 3-16　多联机控制系统示意

2. 多联机空调系统智能集中控制

多联机空调系统智能集中控制可以根据情况组成集中控制管理系统（BMS）。如图 3-17 所示封闭式为多联机智能集中控制系统示意。在楼宇中，多联机集中控制管理系统能够实现室温监控、空调权限管理、故障自动报警、运行记录显示、检测空调运行状态、节能控制、空调维护等多种功能。

如图 3-18 所示，多联机控制系统还可以通过智能控制器扩展控制功能，通过网关（BACnet）系统，可以与以太网和 BMS 联网，与电梯、泵、照明等供电设施和防火设施进行联锁控制。

多联机控制系统主要监控功能有：

（1）单独或集中进行开关、温度上下限设定、模式转换等控制；

（2）空调系统运行状态监视与权限管理；

（3）运行记录显示，故障报警；

（4）联锁控制门锁、供电设施、消防设施等；

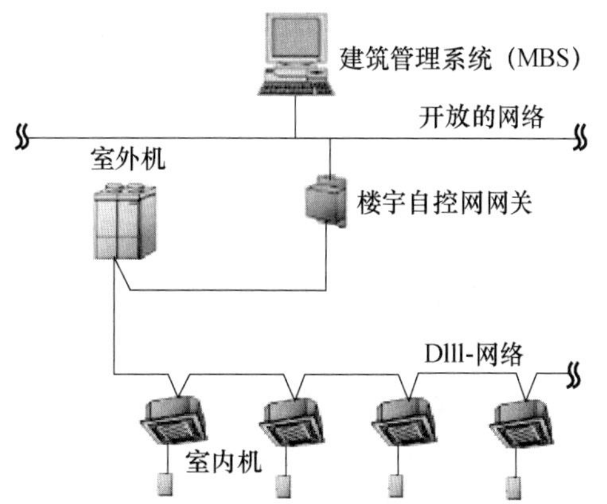

图 3-17　多联机智能集中控制系统示意

（5）对所有空调室内机的用电量情况进行专业管理；

（6）远程控制与监视；

（7）系统强制控制；

（8）空调节能管理控制等。

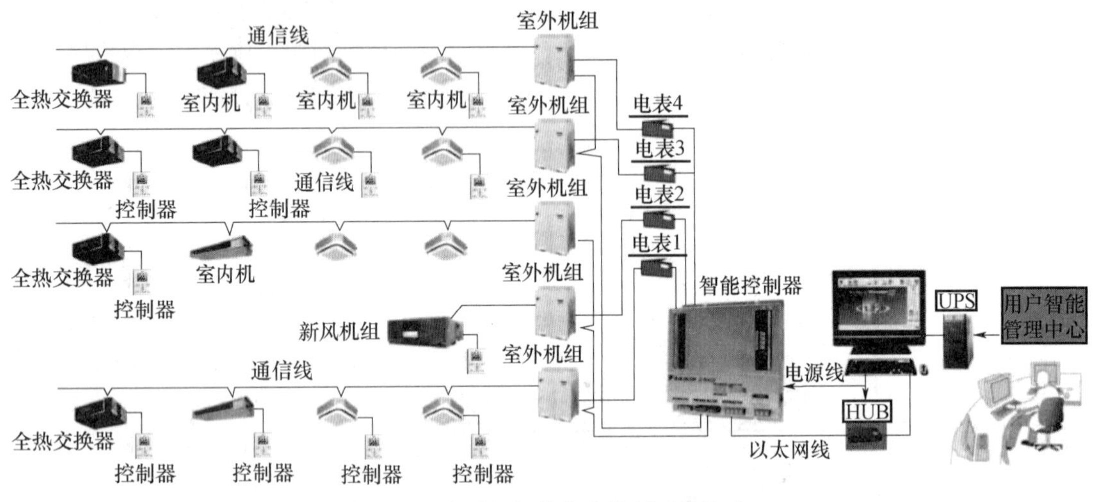

图 3-18　多联机智能集中控制系统构成

多联机空调系统能够对冷媒进行预测控制，通过程序演算出理想的温度参数数据，预测空调系统的理想运行状态，及时调节室外机压缩机转速及室内机电子膨胀阀开度，有效控制空调系统的输出能力，营造舒适的室内空调环境。

多联机空调系统制冷室外运行环境温度范围为 –5 ~ 43℃左右，制热室外运行环境温度范围为 –20 ~ 20℃左右。制冷时气管温度很低，会损失冷量并引起结露、滴水现象。制热时气管温度很高（50 ~ 100℃），会引起烫伤，甚至会烧毁压缩机。

目前，由于采用了变频技术和数码涡旋技术，使得多联机空调系统的制冷剂管传递冷量大大提高，因此管道细，容易布置。可分批分期安装，便于分户控制与分户计量，各用户自己管理。没有传统中央空调所使用的庞大机房。地下室可用于停车场，层高也可降低。但多联机比传统中央空调系统的初投资较高，寿命较短，冬季供暖量不足。由于结霜除霜，部分时间需要停止供热。制冷剂管道长且接头多，施工不严格时易造成泄漏，难检修。直接蒸发室内机，夏季送风温度过低，易使人感冒。气流均匀性差，舒适性不如中央空调，室内制冷温度波动较大。

3.7　通风系统控制

通风是把室外新鲜空气直接或净化后补充进来，把室内被污染的空气后排出室外，保持建筑物内人们生活所需要的空气品质。通风系统包括引入新风的送风系统和排除污浊空气的排风系统。

3.7.1　空调风系统概述

一般情况下，拥有空调系统的建筑物密闭性较高，建筑物内的甲醛、二氧化碳、一氧化碳、可吸入颗粒、细菌总数等污染物，如果不及时排放，会严重影响室内空气品质，容易出现鼻塞、喉痛、流泪、呼吸急促、头痛、乏力、胸闷、过敏、神经衰弱等症状，即“病态建筑综合征”（Sick Building Syndrome—SBS），严重危害人类健康。在空调建筑中，新风系统能够置换空气，并稀释污染物，改善室内空气品质。新风与回风系统能够净化空气，稀释污染物。如果没有合理的引入新风的通风系统，高档密闭空调建筑物内的空气品质，还不如通风良好的普通建筑物。

1. 空调风系统分类

建筑物内的通风系统按工作动力不同，可分为自然通风系统和机械通风系统。自然通风系统是利用室外风力和室内的热压或风压作用驱动空气流动。机械通风系统是依靠风机提供压力强制空气流动。机械通风系统的通风量和通风效果可以人为控制，需要配置空气处理设备、风机、风道、阀门等，与自然通风比较，机械通风系统结构复杂，需要消耗能量。

空调风系统属于机械通风系统。通常空调风系统可按处理空气的方式、空气流动状态、风道内空气流速等分类。

（1）按处理空气方式分类

① 直流式系统。直流式系统是指空调机组处理的空气全部为室外新鲜空气，又称为全新风空调系统。一般有两种处理方式，一种是所处理的新风承担室内冷热负荷，如新风系统；另一种是所处理的新风只承担部分室内冷热负荷，室内主要负荷有其他空调设备承担，如新风加风机盘管系统。

② 循环式系统。这种系统的通风方式是指没有补充室外新风，室内所有的通风均为建筑物内的空气循环流动，空调机组只承担室内冷热负荷的处理，如风机盘管系统。这种通风系统由于没有新风补充，进行冷热负荷处理的空调系统能够改善热环境舒适程度，但是不能改善室内空气品质，缺氧和污染情况得不到改善，卫生标准低。

③ 混合式系统。这种系统是指补充部分新风，与室内回风混合后，经过处理再送到建筑物内的通风方式。混合式系统又可称为一次回风系统或二次回风系统。在空调系统运行中，新风量与回风量的混合比始终维持恒定时，称为定新风比系统；新风量与回风量的混合比随某些参数变化时，称为变新风比系统。新风量应满足建筑物最低卫生需求，并符合相关规范要求。

（2）按空气流量状态分类

① 定风量系统。空调定风量系统在运行中，所处理的风量始终保持恒定，送风机运行参数不变，能耗较高。每个送风口的送风量也保持不变。

② 变风量系统。空调变风量系统在运行中，每个送风口的送风量也处于变化状态，总送风量的变化由送风机变频调速实现。送风机在低风量运行时，能够减少能耗。

（3）按风道内的风速分类

① 低速系统。在低速送风系统中，主风道中的风速约为 10m/s 以下，一般采用矩形风道。当风速高时，会在风道中产生加大的噪音，需要在风道中安装消音器。在空调系统中常用的消音器最大适应风速在 8 ~ 10m/s。

② 高速系统。在送风量一定时，风道尺寸的减少，会使风道内的风速提高，主风道内的风速在 12 ~ 15m/s 以上。高速系统噪音大，处理困难，适合用在对噪音要求较低的房间。

2. 机械送风系统

（1）基本组成与作用

在建筑物内，送风系统和排风系统的组合方式形式多样，如图 3-19 所示为机械送风系统与空调系统相结合示意。空调系统实现全面通风的任务。

风机提供处理后空气流动的动力，风机压力应克服从空气入口到送风口之间的风道阻力。空气处理机组处理新风温度、湿度、洁净度，提高空气品质和热舒适度。风道与阀门用于空气输送与分配。电动密封阀与风机联动控制，关闭时能防止冬季冷风渗透，防止加热盘管冻裂。室外空气入口为新风口，设有百叶窗，其位置应设在空气比较干净的场所。

送风口位置直接影响室内气流分布，常用构造如图 3-20 所示。送风口和回风口的风速一般限制在 2 ~ 5m/s 内，以限制风口处产生的噪音。舒适性空调系统在冬季送热风时室内风速不应大于 0. 2m/s，夏季送冷风时室内风速不应大于 0. 3m/s。工艺性空调系统冬季室内风速不应大于 0. 3m/s，夏季宜采用 0. 2 ~ 0. 5m/s 的室内风速。

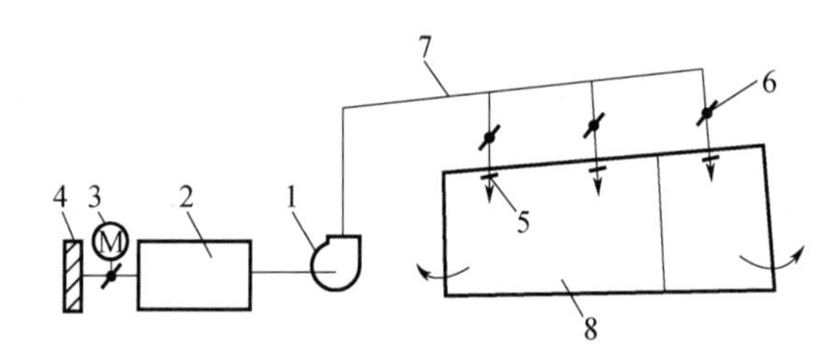

图 3-19　机械送风系统示意图

1—风机；2—空气处理设备；3—电机密闭阀；4—室外空气入口；5—送风口；6—阀门；7—风道；8—通风房间

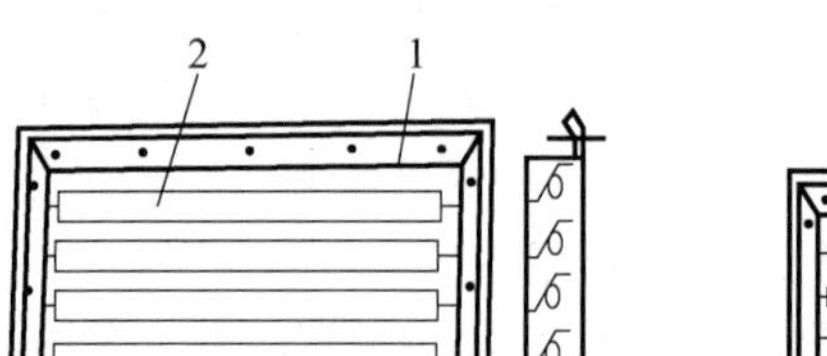

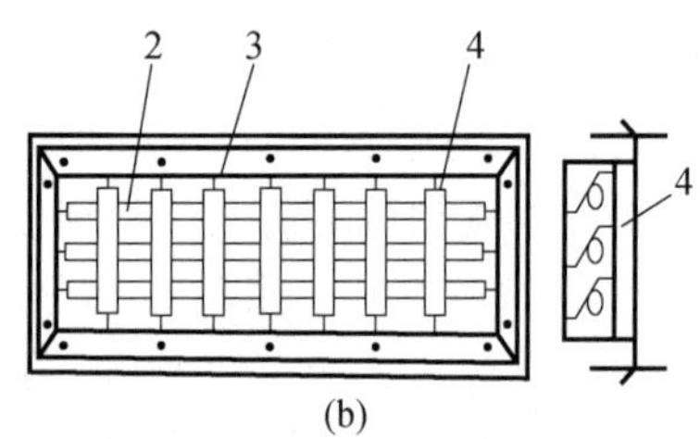

图 3-20　百叶风口构造示意图

（a）单层百叶风口；（b）双层百叶风口

1—铝框（或其他材料的外框）；2—水平百叶；3—百叶片轴；4—垂直百叶片

（2）全面通风系统

全面通风系统是对整个房间进行通风换气，其系统形式有全面机械排风与自然进风、全面机械送风与自然排风、全面机械送风与机械排风等多种形式。如图 3-21 所示为全面机械送风与机械排风系统示意。

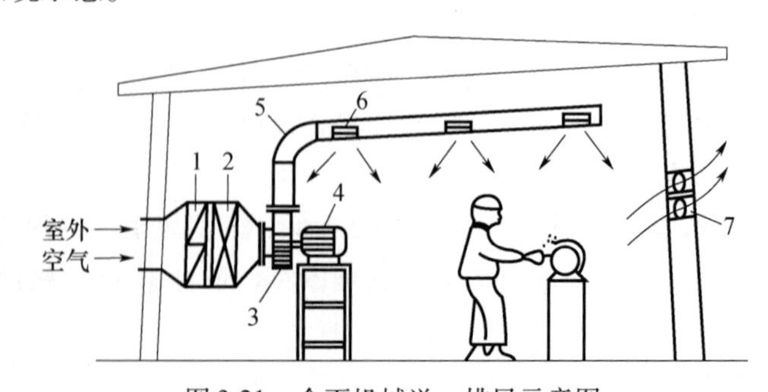

图 3-21　全面机械送、排风示意图

1—空气过滤器；2—空气加热器；3—送风机；4—电动机；5—风管；6—送风口；7—轴流排风机

（3）局部机械通风系统

局部通风系统是利用风机改善局部气流，使局部工作区域的空气环境得到良好改善。主要包括局部送风和局部排风。

（4）事故机械通风系统

事故机械通风系统是指当建筑物内出现火灾事故时，为防止延期蔓延扩散，尽可能减少事故损失，所设置的机械送风与机械排烟系统。事故通风系统只是在紧急事故情况下使用，可以不经过净化直接向室外排放空气。事故通风量按全面排风确定，换气次数不应小于12次/h。

（5）空调房间气流组织形式

空调房间气流组织形式有多种。如图3-22所示为上送上回气流组织形式。送风口和回风口均设在房间上部，气流从上部送入，经过房间后，又从上部排除。这种气流组织形式，可将送风管道和回风管道集中布置在房间吊顶内，主要适用于以夏季降温为主，或夏季和冬季均要使用的空调系统。

如图3-23所示为上送下回气流组织形式。这种气流组织形式的送风口设在房间的上部，回风口设在下部，气流从上部送入，经房间后，由下部排除。这种气流组织形式，适用于有恒温和洁净度要求的工艺性空调系统，以及冬季以送热风为主的空调系统。

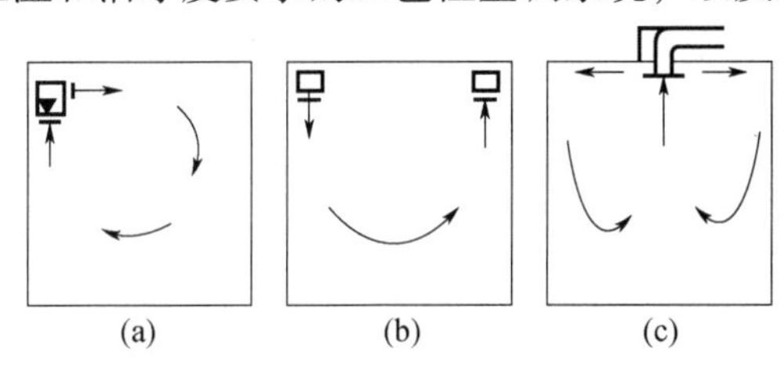

图3-22　上送上回气流分布

（a）单侧上送上回；（b）异侧上送上回；（c）贴附散流器上送上回

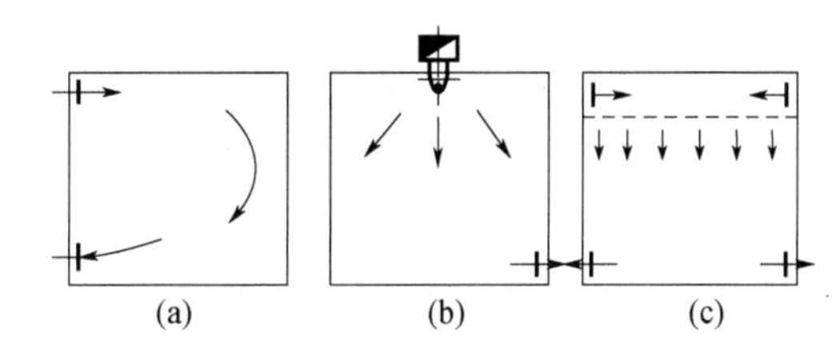

图3-23　上送下回气流分布

（a）侧送侧回；（b）散流器送风；（c）孔板送风

（6）风道系统

空调风系统中的风道包括送风道和排风道系统。按制作材质不同，可分为金属类和非金属类风道。金属类风道通常采用普通钢板、镀锌钢板、不锈钢板等材质制作。非金属类风道常用酚醛铝箔复合板风道、聚氨酯铝箔复合板风道、应聚氯乙烯风道、无极玻璃钢风道、砖砌和钢筋混凝土板等材质制作。

风道的形状可分为圆形、矩形、扁圆形和配合建筑空间要求的其他形状。空调系统的风道宜采用圆形或长、短边之比不大于4的矩形截面。风道的选择除满足风量的需求，还应满足防火、节能等各种相关规范要求。

3. 机械排风系统

如图3-24所示为机械排风系统示意。机械排风系统通常由排风机、排风口、排风道、回风口和风阀等组成。排风机提供动力。风道输送污浊空气。排风口是排风的室外出口，排风口应高于进风口。回风口收集室内污浊空气，能提高稀释室内空气污染效果。阀门用于调节风量，关闭时能防止倒风。

如图3-25所示为全空气空调系统示意。全空气系统引入室外新风，并排出等量回风，稀释了室内污染物，改善了空气品质。空调系统承担了空气处理、通风与排风的功能。

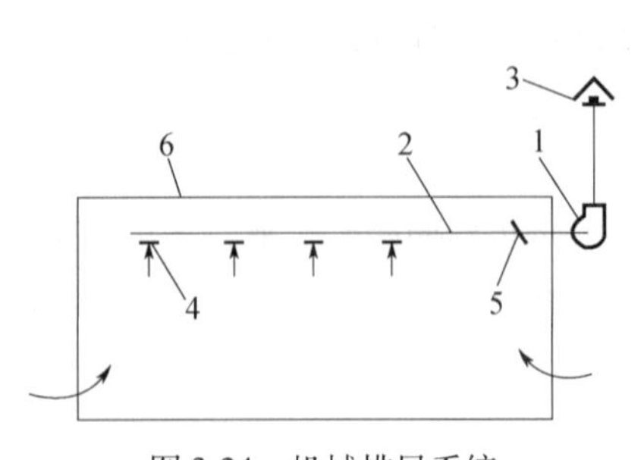

图 3-24 机械排风系统

1—排风机；2—风道；3—排风口；
4—回风口；5—阀门；6—通风房间

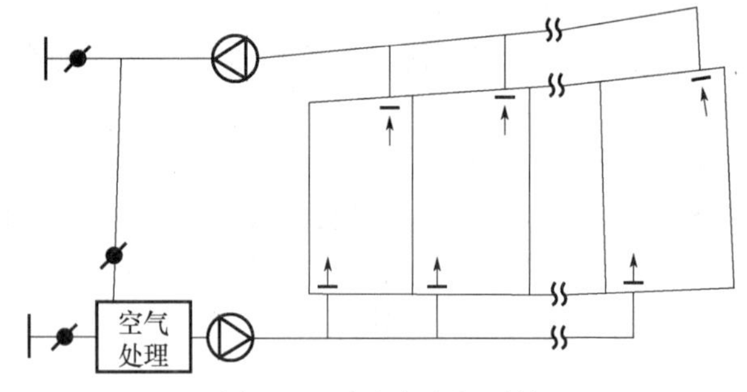

图 3-25 全空气空调系统

3.7.2 通风与防排烟系统简介

1. 建筑物内常见通风场所

在民用建筑物中常见的通风场所有厨房通风、地下室通风、车库通风、浴室通风等。

（1）厨房通风

大型公共建筑的厨房应设置机械送排风系统。普通民用建筑的厨房以自然通风为主，必要时辅助机械排风。产生油烟的设备应加设机械排风和油烟过滤器的排风罩，对油烟进行过滤处理后在排除。厨房排烟风道不应与防火排烟风道共用。

厨房的通风量通常按换气次数估算。根据相关规定，通常中餐厨房换气次数 40～50 次/h，西餐厨房换气次数 30～40 次/h，职工餐厅厨房换气次数 25～35 次/h。厨房应保持一定的负压关系。一般情况下送风量按排风量的 80%～90% 考虑。

（2）地下室通风

高层建筑地下室面积大，层数多为 1～3 层，除大部分作地下车库外，通常还设置部分设备用房。根据相关规定，通常电梯机房换气次数为 10 次/h，热力机房换气次数为 10～12 次/h，制冷机房换气次数为 10 次/h，配变电所换气次数为 10～15 次/h，浴池换气次数为 6～8次/h 等。

（3）车库通风

地下汽车库宜设置独立的送风、排风系统。车库通风系统的送排风量宜采用稀释浓度法计算，对于单层停放的汽车库可采用换气次数法计算，最终结果应取两者大值。排风量按换气次数不小于 6 次/h 计算，送风量按换气次数小于 5 次/h 计算。送风量应按排风量的 80%～90% 选用。

2. 防火阀与排烟防火阀

（1）防火阀

如图 3-26 所示，防火阀是安装在通风、空气调节系统的送风和回风管道上的阀门。平时呈开启状态，火灾时当管道内烟气温度达到 70℃ 时，熔片熔断，阀门在扭簧力作用下自动关闭，并在一定时间内能满足漏烟量和耐火性要求，起到隔烟阻火的作用。防火阀阀门关闭时，输出关闭信号。防火阀一般由阀体、叶片、执行机构、温度传感器等组成。防火阀必须手动复位。

（2）排烟防火阀

排烟防火阀是安装在机械排烟系统管道上的阀门。平时呈开启状态，火灾时当管道内烟气温度达到 280℃时，熔片熔断并自动关闭，联动已经开启的风机停止运行。排烟防火阀的性能和防火阀基本相同，只是溶片的溶解温度不同。排烟防火阀必须手动复位。

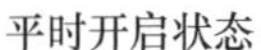

火灾关闭状态

图 3-26　防火阀结构外形示意

（3）排烟阀

排烟阀是安装在排烟系统各支管烟气吸入口处的阀门。平时呈关闭状态并满足漏风量要求，火灾或需要排烟时，手动或自动开启，起到排烟的作用。排烟阀自动开启，联动排烟风机启动。排烟阀必须手动复位。

防火阀和排烟防火阀宜具备手动或电动关闭方式，排烟阀宜具备手动或电动开启方式。电动控制时，具有远距离复位功能，并输出复位信号。

防火阀的耐火性能是指耐火试验开始后 1min 内，阀门的温感器动作，并自动关闭防火阀。排烟防火阀的耐火性能是指耐火试验开始后 3min 内自动关闭排烟防火阀。

3. 民用建筑中的防排烟系统

当民用建筑物内发生火灾时，烟气所造成的伤害最为严重。因此，民用建筑中的防排烟系统是为了保证人员安全疏散或避难，等待消防人员及时施救而设置的防烟和排烟系统。根据延期产生和分布特点，通常在防烟楼梯间及前室、消防电梯前室、合用前室、避难层、中庭等处设置防烟和排烟设备。

防排烟系统可分为自然排烟和机械排烟两类，其基本原理和通风系统中排风做法相似。防排烟系统应根据建筑物中的防火分区和放烟分区来确定机械放烟和排烟方式。

（1）机械防烟系统

机械防烟系统是指利用风机进行机械加压送风，使被保护部位的室内空气压力为相对正压，阻止烟气进入保护区内，控制烟气的流动方向，便于人们安全疏散和及时扑救。

（2）机械排烟系统

机械排烟系统是利用风机做动力，强制将烟气排除到室外的系统。机械排烟系统通常由烟壁、排烟口、排烟道、排风机、排烟出口、排烟防火阀等组成。如图 3-27 所示为房屋水平排烟系统结构示意。

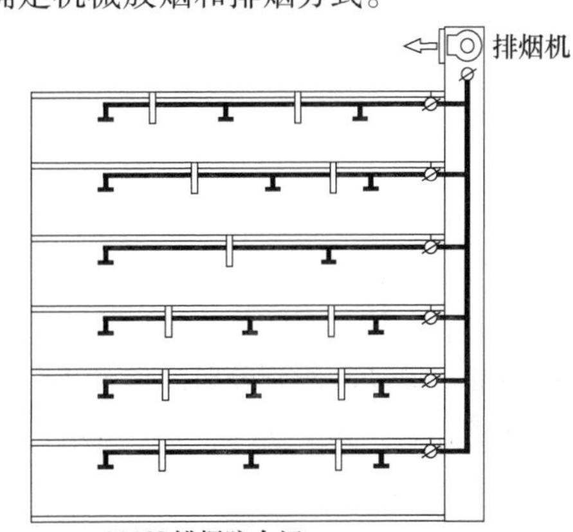

图 3-27　房屋水平排烟系统结构示意

如图 3-28 所示为加压送风防烟和机械排烟系统示意。加压送风防烟系统能够阻止烟气进入楼梯前室。

机械排烟系统能够将火灾产生的烟气排除到室外。排烟口的作用距离不应超过30m，排烟风道应采用有一定耐火绝热性能的不燃材料。

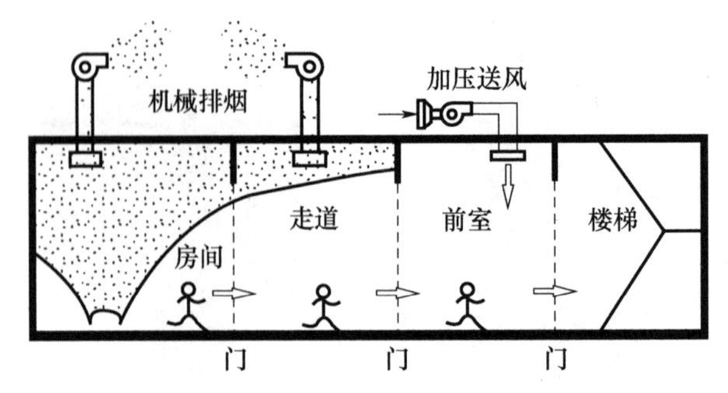

图3-28　加压送风防烟和机械排烟系统示意

4. 通风系统中的风机

风机是为输送空气提供动力作用的设备。风机按产生的风压可分为通风机、鼓风机、压气机。通常，通风机风压小于15kPa，鼓风机风压15～340kPa，压气机风压在340kPa以上。风机按工作原理可分为叶片式和容积式。在通风系统和空调系统中，常用叶片式风机，主要有离心式风机和轴流式风机。

（1）离心风机

如图3-29（a）所示，离心式风机主要由吸入口、叶轮、机轴、叶片、机壳、轮毂、电动机等组成。离心式风机的工作原理为电动机带动机轴上的叶轮旋转，当空气进入风机后，高速旋转的叶轮产生的离心力使空气获得能量，从机壳出口送出，从而能连续不断地将空气输送到更高或更远的地方，如图3-29（b）所示。

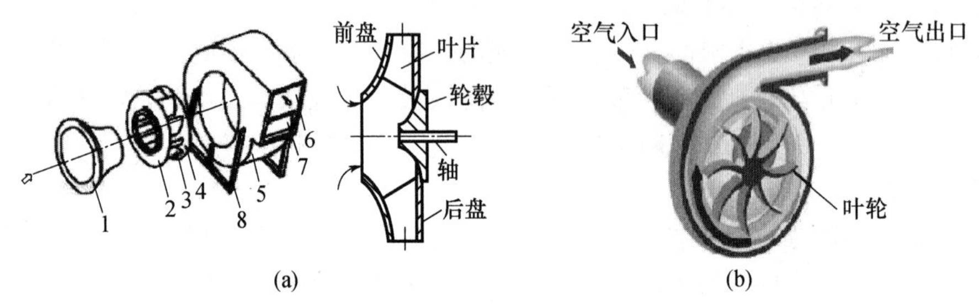

图3-29　离心式风机主要结构示意

（a）主要结构示意；（b）工作原理示意

1—吸入口；2—叶轮前盘；3—叶片；4—后盘；5—机壳；6—出口；7—截流板，即风舌；8—支架

（2）轴流风机

如图3-30（a）所示，轴流风机主要由电动机、叶片、轮毂、机壳等组成。在电动机拖动转轴，带动叶轮旋转时，叶轮上的叶片对吸入的空气产生推力作用，使空气增加能量，并沿轴线排除。如图3-30（b）所示为轴流风机外形结构示意。

（3）离心风机和轴流风机比较

离心风机中的空气是从叶轮转动的离心力作用获得能量，进风和出风方向不在一条轴线上。轴流风机的空气是从转动叶片的推力作用获得能量，进风方向和出风方向同在一条水平线上。

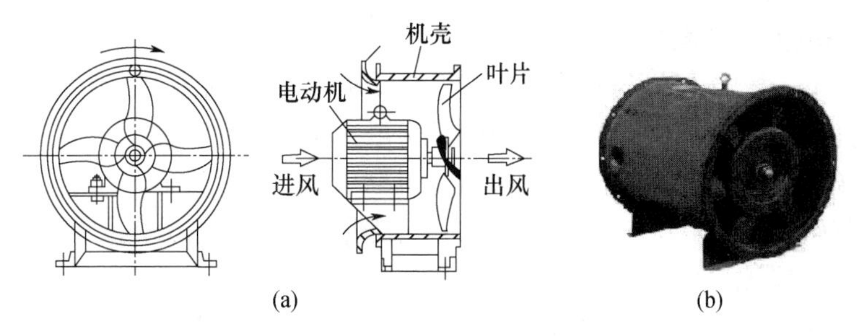

图 3-30　轴流风机结构示意

（a）主要结构示意；（b）外形结构示意

风机的主要参数有风量、全压、轴功率、转数、效率等。风量是指大气压为 760mmHg 和温度为 0℃时（标准状态工作时）单位时间内输送的空气量（m^3/h）。全压是指在标准状态下工作时，通过风机每立方米的空气所获得的能量（Pa）。轴功率是指电动机在风机转轴上的功率，而空气通过风机获得的功率为有效功率。有效功率与轴功率的比值为风机效率。

离心风机产生的全压较大，适应于较大的系统。轴流风机只能适应于管道阻力较小的系统。排风机和排烟风机可选离心风机或者高温轴流风机。普通离心风机即可满足排风排烟要求，但大风量离心风机需要较大机房。高温轴流风机为消防专用排烟风机，能满足在 280℃烟温下运行 30min 的要求。高温轴流风机体积小，一般可吊装。

加压送风机可采用轴流风机或中、低压离心风机。送风机的进风口应不受烟气影响。轴流风机对风道系统风量变化的适应性比离心风机好，但运行可靠性较差。

3.7.3　通风与防排烟系统监控

1. 一般通风系统监控

一般的通风系统通常指民用建筑中除防火排烟控制系统之外的通风系统。如图 3-31（a）、（b）所示为一般通风系统中的送风机和排风机系统监控示意，主要监控对象是送风机或排风机，采用手动控制的方法也可以满足控制要求。

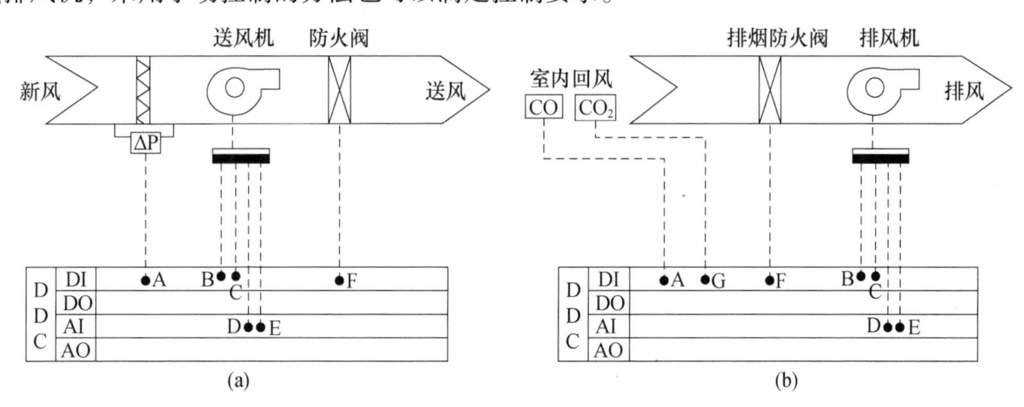

图 3-31　一般通风系统监控

（a）送风机系统监控示意；（b）排风机系统监控示意

（1）对过滤网进行差压监控

当过滤网两端压差超过设定值时，输入 DI 信号，控制器发出报警信号，提示工作人员进行维修更换。

（2）联锁送风机启停控制

在图3-31（a）中，对送风机进行运行监控（B点）、故障报警（C点）、高/低速控制（D点）、启/停速控制（E点）。监视防火阀开启或关闭的工作状态（F点）。防火阀平时呈开启状态，当送风温度达70℃时，自动关闭，并联锁送风机停止运行。

（3）在图3-31（b）中，对排风机进行运行监控（B点）、故障报警（C点）、高/低速控制（D点）、启/停速控制（E点）。监视排烟防火阀开启或关闭的工作状态（F点）。排烟防火阀平时呈开启状态，当送风温度达280℃时，自动关闭，并联锁送风机停止运行。

排烟机的启停控制还可以通过监测室内一氧化碳（CO）和二氧化碳（CO_2）浓度进行控制。

2. 防排烟系统监控

在确定火灾后，由消防控制中心输出控制指令，关闭空调系统中的送风机和排风机以及一般通风系统中的通风机；启动正压送风机，同时打开火灾层和相邻层前室送风口；打开火灾层对应防烟分区内所有的排烟口，并同时启动排烟风机。当烟气扩散到其他防烟分区后，通过感烟探测器报警，消防控制中心远程打开对应放烟区内所有的排烟口。

防排烟系统设备状态的监测内容主要有正压送风机和排烟风机的工作状态与故障报警。防火阀、排烟防火阀、排烟口的开闭状态等。

本章小结

本章简要介绍了建筑物中有关空调系统和通风系统的基本概念、基本组成、基本功能。介绍了空调系统中的新风系统、定风量系统、风机盘管系统、变风量系统、多联机系统的监控原理和监控原理，以及一般通风系统监控功能等内容。

习　　题

1. 简述空气调节的基本原理。
2. 空气调节系统有哪些基本组成？各自承担何种任务？
3. 空调系统监控的主要内容是什么？
4. 新风机组监控内容有哪些？如何监控？
5. 简述新风机组防冻控制措施。
6. 简述定风量控制系统控制内容。
7. 常用空调系统有哪些节能措施？节能效果如何？
8. 定风量系统中控制目标有几个？测温传感器如何设置？
9. 在空调系统中，温度设定值补偿有何意义？
10. 风机盘管由几部分组成？一定要有新风吗？冬夏季如何转换？
11. 简述VAV空调系统监控原理。
12. 在VAV空调系统中空调机组如何进行风量调节控制？末端装置如何进行风量控制？
13. 简述VRV空调系统基本组成及控制内容。
14. 在建筑物中，机械通风系统有哪些作用？如何监控？
15. 当发生火灾时防火阀和排烟防火阀起哪些作用？

第4章　冷热源机组设备监控

为保证空调系统能够连续不断地对空气或水进行制冷降温或制热升温的需求，必须使用能够连续制冷来提供冷量的冷源，或连续制热来提供热能的热源。对冷热源机组设备监控的目的主要是在满足用户侧热湿负荷变化所需求能量的条件下，保持冷热源系统安全优化运行，实现节能。

4.1　冷热源系统基本概念

空调冷源能使空气或水的温度制冷下降，热源能使空气或水的温度加热上升。在空调系统中，常用的冷源设备以冷冻水为冷媒输送冷量到末端空调机组，热源以蒸汽或热水为热媒输送热量到末端空调设备。

4.1.1　空调冷源的分类与构成

1. 空调冷源机组分类

空调冷源机组是制造空调冷冻水（7℃/12℃）的制冷设备机组，由机电设备组成，按制冷原理运行工作。冷热源机组按制冷循环的冷却方式可分为风冷式和水冷式，按制冷方式可为直接制冷和间接制冷。

直接式制冷机组的蒸发器仅包括制冷剂回路。制冷剂直接与被冷却介质接触进行热交换，冷却环境空气。如家用空调的柜机、挂机、窗机等。

间接式制冷机组至少包括制冷剂和载冷剂两个回路。制冷剂首先冷却载冷剂，再通过载冷剂去实现冷却目的。中央空调系统大多使用间接制冷机组。

2. 间接式制冷空调系统

如图4-1所示，在中央空调系统中，建筑物内需要通过室内空气循环、冷冻水循环、制冷剂循环、冷却水循环、室外空气循环等五个介质循环，及四次热交换过程才能将热量排放到室外去，从而实现建筑物内部的制冷。

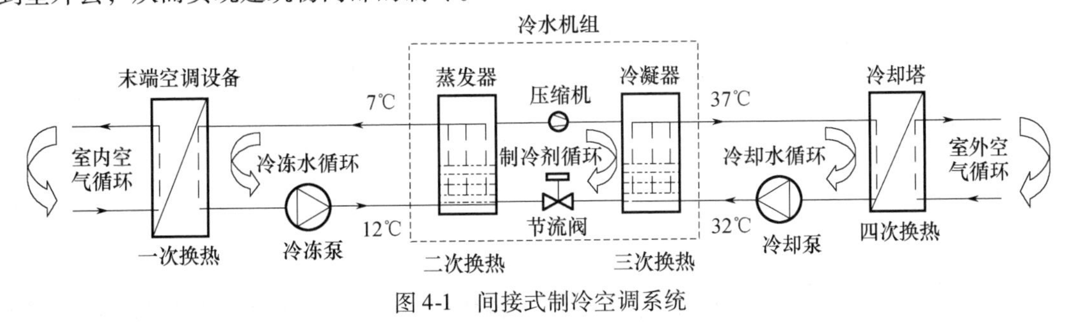

图4-1　间接式制冷空调系统

如图4-2所示，中央空调制冷的过程是将空调的房间内的热量转移到室外去。这是一个按照热力学第二定律进行的“热量逆向传递”的过程。

如图4-3所示，中央空调系统制冷过程中，热量转移与冷量转移是同时进行的，但冷量转移与热量转移的方向正好相反。

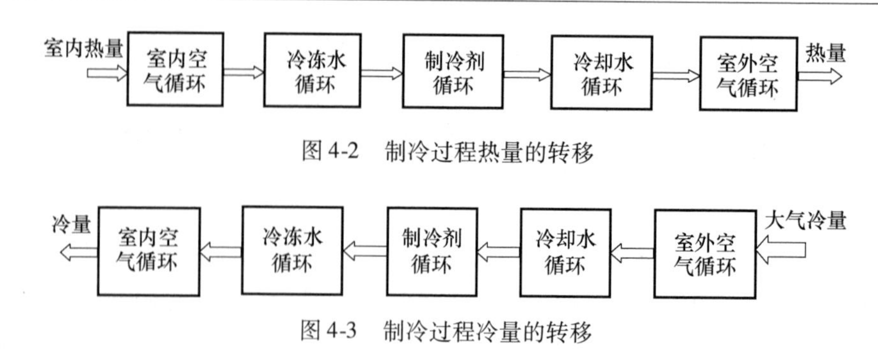

图4-2　制冷过程热量的转移

图4-3　制冷过程冷量的转移

4.1.2　冷源系统常用概念

1. 制冷与制热系统概念

（1）制冷

制冷是指利用人工方法，使某一物质或空间的温度降到低于周围环境温度，并维持这一低温的过程。

（2）热量、显热和潜热

① 热量。热量是能量变化的一种量度，表示物体在吸热或放热过程中所转移的热能。热量有显热和潜热两种形式。

② 显热。显热是指物质只改变温度而不改变其物理状态的过程中所转移的热量。如水的温度从20℃升至80℃时，水吸收的热量为显热。

③ 潜热。潜热是指物质只改变物理状态（如熔解、液化等），而不改变温度的过程中所转移的热量。如将100℃的水变为100℃的水蒸气时，需要吸收的热量为潜热。依据物态变化，潜热可分为汽化潜热、液化潜热、熔化潜热和凝固潜热等。水的潜热与显热的关系如图4-4所示（温度升高时，吸收热量，温度降低时，放出热量）。

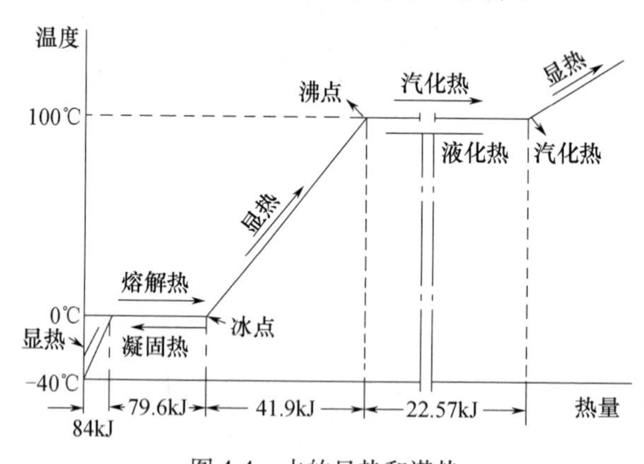

图4-4　水的显热和潜热

（3）焓与熵

① 焓。1kg物质在某一状态所含的热量称为该物质的焓。焓的物理意义是指以特定温度作为起点的物质所含的热量。例如，通常把水在标准大气压下，温度为0℃时的焓定义为零。把0℃的液态制冷剂R12和R134a的焓值规定为200kJ/kg。

焓随制冷剂的状态、温度和压力等参数的变化而变化。当对制冷剂加热或做功时，焓就增大，反之，制冷剂被冷却或蒸气膨胀向外做功时，焓就减小。

② 熵。熵是描述物质状态的参数，它是指从外界向系统内加入 1kg 物质的热量 Q 与加热时该物质的绝对温度 T（K）之比。熵值只与状态有关，而与过程无关。在一定的状态下，制冷剂的熵值是确定的。根据制冷过程中熵的变化，可判断出工质与外界之间热流的方向。工质吸热，熵值增加。工质放热，熵值减少。

（4）制冷量

在制冷运行时，单位时间从密闭空间区域移走的热量称为制冷量。我国房间空调器的制冷量标准测试工况为室内侧干球温度 27.0℃，湿球温度 19.5℃；室外侧干球温度 35℃，湿球温度 24℃。

（5）评价制冷性能的技术参数

① 制冷性能系数 COP（Coefficient of Performance）。它是指在一定工况下制冷机的制冷量与所消耗功率之比，即单位消耗功率的制冷量。它是衡量制冷机动力经济性的指标，COP 越大，制冷机的能源利用效率越高。

② 能效比或能源利用系数 EER（Energy efficiency ratio）。它是指在规定工况下制冷量与总的输入电功率的比值。

（6）制冷剂

制冷剂又称为制冷工质，它是在制冷系统中完成循环并通过其状态的变化以实现制冷的工作介质。国际上规定可作为制冷剂的物质都以 R 为缩写字头，后缀以数码表示，如：氨用 R717 表示，氟利昂用 R12 表示。目前，能够用做制冷剂的物质有 80 余种，常用的有 10 多种，而电冰箱、空调器常用的制冷剂有 R12（$CHCl_2F_2$，二氟二氯甲烷），R22（$CHClF_2$，二氟一氯甲烷），R502 以及环保型制冷剂。

2. 制冷循环

（1）制冷方法

制冷方法主要有物理方法和化学方法，空调中大多采用物理方法。常用制冷方法有天然冷源（如：深井水、天然冰等）和人造冷源。

人造冷源按制冷原理可分为相变制冷和气体绝热节流膨胀制冷。相变制冷是利用物质在熔解、汽化和升华等物态变化过程中需要吸收热量，来实现制冷作用。

（2）逆卡诺循环

逆卡诺循环是在两个恒温热源之间进行的理想制冷循环。逆卡诺循环由两个可逆等温过程和两个可逆绝热过程组成，循环沿逆时针方向进行。

如图 4-5 所示，逆卡诺循环是工作在一个恒温热源和一个恒温冷源之间无传热温差的理想制冷循环。制冷工质从恒温冷源吸收热量，向恒温热源放出热量。

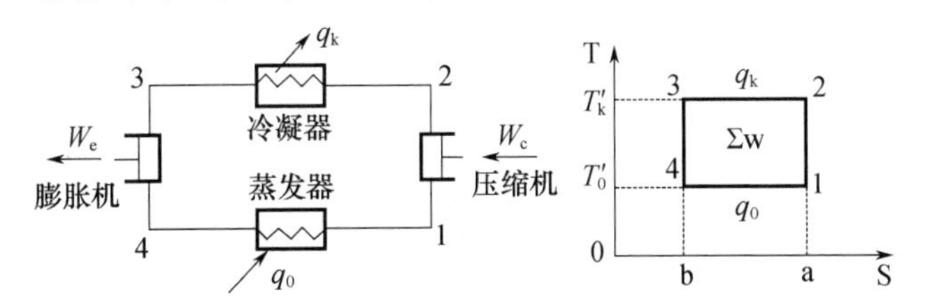

图 4-5　逆卡诺循环制冷

1～2—等熵压缩：$T_0 \to T_k$，耗功 W_c；2～3—等温压缩：放热 q_k；

3～4—等熵膨胀：$T_k \to T_0$，做功 W_e；4～1—等温膨胀：吸热 q_0。

3. 冷水机组

通常，中央空调系统的冷量是由冷水机组提供的。相变循环制冷的冷水机组主要有压缩式和吸收式两类。压缩式冷水机组主要是以机械能进行制冷。压缩式冷水机组可分为往复活塞式、滚动活塞式、涡旋式、螺杆式、离心式等。吸收式制冷循环主要为溴化锂制冷机组系统。

如图 4-6 所示为压缩式冷水机组结构示意。对于压缩式冷水机组系统，制冷剂从蒸发器 9 出来是低温、低压气体，经过压缩机 1 压缩后成为高温、高压气体，进入冷凝器 3 中冷凝放热，成为常温、高压气体，经节流减压阀 7 后，成为低温、低压的气液共存状态的制冷剂，进入蒸发器 9，吸收冷冻水的热量，重新变成低温、低压气体，再回到压缩机。如此不断循环，制冷剂就将不断冷却冷冻水，同时将吸收的热量释放到冷却水循环系统中。油气分离器 2 将压缩机压缩过的制冷剂进行气液分离。

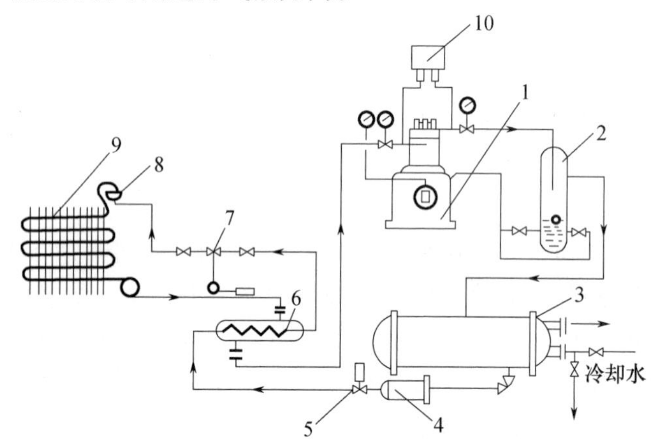

图 4-6　压缩式制冷机组结构示意

1—压缩机；2—油气分离器；3—水冷式冷凝器；4—过滤干燥器；5—电磁阀；6—气液热交换器；7—热力膨胀阀；8—分液器；9—蒸发器；10—低压压力继电器

如图 4-7 所示为溴化锂吸收式冷水机组基本组成，它是以化学能进行制冷。在吸收式制冷机的循环工质中，水溶液为制冷循环用冷媒，溴化锂为吸收剂。

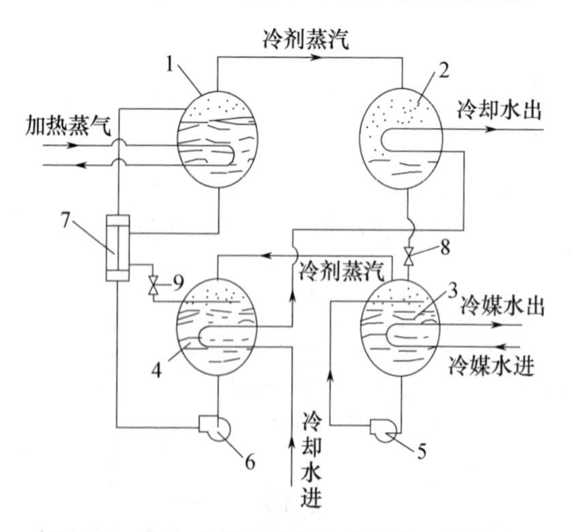

图 4-7　吸收式制冷机基本组成及工作原理

1—发生器；2—冷凝器；3—蒸发器；4—吸收器；5—冷剂泵；6—溶液泵；7—热交换器；8—节流阀；9—减压阀

在发生器 1 中，浓度较低的溴化锂溶液吸收被加热介质的热量后，温度升高，并在一定压力下沸腾，使溴化锂制冷剂溶液中的水分离出来，形成冷剂蒸汽，溴化锂溶液则被浓缩。产生的冷剂蒸汽进入到冷凝器 2，被冷凝器中的冷却水冷却而凝结成液态制冷剂。液态制冷剂经节流装置 8 节流，进入到蒸发器 3，吸取了蒸发器管内冷媒水的热量后立即蒸发，形成冷剂蒸汽，并使冷媒水的温度制冷降低。形成冷剂蒸汽被吸收器 4 里浓度较高的溶液吸收，形成稀溶液后，由泵送往发生器，完成了一个制冷循环。吸收过程放出的热量被吸收器管内的冷却水冷却。热交换器 7 用溴化锂溶液吸收的热量对冷剂进行加热，以节省能源消耗。

4.2　常用制冷设备监控

测量、监视、自动控制是建筑设备管理的三大要素，其目的是及时检测建筑设备的运转状态、故障状态、能耗、负荷变动等，为设备的运行提供保证。

4.2.1　活塞式冷水机组监控

1. 活塞式冷水机组工作流程

活塞式冷水机组属于容积式压缩机组，通过气缸容积在往复运动过程中的变化来达到对冷媒进行压缩制冷的目的。单机制冷量范围大约为 30～300kW，单机容量较小。

活塞式冷水机组的压缩机有单台或多台组合，机组可根据空调负荷的变化，进行手动或自动调节能量，以达节约制冷量和节约用电的目的。在机组中设有超载、断水、断油、冰冻等安全保护装置，以保证机组的安全运行。

冷水机组工作流程如图 4-8 所示。制冷剂在干式蒸发器内蒸发后，由回气管进入压缩机吸气腔，经压缩机压缩后变成高压高温蒸气，然后进入冷凝器中冷凝，冷凝后的制冷剂液体，进入换热器被从蒸发器来的回气过冷，再经过干燥过滤器和电磁阀进入热力膨胀阀，经节流降压后进入蒸发器，在蒸发器中吸收冷水热量后，又重新进入压缩机，完成制冷循环。

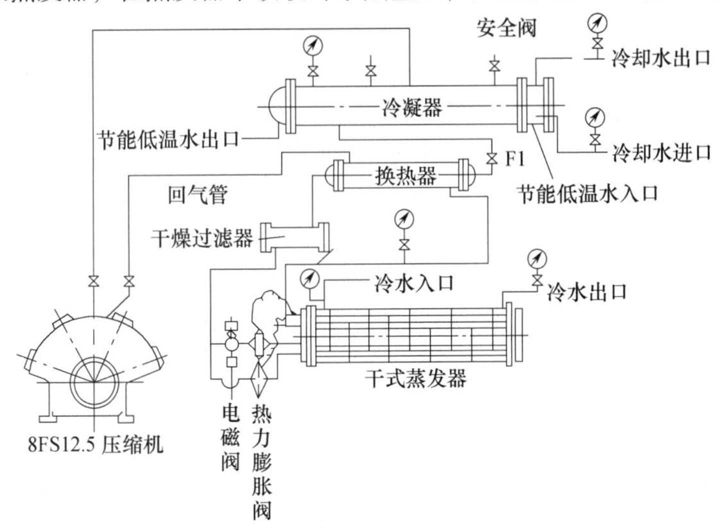

图 4-8　FJZ-40A 活塞式冷水机组结构流程示意

在图 4-8 中，压力表分别指示冷凝器和蒸发器各部件的压力。在冷凝器与换热器的供液管路上，装一个直通阀 F1，可以人为中断对蒸发器的供液。干燥过滤器的阀门是补充制冷剂液体时使用的。

蒸发器供液量由热力膨胀阀来调节。该阀的感温包设在蒸发器回气管上，由回气过热度来控制它的开度。蒸发器出口设温度计，供运行过热时观察使用。

2. 活塞式冷水机组保护与监控

活塞式冷水机组中的压缩机装有压缩机排气温度保护、曲轴箱油加热器温控、卸载电磁阀。蒸发器装有冷水流量保护装置。冷凝器装有安全阀保护装置。压缩机的主要电气元件为电动机，电动机直接由蒸发器吸入的制冷剂蒸气进行冷却，故电动机温升小，超载系数大，启动电流小。

（1）压缩机保护

① 压缩机排气高温保护

在压缩机中间气缸盖上的排气口处装有一只排气温度保护开关。当排气温度异常升高而达到限定值时，触点断开，使该回路压缩机跳停。

② 压缩机排气高压保护

压缩机配有高压保护开关。由于异常原因，引起排气压力升高并达到限定值时，切断控制回路，使该回路压缩机跳停。

③ 压缩机吸气低压保护

在制冷回路上装有一个吸气低压保护开关。如遇异常原因使吸气压力降低到限定值时，切断该控制回路，使该回路压缩机跳停。

④ 曲轴箱油加热器保护

压缩机停机时，因曲轴润滑油温降低，曲轴润滑不好，容易造成设备事故，甚至烧坏电动机。因此当压缩机停机后或未启动前，除了对设备进行维护之外，应保持油加热器的电源，使曲轴箱油保持一定的温度，保障曲轴润滑。

⑤ 压缩机卸载装置

活塞式冷水机组压缩机所带的卸载装置，为电磁阀操作的吸气截止型卸载系统，另外还有气动的及热气旁通型等卸载系统，用于压缩机启动和运行负荷调整。当电磁阀不通电时，电磁阀阀芯在弹簧力的作用下，使卸载阀体向右移动，打开吸气通道，气缸上卸。当温控器发出信号需要卸载时，或部分绕组启动时需要卸载，电磁阀通电，吸动电磁阀阀芯，使卸载阀体移动，关闭吸气通道，吸气截止达到卸载目的。每套卸载装置可卸去两个缸，每台压缩机最多两套卸载装置，可卸载 4 个缸。

（2）蒸发器保护

活塞式冷水机组用水作载冷剂，当水温过低会因结冰而冻坏蒸发器。当载冷剂水的温度过低时，通过温度继电器和冷水流量开关切断水路，防止蒸发器冻结。

（3）冷凝器保护

冷凝器上的安全阀是安全保护装置，当发生断水故障使冷凝压力过高时打开，保证机组安全运行。

（4）冷量调节与温度控制

冷量控制系统由一只三级或四级温度控制器和一只由电磁阀操作的汽缸卸载器组成。通过感知回水冷水温度来控制压缩机汽缸的上载、卸载，以及压缩机的开机、关机，以维持所需要的冷量。冷水机组通过感测冷水的回水温度，进行多级的冷量自动控制，使冷水机组提供的冷量与负载需要的冷量相匹配，同时使冷水机组冷水出水温度达到设定要求。

4.2.2　螺杆式冷水机组监控

1. 螺杆式冷水机组工作流程

螺杆式冷水机组中的螺杆式压缩机是一种回转容积式压缩机。它由螺杆压缩机、油分离器、油冷却器、冷凝器、热力膨胀阀、蒸发器、自控元件和仪表等组成，通过对滑阀的控制，可以在15%～100%范围内对制冷量进行无级调节。

螺杆式冷水机组在低负荷时效能较高。目前常用的螺杆转子直径为100、125、160、200、250mm五种，高温制冷量范围为116～2326kW［（10～200）×10^4kcal/h］，常用制冷剂为R22。螺杆式冷水机组具有结构紧凑、运转平稳、冷量无级调节、体积小，重量轻、占地面积小、易安装、寿命长、使用方便、基建投资省等优点，主要应用于中央空调系统或大型工业制冷。其缺点是噪声比活塞式冷水机组大，装配精度要求高。

螺杆式压缩机分为双螺杆式压缩机和单螺杆式压缩机。根据其冷凝方式又分为水冷式和风冷式，根据压缩机的密封结构形式分为开启式、半封闭式和全封闭式。根据空调功能分为单冷型和热泵型。根据蒸发器的结构不同分为普通型和满液型。

如图4-9所示，单螺冷水机组制冷系统工作流程为从单螺杆压缩机排出的高压气体和油的混合物首先进入油分离器，经过油分离器后的纯净高压气体进入卧式壳管式冷凝器，在冷凝器中被冷却后冷凝为高压液体，再经过干燥过滤器、电磁阀和热力膨胀阀节流为低压液体，然后进入壳管式干式蒸发器。在蒸发器中制冷剂液体吸收了冷水的热量后蒸发成为低压气体，然后被单螺杆压缩机吸入。

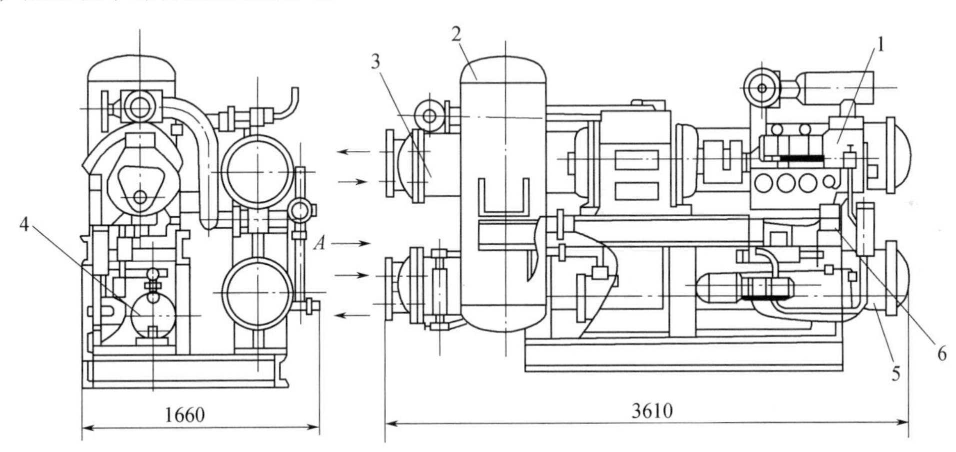

图4-9　LSLGF500螺杆冷水机组外形图

1—螺杆压缩机；2—油分离器；3—冷凝器；4—油冷却器；5—蒸发器；6—热力膨胀阀

2. 螺杆式冷水机组保护与监控

（1）压缩机保护

在螺杆式冷水机组中，压缩机设有高低压保护、电机过热过流保护、内部高温保护、供油温度保护、相序保护、低水温保护和空气开关等安全保护措施。在控制线路上，这些保护器触点是串联的，只要上述之一项保护器出现故障，可使压缩机自动停机。

（2）多重保护

压缩机还设有排气超温、电机超温、冷水防冻等温度保护，设有过电流、缺相、逆相等电气保护，冷媒系统设有高低压、油位、断水等非常状态保护。对多重保护可设置必要的报警、提示、记录、检索等维护管理功能。

（3）其他保护

① 自动开关机功能，按预定工作计划自动实现无人操作管理。

② 机组系统的冷却水泵、冷水水泵、冷却塔风机安全联锁。

③ 压缩机启动加载、卸载控制。

④ 冷却水温度过高、过低保护控制。

⑤ 水冷、风冷两种冷却模式选择。

4.2.3 离心式制冷机组监控

1. 离心式制冷机组工作流程

离心式制冷机组的压缩机属于速度型制冷压缩机。制冷介质流量比容积式大得多，为了产生有效的动量转换，要求具备很高的旋转速度。离心式制冷机组一般都用于大容量的制冷装置中。

离心式制冷机组大致分成两大类。一类为冷水机组，其蒸发温度在 -5℃以上，用于大型空调或制取5℃以上冷水，如，制取7～12℃冷冻水，或略低于0℃盐水的工业过程场合；另一类为低温机组，其蒸发温度在 -50～ -5℃，多用于生产或化工过程。

如图4-10所示，离心式冷水机组主要由离心式制冷压缩机、主电动机、蒸发器、冷凝器、节流装置、压缩机入口能量调节机构、润滑油系统、安全保护装置及微电脑控制系统等组成。

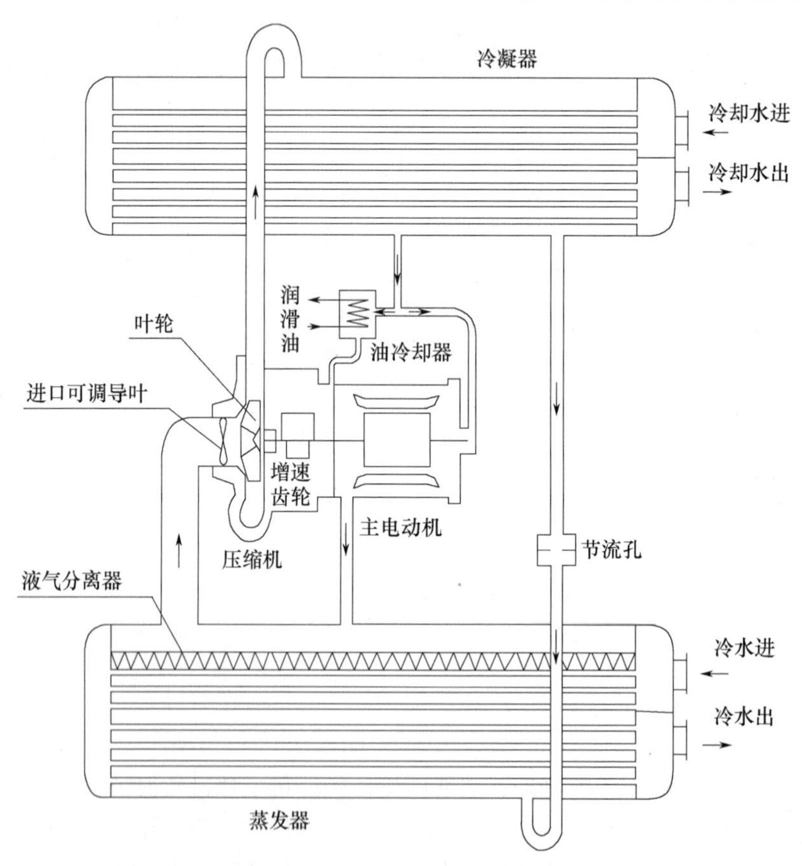

图4-10 离心式冷水机组工作流程示意

离心式冷水机组工作流程为制冷剂在蒸发器内蒸发吸收载冷剂水的热量进行制冷，蒸发吸热后的制冷剂湿蒸汽被压缩机压缩成高温高压气体，经水冷冷凝器冷凝后变成液体，经膨胀阀节流进入蒸发器再循环。

离心式制冷机组与各种类型的冷、热水机组制冷效果相比较，单机制冷量可达28000kW，冷量调节范围在10%～100%之间，占地面积少，可靠性高。当单机制冷量大于1000kW时，离心式机组效率高于螺杆式机组，但当制冷量低于700kW时，离心式冷水机组的能效比明显降低。当负荷太低（小于20%）时，有可能发生喘振现象，使得机组运行工况恶化。

如图4-11所示为离心式冷水机组在空调系统中的结构示意。冷冻水系统向空调冷负荷传输冷量，离心式冷水机组为空调系统提供需要的冷量，冷却水系统负责将冷水机组冷凝器中热量散发出去，这些热量来自于空调区域。

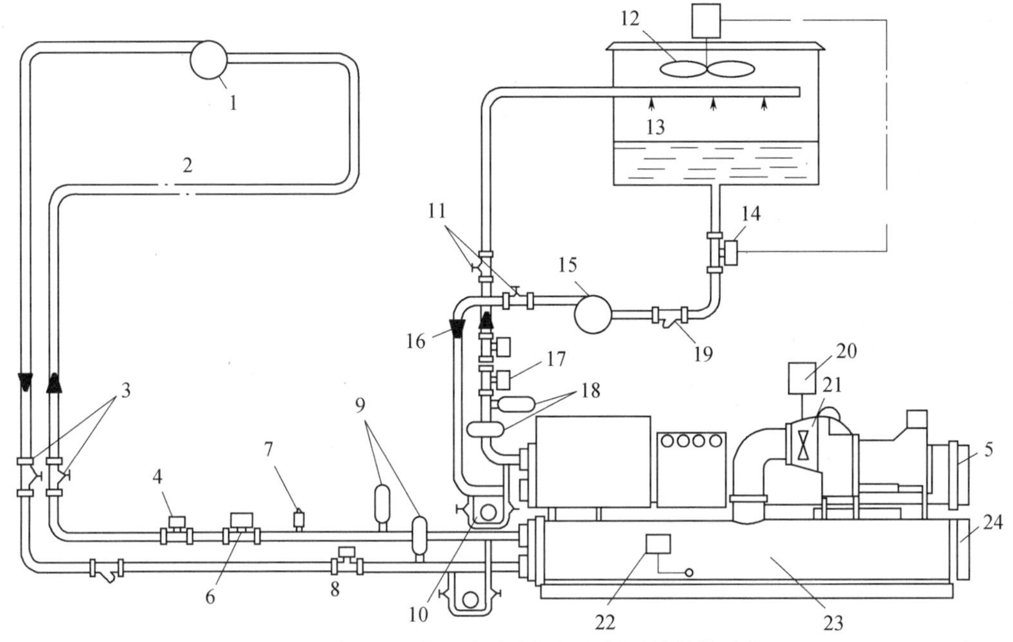

图4-11　离心式冷水机组空调系统结构示意

1—冷冻水泵；2—冷负荷；3—截止阀；4—调压阀；5—冷凝器；6—流量开关；7—冷冻水需求开关；8—冷冻水温度感温头；9—温度计；10—差压计（带截止阀）；11—截止阀；12—冷却塔风扇电机；13—冷却塔；14—冷却塔水温调节器；15—冷却水泵；16—平衡阀；17—流量开关；18—温度计；19—滤清器；20—进口导叶调节机构；21—离心式压缩机；22—防止蒸发器结冰的感温器；23—离心式冷水机组；24—蒸发器

2. 离心式制冷机组保护与监控

（1）冷水机组控制保护

① 制冷机防喘振控制保护

制冷机防喘振控制保护是调节两个段间防喘振阀来实现。正常时，通过测量入口实际流量、压力、出口压力和标准状态比较，经校正后，输入到防喘振控制器与设定转速下的喘振流量比较，当入口流量低于设定流量时，防喘振阀打开；当测得的流量大于喘振流量时，喘振阀全关。正常操作应保证入口流量不低于喘振设定流量。

② 润滑油温度、压力的控制

润滑油温度通过油温控制阀或冷油器冷却水进行控制。油温设定控制点为49℃，润滑油泵出口压力可以用自力式压力控制阀来调节。

③ 其他保护

a. 机组转速调节控制系统。

b. 机组轴承温度、轴位移、轴振动检测系统。

c. 气液分离器液位监控系统。

d. 干气密封调节控制系统。

（2）离心式制冷机组操作

① 开机程序

a. 接到开机指令，根据实际负荷需求开启冷水机组。

b. 开机前先检查主机电源是否正常。主机断电一天以上的机组，开机前需要通电预热油温24h以上，或保证开机油温在55℃以上。

c. 打开机组的冷却水阀门和冷冻水阀门，并检查冷却水循环泵、冷冻水循环泵的阀门，保证此阀门是常开状态。

d. 按实际负荷需求启动冷水机组相对应的冷却水泵和冷冻水泵。

e. 启动主机，观察各运行参数至正常状态，开机程序结束。

② 停机程序

a. 根据实际负荷需求关闭冷水机组。

b. 根据实际情况确定是否需要关闭冷却水泵、冷冻水泵和冷却塔风扇。若需关闭，在主机停机后延迟2～3min关闭。

c. 关闭冷水机组的冷却水阀门和冷冻水阀门，停机程序结束。

4.2.4 溴化锂吸收式冷水机组监控

溴化锂吸收式制冷机是以热量为能源，循环工质通常为溴化锂水溶液，其中水为制冷循环用冷媒，溴化锂为吸收剂。由于水的冰点温度限制，溴化锂制冷机组的蒸发温度不低于0℃，可以提供民用建筑空调7℃的冷冻水。

1. 溴化锂吸收式冷水机组工作流程

溴化锂制冷机组以溴化锂溶液为工作介质，在发生器中，溴化锂溶液经过加热，一方面生成冷剂蒸汽，另一方面浓缩了溴化锂溶液。在冷凝器中，冷剂蒸汽吸收了冷却水热量后，形成液态制冷剂水。液态制冷剂经节流装置节流减压进入蒸发器，吸收冷冻水的热量后立即蒸发，再次形成冷剂蒸汽。冷冻水因制冷而温度降低，冷剂蒸汽被浓度较高的溴化锂溶液吸收而稀释，由泵送往发生器，形成制冷循环。

溴化锂制冷机组可以以热水、蒸汽（蒸汽型冷水机组）、燃油、燃气（直燃型冷水机组）以及各种工业废热余热为热源，制取7℃以上冷冻水。用电设备主要是溶液泵，耗电量大约为5～10kW，大大低于压缩式制冷机组的用电量，因此具有节能性质。

溴化锂制冷机组利用生产工艺过程中的余热制取冷水，节省了为获得低温冷水而需要消耗的高品位电能。制冷系统完全在真空状态运行，运行安全可靠，使用寿命长。操作使用方便，自动化程度高，易于管理。

2. 溴化锂吸收式冷水机组保护与监控

（1）监控参数

① 水泵、风机等动力设备的启停控制，运行状态及故障监测；

② 冷冻水进出水温、进水压力、出水流量监测；

③ 冷却水出水温度、流量及压力测量；

④ 蒸发器真空度、发生器压力测量等。

（2）冷冻水温度控制

通过测量冷冻水供水温度，由控制器控制发生器加热蒸气阀开度，控制加热蒸气的流量，改变发生器产生的制冷剂水蒸气量，从而改变经过冷凝器后产生的冷凝水量，也就改变了蒸发器内的水量，维持冷冻水温度恒定。

（3）启动顺序（参考）

① 先启动冷却水泵、冷媒水泵出口阀门，把水流量调整到 ±5% 设计值范围内，再根据冷却水温启停冷却塔风机。

② 启动发生器泵，通过调节发生器泵出口的蝶阀，向发生器输送溴化锂溶液。

③ 启动吸收器泵，吸收器液位到达可抽真空时启动真空泵，对机组抽真空 10～15min。

④ 慢慢打开蒸汽阀门徐徐向高压发生器送冷剂蒸汽。冷水机组在刚开始工作时，蒸汽表压力控制在 0.02MPa，先使冷水机组预热，经 30min 左右慢慢将蒸汽压力调至正常给定值，使溴化锂溶液的温度逐渐升高，同时，对高压发生器的液位应及时调整，对装有蒸汽减压阀的冷水机组，还应调整减压阀，使出口的蒸汽压力达到规定值。

⑤ 当冷剂水由冷凝器进入蒸发器液囊中的水位到达设定位置后，启动蒸发器泵，机组投入正常运转。

（4）停机操作（参考）

① 关闭蒸汽截止阀、停止向高压发生器供蒸汽加热。

② 关闭加热蒸汽后，冷剂水不足时可先停冷剂水泵的运转，而溶液泵、发生泵、冷却水泵、冷媒水泵应继续运转，使溴化锂稀溶液与浓溶液充分混合，15～20min 后，依次停止溶液泵、发生泵、冷却水泵、冷媒水泵和冷却塔风机的运行。

③ 若室温较低，而测定的溶液浓度较高时，为防止停车后结晶，应打开冷剂水旁通阀，把一部分冷剂水通入吸收器，使溶液充分稀释后再停车。若停机时间较长、环境温度较低（如低于 15℃）时，一般应把蒸发器中的冷剂水全部旁通入吸收器，再经过充分的混合、稀释，判定溶液不会在停车期间结晶后方可停泵。

④ 若溴化锂吸收式制冷机当环境温度在 0℃ 以下或者长期停车，除必须依上述操作法之外，还必须注意以下几点：

a. 在停止蒸汽供应后，应打开冷剂水再生阀，关闭冷剂水泵的排出阀，把蒸发器出冷剂水全部导向吸收器，使溶液充分稀释。

b. 打开冷凝器、蒸发器、高压发生器、吸收器、蒸汽凝结水排出管上的放水阀，冷剂蒸汽凝水旁通阀，放净存水，防止冻结。

c. 若是长期停机，应使自动抽气装置处于运行状态，保证真空泵自动运行。

溴化锂吸收式制冷机组的启动、停机方法并非是唯一的，在实际操作中应根据具体使用的机器型号，性能特点加以调整。

4.3　空调冷水机组监控系统

空调冷水机组监控系统对系统运行参数进行监测，保护冷水机组安全运行。冷水机组是空调系统中最为昂贵的设备，是所有新风机空气处理机组和各种空调末端设备正常运行的核心设备，保护冷水机组的安全运行十分重要。冷水机组总装机电容量约占整个空调系统的 70% 左右，因此对其系统的运行优化是实现节能的有效途径。

4.3.1　压缩式制冷系统的监控

对压缩式制冷系统的监控目的是使冷水机组中的蒸发器和冷凝器通过稳定的水量，向空调冷冻水系统供给足够的冷冻水量，尽可能提高供回水温差，实现系统的经济运行。

1. 主要监控内容

（1）监测参数

① 监测蒸发器制冷剂进出口温度，冷凝器制冷剂进出口温度，压缩机进气与排气的压力和温度，冷凝器和蒸发器水流开关指示状态。

② 监测冷冻水系统供回水温度、压力、压差、流量等运行参数。

③ 监测冷却水系统进出口温度、压力、压差、流量等运行参数。

④ 监测冷却塔风扇的工作状态、调节、故障报警等。

（2）监控功能

① 监控冷水机组启停控制、运行状态显示、过载报警等，冷水机组及冷冻水循环泵、冷却水循环泵的台数控制。

② 监控冷冻水泵的启停状态、故障报警、水流指示等。冷冻水循环系统旁通阀的压差、流量测控。

③ 监控冷却水泵的启停状态、故障、水流指示。

④ 监控冷却塔风扇的工作状态、调节、故障报警等。

（3）启停控制及要求

① 制冷机系统的启动顺序为：润滑油系统启动→冷却水系统启动→冷冻水系统启动→压缩机启动。停止顺序与上述过程相反。

② 循环水系统的启动顺序为：冷却塔风机→冷却水阀→冷却水泵→冷冻水阀→冷冻水泵→冷水机组。停止顺序与上述过程相反。

③ 制冷系统控制的一般要求

a. 各机组设备的运行累计小时数及启动次数尽可能相同，以延长机组使用寿命。

b. 在满足用户负荷的前提下，尽可能提高制冷机出口水温以提高制冷机的 COP 值。

c. 根据冷负荷状态决定制冷机运行台数。

d. 在制冷机运行所允许条件下，在不增加冷却泵和冷却塔的运行电耗的条件下，尽可能降低冷却水温度。

2. 冷水机组的集中管理功能

（1）集中管理各台冷水机组、循环泵、补水泵工作状态显示、参数设定、启停控制、报警设置、数据查询与打印。

（2）通过系统编程，完成特定启停、保护、运行、报警、数据转发等功能，实现机组的高效运行。

① 冷水机组水泵的自适应启停是根据冷冻水和冷热负荷惯性反应时间，来自动调节机组和水泵的启停时间表，并按照最优启停时间来控制水泵和机组。

② 冷水机组运行顺序应根据系统过去的能效、负荷需求、冷水机组与水泵的功率，以及待命机组的情况，自动预测冷热负荷需求趋势，自动选择设备的最优组合和启停顺序。冷冻水阀门开度按照冷水机组的选定情况进行控制。冷水机组得到开机命令却未能启动时，应按指定要求发出报警。

③ 冷水机组最优负荷分配是通过监控系统，依据能效和最优设备组合，自动为每台机组分配负荷。在保持供水温度设定值状态的同时，优化机组的负荷分配。

④ 冷水机组参数重设是根据设备运行情况和负荷变化趋势，自动调整系统的参数给定值。

⑤ 当系统中有多台机组时，不允许有单台机组负荷低于可选工况点（如 30% 的负荷）下运行。当冷负荷低于 25% 时，系统将停止一台机组运行，以便充分发挥系统能效；也可根据冷热负荷惯性反应时间和档案数据来选择连续运行。

⑥ 当发生断电时，所有设备将根据技术要求停机一段时间，然后，设备将依次启动，以最大限度地减少功率的冲击峰值需求。

⑦ 当机组或辅助设备不能启动，或因紧急故障而停机时，备用机组及其相关辅助设备应自动启动。

⑧ 系统靠反馈或紧急故障电路来识别并确认机组、泵的故障，同时将显示报警信息。

⑨ 水路上的电动阀应在机组启动前开启，在机组关闭后关上。

⑩ 水泵的启动应根据冷热负荷需求来排序。在同等条件下，还需要根据累计运行时间来进行进一步排序。水泵应先于冷水机组并确认相关电动水阀开启后再启动，并于冷水机组关闭后停止。水泵启动后，水流开关检测水流状态，如果出现故障，则自动停机，备用水泵自动投入运行。

3. 制冷系统的 DDC 控制

如图 4-12 所示为压缩式制冷机系统监控原理，其监控功能见表 4-1。冷源系统主要监控内容：

（1）冷水机组的运行、故障、手自动状态及保护措施。

（2）冷冻水循环系统管道的温度、流量、压力、压差。

（3）冷冻水循环水泵的运行、故障、手自动状态；分水器集水器之间旁通阀的压差。

（4）冷却水循环系统管道的温度、冷却水泵和冷却塔风机的运行、故障、手自动状态。

（5）冷冻水、冷却水管道电动阀门的开关状态。

（6）冷源系统的能耗参数等。

通过调控机组运行状态，降低机组电耗和循环泵、风机电耗来达到节能的目的。

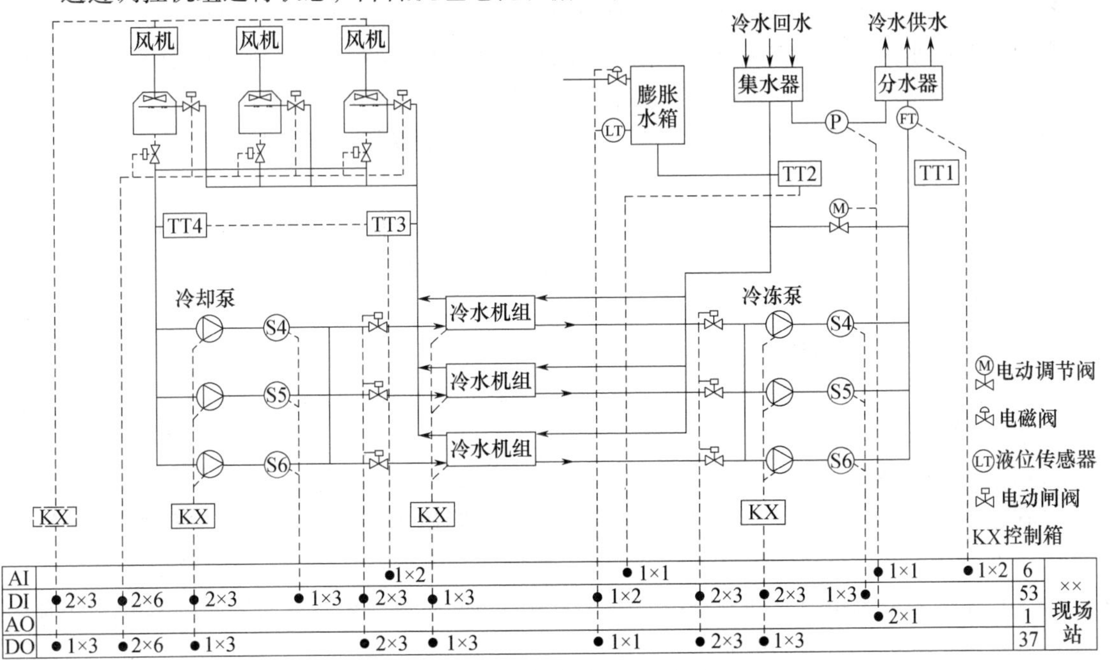

图 4-12　压缩式制冷机系统监控原理

表 4-1　空调冷水机组监控系统

序号	监控功能	备　注
1	冷冻水供、回水温度监测	水管式温度传感器，感温元件应插入水管中心线。保护套管应符合耐压要求
2	冷冻水供水流量监测	可选用电磁流量计
3	冷却水供、回水温度监测	水管式温度传感器，感温元件应插入水管中心线。保护套管应符合耐压要求
4	膨胀水箱水位监测	用于补水控制
5	冷负荷计量	根据冷冻水供、回水温度差和流量自动计算和计量
6	冷水机组启/停台数控制	根据实际负荷自动确定冷水机组运行的台数，并使冷水机组优化运行
7	冷冻水供、回水压差自动调节	根据集水器和分水器的供、回水压差，自动调节冷冻水旁通调节阀，以维持供回水压力为设定值，并实现优化运行
8	冷却水温度监测和控制	自动控制冷却塔排风机的运行，使冷却水温度低于设定值，以提高冷水机组的运行效率
9	冷水机组保护控制	检测冷冻水、冷却水系统的流量开关状态，如果异常，则自动停止冷水机组，并报警和自动进行故障记录
10	冷水系统顺序控制	1. 启动顺序： 开启冷却塔蝶阀→开启冷却水蝶阀→启动冷却水泵→启动冷却塔排风机→开启冷冻水蝶阀→启动冷冻水泵→冷却水和冷冻水的水流开关同时检测到水流信号后→启动冷水机组 2. 停止顺序：基本上与启动顺序相反
11	自动统计与管理	自动统计各设备的运行累计时间，按一定的策略使各设备得到优化启/停控制，并对定期修理的设备进行提示
12	机组通信	用于楼宇自动化系统集成

对空调冷水机组系统实施自动监控，可以从整体上整合空调系统，使之运行在最佳的状态。有多台冷水机组、冷却水泵、冷冻水泵、冷却塔的冷水机组系统，可以按先后顺序启动运行，通过执行优化运行程序和时间控制程序，达到节能降耗，减少人手操作可能带来的误差，并简化冷源系统的运行。

集中监视能够及时发现设备的问题，进行预防性维修，降低维修费用，以减少停机时间和设备的损耗。另外冷水机组系统还可以根据被调量变动的情况，适当为系统增减冷量，从而降低能耗，节省能源。

4.3.2　蓄冷空调系统概述

蓄冷空调系统是将热量从蓄冷介质中转移出来进行利用。按蓄冷介质分类可分为冰蓄冷、水蓄冷、共晶盐蓄冷等。

1. 冰蓄冷空调系统

在冰蓄冷空调系统中蓄冷介质是冰，利用冰的溶解潜热储存冷量。单位蓄冷能力大[40～50（kW·h）/m^3]。利用冰蓄冷系统将建筑物使用空调负荷时所需冷量的全部或者一部分，在非使用空调负荷时间制备好，将其能量蓄存起来供空调负荷时使用。冰蓄冷空调系统的蓄冷体积较小，可采用低温送风系统。

冰蓄冷空调系统能平衡电网峰谷负荷，减缓电厂和供配电设施的建设。制冷主机容量的减少，能减少空调系统电力增容费和供配电设施费。利用电网峰谷荷电力差价，降低空调运行费用。冷冻水温度可降到1~4℃，可实现大温差、低温送风空调，节省水、风输送系统的投资和能耗。但冰蓄冷空调系统的一次性投资比常现空调大20%~40%。蓄冰装置要占用较大的空间。制冷蓄冰时主机效率比在空调工况下运行低。设计、施工、调试和运行相对比较复杂。

2. 水蓄冷空调系统

在水蓄冷空调系统中蓄冷介质是水，利用水温变化存储显热。一般蓄冷温差为6~10℃，蓄冷温度为4~6℃。单位蓄冷能力较低，蓄冷体积大。水蓄冷空调系统主要由制冷机组、蓄冷水槽、控制仪表、用户等组成。可利用消防水池、其他蓄水设施等作为蓄冷水槽。

水蓄冷空调系统可以在不增加制冷机组的条件下增加功率容量，能源利用率高。但水蓄冷只能利用显热，在同样蓄冷条件下，需要的水量比较大，保温处理困难，冷损耗较大。

4.4　空调系统热源

热源系统为空调系统提供必要的热能。热源可以通过电力、可再生能源、工业余热、生活废热、热泵等方式获得。空调系统需要的热能常常是通过锅炉设备提供高温蒸汽或热媒热水来实现的。

4.4.1　锅炉基本知识

1. 锅炉的基本组成

（1）锅炉分类

锅炉按用途可分为工业、电站、船用和机车等锅炉。按锅炉出口压力可分为低压、中压、高压、超高压、亚临界压力、超临界压力等锅炉。按水和烟气的流动路径可分为火筒、火管、水管等锅炉，其中火筒锅炉和火管锅炉又合称为锅壳锅炉。按循环方式可分为自然、辅助（即强制循环锅炉）、直流和复合等循环锅炉。按燃烧方式可分为室燃炉、层燃炉和沸腾炉等。

（2）锅炉系统的构成

以燃煤蒸汽锅炉为例，锅炉主要是有汽水系统、风烟系统、燃煤系统组成，实现将煤燃烧产生的热能提供给空调系统热负荷使用。

① 汽水系统

汽水系统是锅炉的一个主要系统，可以划分为给水系统、主蒸汽系统、炉内外水循环系统、主蒸汽管道系统、疏放水系统、排污系统等。

如图4-13（a）、（b）所示，锅炉的汽水系统主要由给水管路、省煤器、锅筒（汽包）、下降管、水冷壁、过热器、循环泵、炉膛、空气预热器、炉排、引风机、鼓风机、除尘器等组成。其主要任务是使水吸热、蒸发，最后变成有一定参数的过热蒸汽或热水，向空调系统提供热量。

在汽水系统中，给水在加热器中加热到一定温度后，经给水管道进入省煤器，进一步加热以后送入锅筒，与锅水混合后沿下降管下行至水冷壁进口集箱。水在水冷壁管内吸收炉膛辐射热形成汽水混合物经上升管到达锅筒中，由汽水分离装置使水、汽分离。分离出来的饱和蒸汽由锅筒上部流往过热器，继续吸热成为一定温度的过热蒸汽。

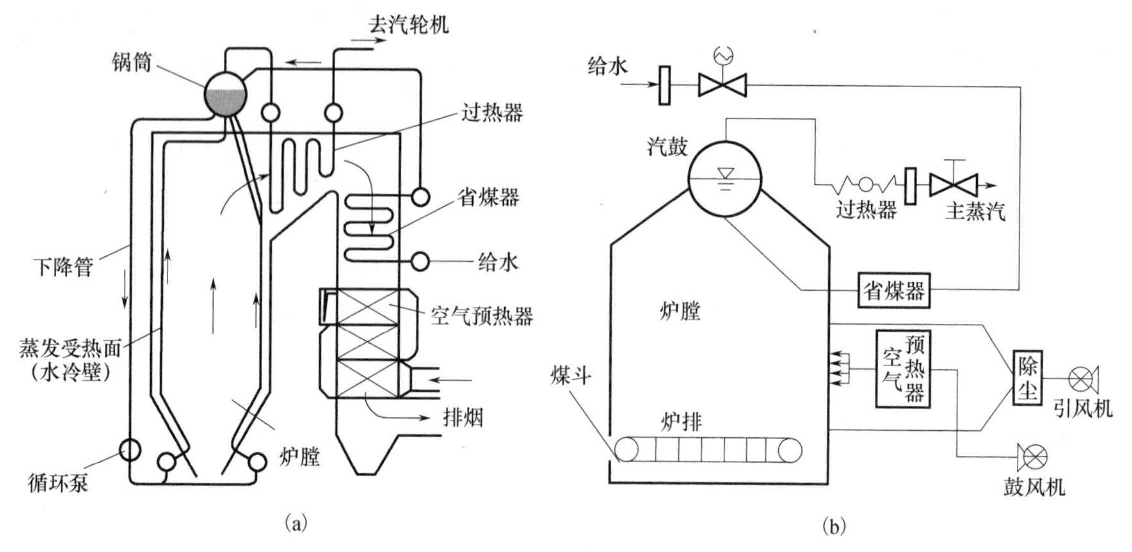

图 4-13 锅炉的汽水系统及主要回路

（a）汽水系统示意；（b）主要回路结构

② 风烟系统

送风机将空气送入空气预热器加热到一定温度，煤炭在磨煤机中被磨成一定细度的煤粉，由来自空气预热器的热空气携带经燃烧器喷入炉膛。燃烧器喷出的煤粉与空气混合物在炉膛中与其余的热空气混合燃烧，放出热量。燃烧后的热烟气顺序流经炉膛、凝渣管束、过热器、省煤器和空气预热器后，再经过除尘装置，除去其中的飞灰，最后由引风机送往烟囱排向大气。风烟系统的主要任务是燃烧除尘。

③ 煤灰系统

煤灰系统负责燃烧后放热粉尘处理。

锅炉的三个系统组成一个不可分割的整体，同时完成燃料的燃烧放热过程、热量传递过程和水的吸热升温过程，实现热能的转换，向外送出蒸汽或热水。

2. 锅炉的工作流程

锅炉整体的结构包括锅炉本体和辅助设备两大部分。锅炉中的炉膛、锅筒（汽包）、燃烧器、水冷壁过热器、省煤器、空气预热器、构架和炉墙等主要部件构成生产蒸汽的核心部分，称为锅炉本体。锅炉本体中两个最主要的部件是炉膛和锅筒。炉膛又称燃烧室，是供燃料燃烧的空间。锅筒的主要功能是储水，进行汽水分离。锅筒接收来自省煤器来的给水、连接循环回路，并向过热器输送饱和蒸汽的容器。锅炉辅助设备主要有：送、引风系统，向锅炉供给燃烧需要的空气及将煤燃烧后的烟气排出锅炉，包括送风机、引风机和烟道等；燃料制备与输送系统；除尘、除灰系统；给排水系统，包括给水泵、阀门和管道等；自动控制和监测系统（锅炉自动控制、锅炉汽温调节）。

燃煤锅炉如图 4-14 所示，加热的煤灰与热空气混合后，被喷入炉膛燃烧设备燃烧，释放热量加热水包，经过热器，产出热媒蒸汽。燃烧后的煤灰经过除尘，通过灰斗运出去。燃烧产生的烟气可以通过空气预热器预热空气，还可以通过省煤器加热给水。

（1）炉膛与燃烧

炉膛是燃料充分燃烧并放出热能的设备。煤由煤斗进入炉膛燃烧，或经燃烧器喷入炉膛燃烧。燃烧所需要的空气由炉排下面的风箱送入，燃尽的残渣落入灰斗中，得到加热的高温烟气依次经过各个受热面，将热量传递给水后，经由烟囱排至大气。

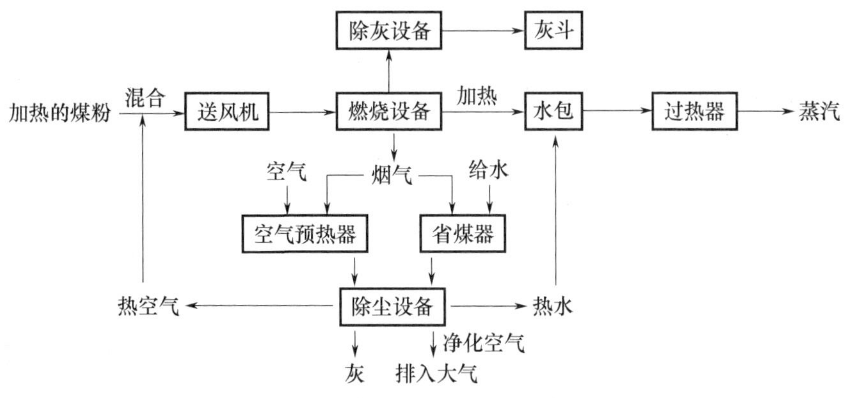

图 4-14　锅炉的工艺流程示意图

（2）汽包与分离

汽包由上下锅筒和沸水管组成。水在管内受管外烟气加热，因而在管簇内发生自然循环流动，并逐渐汽化，产生的饱和蒸汽聚集在锅筒罩面。为了得到干度比较大的饱和蒸汽，在上锅筒中还装有汽水分离设备，下锅筒作为连接沸水管之用，同时储存水和水垢。

（3）省煤器与加热

燃煤锅炉炉膛排除的烟气具有较高的温度，省煤器利用其热量可以加热进入汽包的冷水，省煤器一般由蛇形管组成。

经处理的冷水由给水泵通过给水调节阀进入省煤器，冷水在经过省煤器的过程中被由炉膛排出的烟气预热，变成温水进入汽包，在汽包内加热至沸腾产生蒸汽，为了保证有最大的蒸发面因此水位要保持在锅炉上汽包的中线位置，蒸汽通过主蒸汽阀输出。

（4）蒸汽过热器

过热器是锅炉中将一定压力下的饱和水蒸气加热成相应压力下的过热水蒸气的受热面。过热器的作用就是将饱和蒸汽加热成过热蒸汽，降低排烟损失，提高锅炉热效率。高低温过热器的最大区别就是位置不同，高温过热器位于炉膛出口处，低温过热器位于水平烟道。

（5）空气预热器

空气经过鼓风机进入空气预热器，继续利用省煤器后的烟气余热，加热燃料燃烧所需空气，变成热空气进入炉膛。热空气可以强化炉内燃烧过程，提高锅炉燃烧的经济性，提高锅炉热效率。

（6）风烟设备

风烟设备主要包括引风机、烟囱、烟道等部分，将锅炉中的烟气连续排出，保持炉膛的负压燃烧正常。

在引风机的抽吸作用下经过省煤气和空气预热器，把预热传导给进入锅炉的水和空气。通过这种方式能节约锅炉的热能。降温后的烟气经过除尘器除尘、去硫等一系列净化工艺通过烟囱排出。

（7）鼓风设备

鼓风设备主要由鼓风机、送风机、风道、风箱组成，供应燃料燃烧所需要的空气。

（8）给水设备

给水设备主要由给水泵和给水管组成。给水泵用来克服给水管路和省煤器的流动阻力和锅炉的压力，把水送入汽包中。

（9）水处理设备

水处理设备用来清除水中杂质和降低给水硬度，防止锅炉受热面上结水垢或腐蚀锅炉，从而提高锅炉的经济性和安全性。

（10）燃料供给设备

燃料供给设备主要由运煤设备、原煤仓和储煤斗等设备组成，保证锅炉所需燃料的供应。

煤先经磨煤设备磨成煤粉，然后喷入炉膛内燃烧，整个燃烧过程是在炉膛内呈悬浮状进行。煤粉炉能改善与空气的混合，加快点火和燃烧，煤种适用性广，适应于大中型锅炉。煤粉锅炉的燃烧设备有煤粉设备、制粉系统和煤粉燃烧器。

（11）除尘设备

除尘设备将收集锅炉灰渣，并运往存放场地，及时除去烟气中灰粒的设备，以减少对周围环境的污染。

锅炉烟气中所含的粉尘、硫和氮的氧化物等都是污染大气的物质，控制这些物质排放的措施有燃烧前处理、改进燃烧技术、除尘、脱硫和脱硝等。

3. 锅炉的工作过程

（1）燃料燃烧过程

燃料在炉膛内与空气混合，与氧气发生化学反应，并放出热量，这是燃料的燃烧放热过程。这个过程直接影响到锅炉的出力和热效率。燃料燃烧后产生的热量，通过水冷壁管、对流管束等受热面传递给锅水，这是热量传递过程。

（2）锅水受热循环过程

燃料燃烧的热量先传递给受热面金属的外部，这在炉膛内主要以辐射的方式，而在对流管束和尾部烟道内则主要以对流方式进行。热量通过金属导热至内部，最后再传递给锅水。水的吸热升温过程使得锅水循环流动，并吸收足够的热量后，输出热媒蒸汽。锅水良好的循环流动直接关系到锅炉的安全运行。

（3）预热鼓风引风过程

给水通过省煤器预热后给锅炉上水，空气经空气预热器后由风道进入，烟气通过除尘器除尘，由引风机送至烟囱排放，主蒸汽经过过热器送至蒸汽用户。鼓风机、引风机都是由交流变频器来控制，通过调节鼓风机、引风机的速度来实现控制鼓风量、引风量。

4. 常用概念

（1）锅炉容量

蒸汽锅炉容量是指锅炉的可用额定蒸发量或最大连续蒸发量。额定蒸发量是在规定的出口压力、温度和效率下，单位时间内连续生产的蒸汽量。最大连续蒸发量是在规定的出口压力、温度下，单位时间内能最大连续生产的蒸汽量。

（2）过热蒸汽

当湿蒸汽中的水全部汽化成为饱和蒸汽时，蒸汽温度仍为沸点温度。如果对于饱和蒸汽继续加热，使蒸汽温度升高并超过沸点温度，此时得到的蒸汽称为过热蒸汽。过热蒸汽在经过长距离输送后，随着工况（如温度、压力）的变化，特别是在过热度不高的情况下，会因为热量损失温度降低而使其从过热状态进入饱和或过饱和状态，转变成为饱和蒸汽或带有水滴的过饱和蒸汽。

4.4.2　常见锅炉介绍

1. 链条锅炉

链条锅炉是一种结构比较完善的燃烧设备。由于加煤、清渣、除灰等均有机械完成，机械化程度高，制造工艺成熟，运行稳定可靠，人工拨火能使燃料燃烧的更充分，燃烧率也较高，适用于大、中、小型工业锅炉。

如图 4-15 所示为链条锅炉结构和工艺流程示意图。燃烧的煤层厚度通过闸板控制，炉排转速可由交流变频调速电机控制，尾部受热面有省煤器和空气预热器。

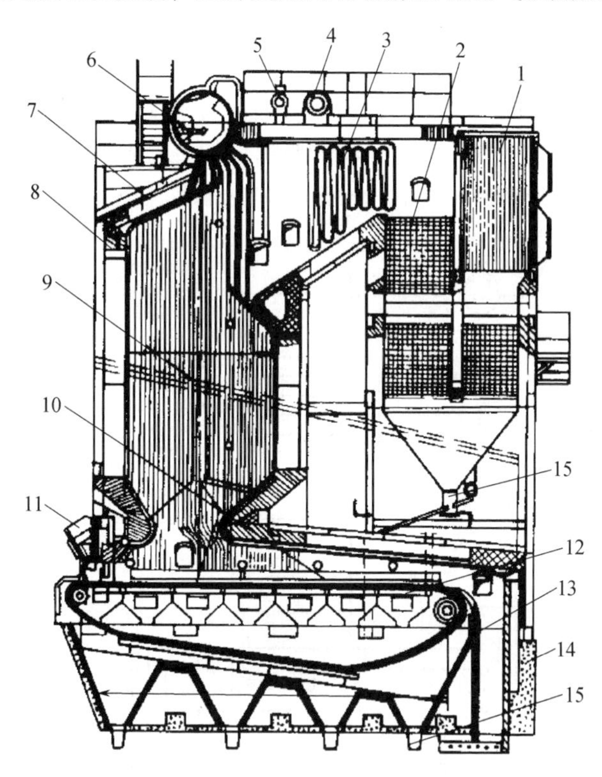

图 4-15　链条热水锅炉结构和工艺流程示意

1—空气预热器；2—省煤器；3—过热器管；4—减温器；5—蒸汽集箱；6—锅筒；7—斜炉顶护板；8—钢构架、炉墙；9—水冷壁管；10—防焦箱；11—加煤斗；12—链条炉排；13—落渣口；14—炉架基础；15—落灰口

工作流程：输煤机将燃料送入给煤斗 11 中，通过链条炉排 12 不断地缓慢向前移动，煤从给煤斗 11 下落到炉排上，被带入到炉膛中着火燃烧。煤燃烧后剩下的灰渣，又随链条炉排的转动而掉下灰仓，经除渣机从炉底落渣口 13 排出，这就构成了链条锅炉的煤渣系统。

送风机吸入空气，经空气预热器 1 预热后送入炉内，提供燃烧所需的氧气。燃料与空气混合燃烧产生的高温烟气，在引风机作用下，流过省煤器 2 和空气预热器 1，释放热量。放热后的低温烟气被除尘器净化，经烟囱入大气，这就构成了热水锅炉的烟风系统。

流经热用户后已降温的冷回水，经省煤器 2 预热后，送入锅炉锅筒 6、水冷壁 9 等组成锅筒水循环系统。锅筒水在此循环系统中循环流动，同时吸收燃料燃烧后释放的热量，升温至所需温度后，或成为蒸汽热媒，或成为热水热媒，向热用户提供热能。

2. 循环流化床锅炉

循环流化床锅炉是近十几年发展起来的一项高效、低污染清洁燃烧技术设备，具有燃烧效率高，煤种适应性广，烟气中有害气体排放浓度低，负荷调节范围大，灰渣可综合利用等特点。

煤粉的固体粒子经与气体或液体接触而转变为类似流体状态的过程，称为流化过程。流化过程用于燃料燃烧，即为流化燃烧，其炉子称为流化床锅炉。流化床根据不同的流化速度划分为鼓泡床、湍流床和快速床。

（1）工作原理

如图4-16所示，循环流化床锅炉可分为两个部分。第一部分由燃烧室（炉膛）、气固物料分离器（旋风分离器）、固体物料再循环设备（燃料仓和输煤机）、外置热交换器等组成，形成了一个固体物料循环回路。第二部分为对流烟道，布置有过热器、再热器、省煤器和空气预热器等组成，与其他常规锅炉相近。在炉膛出口加装气固物料分离器，被烟气携带排出炉膛的细小固体颗粒，经分离器分离后，再送回炉内循环燃烧。

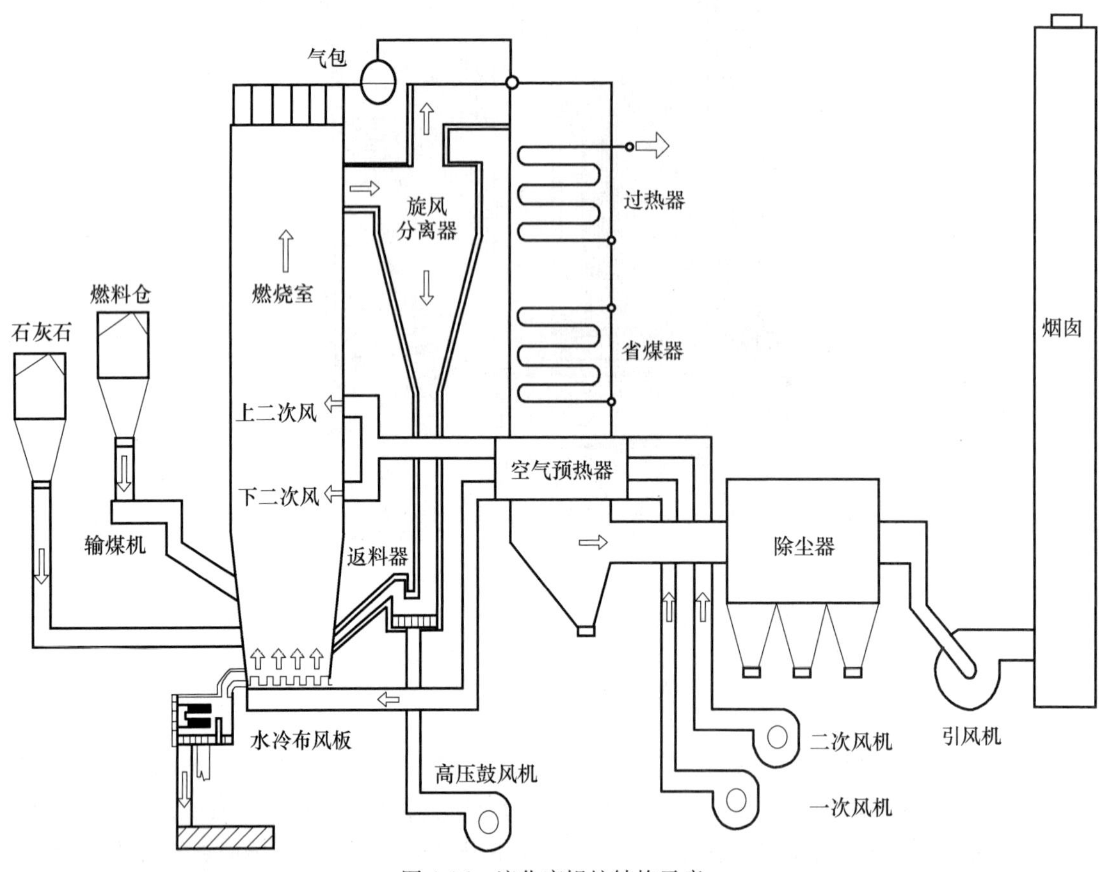

图4-16　流化床锅炉结构示意

循环流化床锅炉燃烧所需的一次风和二次风分别从炉膛的底部和侧墙送入，燃料的燃烧主要在炉膛中完成，炉膛四周布置有水冷壁用于吸收燃烧所产生的部分热量。

（2）主要特点

① 燃料适应性广，燃烧效率高，适用于各种热值的煤炭。

② 脱硫效率高。由于飞灰的循环燃烧过程，床料中未发生脱硫反应而被吹出燃烧室的石灰石、石灰能送回至床内再利用。另外，已发生脱硫反应部分，生成了硫酸钙的大粒子，在循环燃烧过程中发生碰撞破裂，使新的氧化钙粒子表面又暴露于硫化反应的气氛中。这样脱硫性能大大改善。

③ 易于实现灰渣综合利用。循环流化床燃烧过程属于低温燃烧，同时炉内优良的燃尽条件使得锅炉的灰渣含炭量低（含炭量小于 1%），易于实现灰渣的综合利用，同时低温烧透也有利于灰渣中提取稀有金属。

④ 燃料预处理系统简单。循环流化床锅炉的给煤粒度一般小于 13mm，因此与煤粉锅炉相比，燃料的制备破碎系统大为简化。

⑤ 给煤点少，循环流化床锅炉的炉膛截面积小，同时良好的混合和燃烧区域的扩展使所需的给煤点数大大减少，既有利于燃烧，也简化了给煤系统。

3. 燃油与燃气锅炉

（1）燃烧器

① 燃油燃烧器

燃油燃烧器由喷油嘴和调风器等组成。它是将燃料油雾化，并与空气强烈混合后送入炉膛，使油气混合物在炉膛内呈悬浮状态的一种燃烧设备。燃油燃烧器是燃油锅炉的关键设备，按使用燃料种类可分轻质油燃烧器和重质油燃烧器。重油黏度大，在重油燃烧器内一般设置预热器。工业燃油锅炉大多配置轻质油燃烧器。

② 燃气燃烧器

它是燃气锅炉的最主要的燃烧设备。燃气燃烧器有扩散式燃烧器、大气式燃烧器和完全预混式燃烧器。如图 4-17 所示为燃气锅炉结构原理示意。

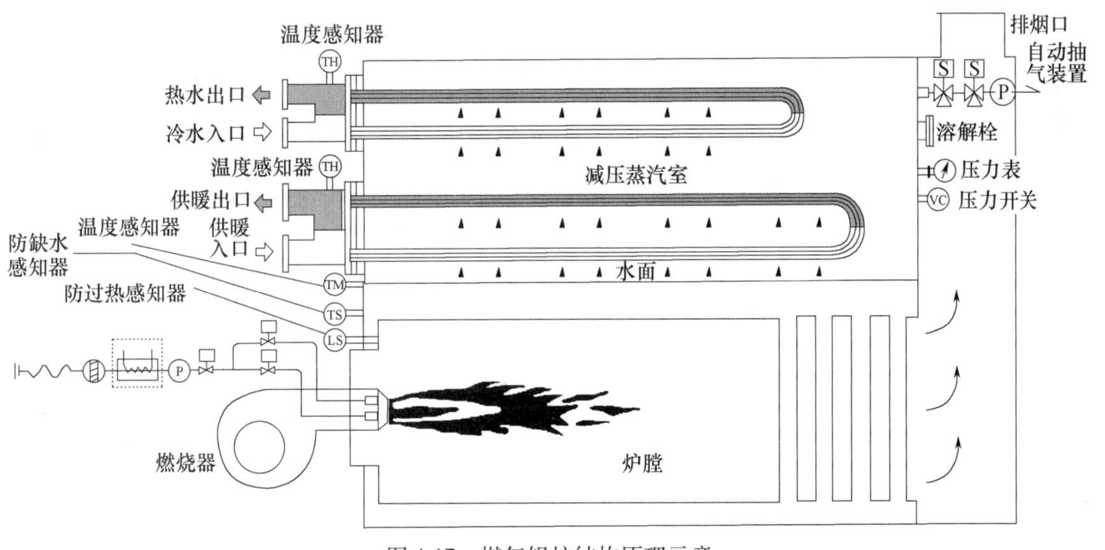

图 4-17　燃气锅炉结构原理示意

（2）燃油锅炉工作原理

如图 4-18 所示为燃油锅炉的工作原理示意图。燃油锅炉和其他锅炉的主要不同是燃油燃烧器，燃烧器一般由三部分组成，即油系统、风系统、电系统。

油系统的功能是提供燃烧所需要的一定压力的油并使之雾化，它主要由过滤网、油管、油泵（齿轮泵）、电磁阀、液压传动装置和油嘴等组成。

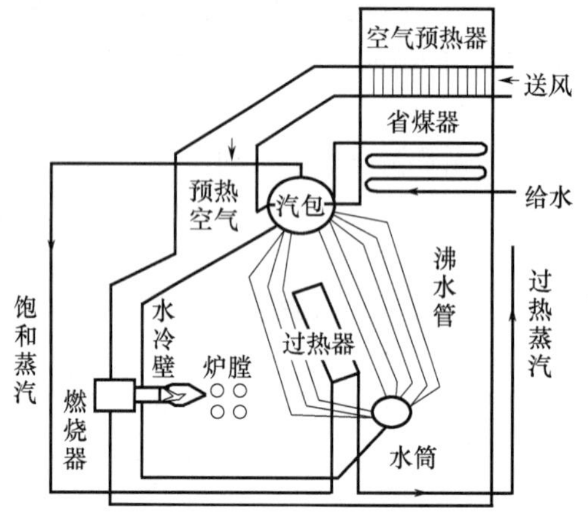

图 4-18　燃油锅炉工作原理示意图

风系统的功能是提供燃烧所需要的一定数量和压力的空气。主要由机壳、风机叶轮、风门、稳焰器、燃烧头、轴、滑杆、风门刻度盘、测压孔、燃烧头调整螺丝等组成。

电系统的功能是使燃烧器按规定的程序工作，主要由接线端子、穿线孔、控制盒、接触器、热继电器、点火变压器、点火电极、电机、光电管等组成。

燃烧器工作原理如图 4-19 所示。电磁阀 1 段打开，燃油经喷火雾化喷入燃烧室内，被点火电极上的电火花点燃。在 1 段着火期间，空气风门的位置可用螺母调节。火焰正常则切断点火变压器，闭合 2 段电磁阀，燃油到达第二个喷嘴，锅炉满负荷运行。燃烧器在火焰检测器的控制下运行。

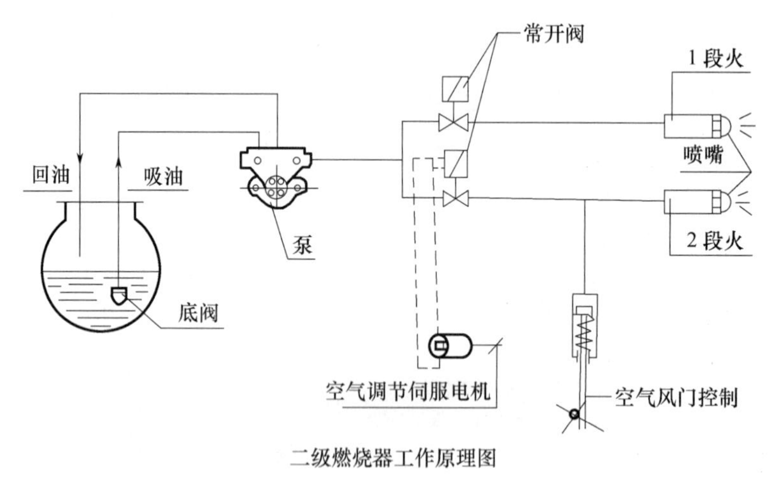

图 4-19　燃油燃烧器的工作原理示意图

（3）燃油与燃气锅炉燃烧系统的监控

为了保证燃油与燃气锅炉的安全运行，必须设置燃油、燃气压力上下限控制，及其越限声光报警装置、熄火自动保护装置和灭火自动保护装置。

① 燃油、燃气压力上下限控制及其越限声光报警装置，用于实时检测供给锅炉燃烧所需燃料压力的大小，避免发生事故。

② 熄火自动保护装置用于检测燃烧火焰的存在情况。当火焰持续存在时，允许燃料的持续供给；当火焰熄灭时，及时声光报警并自动切断燃料的供给，防止发生炉膛爆炸事故。

③ 为了保证燃油与燃气锅炉的经济运行，还需要设置空气/燃料比的自动控制系统，并实时检测炉温、炉压、排烟温度和热媒参数等。

4.4.3　其他热源系统

1. 地源热泵系统

地源热泵包括地下水热泵、地表水热泵、土壤热源。地下水热泵是将井水汲出，通过水源热泵空调机中的换热器进行加热或冷却，再将井水回灌入井内。地表水热泵是将江、河、湖、海水吸出，通过水源热泵的换热器加热或冷却，再排回到江、河、湖、海中去。土壤热泵是将水环路埋地下，以土壤作为吸热源和排热源。如图4-20所示为地源热泵结构原理。

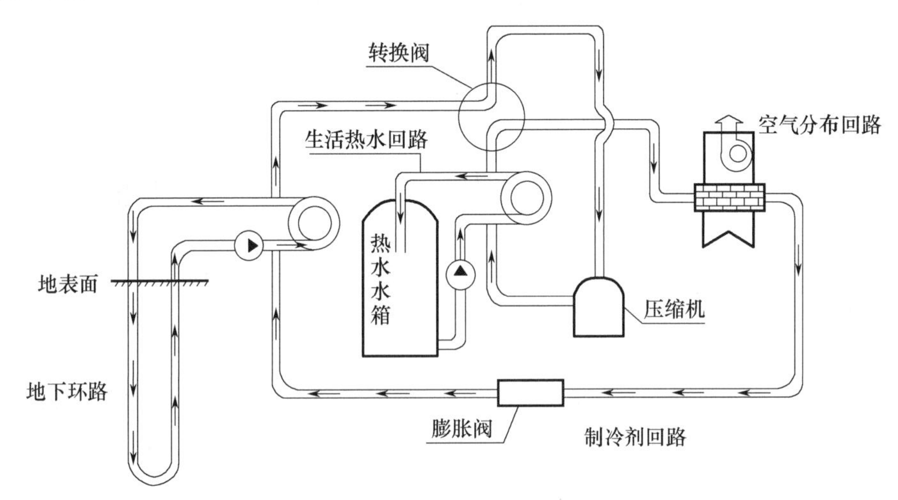

图4-20　地源热泵系统结构原理示意图

地源热泵空调系统一般由室外环路、制冷剂环路、室内环路三个环路组成。

地源热泵系统的工作原理：热泵机组通过室外环路进行热量交换，在冬季制热运行时从地下土壤（地层）、地下水吸收热量，夏季制冷运行时向地下土壤（地层）、地下水释放热量。同时，热泵机组本身的制冷剂环路运行来把室外环路侧的热量或冷量交换到室内环路侧，室内环路进而把热量或冷量传递到建筑物内空调末端系统。

（1）室外环路是用高强度的塑料管组成的地下循环的封闭环路，循环介质为水或防冻液。方式是用抽取地下水，换热后再回灌的水井系统。

（2）制冷剂环路是热泵机组内部的制冷剂循环。制热运行时，压缩机不断地从蒸发器中抽出制冷剂蒸气，经过压缩机压缩，制冷剂由低温低压蒸气转变成高温高压蒸气。高温高压制冷剂蒸气在冷凝器内冷凝，放出大量热被热媒水吸收，从而达到制热的目的。被冷凝器冷凝的高压液体制冷剂经热力膨胀阀节流、降压，转变为低压制冷剂液体，低压制冷剂在蒸发器内蒸发，从地下水中吸收大量热量，从而降低了地下水的温度。低压制冷剂蒸气被压缩机抽取，从而形成一个制热循环。

制冷运行时，压缩机不断地从蒸发器中抽出制冷剂蒸气，经过压缩机压缩，制冷剂由低温低压蒸气转变成高温高压蒸气。高温高压制冷剂蒸气在冷凝器内冷凝，放出大量热被地下水吸收，被冷凝器冷凝的高压液体制冷剂经热力膨胀阀节流、降压，转变为低压制冷剂液体。低压制冷剂在蒸发器内蒸发，从冷媒水中吸收大量热量，从而降低了冷媒水的温度，达到制冷的目的。低压制冷剂蒸气被压缩机抽取，从而形成一个制冷循环。

（3）室内环路是在建筑物内与热泵机组之间传递热量或冷量。

地源热泵空调系统夏季制冷系统示意如图4-21所示。

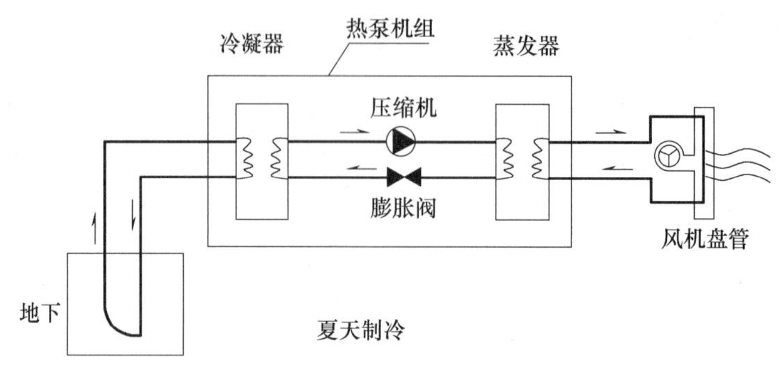

图4-21　地源热泵夏季制冷系统示意图

2. 水环热泵

水环热泵空调系统是指小型的水/空气热泵机组的一种应用方式，即用水环路将小型的水/空气热泵机组并联在一起，构成一套以回收建筑物内部余热为主要特点的热泵供暖、供冷的空调系统。

水环热泵用一个循环水环路作为加热源和排热源。当环路中水的温度因空调机制冷运行时的放热，使其温度超过一定值（如35℃）时，环路中水将通过冷却塔将热量放给大气。当环路中水的温度因空调机制热运行时的吸热，使其温度低于一定值（如15℃）时，通常使用加热装置对循环水进行加热。水环热泵是一种介于中央空调与分散空调之间的优化空调能源方式。

水环热泵循环水温度在7～50℃之间。当建筑物制冷制热同时进行时，可实现能量在建筑物内部转移，节能效果明显。不消耗水资源，也不会造成污染。水环热泵空调系统没有冷水机组，不再需要冷冻机房，只需提供安置冷却水塔、水泵的场所，通过一套系统来实现制冷和供热。

水环热泵空调系统制冷量达10kW时热泵噪声较大。必须设置独立新风系统送入每个房间。总装机容量比常规中央空调系统要大，增大了变配电所的投资与贴费。

4.5　锅炉监控系统

锅炉是一个多输入、多输出、多回路、非线性、参数之间耦合关系强的控制对象。当锅炉的运行状况发生变化或受到某一扰动后，系统需协调动作，改变其调节量，使所有的被调量都适应扰动的变化。这种调节十分复杂，需要根据锅炉运行的实际情况，将锅炉当作若干个相对独立的调节对象，相应地设置若干个相对独立的调节系统。

4.5.1　锅炉监控系统的主要功能

锅炉控制系统，一般由以下几部分组成，即由锅炉本体、一次仪表、控制系统、上位机、手自动切换操作、执行机构及阀、电机等部分组成。一次仪表将锅炉的温度、压力、流量、氧量、转速等量转换成电压、电流等送入。控制系统包括手动和自动操作部分，手动控制时由操作人员手动控制，用控制器控制变频器、滑差电机及电动阀等，自动控制时对发出控制信号经执行部分进行自动操作，对整个锅炉的运行进行监测、报警、控制以保证锅炉正常、可靠地运行。

此外为保证锅炉运行的安全，在进行系统设计时，对锅炉水位、锅炉汽包压力等重要参数应设置常规仪表及报警装置，以保证水位和汽包压力有双重甚至三重报警装置，以免锅炉发生重大事故。

（1）集中显示锅炉各运行参数。能提供快速计算所需数据，能同时显示锅炉运行的水位、压力、炉膛负压、烟气含量、测点温度、燃煤量等运行参量的瞬时值、累计值及给定值，并能按需要在锅炉的结构示意画面的相应位置上显示出参数值。

（2）提供随时打印或定时打印，能对运行状况进行准确的记录，便于事故追查和分析，防止事故的瞒报漏报现象。

（3）运行中可以随时修改各种运行参数的控制值，并修改系统的控制参数。

（4）用程序软件来代替许多复杂的仪表单元，减少投资和故障率，提高锅炉的热效率。

（5）对系统中的鼓风机、引风机、给水泵等大功率非经常满负荷运行的电动机，进行变频控制进行节能。

（6）对锅炉的多输入、多输出、非线性动态对象进行智能控制，对锅炉性能进行网络化控制。

（7）保证锅炉的安全、稳定、经济运行，减轻操作人员的劳动强度，杜绝由于人为疏忽造成的重大事故。

4.5.2 锅炉的主要控制回路

1. 出水温度控制

城市集中供热一般采用水-水热交换系统，蒸汽锅炉通过蒸汽-水换热器变成集中供热的热源热水，不论是哪种换热形式，都需要对换热器的出水温度和回水温度需要进行控制，对热水锅炉的出水温度需要进行控制。

对于热水锅炉，出水温度控制回路是通过控制燃料量和助燃风量来调节锅炉的出水温度。可以依据各种室外温度条件下的标准供水曲线，通过设置各种室外温度下的标准供水温度及标准供水、回水温度差程序，通过室外温度变化情况推算出室外温度的变化趋势，并作为出水温度控制回路的给定值。控制器根据锅炉当前的出水温度与给定值的偏差大小，调节燃料量和助燃风量，使锅炉出水温度逐渐达到标准值。

2. 回水压力控制

回水压力主要是指在热力管网的一次网（供热干管）循环过程中，被加热的水在换热站中完成热交换，将热量交换给二次网（用户或用户热交换站）以后的低温水返回锅炉时的压力。

回水压力的自动控制的目标是为了保证系统管网的安全运行。在热水循环过程中，由于在管道存在泄漏情况，使得管道内压力逐渐降低，系统压力不足，影响供暖效果。这时需要开启补水泵对系统进行补水，以提高系统的回水压力。

加热引起的热膨胀作用，会使管道内压力逐渐升高，升高到一定压力时，开启安全阀对系统泄压，避免由于管道压力过高引起的管道破裂或者损坏。

如上图，为锅炉水系统的监控系统示意图。锅炉的供水（出水）口设温度传感器 T_3 压力传感器 P_1 流量传感器 F_1 三参数检测，保证用户侧热水的质量；回水侧设有温度传感

器 T_4压力传感器 P_2，对用户回水进行监测，P_2的值还可用于控制补水泵启停，补水泵的另一个控制方式是补水箱的液位 L；FS 用于监控补水泵的工作状态。压力传感器 P_3、P_4用于监测锅炉回水的压力，并控制电动阀 V_1、V_2的开度；旁通阀 V_4用于控制供回水之间的压差。

3. 锅炉水系统监控原理

如图 4-22 所示为锅炉水系统的监控原理示意。锅炉的供水（出水）口设温度传感器 T_3、压力传感器 P_1、流量传感器 F_1等参数检测元件，监控用户侧热水的质量。回水侧设有温度传感器 T_4和压力传感器 P_2，对用户回水进行监测。同时，P_2的值还可用于控制补水泵启停。补水泵的另一个控制方式是补水箱的液位 L。FS 用于监控补水泵的工作状态。压力传感器 P_3、P_4用于监测锅炉回水的压力，并控制电动阀 V_1、V_2的开度。旁通阀 V_4用于控制供回水之间的压差。

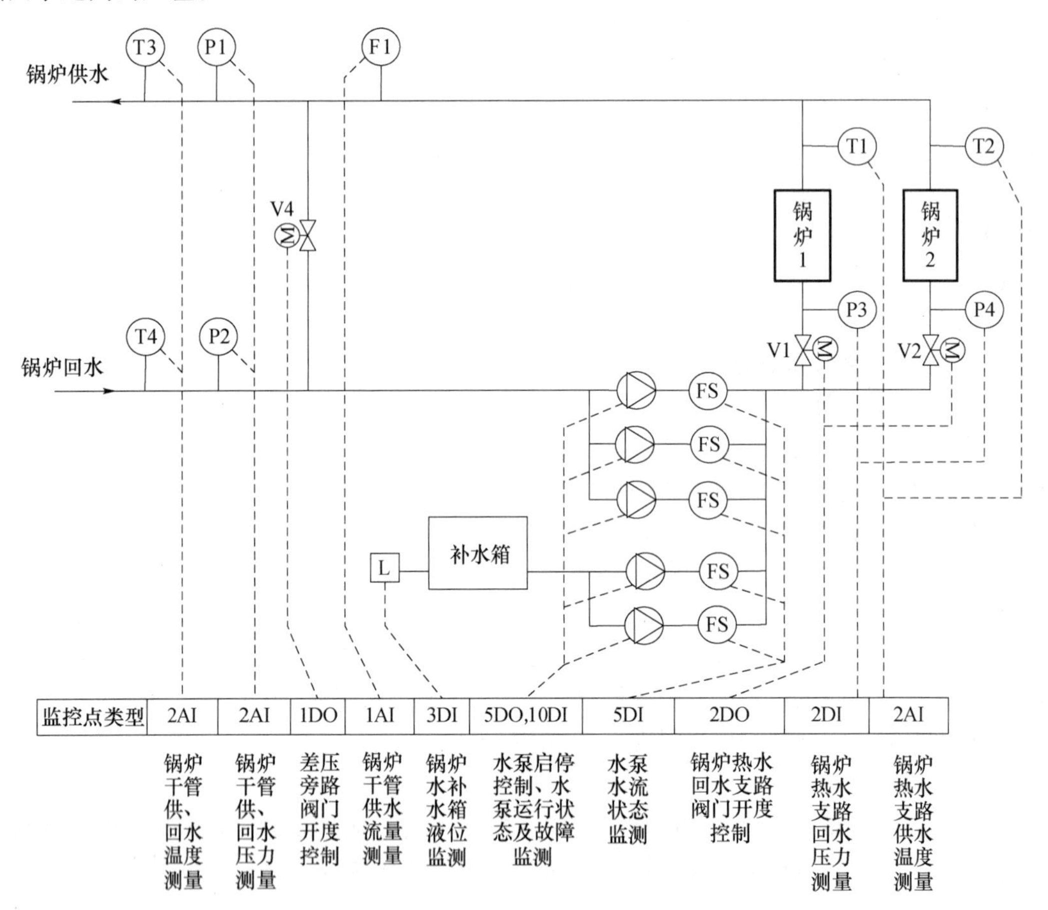

图 4-22 锅炉水系统监控原理图

4.5.3 蒸汽锅炉控制

1. 汽包给水控制

蒸汽锅炉的汽包水位是锅炉安全运行的主要参数之一。水位过高会导致蒸汽带水进入过热器并在过热器管内结垢，影响传热效率，严重的将引起过热管爆管。水位过低又将破坏部分水冷壁的水循环，引起水冷壁局部过热而爆管。当负荷非常不稳定时，给水流量的扰动，使汽包水位有较大延迟，蒸汽流量变化，会出现虚假水位。

汽包的被调量是汽包水位，调节量则是给水流量。汽包水位应维持汽水分离界面的最大汽包中位线附近，以提高锅炉蒸发效率，保证生产安全。实际应用中可采用水位单参数、水位蒸汽量双参数和水位、蒸汽量、给水量三参数控制系统。

锅炉启动时采用汽包水位的单参数控制，通过检测汽包水位来控制给水量。在双参数水位控制模式中，监测汽包水位、蒸汽流量，将蒸汽流量作为前馈信号，与汽包水位组成前馈—反馈控制方式。

在三参数水位控制模式中，锅炉正常运行时，监测汽包水位、蒸汽流量、给水流量。给水调节阀由蒸汽流量、汽包水位和给水流量的三参数控制，汽包水位信号经汽包压力补偿后作为主调的输入，蒸汽流量信号经温度、压力修正后与给水流量信号一起作为副调节环路的反馈输入，如图 4-23 所示。

当液位偏离正常值较大时，应快速恢复水位，保证锅炉安全稳定运行。当蒸汽流量变化时，锅炉汽包水位控制系统中给水流量控制回路可迅速改变进水量以完成粗调，然后再由汽包水位调节器完成水位细调。单参数控制和三参数控制应能实现无扰动切换。

给水系统的主要监控内容：

① 蒸汽或热水出口压力、温度、流量显示。

② 汽包水位显示及报警。

③ 顺序启停控制。

④ 设备故障信号、显示、安全保护信号显示。

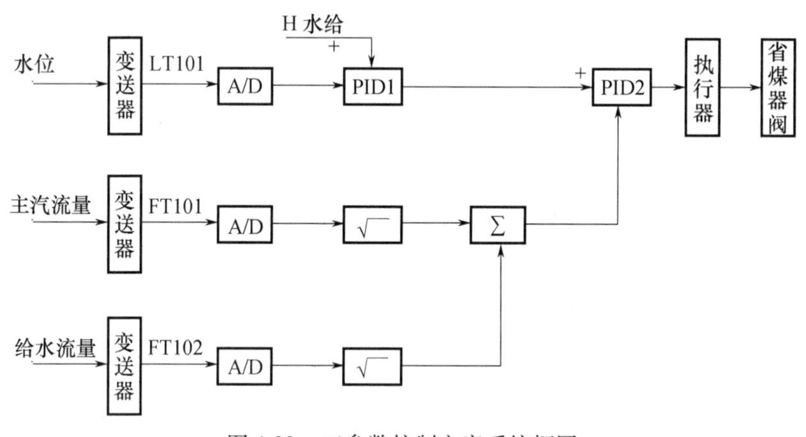

图 4-23　三参数控制方案系统框图

2. 蒸汽温度和压力控制

（1）蒸汽温度控制

蒸汽锅炉的蒸汽温度是反映机组运行情况的一个重要参数。大型锅炉的过热器是在接近过热器金属管的极限高温条件下工作的。金属管道强度的安全系数很小，过热蒸汽温度过高，会使金属管道的强度大为降低，影响设备安全；温度过低则使全厂热效率显著下降。过热蒸汽温度自动调节的任务是维持过热器出口气温在允许范围内，以确保机组运行的安全性和经济性。

如图 4-24 所示，循环流化床锅炉蒸汽温度调节系统，采用由蒸汽温度、喷水减温器出口温度及蒸汽流量等参数组成的串级控制系统。蒸汽温度测量值作为主调的反馈输入值，与蒸汽温度设定值进行 PID 运算后送入副调节回路，在副调节回路中与减温器出口汽温进行控制运算，其结果经限幅后由手操器输出至执行机构，调节喷水减温的控制阀。由于蒸汽流量变化时，喷水量应相应地发生变化，故在蒸汽温度控制方案中把蒸汽流量信号以前馈形式引入控制系统中。

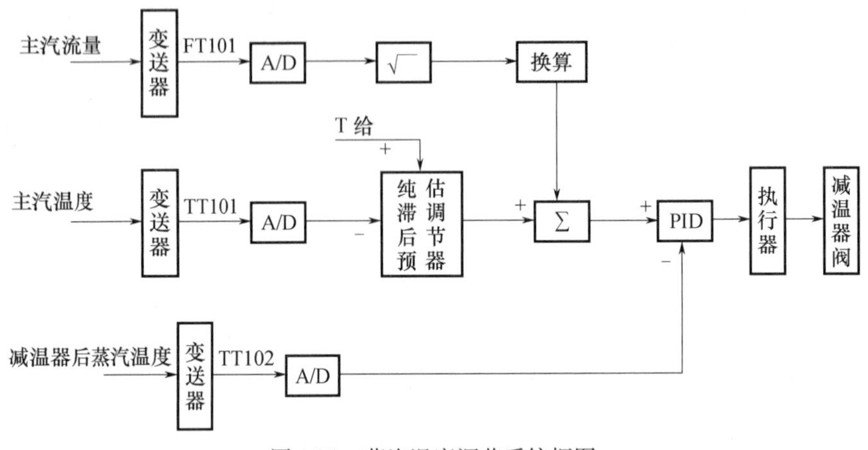

图 4-24　蒸汽温度调节系统框图

(2) 蒸汽压力控制

蒸汽压力是蒸汽供求关系是否平衡的重要指标。在蒸汽锅炉运行过程中，蒸汽压力降低，表明负荷的蒸汽消耗量大于锅炉的蒸发量。蒸汽压力升高，说明负荷的蒸汽消耗量小于锅炉的蒸发量。锅炉蒸汽压力的变化是由于热平衡失调引起的。而影响热平衡的因素主要是燃烧热和蒸汽热。燃烧热的波动引起的热平衡失调称为“内扰”，而蒸汽热波动引起的热平衡失调为“外扰”。为了克服内外扰对蒸汽压力的影响，在各个基本的单炉蒸汽压力控制系统中，输入到锅炉的燃烧热必须跟随蒸汽热的变化而变化，以尽量保持热量平衡。同时根据蒸汽压力与给定值的偏差适当增减燃料量以增加或减少蒸汽压力。

3. 锅炉燃烧控制

锅炉燃烧过程控制包括燃料量控制、送风引风控制、炉膛负压控制。燃烧控制的关键问题是空气和燃料维持适当比例，保证燃烧过程的经济性和炉膛负压的稳定性。

(1) 燃料与空气比值

如图 4-25 所示，燃料与空气采取比值控制方式，通过烟气含氧量进行校正和微调。燃烧控制系统应保证锅炉在任何负荷时都处于安全燃烧的“富氧”工况，即控制任何燃烧工况下的锅炉风量大于燃料量。锅炉正常运行时，送风量为锅炉燃烧系统的高选信号，燃料量为锅炉燃烧系统的低选信号。负荷变化时，则通过先加风，后加燃料；先减燃料，后减风量来实现动态补偿。

过剩空气系数校正回路保证锅炉在任何负荷时，都处于安全燃烧的“富氧”工况。过剩空气系数校正回路可改变回路中的补偿系数，根据开启风门的数量和状态调整送风量的设定值。在低负荷时，为了保证稳定燃烧，过剩空气系数较大。在高负荷时，为了获得较高的燃烧经济性，必须维持较低的过剩空气系数。

炉膛负压大小受引风量、鼓风量与煤料量三者影响。炉膛负压太小，炉膛向外喷火和外泄漏高炉煤气，危及设备与运行人员安全。负压太大，炉膛漏风量增加，排烟损失增加，引风机电耗增加。炉膛负压的控制通过燃料量、送风和引风三个回路实现。

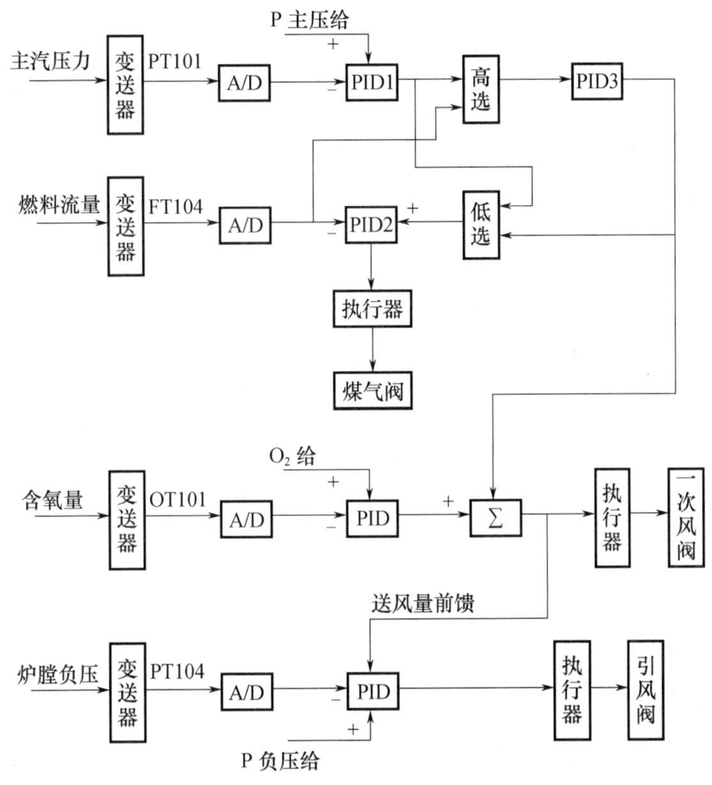

图4-25　锅炉燃烧调节系统框图

（2）燃料与燃料比值

燃油与燃气锅炉的燃烧控制，常采用单闭环和双闭环比值控制。比值控制是将两种或两种以上的物料按一定的比例混合或参加化学反应。

如图4-26所示为单闭环比值控制系统示意。其控制原理为物料A的流量FT01为不可控变量。当它改变时，就由控制器FC控制执行器V，改变物料B的流量FT02，使物料B随物料A的流量变化而变化。K为比值控制器的给定值。由于给定值K随流量FT01变化而变化，因此为随动控制系统。控制器规律可以采用比例或者比例积分规律。

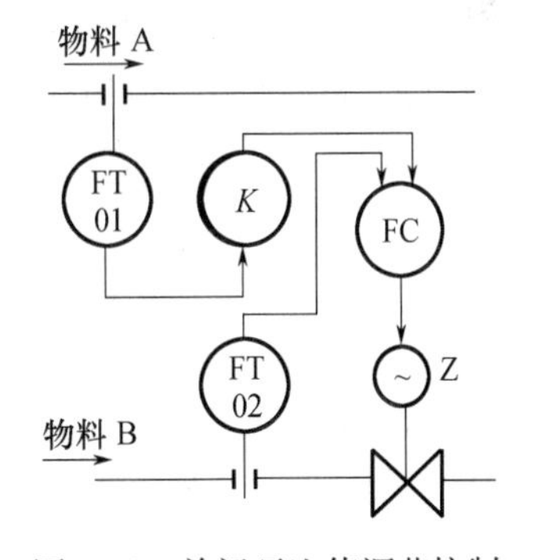

图4-26　单闭环比值调节控制

（3）顺序控制

锅炉的辅助设备是指循环水泵、补水泵、送风机、引风机等，对锅炉的辅助设备及阀门设备进行集中控制，实现辅机设备、阀门及其他辅助系统的顺序启停。根据现场运行情况，对锅炉设备及其他辅助设备，按设计程序启动、停止和手动，以满足有关设备的启、停联锁逻辑。

顺序控制部分的联锁保护指令具有最高优先级，手动控制指令的优先级次之，自动控制指令的优先级最低。对同一设备的开关指令之间设计成相互闭锁，不允许同时发出。为防止运行人员的误操作，重要的手操指令设有确认按钮。

（4）炉膛安全监控

炉膛安全监控系统对锅炉的送风系统、引风系统、炉膛压力、汽包水位等进行监视，对出现的危险情况进行报警，并执行相应的联锁程序，记录事故前后的相关数据。

锅炉运行时，当检测到危及系统安全的参数条件时，立即调用故障处理程序，指出故障原因，给出声光报警信号，进行有关的联锁和顺控动作，以保证锅炉的安全。当出现燃烧送风机、引风机故障、烟气通道阻塞、炉膛压力过高或过低、汽包水位低于下限、过热器出口温度高于上限、按下紧急按钮等情况时燃烧系统停止。

（5）自动保护系统

当锅炉及其辅助设备的运行工况发生异常，或关键运行参数越限时，立即发出声光报警信号，同时采取联锁保护措施进行处理，避免损坏设备和危及人身安全的事故的发生。

① 蒸汽压力超压自动保护。由于蒸汽压力超过规定值时，会影响锅炉和其他用热设备的安全运行。所以，当蒸汽压力超限时，超压的自动保护系统自动停止相应的燃烧设备，减少或停止供给燃料。同时，安全阀开启，释放压力，确保锅炉设备和操作人员的安全。

② 蒸汽超温自动保护。蒸汽温度过高会损坏过热器，影响相关用热设备的安全运行。当蒸汽温度超限时，超温自动保护系统应采取事故喷水和停止相应燃烧设备的处理措施。

③ 低油压自动保护。对于燃油锅炉而言，油压过低会导致雾化质量恶化而降低燃烧效率，甚至可能造成炉膛爆炸等事故。所以，当油压超限时，系统自动切断油路，停止锅炉的运行。

④ 高、低油温自动保护。对于燃油锅炉而言，油温高有利于雾化，但过高超过燃油的闪点时，可引起自燃，酿成事故；油温过低导致燃油的黏度增大，影响雾化质量和降低燃烧效率。所以，当燃油温度超限时，应停止锅炉的运行。

⑤ 低气压自动保护。对于燃气锅炉而言，燃气压力过低会影响燃气的供应量和燃烧工况，可能造成回火。所以，当燃气压力超限时，停止锅炉的运行。

⑥ 风压高、低自动保护。风压过高，会增加排烟损失；风压过低，空气量不足，影响正常地燃烧。所以，当风压超限时，系统应投入相应的自动保护。

⑦ 汽包水位高、低自动保护。水位过高或过低会导致锅炉的水循环不畅，造成“干烧”等事故。所以，当水位超限时，声光报警，及时停止锅炉的运行。

⑧ 为了保证燃油与燃气锅炉的安全运行，必须设置燃油/燃气压力上下限控制及其越限声光报警装置、熄火自动保护装置和灭火自动保护装置。

燃油/燃气压力上下限控制及其越限声光报警装置，用于实时检测供给锅炉燃烧所需燃料压力的大小，避免发生事故。

熄火自动保护装置用于检测燃烧火焰的存在情况。当火焰持续存在时，允许燃料的持续供给；当火焰熄灭时，及时声光报警并自动切断燃料的供给，防止发生炉膛爆炸事故。

⑨ 电机过载自动保护。对于辅助设备在运行过程中，如果电机过载，会使电机线圈温度过高导致烧毁设备，引发火灾。所以，当运行电机过载时，采用电机主电路中的热继电器进行联锁保护，及时切断电源，使辅助设备停车。

⑩ 灭火自动保护。火灾探测器平时巡检锅炉房区域的火警信息（如烟、温度、光等），送至火灾报警控制器与设定值进行比较、判断。当确认发生火灾时，马上发出声光火警信号。灭火保护装置根据火灾报警控制系统的命令，自动启动喷淋/喷气消防设备进行灭火，保护设备和人员的安全。

4.5.4　电热水锅炉的控制实例

1. 供暖热水锅炉的监控内容

(1) 锅炉热水出口压力、温度、流量监测

如图4-27所示，温度传感TT1-TT4测量锅炉出口水温，流量计FT1-FT4测量锅炉出口热水流量，压力变送器PT1-PT4测量热水出口压力。上述为模拟量输入（AI）信号，送给DDC用于控制、显示、超限报警。

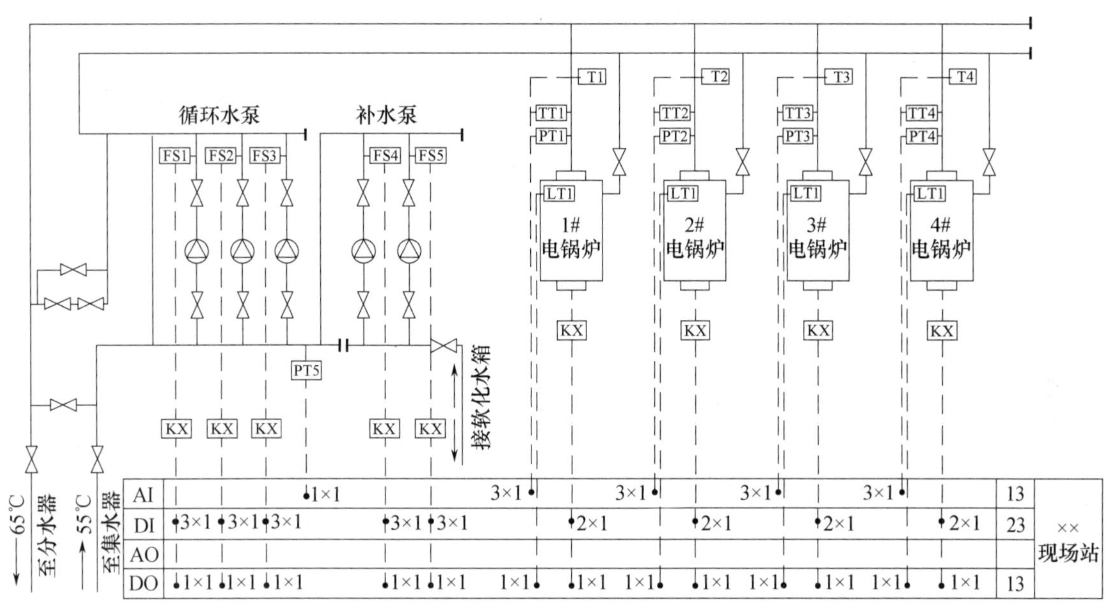

图4-27　电锅炉机组控制原理

(2) 锅炉补水泵的控制

压力变送器PT5测量系统回水压力，取得AI信号送给DDC。当回水压力小于设定值时，启动补水泵进行补水。当回水压力大于设定值，补水泵停止运行。

(3) 锅炉给水泵的顺序启停及状态显示

启动顺序为先启动循环水泵，后启动电锅炉。停止顺序为先关闭电锅炉，再停止循环水泵。

水流开关（FS1-FS3）用于检测循环水泵的运行状态，用锅炉主电路接触器辅助触头检测电锅炉运行状态。FS4、FS5用于检测补水泵的工作状态。

(4) 水包水位自动控制

液位计（LT1-LT4）检测泡包水位送给DDC。若水位超上限，报警并关小进水阀。若水位低于下限，报警并开大进水阀。

(5) 故障报警

循环水泵、补水泵发生过载故障报警，电锅炉故障报警，锅炉水位超限报警。

(6) 锅炉供水系统的节能控制

用分水器供水温度和集水器回水温度及供回水流量计算空调房间所需负荷，自动启停锅炉及循环水泵的台数。

(7) 安全保护

循环水泵停止、循环水量太小或锅炉内水温太高时，DDC收到温度上升信号，调用事故处理程序，及时恢复水循环（如启动备用泵）。如果水循环恢复不了，则停止锅炉运行，

启动排空阀，排出锅内蒸气，降低蒸汽压力，并进行报警。

以上控制系统也可以用 PLC 或其他硬件系统完成控制。

2. 中央站计算机主要完成以下功能

（1）实时准确检测锅炉运行参数

中央站计算机全面掌握整个系统运行工况，监控系统将实时监测并采集锅炉有关工艺参数、电气参数以及设备运行状态等。组态软件可将锅炉设备图形连同相关运行参数显示画面上。除此之外，还能将参数以列表或分组等形式显示出来。

（2）综合分析及时发出控制指令

监控系统监测到锅炉运行数据，设定好控制策略，发出控制指令，调节锅炉系统设备运行，保证锅炉高效、可靠运行。

（3）诊断故障与报警管理

控制中心显示、管理、传送锅炉运行各种报警信号，监控系统将所监测参数进行故障诊断，发生故障时，监控系统将及时操作员屏幕上显示报警点。报警相关显示功能使用户定义显示画面与每个点联系起来，这样，当报警发生时，操作员可立即访问该报警点详细信息和所推荐采取应急措施进行处理。

（4）历史记录运行参数

监控系统实时数据库将维护锅炉运行参数历史记录，另外监控系统还设有专门报警事件日志，记录报警事件信息等。数据操作人员要求历史记录可显示为瞬时值或某一段时间内平均值。历史记录数据可用曲线、特定图形、报表等多种显示方式；历史记录数据还可以通过网络进行存储和计算分析。

（5）计算运行参数

锅炉运行某些运行参数不能够直接测量，如年运行负荷量、蒸汽耗量、补水量、冷凝水返回量、设备累积运行时间等。监控系统可以通过对参数的计算，将这些导出量计算出来。

本章小结

本章介绍了空调系统冷热源的组成、工作原理、控制内容和控制方法。空调冷源有螺杆式、离心式、活塞式、蜗旋式冷水机组及溴化锂吸收式制冷机组等。其组成一般有压缩设备、冷凝器、蒸发器、节流设施等，通过相变方式进行制冷。主要对机组的启停、冷凝器、蒸发器的出口温度、流量、压力等参数进行检测、控制。

热源设备主要是城市集中供热和锅炉，锅炉包括燃煤、燃气、燃油锅炉。锅炉主要由风烟系统、燃料系统、水汽系统等构成。主要监测参数包括水汽系统的温度、压力、流量、液位；风烟系统的压力、流量、温度；燃料系统的质量、物位等。

习　　题

1. 冷源系统由哪些部分组成？
2. 冷水机组的种类和主要控制内容是什么？

3. 冷凝器、蒸发器的作用及工作原理是什么?
4. 常用制冷剂都有哪些种类?
5. 简述吸收式制冷的工作原理。
6. 简述冷冻水循环和冷却水循环的监控内容和控制方法都有哪些。
7. 简述热源的种类和工作原理。
8. 简述锅炉系统的构成、控制要求和控制方法。
9. 简述吸收式制冷与蒸汽压缩式制冷的区别。

第 5 章　空调水系统监控

空调水系统是由空调设备供应的冷水或热水为循环介质，将冷量或热量送至末端空气处理设备的水路系统。空调水系统输送的冷量或热量应适应空调房间内冷热负荷的变化，因此，空调水系统的监控任务是将空调系统冷热源生产的变化的冷量或热量，通过调节控制水循环系统，能够安全、及时、高效地传输到空调系统的末端设备，满足空调房间冷热负荷的变化。冷凝水系统不在本章讨论之内。

5.1　空调水系统基本概念

5.1.1　空调水系统监控系统设计基本条件

如图 5-1 所示，空调水系统的监控系统通常有冷冻水、冷却水、冬夏季转化及热水等控制系统组成。监控系统通过空调水系统中的各种现场仪表和传感器，采集冷热源、循环水系统、空调房间环境等各种参数，通过智能控制器进行程序判断，并输出指令进行调节控制。

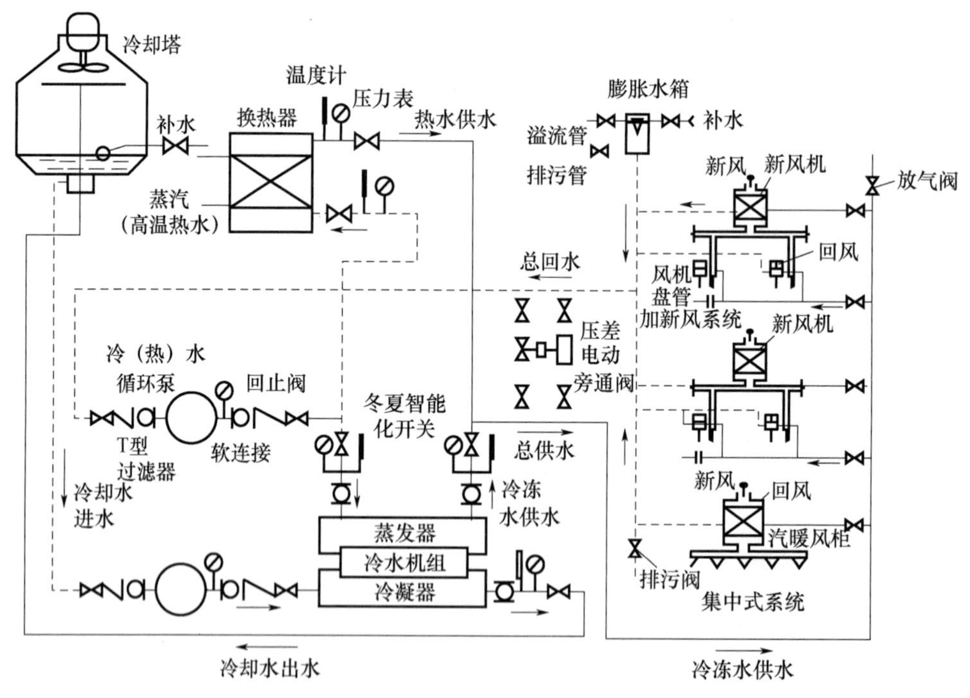

图 5-1　空调水系统组成结构示意

1. 空调水系统基本功能

（1）冷冻水系统

空调冷冻水系统又称空调冷（媒）水系统。空调冷冻水系统是指由冷水机组制备出的冷冻水，由冷冻水循环泵，通过供水管路送到空调末端设备，释放出冷量后，经回水管路返回到冷水机组。其主要功能是向冷冻（媒）水用户提供足够的水量，满足用冷量需求，并尽可能地减少能耗，保证制冷机组正常工作。

（2）冷却水系统

冷却水系统是指利用冷却塔向冷水机组的冷凝器提供循环冷却水系统。冷却水系统的主要功能是将冷凝器中释放的热量，通过冷却水循环到冷却塔进行放热后，再循环到冷凝器中进行工作。

（3）冬夏季转换及热水系统

空调水系统冬、夏季工况转换通常是在冷、热管网中的供、回水总管上设置阀门切换实现。空调热水系统是指换热器（热源）制备出的热水，由热水循环泵，通过供水管路输送到空调机组加热盘管，释放出热量后，经回水管路返回到换热器。空调热水系统的主要功能是在冬天时，向空调新风系统制热提供所需要的热量，即满足加热寒冷的新风所需要的热量。

2. 空调水系统监控系统设计所需基本技术条件

（1）建筑物暖通空调平面图和冷、热水系统图。

（2）空调各子系统的自动控制原理图，以及空气机组设备、执行机构、传感元件等在各种工况下的动作要求等主要参数。

（3）空调房间的温度和湿度要求，以及波动范围和整定值范围等。

（4）冬夏季工况转换的边界条件或相应的控制程序。

（5）空调机组设备启、停程序，联锁保护要求。

（6）空调水系统中各项参数的检测要求。如自动保护、自动联锁、自动报警、显示记录等方面的要求。

（7）空调水系统监控系统相关的各种规范文件要求等。

3. 空调系统冷、热水系统参数

根据现行《民用建筑供暖通风与空气调节设计规范》（GB 50736—2012），对空调冷水和空调热水参数的相关规定为：

（1）采用冷水机组直接供冷时，空调冷水供水温度不宜低于5℃，供回水温差不应小于5℃，有条件时，宜适当增大供回水温差。

（2）对于非预热盘管，供水温度宜采用50～60℃，用于严寒地区预热时，供水温度不宜小于70℃。空调热水的供回水温差，严寒和寒冷地区不宜小于15℃，夏热冬冷地区不宜小于10℃。

5.1.2 空调水系统的分类

空调水系统通常按循环方式，可分为开式系统和闭式系统。按供回水管道设置方式（供回水制式），可分为两管制系统、三管制系统和四管制系统。按各末端设备的水流路程，可分为同程式系统和异程式系统。按循环水流量特性，可分为定流量系统和变流量系统。按循环泵的配置方式，可分为一次泵系统和二次泵系统。

1. 开式与闭式水循环系统

（1）开式循环水系统

如图5-2所示，开式循环水系统的下部设有回水池，空调冷水流经末端空气处理设备，释放出冷量后，回水靠重力作用流入回水池，再由循环水泵将回水打入冷水机组，进行制冷与供冷循环。循环水泵停止运行时，管网系统内的水面，将与回水池水面保持同一高度，此高度以上的管道内均为空气。

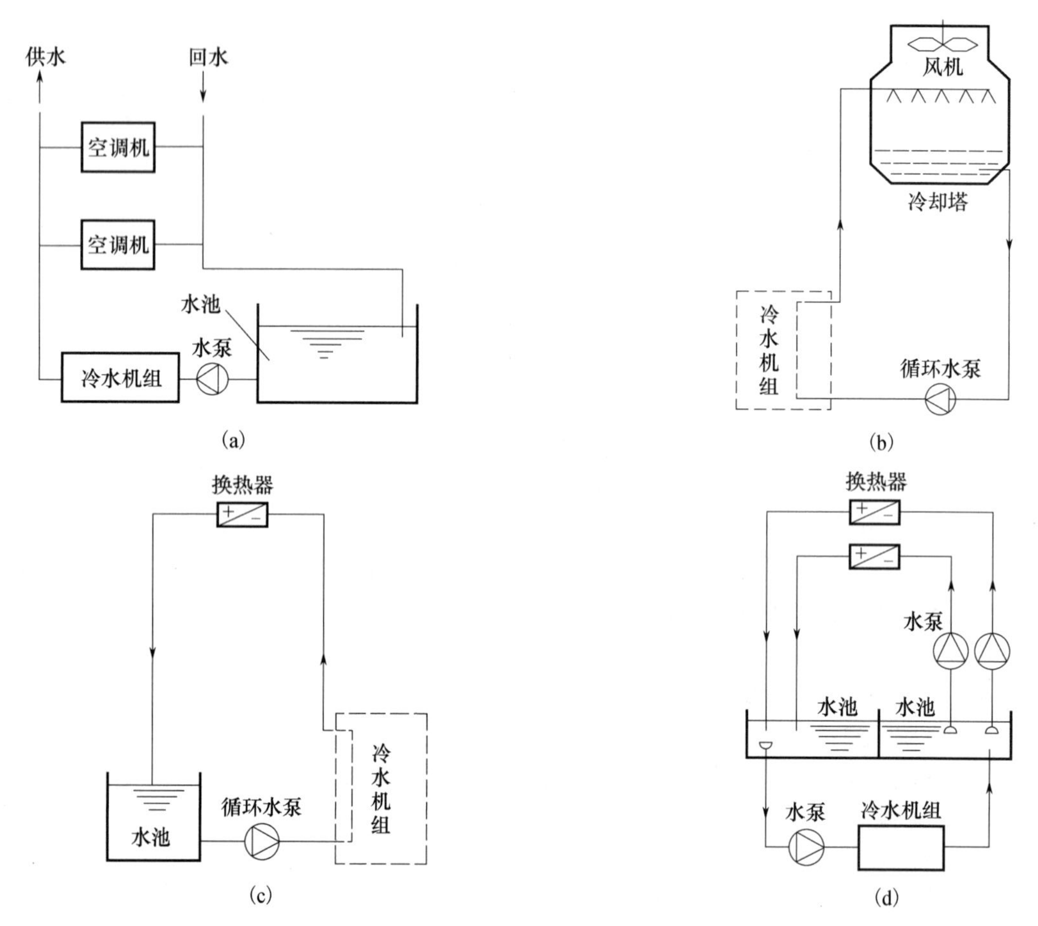

图 5-2　开式循环水系统几种形式示意

（a）冷冻水开式循环系统；（b）冷却水开式循环系统；（c）一级泵开式循环系统；（d）二级泵开式循环系统

开式循环水系统具有一定的蓄冷能力，冷水温度的波动小，可降低用电峰值及空调设备的安装容量，减少冷冻机的开启时间，增加能量调节能力。但是，开式水系统的循环水与大气接触，含氧量高，易腐蚀管路。循环水泵要克服供水管道的阻力和高差造成的静水压力，所需水泵扬程较大。不同高度的末端设备处于不同的供、回水压差状态，水力平衡困难。采用自流回水时，所需回水管径较大。水池较低时，不能直接自流回到冷冻站，需增加回水泵。管路容易引起水锤现象。

（2）闭式循环水系统

如图 5-3 所示，闭式循环水系统中的管道内没有任何部位与大气相通，冷水或热水在管道内密闭循环，当循环水泵停止运行时，管路系统是始终充满水。因此要求闭式系统必须配置一定的定压装置以保持水路系统的最高点完全充满水，使管内处于正压状态。空调水系统的定压点，宜设在循环水泵吸入口前的回水管路上。

定压设备通常用开式膨胀水箱、气体定压罐和补水泵定压等。高位开式膨胀水箱不仅能够定压，还能够向系统补水，容纳热胀冷缩时水的体积变化等作用。气体定压罐通常采用隔膜式，罐内的空气和水完全分开，利用气罐内的压力来控制空调水系统的压力状况，实现稳压、补水、排气、泄水和过压保护等功能。补水泵定压适用于空调冷热水系统，如果补水压力低于补水点压力时，应设置补水泵。

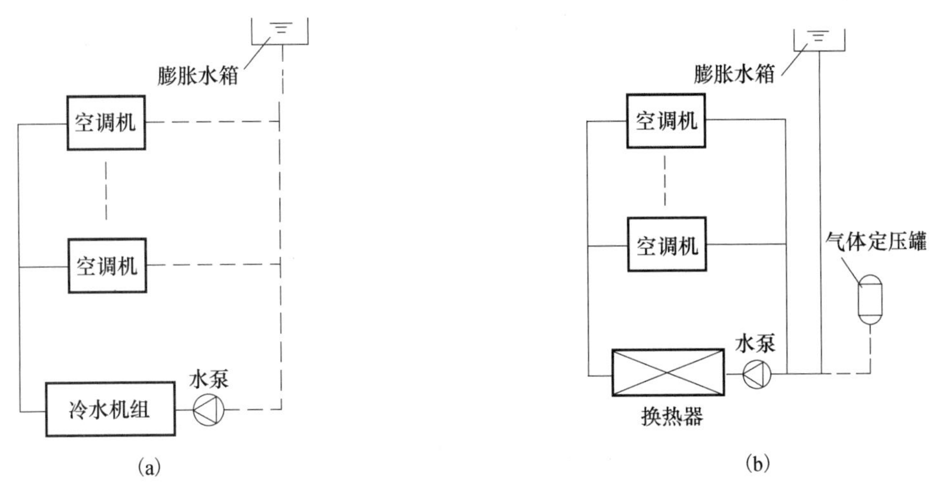

图5-3　闭式循环水系统示意

（a）冷冻水闭式循环系统；（b）热水闭式循环水系统

空调冷水系统可以为开式系统和闭式系统，而热水系统只能有闭式系统。

2. 同程式和异程式系统

（1）同程式系统

水流通过各末端设备的路程基本相同的系统称为同程式系统。同程式系统的管长基本相等，水流阻力大致相同，故系统水力稳定性好，流量分配较平衡，初次调整的工作量小。但管路布置比较复杂，初投相对较大。一般情况下，如果各末端设备及其支管路的阻力较小，负荷侧干管环路长，且阻力比较大，应考虑同程系统。如图5-4所示为同程式管路布置的几种形式。

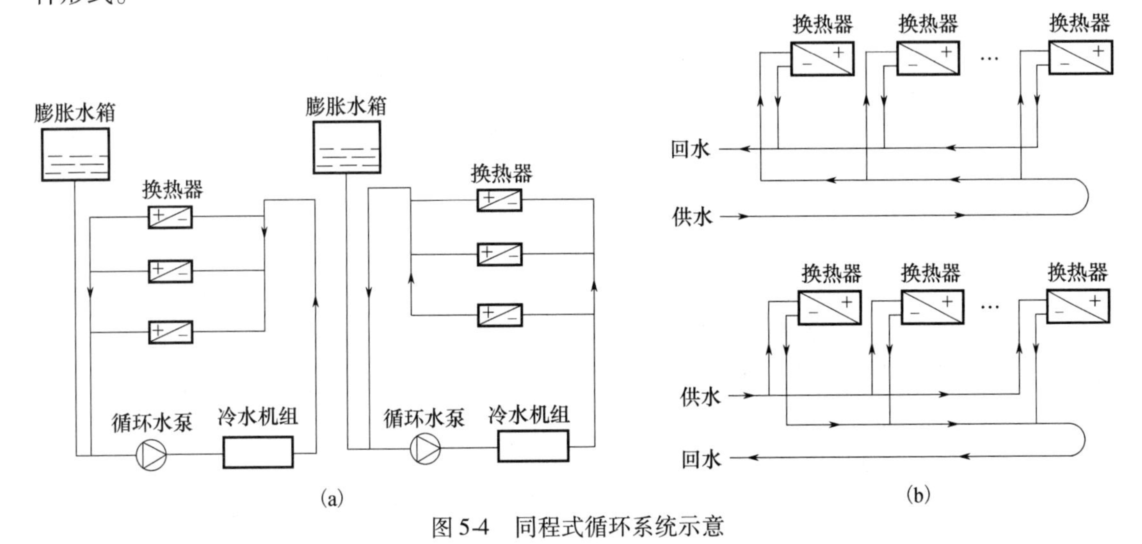

图5-4　同程式循环系统示意

（a）竖向干管同程式管路的两种布置方式；（b）水平支管同程式管路的两种布置方式

（2）异程式系统

如图 5-5 所示，水流经过每个末端设备的路程不相同的系统称为异程式系统。异程式系统各并联环路管长不相等，远离冷热源的末端环路阻力大，各并联环路管路中的阻力不平衡，流量分配不易平衡，管道初次调整比较困难。异程式系统管路配置简单，管道节省。

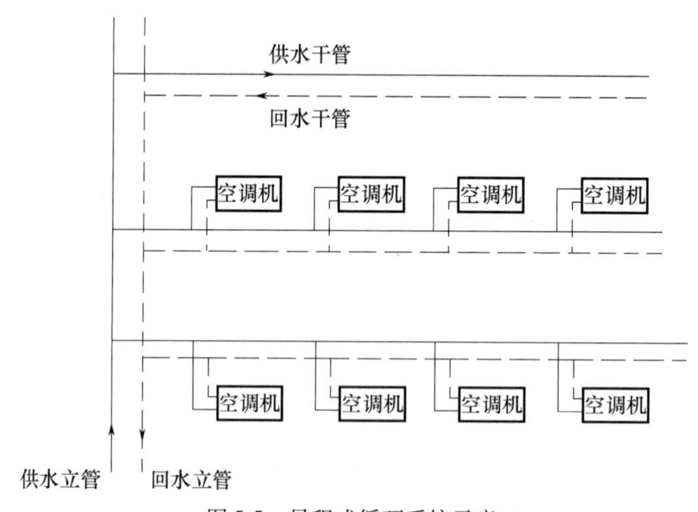

图 5-5　异程式循环系统示意

3. 循环水系统的管制

（1）二管制系统

如图 5-6（a）所示，两管制系统是指仅使用一套供水管路和一套回水管路，即两根供回水主管。供水管路夏季送冷水，冬季送热水，回水管路夏季和冬季合用，在机房内进行夏季供冷或冬季供热的工况转换，过渡季节不使用。

二管制系统不能同时供冷供热，只能按季节分别运行。末端设备可为冷、热两用，系统简单，施工方便，投资少，占用空间少，控制简便。运行时冷、热水的水量相差较大，对有内外分区的建筑不能同时供冷和供热。

（2）三管制系统

如图 5-6（b）所示，三管制系统中分别使用一套冷水供水管路和一套热水供水管路，将冷水或热水单独送至末端设备，在末端设备入口处用阀门进行冷热转换，末端设备的冷水或热水共用一套回水管回到冷冻机房或热交换站中。

三管制系统能够满足分区供冷和供热的要求，对过渡季节的适应性较好。但末端控制比较复杂，冷热两个供水阀门需要根据环境要求进行切换。系统冷热量相互抵消的情况比较严重，热量损失较大。较高的混合回水温度高对冷水机组的运行不安全。回水分流至冷水机组和热交换器时，其水量的控制必须和末端的使用及控制情况统一考虑，控制方法复杂。目前在空调系统中几乎不予采用。

（3）四管制系统

如图 5-7 所示，四管制系统是指冷水和热水的供回水管路全部分开设置的空调水系统。在四管制系统中的末端设备中，有冷、热盘管分开和共用两种形式。冷水和热水可同时独立送至各个末端设备。

四管制系统末端设备可随时自由选择供热或供冷的运行模式，各末端所服务的空调区域均能独立控制温度等参数。但初期投资较大，运行管理相对复杂，适合于内区较大或对舒适性要求很高的建筑物。

从国外的情况看，四管制系统的应用则越来越广泛。一些建筑可以是几种系统的组合运行。如空调机组采用四管制，风机盘管采用两管制等。

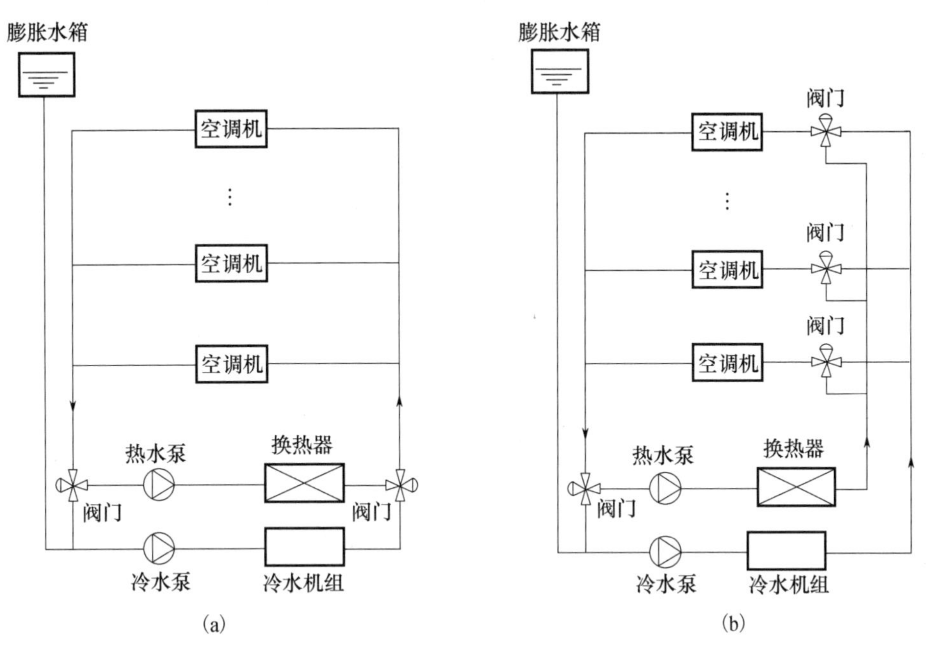

图 5-6　两管制和三管制系统示意

（a）两管制系统；（b）三管制系统

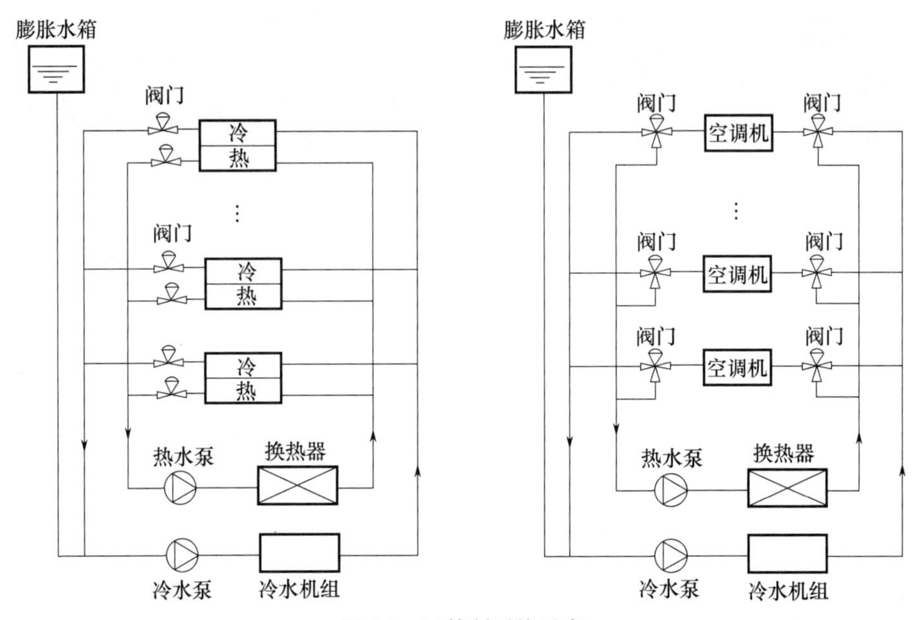

图 5-7　四管制系统示意

5.2 空调冷冻水系统监控

5.2.1 空调冷冻水系统监控内容

冷冻水系统主要由制冷机组的蒸发器换热管、冷冻水循环泵、分水器、集水器、膨胀水箱、补水泵、水处理装置以及相应的阀门、管路等构成的闭式系统。

1. 工作原理

如图5-8所示，冷冻水循环泵把温度约为12℃的冷冻水回水吸入冷水机组蒸发器内，通过液态制冷剂蒸发相变而吸收热量，使其温度降低至约7℃。7℃冷冻水沿供水管路流至各个空调末端设备，为末端提供所需要的冷量。

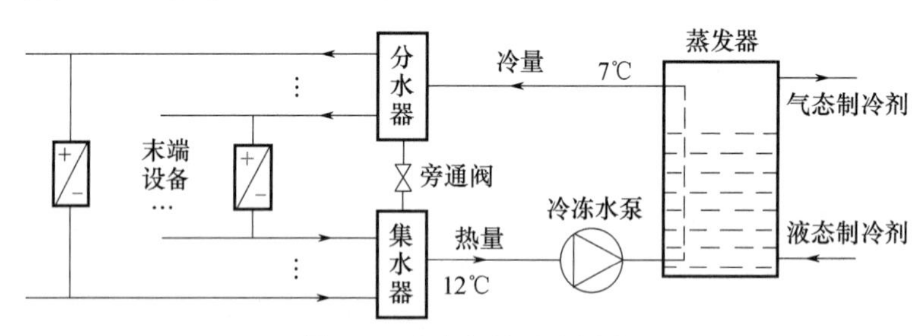

图5-8 冷冻水循环示意图

在离心式和螺杆式冷水机组中，常用的蒸发器主要是干式蒸发器和满液式蒸发器。干式蒸发器也称为直膨式蒸发器。制冷剂走管道中的管程，冷冻水走管道外管壳内的壳程。满液式蒸发器的冷冻水走管程，制冷剂走壳程。如图5-9所示。

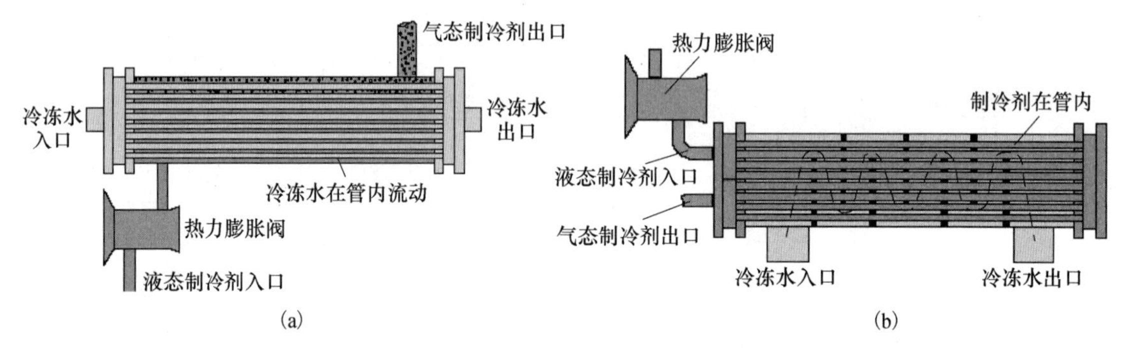

图5-9 蒸发器结构示意

（a）干式蒸发器；（b）满液式蒸发器

2. 主要监控内容

① 保证制冷机组中的蒸发器通过足够的水量，使蒸发器能够正常工作，防止冻坏。

② 向冷冻水用户提供充足的冷水流量，以满足负荷变化所需求的冷量要求。

③ 尽可能减少循环水泵的电能损耗。

5.2.2 冷冻水系统常见管路配置

1. 一级泵与冷水机组配置方式

（1）先串后并配置

如图5-10所示，先串后并配置方式为一级（次）水泵与冷水机组相互串联连接后，再彼此相互并联的连接方式，即把冷水机组直接设于水泵的出口。这是目前较多的一种方式，冷水机组和水泵的工作较为稳定，同时，水泵运行时，水通过水泵时温度较高，有利于保证冷冻水出口温度。

这种配置方式可以采用不同流量的冷水机组并联工作，水泵与冷水机组（蒸发器）之间的流量容易匹配。当负荷变化时，可以启动相应流量的冷水机组运行，从而避免大机组带小负荷所造成的能耗浪费。

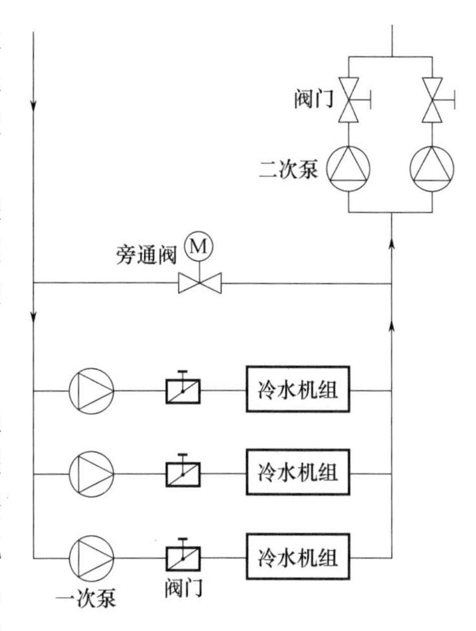

图 5-10　一级泵与冷水机组一对一配置

（2）先并后串配置

如图 5-11 所示，先并后串配置方式是指一级（次）水泵与冷水机组各自独立并联后，再相互串联的连接方式。这种连接方式接管相对较为方便，机房布置整洁、有序，水泵可相互备用。但水泵及冷水机组进出口都要求各自的阀门，因此设备及附件增加。各冷水机组的流量在初调试中应进行调整，保证每台机组水量符合设计要求。各冷水机组必须配置电动蝶阀，防止停机时有水流动。

若并联的水泵都相同，则并联泵组中的任一台水泵都可以作为备用泵。当冷水机组或水泵的大小不相同时，水泵与冷水机组（蒸发器）之间的流量匹配较困难。当增开机组或减开机组时，会对正在运行的冷水机组产生不良影响。

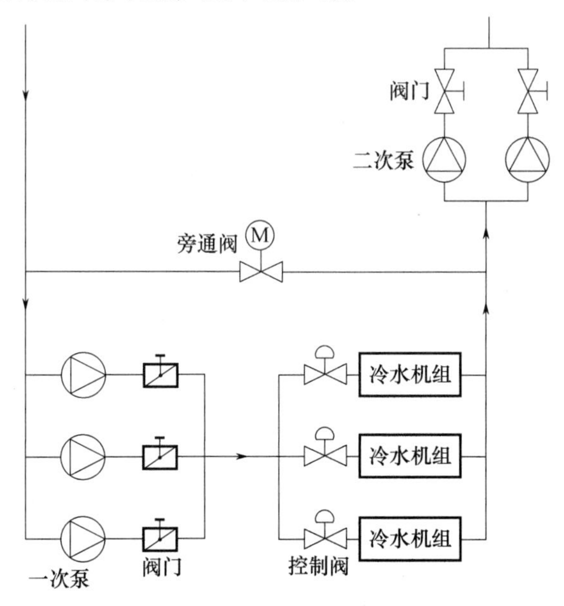

图 5-11　一级泵及冷水机组均并联配置

2. 冷冻水泵与冷水机组蒸发器的连接

冷冻水泵与冷水机组蒸发器的连接通常有压入式和抽出式两种方式。压入式的蒸发器承压较大，但蒸发器中水流量稳定，安全性好。抽出式的蒸发器承压较低，但蒸发器水流量不稳定，安全性差。

如图 5-12 所示，冷冻水水泵一般采用压入式。抽出式适用于建筑高度较高，水系统本身静压较大时，为避免冷水机组承压较大，宜把冷水机组设于水泵吸入口。

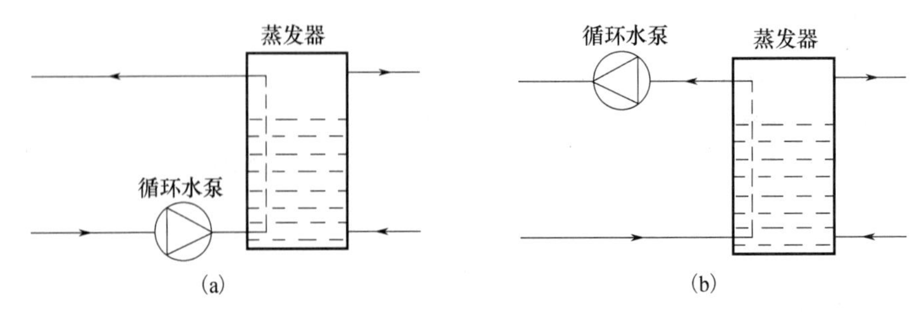

图 5-12 冷冻水泵与冷水机组蒸发器的连接示意

（a）压入式；（b）抽出式

3. 一级泵和二级泵系统

（1）一级泵系统

如图 5-13 所示，一级泵系统又称单式泵系统，即冷源侧与负荷侧共用一组循环水泵。这种系统通常用于负荷侧变流量、冷源侧定流量的系统。一级泵系统利用一根旁通管来保持冷源侧的定流量而让负荷侧处于变流量运行。

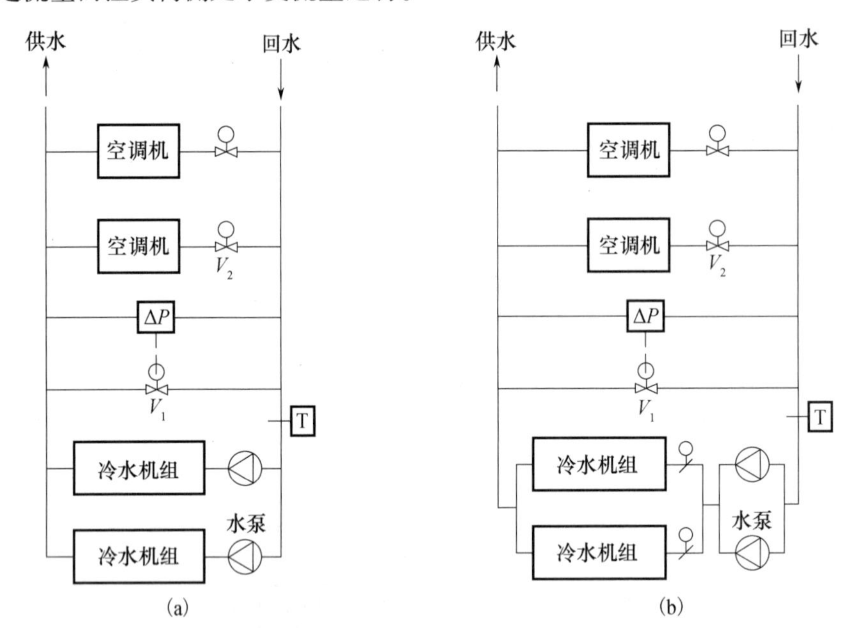

图 5-13 一级泵变流量系统示意

（a）先串后并；（b）先并后串

在冷冻水供回水总管间设有压差旁通装置 ΔP。当空调负荷减少时，靠近空调机组的负荷侧管路阻力增大，压差控制装置会自动加大旁通阀的开启度，负荷侧流量减少，同时减少的水流量从旁通管返回回水总管，流回冷水机组，保证冷水机组蒸发器的水流量始终保持恒定不变，即负荷侧变流量循环，冷源侧定流量循环。

一级泵系统结构简单，初投资省，控制元件少，运行管理方便。但水流量调节受冷水机组最小流量的限制，不能适应供水半径及供水分区扬程相差悬殊的情况，不能调节冷源侧系统流量，在低负荷时不易通过减少系统冷源侧系统流量以节约能耗。

(2) 二级泵系统

如图5-14所示，二级泵系统又称复式泵系统，即冷源侧与负荷侧分别配置循环水泵。设在冷源侧的水泵称为一级（次）泵，设在负荷侧的水泵称为二级（次）泵。

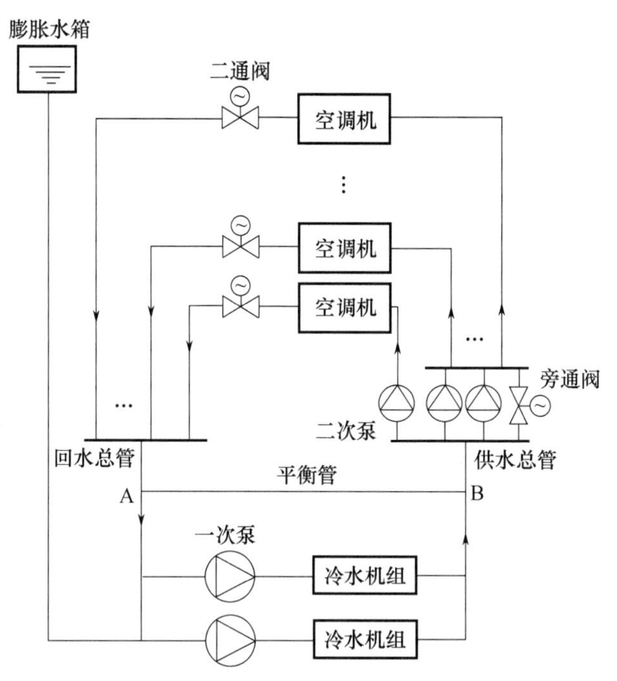

图5-14 二级泵变流量系统示意

二级泵系统用旁通管AB将冷水系统划分一级（次）环路为冷水制备和二次环路为冷水输送两部分。一次环路由冷水机组、一次泵、旁通管路组成，负责制备冷水，按定流量运行。二次环路由二次泵、空调机组、供回水管路和旁通管组成，负责冷水输送，按变流量运行。

二级泵系统实现了一次侧与二次侧水力工况的隔离，一级（次）水泵用于克服一次环路的水路压力损失。二级（次）水泵克服二次换路的水路压力损失。

(3) 一级泵与二级泵混合系统

如图5-15所示，在冷冻水的输配环路中，管路较短、压力损失小的环路由一级泵直接供水，而压力损失大的环路则由二级泵供水，这样就构成了一级泵和二级泵混合式系统。

4. 供回水管道之间旁通阀的设置

当负荷侧（用户侧）的空调机组、风机盘管等的冷水流量采用电动二通阀控制时，负荷侧是变流量系统，而冷源侧冷水机组的蒸发器需要定流量运行。

如图5-16所示，在供、回水管之间加一旁通阀，当负荷流量发生变化时，供、回水干管间压差将发生变化，通过压差信号调节旁通阀开度，改变旁通水量，一方面恒定压差，满足负荷侧变流量系统的调节要求，另一方面保证了冷源侧定流量系统的运行要求。在空调的设计状况下，所有设备满负荷运行，压差旁通阀开度为零。

控制系统由压差传感器、压差控制器和旁通电动两通阀V组成。压差传感器的两端接管应尽可能地靠近旁通阀两端并应设于水系统中压力较稳定的地点，以减少水流量的波动，提高控制的精确性。压差传感器精度一般以不超过控制压差的5%～10%为宜。

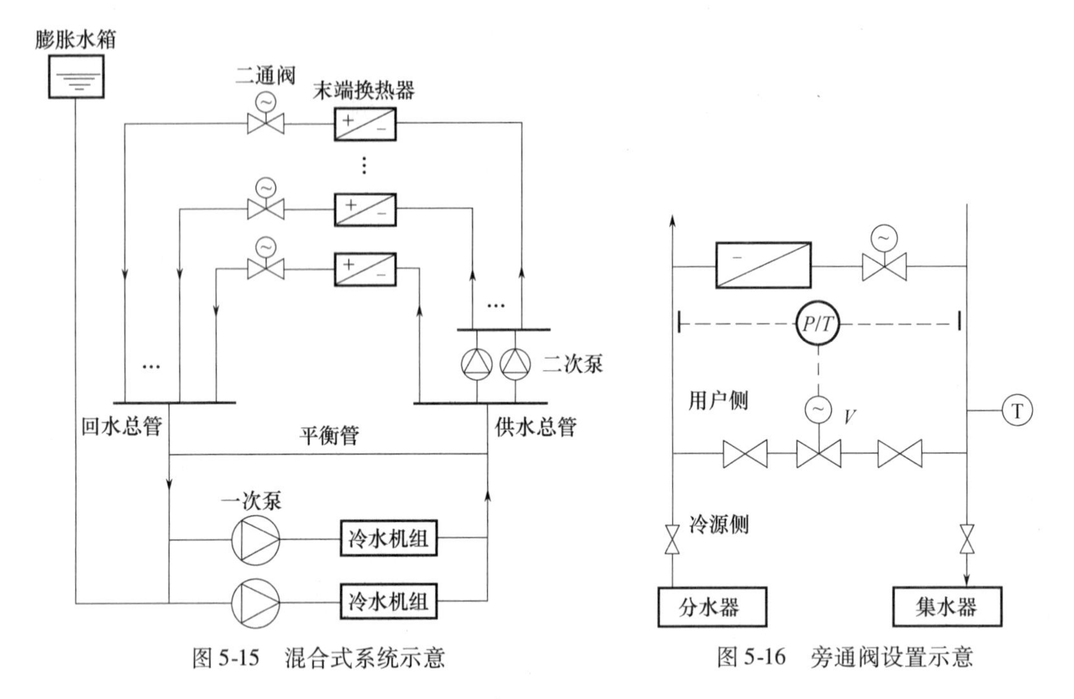

图 5-15　混合式系统示意　　图 5-16　旁通阀设置示意

5. 定流量和变流量系统

(1) 定流量系统

定流量系统是指系统中的循环水量保持不变，当系统末端负荷变化时，通过改变供回水温差来适应负荷变化。定流量系统循环水量随水泵的运行台数呈阶梯性变化，无法精确控制温、湿度等参数，易造成区域过冷或过热现象。负荷降低时，水系统的输送能耗并未减少，故运行不够经济。

如图 5-17 所示，在用户（负荷）侧，定流量系统的各个空调末端装置采用电动三通阀调节。当室温未达到设定值时，三通阀的直通管开启、旁通管关闭，供水全部流经末端装置。当室温达到或超过设定值时，直通管关闭、旁通管开启，供水全部经旁通管流入回水管。因此，负荷侧循环泵的水流量是不变的。

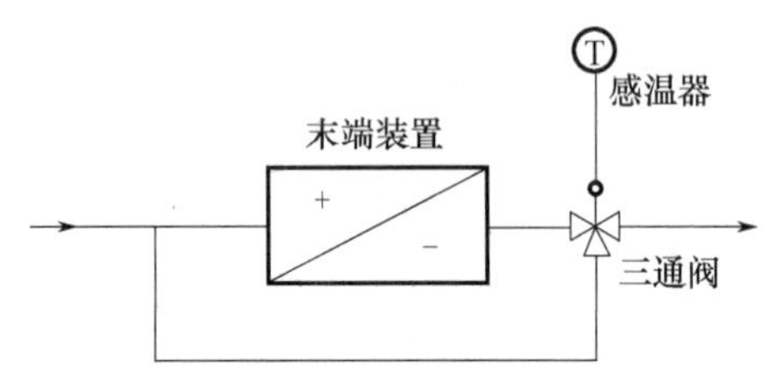

图 5-17　定流量水系统末端三通阀示意

定流量系统管路简单，操作简便，各用户之间互不干扰，不需要较复杂的自控设备，系统运行较稳定。但系统始终在最大负荷运行，一般供水量都大于所需要的水量，输送能耗始终处于设计的最大值，水泵的无效能耗大。

如图 5-18 所示，定流量系统末端水流量采用三通阀进行负荷调节控制时一般有末端满负载、末端部分负载和末端零负载三种情况。末端满负载时，直通管全开，旁通管关闭。末端部分负载时，直通管和旁通管均部分开启。末端零负载时，直通管关闭，旁通管全开。

在三通阀的回路中，只有在盘管全负载或零负载两种情况下，流过管路的流量才等于设计流量。末端部分负载时，末端换热器和旁通管中都有冷冻水流过，旁通管的并联作用会使管路的阻力损耗减小，若水泵提供的资用压头不变，则流过管路的流量将大于设计值。

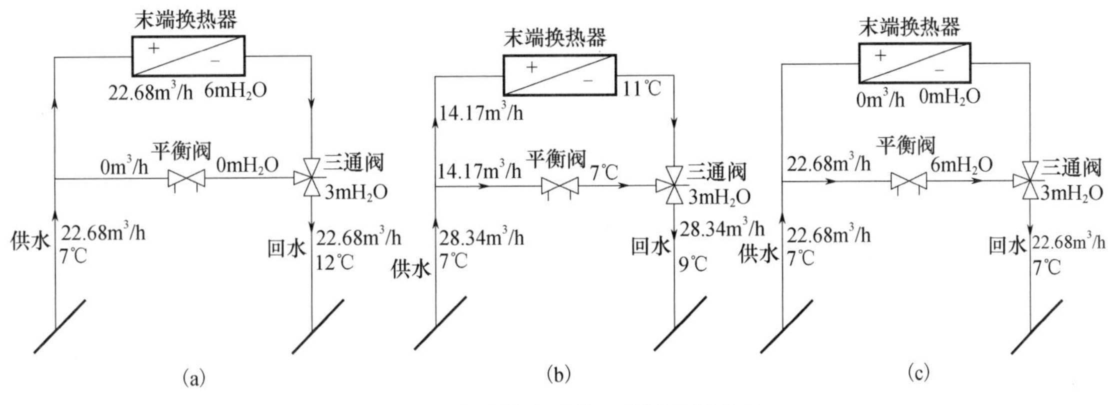

图 5-18　定流量水系统三通阀调节示意

（a）满负载；（b）部分负载；（c）零负载

（2）变流量系统

变流量系统是指保持供回水温差不变，当负荷变化时，改变水流量来适应末端负荷的变化的系统。

如图 5-19 所示，变流量系统的各个空调末端装置通常采用电动二通阀调节。当室温未达到设定值时，二通阀全开或开度增大，流经末端装置的供水增大。当室温达到或超过设定值时，二通阀关闭或开度减小，流经末端装置的供水量减少。因此，负荷侧水流量是变化的。水流量减少可降低水的输送能耗，因而节能显著。

变流量系统各冷水机组相对干扰较少，水泵的能耗随负荷的减少而降低。设计配管方案时，可考虑同时使用系数，管径相应较小，水泵和管道的初投资降低。但变流量系统的控制要求较高，控制程序也较复杂。

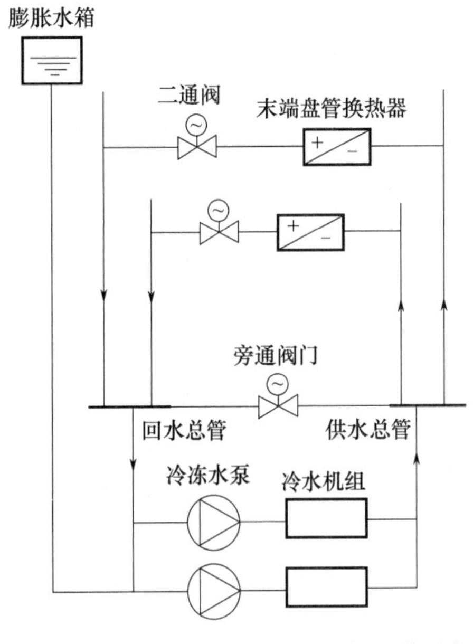

膨胀水箱　二通阀　末端盘管换热器　旁通阀门　回水总管　供水总管　冷冻水泵　冷水机组

图 5-19　变流量水系统末端二通阀调节示意

5.2.3　冷冻水循环系统监控方案

1. 冷冻水循环系统监控内容和注意事项

（1）冷水机组的监控内容

① 监测控制冷水机组的启停台数、运行状态，进行故障报警。

② 监测冷水机组手、自动状态。

③ 监测冷水机组的冷冻出水和冷却出水的水流状态。

④ 监测冷水机组的冷冻水进出水温度，并与冷冻水总管供回水温度进行比较，计算用户负荷，进行台数控制等。

（2）冷冻水循环系统监控内容

① 监视冷冻水循环泵的启、停及状态监视，故障报警，手、自动控制状态。

② 监控一级泵和二级泵冷冻水循环流量、温度、压力、压差等。

③ 监测旁通管流量、阀门位置、压差等。

④ 监控冷冻水循环管道上电动蝶阀的启停，阀门阀位、水流状态等。

（3）冷冻水循环系统监控的注意事项

① 对于一级泵系统，为了保证冷水机组蒸发器的换热器中流过足够的水量以使蒸发器正常工作，要通过调节电动旁通阀使蒸发器前后压差维持定值（或定流量）。

② 对于二级泵系统，一级循环泵仅提供克服蒸发器及周围管件的阻力，其启停应根据冷冻机的启停进行联锁控制。二级泵用于克服用户支路及相应管道阻力，其启停应根据用户负荷变化进行控制。

③ 为了节省加压泵电耗，可以根据用户侧最不利端进回水压差 ΔP 来调整二级泵开启台数或通过变频器改变其转速。

2. 一级泵系统冷水系统监控

（1）冷水机组启动顺序

根据每台机组的负荷、单台机组水流量及冷冻水出水温度来控制冷水机组加减机，对冷水机组台数进行控制。

① 启动联锁顺序

开冷却塔蝶阀→开冷却塔→开冷却水碟阀→开冷却水泵→开回水碟阀→开循环水泵→检测机组水流状态→开冷冻水蝶阀→开冷冻水一级泵→开冷冻水二级泵→检测机组水流状态→开启冷水机组。

② 后续机组开机控制

满足以下条件时，增加一台机组来满足负荷需求：

a. 所有运行机组均达到满负荷或预先设定的负荷设定值（如负荷的 95%）。

b. 冷冻水总供水温度超过设定值。

c. 达到规定的延迟时间。

d. 所有处于停止状态的机组中，累计运行时间最短的机组，将被自动设置为下一台开机机组。

（2）冷水机组停止顺序

① 非末台机组停止顺序

停止冷水机组→关冷冻水碟阀→关冷冻水一级泵→关冷却水蝶阀→关冷却水泵→关热水蝶阀→关热水泵→关冷却塔→关冷却塔蝶阀。

② 减机控制

当冷冻水的温度过低时，控制系统会启动减机控制。此时需同时满足以下三个条件：

a. 正在运行的机组台数超过 1 台。

b. 预关闭机组的实际负荷值偏低。

c. 达到预定的延迟时间。

d. 关闭系统中运行时间较长的机组。

③ 末台机组停止顺序

停止冷水机组→关冷冻水一级泵→关冷冻水二级泵→关冷冻水碟阀→关冷却水泵→关冷却水蝶阀→关热水泵→关热水蝶阀→关冷却塔→关冷却塔蝶阀。

（3）冷水机组及冷冻水循环泵台数的控制

冷水机组及冷冻水循环泵采用一对一配置方式时，其运行台数可以通过人工控制、旁通阀控制、供回水温差控制、负荷控制等方法实现控制目的。

① 人工控制

人工控制主要用于启停条件要求严格的大型冷水机组或处于实验调试阶段的负荷，由操作人员通过分析、判断管道测量数据和负荷情况，控制冷水机组的运行台数及相应联动设备（泵、阀等）的启停。人工控制调节慢、实时性差，节能效果受到限制。

② 旁通阀控制

当采用电动两通阀来调节空调机组、风机盘管中的末端换热器时，用户侧则属于变流量系统运行，冷源侧需要定流量系统运行。在供回水干线之间安装旁通阀进行调节，一方面调节负荷侧流量，将供回水压差稳定在设定值；另一方面保证冷源侧的定水量运行。旁通阀控制方法通常有旁通阀压差控制、旁通阀位置控制、旁通流量控制法等。

旁通阀压差控制是以旁通阀两端接口处的压差（ΔP_0）为控制器的设定值，当用户负荷减少时，供回水压差将会升高而超过设定值。在压差控制器的作用下，旁通阀将自动加大开度。当冷水的旁通流量超过了单台冷水循环泵流量时，则自动关闭一台冷水循环泵。反之，当用户负荷增大时，执行相反的操作。

旁通阀位置控制是在旁通阀上设上下限位开关用于指示旁通阀的开度，当用户负荷增加时，调节旁通阀关小，当达到下限位置时，下限位开关闭合，自动启动第二台水泵和相应的冷水机组。用户负荷较少时，旁通阀阀门开大，达到上限位位置时，关闭一台冷水机组。

如图 5-20 所示，旁通流量控制法是在旁通管上增设流量计，以旁通流量控制冷水机组和水泵的启停。旁通流量控制管路系统如图所示。ΔL 为流量传感器，C 为控制器。当用户负荷满载时，旁通阀关闭，旁通流量为零，冷水机组全部投入运行。

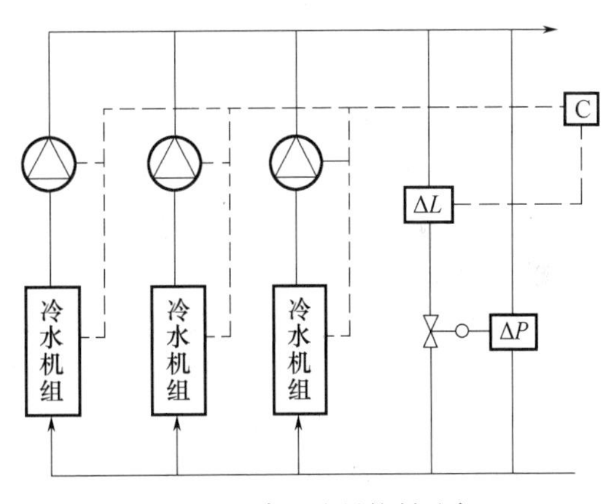

图 5-20　旁通流量控制示意

当用户负荷减少时，旁通管流量增大，增大到上限设定值时，通过控制器 C，关闭一组冷水机组及相应的循环泵。当用户负荷增大时，旁通管流量减少，减少到下限设定值后，开启一台冷水机组及相应的循环泵。

③ 供回水温差控制

当负荷侧为定流量系统时，不同的供回水温差反映了不同的用户负荷。将供回水温度传感器信号送至温度控制器，控制器根据供回水温差控制冷水机组及冷冻水泵的启停。为了防止冷水机组启停过于频繁，采用此方式时，可以在控制器内设置启停温度的上下限值。

例如，可以通过安装在供回水管上的水温传感器检测供回水的温差，当温差小于 3℃时，则启动温差控制程序，压差控制程序不起作用，一直到温差恢复正常。温差辅助控制回路可防止大流量小温差这种耗能模式。

④ 负荷控制

负荷控制是通过测量冷水机组侧的供水温度 T_1、回水温度 T_2、循环水流量 q_{m1}，以及用户（负荷）侧的供水温度 T_3、回水温度 T_4、循环水流 q_{m2}量，进行实际负荷计算后，进行对比，从而决定冷水机组的运行台数。

$$Q_1 = q_{m1} \times c \times (T_2 - T_1) \tag{5-1}$$

$$Q_2 = q_{m2} \times c \times (T_4 - T_3) \tag{5-2}$$

式中 c——水的比热容，取4.2kJ/(kg·℃)。

如图5-21所示，当 $Q_1 > Q_2$ 时，冷水机组制冷量大于用户需冷量，大于设定值后，关闭一台冷水机组。反之，当 $Q_1 < Q_2$ 时，冷水机组制冷量小于用户需冷量，小于设定值后，则开启一台冷水机组。当 $Q_1 = Q_2$ 时，保持运行台数不变。

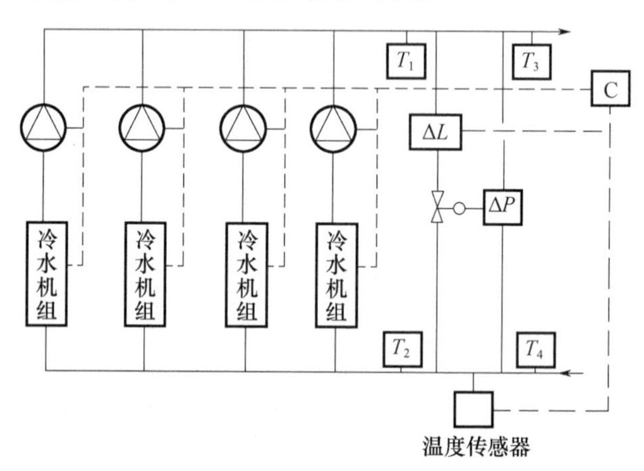

图5-21 负荷控制示意

在设计和施工中，要注意传感器的安装位置，保证流量变送器的安装条件。例如，按水流方向，流量传感器要求在其安装位置的前、后有一定长度的直管段要求，一般要求前10DN，后5DN，DN为安装的公称管直径。这是为了消除管道中流动的涡流，改善流速场的分布，提高测量精度和测量的稳定性。

3. 二级泵冷冻水系统的监控

如图5-22所示，在二级泵系统的一次环路中，设置旁通管AB来保证冷水机组定流量运行。定流量控制与一级泵系统的控制相类似。

一级泵用于克服冷水机组中的蒸发器及周围管件的阻力。当用户流量与通过蒸发器的流量一致时，旁通管AB内无流量通过旁通管AB间的压差就应几乎为零。

二级泵用于克服用户侧管道阻力。一级泵随冷水机组联锁启停，二级泵则根据用户侧需水量进行台数启停控制。当二级泵组总供水量与一级泵组总供水量有差异时，相差的部分从旁通管AB中流过。可以从A流到B，也可以B流向A，这样就可解决冷水机组与用户侧水量控制不同步的问题。用户侧供水量的调节通过二级泵的运行台数及压差旁通阀 V_1 来控制。

(1) 冷水机组运行台数控制

冷水机组运行台数的控制常采用冷量负荷控制法。在图5-22中，可以通过用户侧的供回水管路上的温度传感器 T_3 和 T_4，以及回水管路上的流量传感器 F，根据式（5-2）得到用户所需要的冷量为 Q_0。若已知两台冷水机组的制冷量为 Q_1 和 Q_2，则冷水机组的供冷量和用户的用冷量应相互平衡。

当系统满负荷运行时，冷水机组的供冷量为 Q，则 $Q = Q_1 + Q_2 = Q_0$。当用户侧冷负荷减少，需要制冷量为 Q_1 的冷水机组提供冷量就能维持系统运行，则关闭制冷量为 Q_2 的冷水机组。或者，需要制冷量为 Q_2冷水机组提供冷量，则关闭制冷量为 Q_1的冷水机组。反之，增加冷水机组台数。

（2）二次环路变流量系统控制

① 定速变流量系统控制

在如图 5-22 所示中，末端空调机组采用温度传感器监测房间温度或者送风温度，通过控制器调节电动两通阀调节水量，以保持房间热湿负荷的平衡关系，因此用户侧二次环路的循环水量形成变流系统。

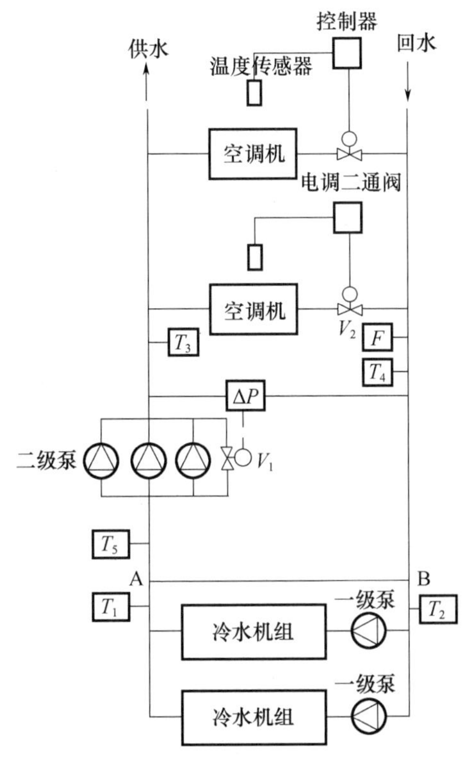

图 5-22　二级泵系统控制结构示意

a. 定速泵并联组合。采用多泵并联在工频定速下运行的水系统为定速变流量系统。多泵并联可以通过增减运行的水泵台数实现水流量的调节。

多泵并联定速运行通常选用性能相同的水泵并联，如图 5-23 所示，常用的并联组合方式有三种。

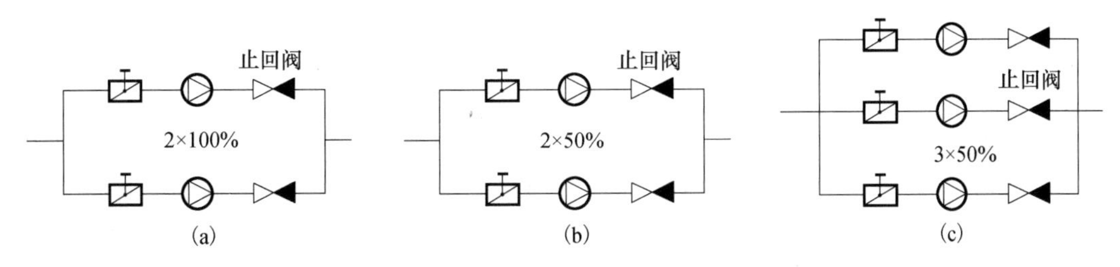

图 5-23　二级泵定速变流量系统示意

（a）100% 容量一用一备；（b）2 × 50% 容量的工作泵；（c）50% 容量的两用一备

水泵并联台数越多，并联后所能增加的流量就越少，即每台泵实际输送的流量大幅度减少，故并联泵台数过多是不经济的。并联水泵工作时流量的变化情况见表 5-1。

表 5-1　定速变流量系统多台水泵并联实际输出流量

并联水泵台数	总流量	总流量的增加值	每台泵实际流量	每台泵减少的流量
1	100%	—	100%	0%
2	190%	90%	95%	5%
3	251%	61%	84%	16%
4	284%	33%	71%	29%
5	300%	16%	60%	40%

b. 定速泵台数控制。定速变流量系统中的多台工频定速泵运行台数，可以采用旁通压差控制法和流量控制法进行调控。

旁通压差控制法是在多台并联定速泵的旁边设置压差旁通电调阀 V_1，利用供回水压差来控制电调阀 V_1 的开度，通过旁通电调阀 V_1 的水量是多台二级泵组总供水量和用户侧需水量的差值。旁通电调阀 V_1 的最大旁通水量为一台二级泵的流量。当旁通阀全开时，供回水压差持续升高，则应停止一台二级泵运行。当旁通阀全关时，供回水压差持续降低，则应增加一台二级泵运行。由于压差波动较大，这种方法控制精度有限，控制比较复杂。

流量控制法是通过用户侧流量传感器 F，监测变流量系统中的实际值，通过控制器与每台二级泵设计流量进行比较，计算出需要运行投入的台数进行控制。这种方法精确度比较好，旁通阀只用来调节水量，不参加二级泵运行台数控制。

② 变速变流量系统

采用变频调速技术，通过改变水泵转速 n 来实现水流量调节为变速变流量系统。这种系统可以克服定速变流量系统的诸多弊端，避免水泵在低效率和高扬程下运行，并能获得明显的节能效果。

如图 5-24 所示，变速变流量系统一般可采用流量的恒压差法控制。当负荷减小时，二通阀开度减小，用户侧循环水流量减少，供回水管路压差 ΔP 上升到大于设定值时，控制器通过变频器调节二级泵的转速，使循环水泵转速降低，减少供回水管路中的循环水流量，降低 ΔP 并回到设定值。相反，当负荷增大时，二通阀开度增大，用户侧循环水流量增加，供回水管路中的循环水量压差 ΔP 降低到小于设定值时，控制器通过变频器，使循环水泵转速加快，增加供回水管路中的循环水量，从而使 ΔP 增大并回到设定值。

实际使用中，变频调速有一个最低转速限制，一般情况下，水泵的最低转速应不低于其额定转速的 30%。因为转速过低时，变频运行的效率将下降。

图 5-25 是在不同的扬程 H 和流量 Q 下，不同的水泵工作频率的效率效率曲线。从图 5-25 和图 5-26 中可以看出，水泵转速在额定转速的 50% 以上时，效率较高；水泵转速低于额定转速的 50% 时，随着转速的降低，水泵的工作效率下降较快。

③ 变频控制与冷水机组运行配合

当二级泵采用变频控制时，应与冷水机组的调节运行进行配合，以满足冷冻水出水温度要求。当增加冷水机组运行台数时，控制系统启动相应的二级变频泵。二级变频泵先按工频运行后，再根据压差调节水泵转速。二级变频泵的转速应能满足使系统流量略大于用户负荷流量的要求，并使冷水机组的负荷略小于满负荷限定值。当减少冷水机组运行台数时，相应二级变频泵应根据压差调节水泵频率，同时运行的冷水机组应根据出水温度自动调节负荷百分比。

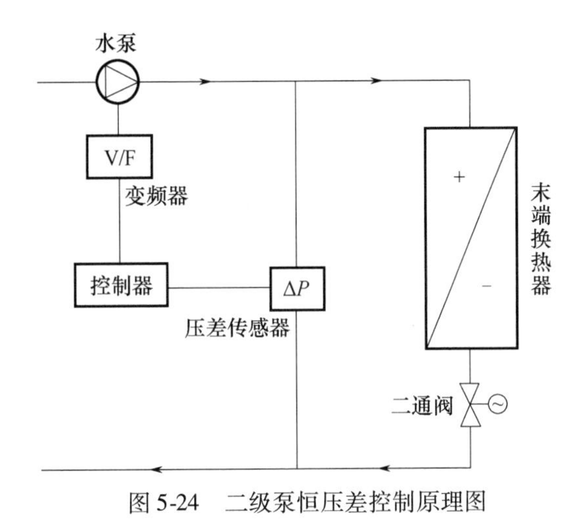

图 5-24　二级泵恒压差控制原理图

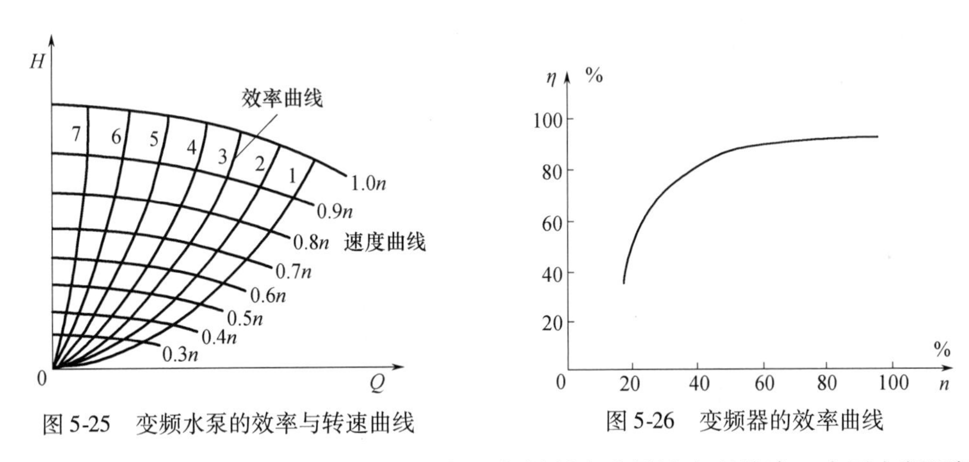

图 5-25　变频水泵的效率与转速曲线

图 5-26　变频器的效率曲线

当变频器无法保证系统最小流量，或由程序判断出流量计出现故障，水泵变频逻辑将自动转为工频逻辑工作，由供回水总管压差来控制旁通阀开度，保证冷冻水系统稳定。

④ 一次侧与二次侧之间的流量关系

如图 5-27 所示，当一次环路流量等于二次环路流量时，冷冻水的制造流量正好等于配送流量，系统的一次环路与二次环路达到流量匹配，旁通管（平衡管）中没有任何水流通过。但实际中，这种理想状况极少发生。

如图 5-28 所示，当一次环路流量小于二次环路流量时，根据 T 形管定律，二次环路多余的 12℃流量，会流入旁通管（平衡管）中，并与一次环路供水混合，导致二次环路供水温度升高。这就需要更多的冷冻水流量及更长的运行时间才能达到末端要求的制冷效果，增大了二级泵的能耗。

如图 5-29 所示，当一次环路流量大于二次环路流量时，一次环路多余的 7℃冷冻水便会流入旁通管（平衡管），然后与二次环路回水混合，导致流入一次环路冷水机组的回水温度降低，使冷水机组在部分负荷工况下运行，降低了一次环路运行效率。

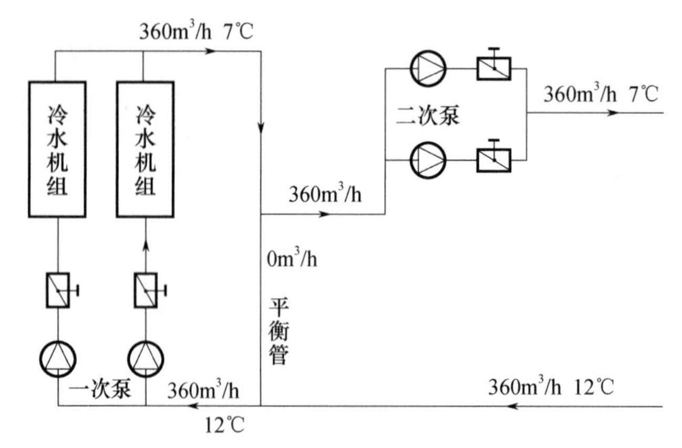

图 5-27　一次环路流量等于二次环路流量

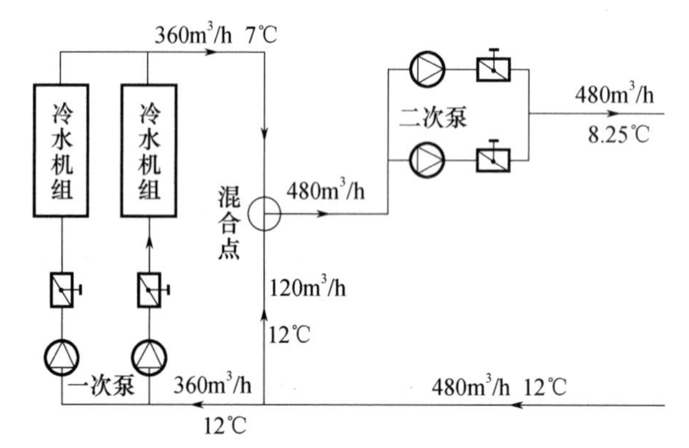

图 5-28　一次环路流量小于二次环路流量

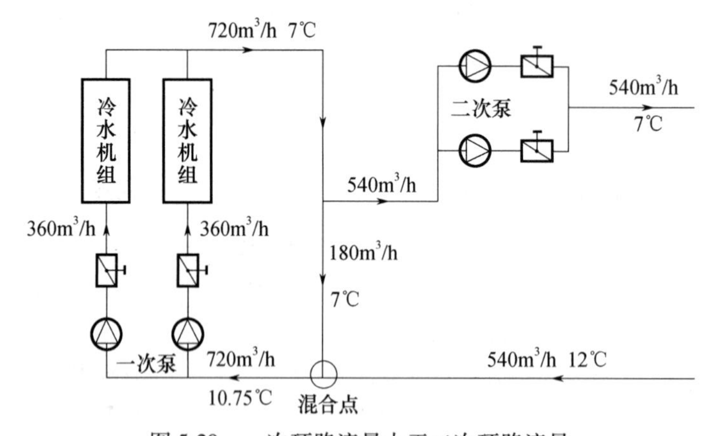

图 5-29　一次环路流量大于二次环路流量

4. 二级泵系统运行的 DDC 控制监控图

如图 5-30 所示为二级泵系统运行的 DDC 控制监控原理图。

在图 5-30 中，水泵（循环泵、补水泵等）的监控参数有水泵的启停状态、运行状态（过载等）、水流指示等；冷水机组的启停状态、流量温度、压力（压差）；调解阀的阀门开度；管道压力（压差）、温度、流量等。

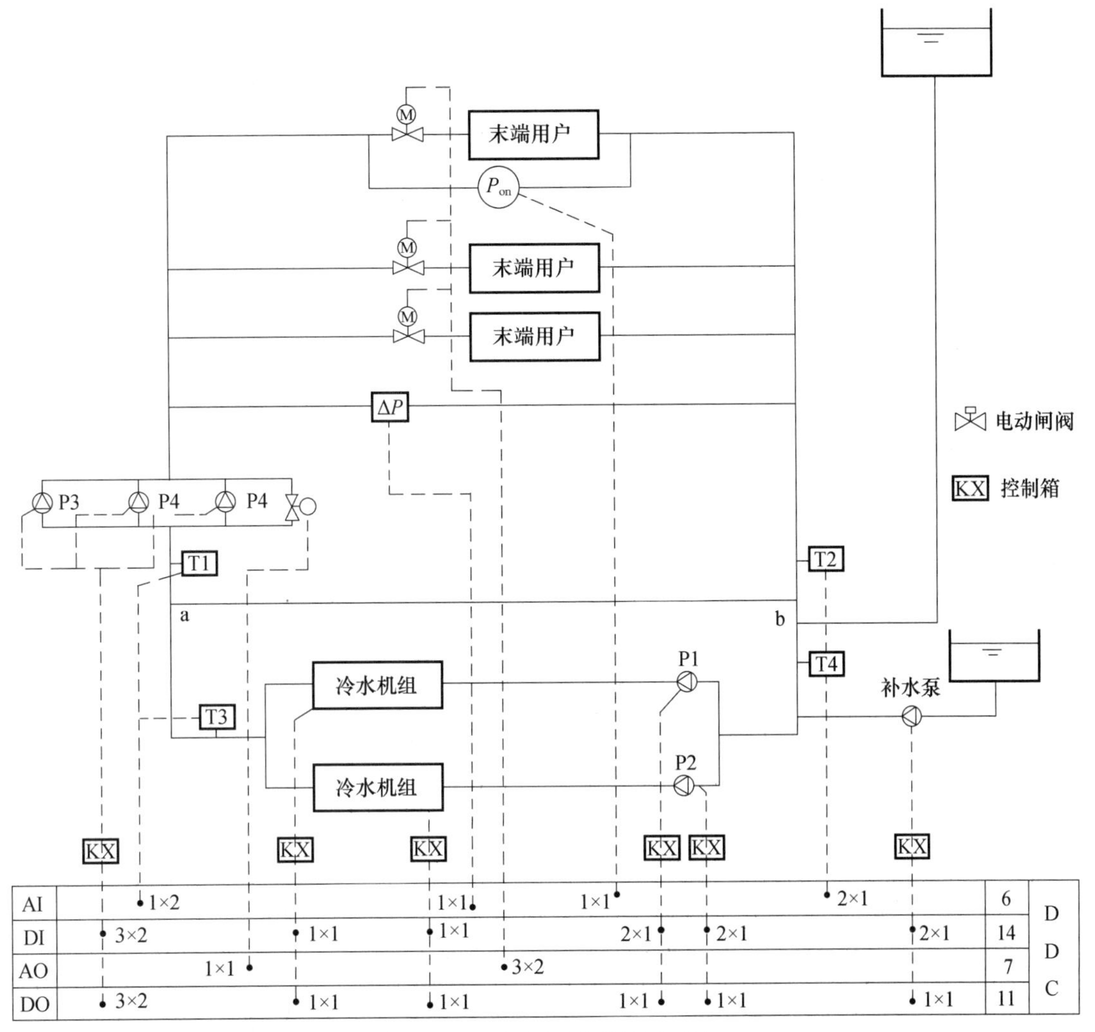

图 5-30　二级泵系统监控原理图

5.3　冷却水系统监控

5.3.1　空调冷却水系统

冷却水系统基本概念：

如图 5-31 所示，冷却水系统主要由冷水机组的冷凝器、冷却水循环泵、冷却塔及管路等构成。从冷水机组冷凝器换热器流出的约 37℃的冷却水沿着管道流至冷却塔，在冷却塔中散发热量后降低到约 32℃。冷却水泵驱动 32℃的冷却水再次进入冷凝器换热，从而完成冷却水循环。

目前，国内的设计标准工况把冷却水供回水温度定义为 32～37℃的运行范围。这是因为我国在冷冻机性能测定或者说冷量的测定是在冷却水温度 32℃进入冷凝器，37℃出冷凝器的工况下定义的。

1. *冷却塔及其循环*

冷却塔是一种热交换设备，它利用水和空气的接触，通过热交换与质交换来排放冷却水所吸收的空调系统废热。

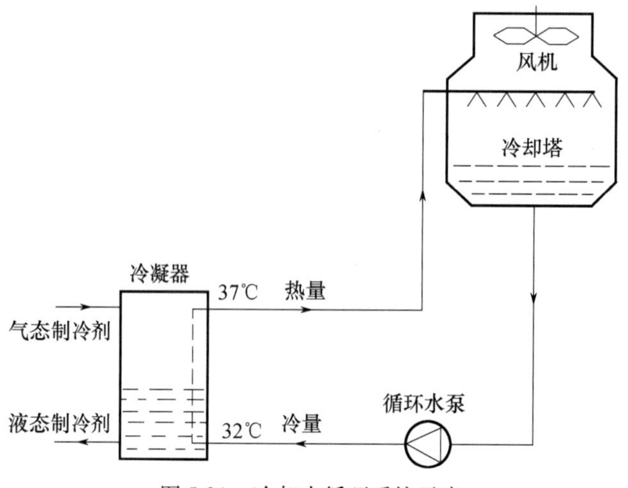

图 5-31　冷却水循环系统示意

冷却塔按通风方式可分为自然通风冷却塔、机械通风冷却塔和混合通风冷却塔等。按水和空气的接触方式可分为干式冷却塔、湿式冷却塔和干湿式冷却塔等。按水和空气流动方向的相对关系可分为逆流式冷却塔、横流式冷却塔和混流式冷却塔等。其他的还有喷流式冷却塔、无风机冷却塔、双曲线冷却塔、无填料喷雾式冷却塔、密闭式冷却塔等。

如图 5-32 所示为常用的有逆流式冷却塔和横流式冷却塔。

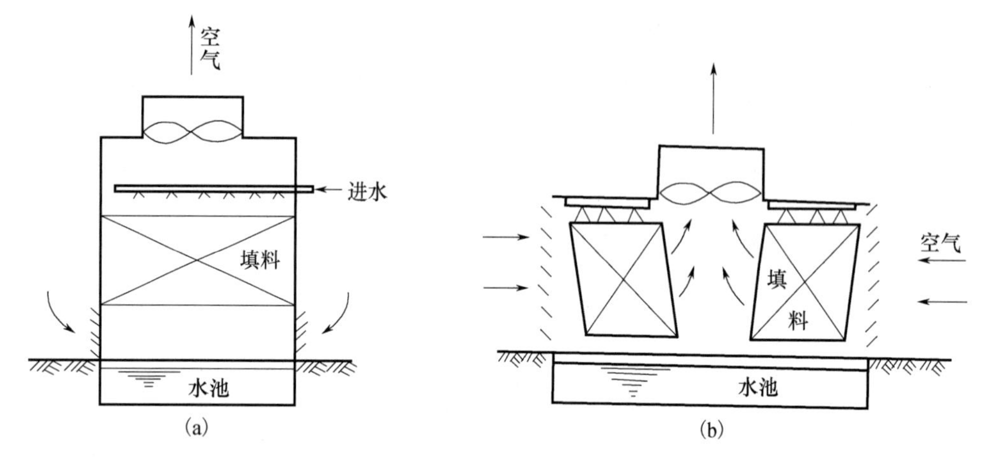

图 5-32　冷却塔系统示意

（a）逆流式；（b）横流式

2. 冷却塔散热

冷却水在冷却塔中的散热方式有接触散热和蒸发散热。

（1）接触散热

冷却水与空气接触时，根据冷却塔进水温度 T_{w1} 与空气温度 T_{q1} 的不同，有三种散热情况。当 $T_{w1} > T_{q1}$ 时，冷却水向空气传递热量，冷却水得到冷却。当 $T_{w1} = T_{q1}$ 时，冷却水与空气无热量传递，冷却水温度不变。当 $T_{w1} < T_{q1}$ 时，空气向冷却水传递热量，冷却水温度升高。

因此，当外界环境温度等于或高于冷却水温时，冷却塔的接触散热冷却失效，其冷却效果将完全取决于冷却水的蒸发散热，冷却效果将明显降低。

（2）蒸发散热

冷却水在冷却塔中的冷却过程是与大气进行热量交换的过程，其冷却效果受大气气象条件的综合影响很大。气温越高，蒸发散热越强烈。空气相对湿度越小，蒸发散热越快。相反，环境湿度大，蒸发散热就差。空气中水蒸气饱和时，蒸发无法进行，蒸发散热量等于零。空气压力越低，水就越容易蒸发。提高冷却塔的通风量，可以有效降低冷却水表面的静压力，有利于冷却水的蒸发散热。风速越大，对流传热系数越大。除密闭式冷却塔以外，各种开敞式冷却塔都要利用自然通风或机械通风。

（3）冷却塔散热的技术指标

① 冷却温度 ΔT_w。冷却塔的进水温度 T_{w1} 和出水温度 T_{w2} 之差 ΔT_w 称为冷却温差。温差 ΔT_w 越大，则冷却效果越好，所需的冷却水流量越少。

② 冷却幅高 ΔT_v。出水温度 T_{w2} 和空气湿球温度 T_v 之差 ΔT_v 称为冷却幅高，简称冷幅。ΔT_v 越小，则冷却效果越好。但 ΔT_v 不可能等于零，一般为 3～4℃。湿球温度 T_v 代表在当地气温条件下，水可能被冷却的最低温度，也是冷却塔出水温度的极限值。

③ 冷却效率 η。温差 ΔT_w 与冷幅 ΔT_v 之比，称为冷却效率 η，简称冷效，即 $\eta = \Delta T_w / \Delta T_v$。

④ 冷却塔的淋水密度。淋水密度指 $1m^2$ 有效面积上每小时所能冷却的水量。淋水密度大，则冷却塔的运行效率高。淋水密度小，则运行效率低。

（4）冷却水的补水量

冷却水的补水量与冷却水损失有关。蒸发损失与冷却水的供回水温度有关。例如，温降为5℃时，蒸发损失为循环水量的0.93%。当温降为8℃时，则为循环水量的1.48%。飘逸损失与冷却塔出口风速有关，国产质量较好的冷却塔的飘逸损失约为循环水量的0.3%～0.35%。排污损失与循环水中矿物成分、杂质的浓度增加有关，通常排污损失为循环水量的0.3%～1.0%。其他损失包括在正常情况下循环泵的轴封漏水，个别阀门、设备密封不严引起渗漏，以及当冷却塔停止运行时冷却水外溢损失等。

一般来说，采用逆流式冷却塔，对离心式冷水机组的补水率约为1.53%；对溴化锂吸收式冷水机组的补水率约为2.08%。一般情况下，制冷机组冷却水系统的补水率为循环水量的2%～3%。

（5）冷却水的水质处理

对于开式冷却塔循环水系统，由于水与大气直接接触进行热、质交换，因而冷却循环水的水质较差，如不及时进行水处理，势必影响制冷机的正常运行和损坏冷却设备和管道附件。

对于冷却水的处理，包括阻垢、缓蚀阻垢、杀菌、灭藻等处理，以及去除泥沙和悬浮物等方面。一般多采用定期加药法，并在冷却塔上配合一定量的溢流来控制 pH 值和藻类生长。溢流采用测量反映冷却水浓度大小的导电率来控制，使各种杂质的浓度得到稀释。

（6）冷却水系统管路配置

空调冷却水系统大多数是开式系统，冷却塔水位及大气压力可提供冷却水泵吸入端正压。因此，冷却水泵必须安装在冷水机组冷凝器的进水端，以减小系统的输送能耗。水泵的安装位置也应尽可能低。

如图5-33所示，水泵、冷水机组、冷却塔均各自串联后，形成相互独立的并联的冷却水管路配置。这种配置各种设备均不用另外配备备用设备，使用的管材少，投资小。但耗用的管材较多，初投资较大。

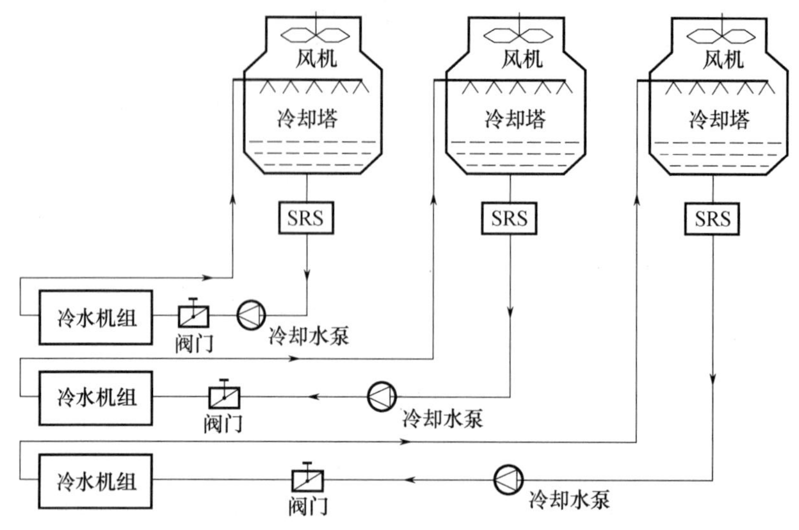

图 5-33　水泵、冷水机组、冷却塔对应配置示意

如图 5-34 所示，水泵、冷水机组、冷却塔均各自并联后，再相互串联形成的管路配置。这种配置当冷水机组（冷凝器）大小不相同时，设备之间的冷却水流量匹配较困难。

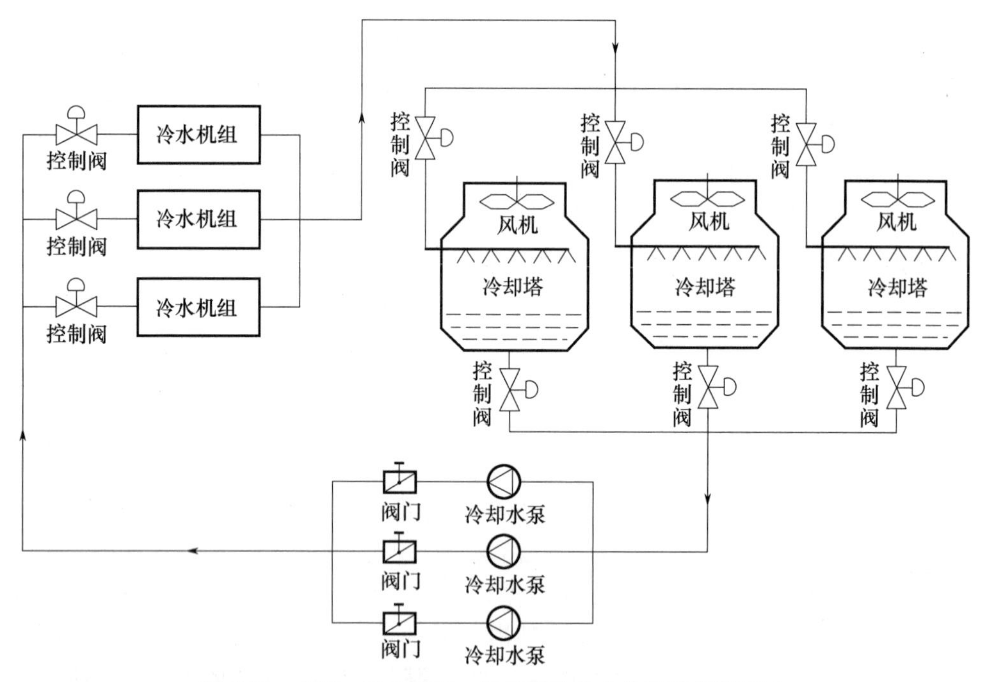

图 5-34　水泵、冷水机组、冷却塔均各自并联的管路配置

如图 5-35 所示为具有出水干管与回水干管的冷却水管路配置。各冷却塔的集水盘之间配置一根“均压管”，使这些冷却塔能在同一个水位上运行，防止各冷却塔集水盘内水位高低不一，避免出现有的冷却塔溢水而有的冷却塔在补水的现象。

冷却塔集水盘的水位应维持一定。水位太高会导致冷水机组的冷却水过流量，水位太低则会产生旋涡而造成空气进入冷却水。

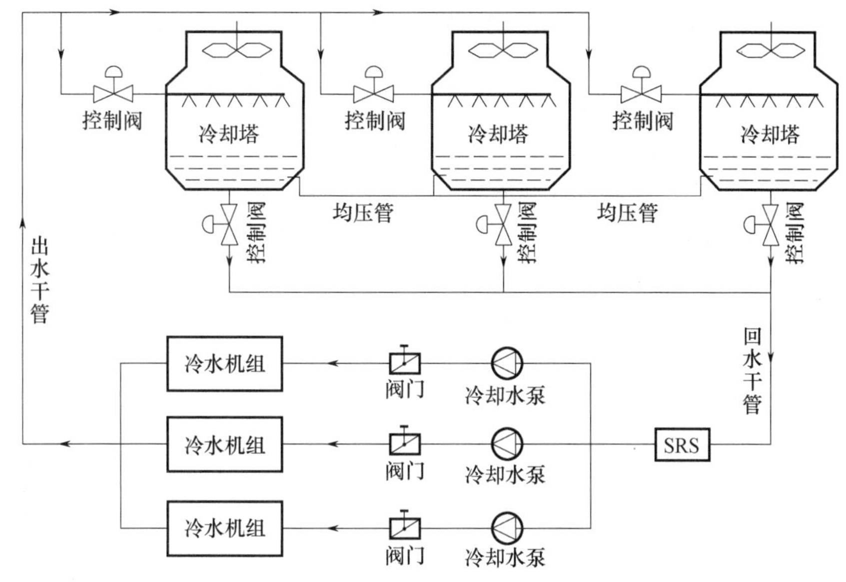

图5-35 具有出水干管与回水干管的冷却水管路

当数台冷却塔并联使用时，要特别注意避免因并联管路阻力不平衡而造成水量分配不均现象。因此，第一，冷却塔的进水支管和出水支管上均要安装电动控制阀；第二，各个冷却塔的集水池之间采用均压管连接；第三，采用比进水干管大两号的出水集管。

（7）冷却塔位置设置

当制冷站为单层建筑，冷却塔可根据总体布置要求，设置在室外地面上或屋面上，由冷却塔的积水池存水，直接将自来水补充到冷却塔。

当冷却水循环水量较大时，为便于补水，应设置冷却水箱。冷却水箱可以设在制冷机房地面上，也可设在屋面上。

5.3.2 冷却水循环系统的监控

冷却水系统监控系统应保证冷却塔风机、冷却水泵安全运行，确保制冷机冷凝器侧有足够的冷却水通过。根据室外气候情况及冷负荷，调整冷却水运行工况，使冷却水温度在要求的设定温度范围内。

1. 冷却水系统主要监控内容

（1）冷却塔监控

① 冷却塔冷却风机的启停控制及状态监视；

② 冷却塔水位检测（设置在冷却塔盛水盘）及设备故障（风机及阀门）及手自动状态监视；

③ 冷却塔水管路电动蝶阀的控制和供回水温度、流量的监测。

（2）冷却水泵监控

① 冷却水泵的启停控制及状态监视，故障及手自动状态监视；

② 冷却水泵进水口和出水口的蝶阀控制及水流状态监控；

③ 冷却水供、回水管道的温度、压力、流量的监测；

④ 冷却水和冷水机组的联锁运行控制。

2. 冷却水系统的监控方法

（1）冷却水系统监控点的设置

如图5-36所示，在冷却水循环的进出水管道上设置温度、流量、压力测量点。监测水温和流量可以确定冷却水系统和冷却塔的工作情况。检测压力监测点可以保证系统的安全运行。

在每台冷却塔进出水管道上安装电动阀，根据各台冷却塔出水温差，可以对各台的流量进行调节，以便均匀分配负荷，保证各冷却塔都达到最大出力。

接于各冷却塔进水管上的电动蝶阀 V1 用于当冷却塔停止运行时切断水路，防止分流。由于电动蝶阀 V1 的主要功能是开通和关断，对调节要求并不很高，因此选用一般的电动蝶阀可以减小体积，降低成本。为避免部分冷却塔工作时，接水盘溢水，应在冷却塔进、出水管上同时安装电动蝶阀 V1、V2。

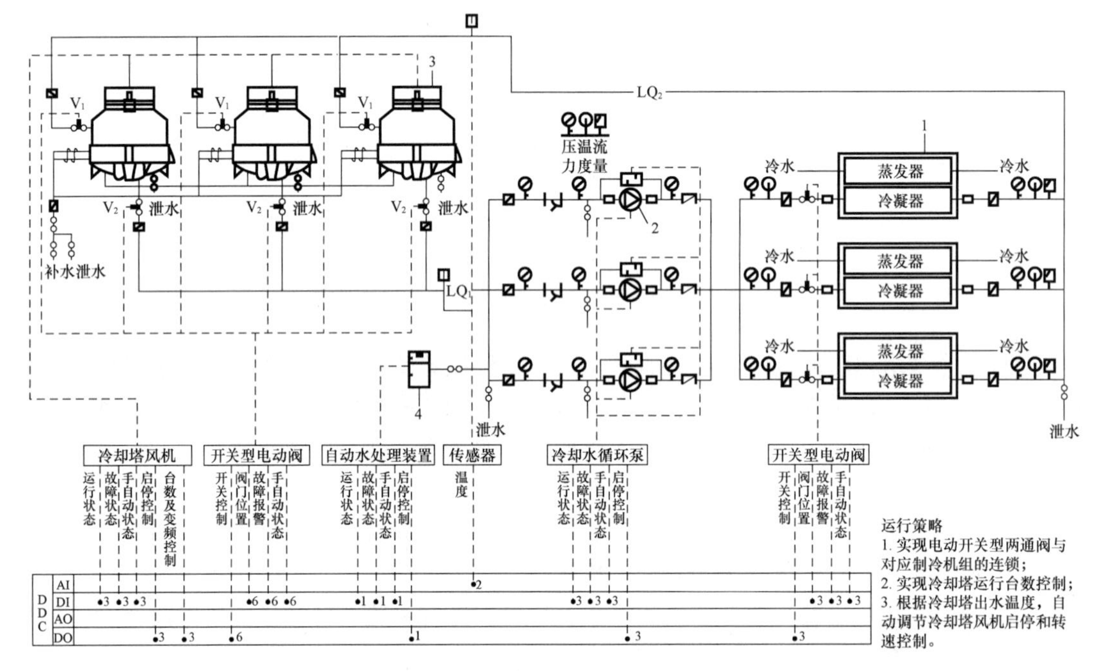

图 5-36　冷却水系统监控原理图

1—冷风机组；2—冷却水循环泵；3—冷却塔；4—自动水处理装置

（2）冷却塔启停控制

当需要启动冷水机组时，一般首先启动冷却塔，其次启动冷却水循环系统，然后是冷冻水循环系统的启动。当确定冷冻水、冷却水循环系统均已启动后方可启动冷水机组。当需要停止冷水机组时，停止的顺序与启动顺序正好相反，一般首先停止冷水机组，然后是冷冻水循环系统和冷却水循环系统，最后停止冷却塔运行。

（3）冷却塔的联锁控制

冷却塔与冷水机组通常进行电气联锁控制。当冷水机组运行前，冷却塔必须投入运行，但冷却塔风机需要根据回水温度等参数确定运行与否。

冷却塔的启停台数根据冷水机组的开启台数、室外温湿度、冷却水回水温度、冷却水泵开启台数来确定。

利用冷却回水温度来控制相应的风机运行台数或对风机进行变速控制，当冷却回水温度不符合系统要求（如大于32°C）时，启动相关冷却塔的风机。

冷却水循环的供回水管道之间设置可设置带调节功能的旁通管道，当冷却水温度低于冷凝器要求的最低温度（如小于32°C）时，为了防止冷凝器压力过低，则打开旁通电动调节阀，直接让冷凝器出水与从冷却塔回来的水混合，以调整进入冷凝器的水温。当能够通过启停冷却塔台数、改变冷却塔风机转速等措施调整冷却水温度时，应尽量优先采用这些措施。用混水阀调整只能是最终的补救措施。

根据冷凝器出口温度确定冷凝器的工作状况。当冷凝器出口温度过高时，表明冷却水流量减小，需要进行报警。

用水流开关（或水流传感器）F 监测循环泵的流量状态，当循环水量偏小时，进行报警。

（4）冷却水泵的运行控制

冷却水循环泵通过温度传感器检测出水和回水温度进行控制。如果温差大，则说明主机需求散热量大，则根据温差计算主机需求的散热量，按比例地调节冷却泵增加循环流量；如果温差小，则说明机组需求散热量小，则按比例减少冷却循环水量，以节约电能。

循环水泵两端设置压差传感器（或压差开关），检测循环水泵的故障状态。

5.4　冷冻站监控系统

5.4.1　冷冻站中的主要设备

1. 水质处理设备

（1）水过滤设备

在开式和闭式系统中，为保证设备正常运行不被堵塞，必须考虑设计使用循环水过滤器。目前常用的水过滤器装置有金属网状、Y 型管道式过滤器，直通式除污器等。一般设置安装在冷水机组、水泵、换热器、电动调节阀等设备的入口管道上。

（2）软化水及补水设备

在闭式水系统中，为避免管道长期运行结垢，冷冻水系统中必须设置软化水处理设备及相应的补水系统。补水泵的运行可以根据管道压力或膨胀水箱的液位进行控制。管道软化水处理设备安装在水泵后面，主机前面。

2. 分水器与集水器

多于两路供应的空调冷冻水系统，为保证水压均衡和流量分配的均衡，可设置分水器和集水器。在集水器的回水管上应设温度计，以进行机组参数的计算和调节。

3. 膨胀水箱与水系统的排水和排气

（1）膨胀水箱

膨胀水箱用于保持冷冻水循环系统完全充满水，排出管道内气泡，并为系统定压。水箱中的水位通常应高出最高的系统水管 1.5m 以上。膨胀水箱通过补水系统维持其水位。

工程中，为了防止开式水箱引起的腐蚀，或在屋顶设置开式水箱有困难时，也有采用气体定压罐。

（2）排水

在水系统的最低点，应设置排水管和排水阀门，排水时间为 2 ~ 3h。

（3）排气

在水系统的最高点，应设计集气罐，在每个最高点（当无坡度敷设时，在水平管水流的终点）设置放空器。

4. 各种仪表的位置

冷水机组和热交换器的进出水管、集分水器上、集水器各支路阀门后、新风机组供回水支管，应设温度计。冷水机组、进出水管、水泵进出口及集分水器各分路阀门外的管道上，应设压力表。在冷冻水、冷却水出水口总管上装设水流开关，当水泵启动后水流速度达到一定值后，输出节点闭合，并将其接入制冷机的控制电路中，作为制冷机启动控制的一个外部保护联锁条件。

温度计、压力计及其他测量仪表应设于便于观察的地方，阀门高度一般离地 1.2～1.5m。

5.4.2 冷冻站及主机房监控的主要功能

如图 5-37 所示，冷冻站主机房中的中央站（中央控制计算机），按预先确定的时间程序来控制制冷机组的启停，并监测各设备的工作状态，显示各设备的运行参数。

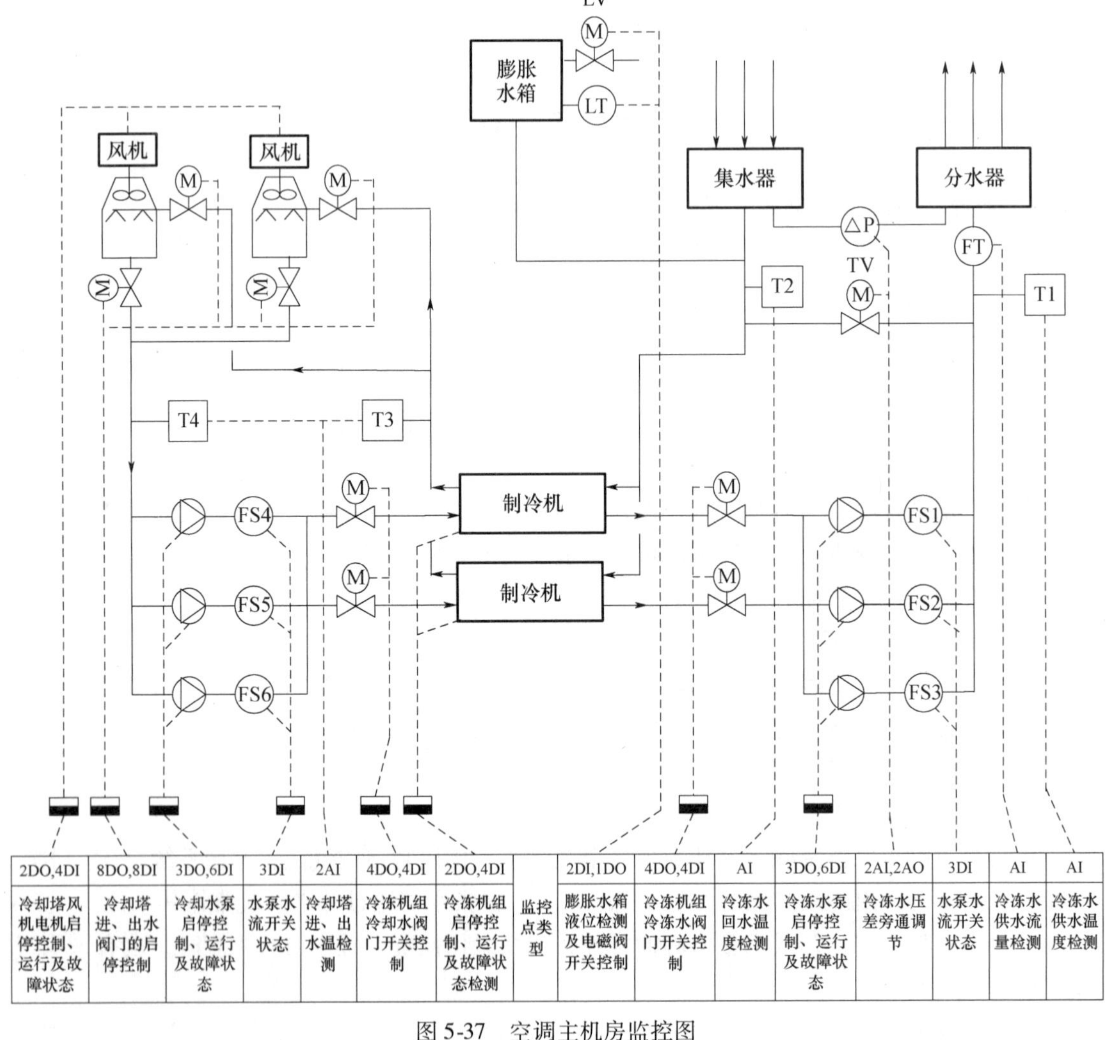

2DO,4DI	8DO,8DI	3DO,6DI	3DI	2AI	4DO,4DI	2DO,4DI	监控点类型	2DI,1DO	4DO,4DI	AI	3DO,6DI	2AI,2AO	3DI	AI	AI
冷却塔风机电机启停控制、运行及故障状态	冷却塔进、出水阀门的启停控制	冷却水泵启停控制、运行及故障状态	水泵水流开关状态	冷却塔进、出水温检测	冷冻机组冷却水阀门开关控制	冷冻机组启停控制、运行及故障状态检测		膨胀水箱液位检测及电磁阀开关控制	冷冻机组冷冻水阀门开关控制	冷冻水回水温度检测	冷冻水泵启停控制、运行及故障状态	冷冻水压差旁通调节	水泵水流开关状态	冷冻水供水流量检测	冷冻水供水温度检测

图 5-37　空调主机房监控图

1. 中央站的主要功能

中央站的主要监控设备有冷水机组、冷却水循环泵、冷冻水循环泵、冷却塔及风机、自动补水泵、电动蝶阀等。

主要监测内容有冷却水供、回温度、流量、压力等；冷冻水、冷却水供回水管流量、压差信号；冷冻水供、回水压差信号及回水流量信号；冷水机组启动、运行、故障及远程、本地控制的转换状态；冷却水泵、冷冻水泵、冷却塔风机启动、运行、故障及手、自动状态。

（1）根据事先排定的工作及节假日时间表，定时启停冷水机组及相关设备。完成冷却水循环泵、冷却水塔风机、冷冻水循环泵、电动蝶阀、冷水机组的顺序联锁启动及冷水机组、电动蝶阀、冷水循环泵、冷却水循环泵、冷却塔风机的顺序联锁停机。

（2）测量冷却水供回水温度，以冷却水供水温度及冷却塔的开启台数来控制冷却塔风机的启停数量。维持冷却水供水温度，使冷冻机能在更高效率下运行。

（3）监测冷冻水供回水温度及回水流量，由冷水总供水流量和供回水温差，计算实际负荷，自动启停冷却塔、冷冻水循环泵、冷却水循环泵及对应的电动蝶阀。

（4）根据膨胀水箱的液位或管道压力，自动启停补水泵。

（5）监测冷冻水总供回水压力差，调节旁通阀门开度或水泵转速，保证末端水流控制能在压差稳定情况下正常运行。在冷水机系统停止时，旁通阀自动全关。

（6）监测各水泵、冷水机、冷却塔风机的运行状态、手/自动状态、故障报警，并记录运行时间。

（7）水泵保护控制：在每台水泵的出水端管道上安装水流开关，水泵启动后，水流开关检测水流状态，如故障则自动停机；水泵运行时如发生故障，备用泵自动投入运行。

（8）中央站彩色动态图形显示、记录各种参数、状态、报警，记录累计运行时间及其他的历史数据等。

可以用冷却水泵、冷冻水泵、冷却塔风机电机主电路上交流接触器的辅助触点作为开关量输入（DI信号），监控水泵的启停状态；用上述主电路上热继电器的辅助触点信号作为冷冻水泵过载停机报警信号。

现场控制器直接采集水泵的启停状态，故障报警状态和手动、自动切换状态，水泵运行频率，水温等形象地显示在中央站计算机屏幕中。

中央站在出现安全保护及事故报警时，立即发出声光报警，记录备案，并自动显示故障的情况。分站中的DDC、PLC控制器按预先确定的程序对中央站内设备启停、运行台数、供回水干管压差及备用设备自动投入等进行控制。

2. 联锁及保护

如图5-38所示为冷冻站DDC监控图，主要监控内容如下：

（1）根据排定的工作程序表，按时启停机组。

（2）通过对各设备运行时间的积累，实现同组设备的均衡运行。当其中台设备出现故障时，备用设备会自动投入运行，同时提示检修。

（3）对冷却水泵、冷冻水泵、冷却塔风机的启停控制时间应与冷水机组的要求一致。

（4）水泵启动后，水流开关检测水流状态，发生断水故障，自动停机。

（5）设置时间延时和冷量控制上下限范围，防止机组的频繁启动。

（6）根据水位传感器的信号启停补水泵，需要时可增设水流开关来保护水泵。自动记录水泵运行时间，方便选择运行水泵，实现设备运行时间和使用寿命的平衡。

（7）二次泵变流量控制系统中冷冻水一级泵及冷却泵控制主要实现功能：

冷冻水一级泵及冷却水泵运行台数与运行机组台数一致；具有水泵运行时间累计功能，根据水泵运行时间决定下一台开启水泵；当水泵发生故障时，会在中央工作站中给出故障报警，提醒进行水泵检修操作；当水泵发生故障，且系统还有富余水泵时，自动切换投入运行，否则，控制器通过判断确认是否提醒相应运行机组进行停机。

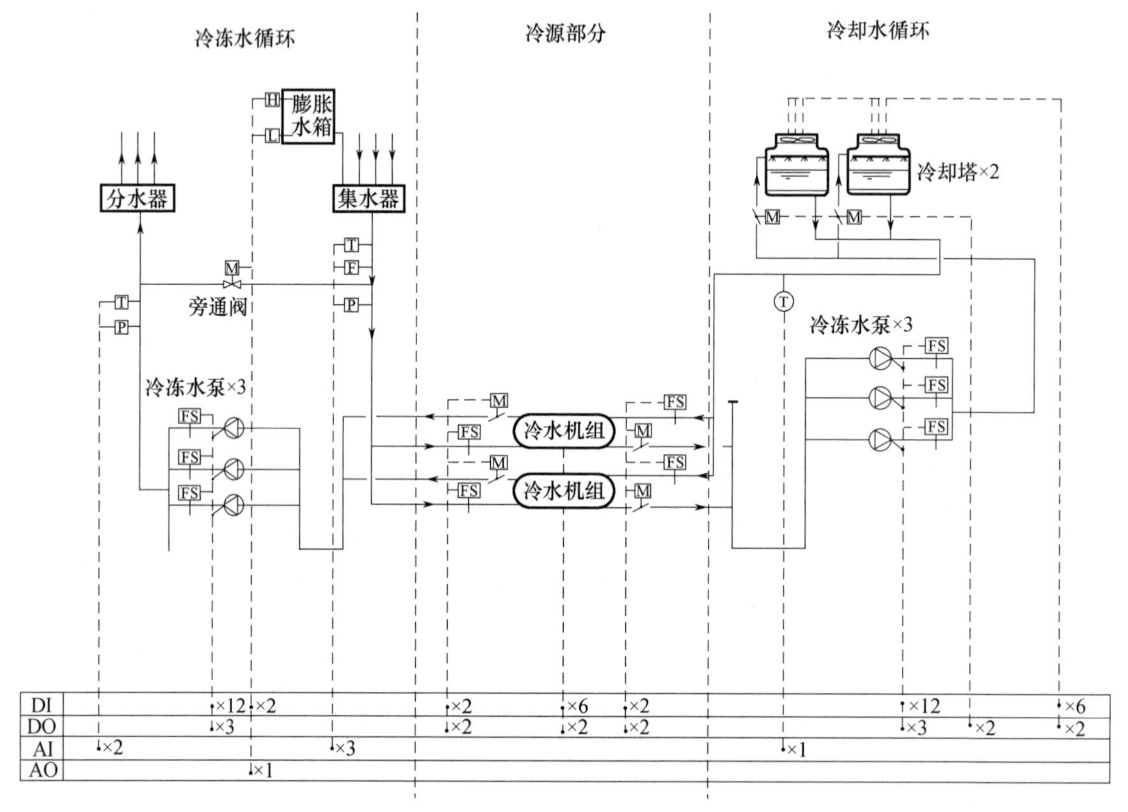

图 5-38　冷冻站 DDC 监控图

本章小结

本章介绍了空调循环水系统的组成和工作原理。冷源系统的热交换系统包括冷冻水循环系统、冷却水循环系统。冷冻水循环和冷水机组的蒸发器进行热交换，分成一级泵和二级泵系统，监控内容包括：冷冻水循环泵的启停控制、台数控制、变频控制；冷冻水供回水流量、压力、压差、温度等，控制方法包括：压差控制、旁通流量控制、旁通阀的位置控制、回水流量控制、冷量控制等。

冷却水循环和冷水机组的冷凝器进行热交换，控制系统包括冷却水循环泵的启停控制、台数控制、变频控制；冷却水出水回水流量、压力、温度等，监控内容包括：回水温度、冷却塔水位、旁通阀开度等。

习　题

1. 简述空调冷冻水循环系统的主要分类。

2. 简述空调冷却水循环系统的主要组成。
3. 冷冻水系统一级泵和二级泵系统的控制内容都有哪些?
4. 简述空调冷却水系统的控制方法。
5. 简述空调冷冻水系统的控制方法。
6. 简述空调中央站监控的主要内容。

第6章　集中供热系统监控

集中供热系统是以集中热源所生产的热能，通过热力管网，利用热媒将热能提供给多个热用户需要的热能系统。集中供热系统以满足热用户对热负荷的不同需求为原则进行设计、运行、调节、控制、管理，从而实现供热系统的可靠性、经济性、安全性和灵活性。对热用户来说，用热负荷大小总是与舒适度、节能需求、气温变化等多种因素关联而变化，集中供热系统应采取有效的调节与控制手段，满足热负荷变化的需求，使热用户的室内温度达到一定的目标需求。供热系统的有效监控系统，能够使供热系统输出的热量与用户需求的热负荷相匹配，满足热用户的需求，提高供热质量，降低能耗，实现供热系统的经济运行。

6.1　集中供热系统概述

6.1.1　集中供热系统基本概念

集中供热系统主要是由热源、热力网和热用户三部分组成。根据热媒不同，集中供热系统可分为热水供热系统和蒸汽供热系统。根据热源不同，可分为热电厂、区域锅炉房、核热、地热、工业余热等供热系统。根据供热管道不同，可分为单管制、双管制和多管制等供热系统。按采暖系统循环动力，还可分为自然循环和机械循环系统。按热媒参数分类时，可将热媒参数低于100℃的称为低温热水采暖系统，热媒参数高于100℃的称为高温热水采暖系统。

1. 热源与热媒

集中供热系统中的热源通常选择热电厂和区域锅炉房。对热负荷为供暖、通风、热水等热用户，通常采用热水作热媒。对生产工艺热用户，通常采用蒸汽作为热媒。对于既有生产热负荷，又有供暖、通风等热负荷的用户，多以蒸汽为热媒。

热媒为热水介质的热能效率高，调节方便，蓄热性好，输送距离长，热损失小。热媒为蒸汽介质的密度小，热媒流量小，热惰性小，升温快，设备投资费用降低。

以热电厂为热源时，设计热媒热水供水温度可取110～150℃，回水温度可取70～80℃。以区域锅炉房作为热源时，当供热规模较小时，通常采用供回水温度为95/70℃或80/60℃；当供热规模较大时，可采用供回水温度为110/70℃、130/70℃等。

2. 热力网

热力网是供热管道的总称。它是连接热源与锅炉房之间，及锅炉房和用户之间热管道的集合。

热力网按热媒种类可分为蒸汽热网和热水热网。按热媒本身是否被利用又可分为开式热网和闭式热网。蒸汽热网大多是开式的。热水热网分为开式和闭式。当热网向用户供应热水时为开式，只供应采暖和通风热负荷时为闭式。由一条供水管和一条回水管组成闭式双管热水供热系统是我国目前常用的一种供热系统形式。在闭式热水供热系统中，热水沿热力网供水管输送到各个热用户，在热用户系统中的散热设备内放出热量后，沿热力网回水管返回热源。闭式热网只供应用户所需热量，水作为供热介质不被取出使用。

3. 热用户

使用热能的用户称为热用户。热用户需要热能的多少通常用热负荷表示。根据热能的用途，热负荷可以分为室温调节、生活热水、生产用热等。用于室温调节的采暖、供冷和通风热负荷是集中供热系统所要负担的基本负荷。热负荷根据性质可分为民用热负荷和工业热负荷两大类。民用热负荷主要指居住和公共建筑的室温调节和生活热水负荷。工业热负荷主要包括生产负荷和厂区建筑的室温调节负荷。热负荷根据用热时间规律可分为季节性热负荷与全年性热负荷。采暖、供冷、通风的热负荷是季节性热负荷，受室外气象条件影响较大。生活热水负荷和生产负荷属于全年性热负荷，在全年中的变化相对稳定。

4. 集中供热系统的形式

如图6-1所示为闭式区域锅炉房热水供热系统示意。热水锅炉与散热器和加热器之间通过供回水管道连接。循环泵驱使热媒热水在锅炉和供热管网之间循环流动供热。除污器除去管道中循环热水的杂质。补水处理装置为锅炉进水进行软化水处理，没有经净化处理的水中含有许多钙镁离子等杂质，如果进入锅炉系统，影响锅炉及供热系统的安全性、稳定性、经济性等，甚至会造成极大危害。压力调节阀能使系统保持一定的压力，维持系统稳定运行。散热器和热水龙头是供热终端设备。这种集中供热系统可以向单栋或多栋建筑供热，故称为区域热水供热系统。

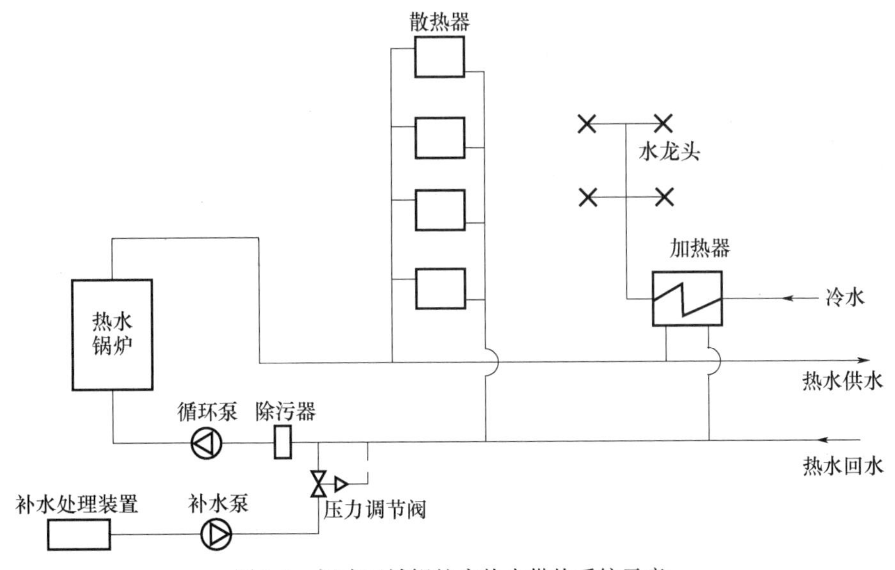

图6-1　闭式区域锅炉房热水供热系统示意

如图6-2所示为闭式区域锅炉房蒸汽供热系统示意。蒸汽从蒸汽锅炉沿蒸汽干管进入散热器、通风换热器、加热器、汽-水换热器等用热设备，凝结放出热量后变成凝结水，靠重力流至凝结水箱，通过锅炉给水泵返回蒸汽锅炉重新加热。

区域蒸汽供热系统通常按照蒸汽压力大小分类。当供汽的表压力>70kPa时称为高压蒸汽供热系统。当供汽的表压力≤ 70kPa时称为低压蒸汽供热系统。表压力是指设备内部绝对压力与当地大气压之差。当供热系统中的压力低于大气压力时称为真空蒸汽供热系统。蒸汽供热系统与热水供热系统比较具有以下特点：

① 蒸汽在用热设备中主要靠相变放热。与热水相比，单位质量蒸汽放出的汽化潜热比热水降温放出的显热大许多倍，既放出显热量又放出潜热量。因此在提供相同热量时，蒸汽的流量比热水流量小得多，初投资少。

② 蒸汽在散热器内定压凝结放热，传热温差大，散热设备面积比热水系统少得多。

③ 蒸汽和凝结水在管内流动时，压力、密度、流量等状态参数变化大，伴有相变，设计和运行管理复杂，易出现“跑、冒、滴、漏、冻”现象，污染环境。

④ 蒸汽系统密度比水小，供汽时热得快，停气时冷得也快。

⑤ 蒸汽流动的动力来自自身压力，压力变化时，温度变化不大。因此只能采取间歇调节，室内温度波动大。间歇工作时有噪声，供热质量受到影响。

⑥ 灰尘在 65 ~ 70℃时开始分解，在温度高于 80℃时分解过程加剧。蒸汽散热器和管道表面温度高于 100℃，表面有机灰尘的分解和升华，产生异味，污染室内空气质量。有机灰尘的主要成分为有机物，如花粉，能够燃烧的烟气灰尘等。

⑦ 蒸汽间歇工作时，管道内时而流动蒸汽，时而充斥空气。凝结水管时而充满凝结水，时而进入空气。管道易受到氧腐蚀，使用寿命短。

⑧ 蒸汽管道温度高，无效热损失大。

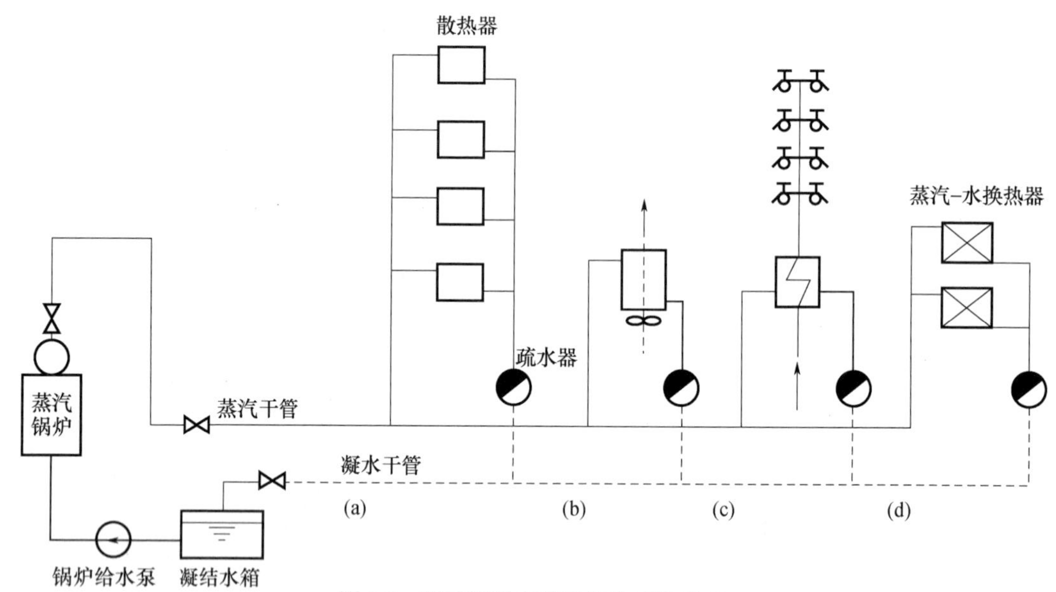

图 6-2　区域锅炉房蒸汽供热系统示意

（a）室内采暖系统；（b）通风系统；（c）热水供应系统；（d）生产工艺用热系统

6.1.2　热力网与热用户的连接

1. 热水管网与热用户的连接

供热系统中的热水也可称为热水管网，如图 6-3 所示为常见热水管网与热用户的连接示意。直接连接是用户系统直接连接于热水管网上。在图 6-3 中，图（a）为无混合装置的直接连接，用于热用户所需热媒参数与热水管网中热水参数相同的情况。图（b）为设水喷射器的直接连接，水喷射器可将部分回水与供水混合，适用于热水管网的供水压力和温度高于用户需求的场所。图（c）为设混合水泵的直接连接，当热水管网中的供回水压差不足时采用，为防止水泵升压后将回水压入供水干管，应在供水入口处设置止回阀。图（e）为向空调系统中的热水加热器供热的直接连接。

热用户与热水管网水力工况不发生直接联系的连接方式称为间接连接。间接连接方式是在采暖系统热用户入口处，或在热力站处设置表面式水-水换热器，热用户系统与热水管网被表面式水-水换热器隔离，形成两个独立的系统。在图6-3中，图（d）为供暖热用户与热网的间接连接，适用于热用户所需热水压力与热力网提供的压力值相差较大时的场所。

在间接连接方式中，连接热源部分作为输送热能的热水管网称为一次热网，连接热用户的热水管网称为二次热网。间接连接系统的工作方式为一次热网供水管的高温热水进入表面式水-水换热器内，通过换热器的表面与二次网低温热水进行热量交换后，一次网冷却后的回水回到热源，被加热的二次热网热水将热量传递给热用户的用热设备，散热冷却后二次网回水重新回到换热器内再次加热，如此不断循环。一次网热水和二次网热水由循环水泵驱动循环流动。大型集中供热网一般均为间接式供热网。

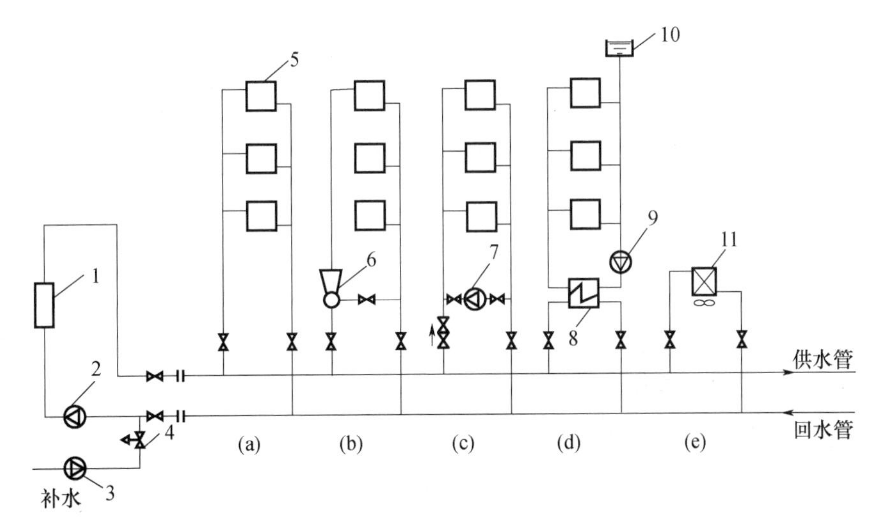

图6-3　常见热水管网与热用户的连接示意

1—热源；2—循环水泵；3—补水泵；4—补给水压力调节器；5—散热器；6—水喷射器；7—混合水泵；8—水-水换热器；9—热用户循环水泵；10—膨胀水箱；11—空气加热器

2. 蒸汽热网与热用户的连接

如图6-4所示为常见蒸汽管网与热用户的连接示意。图6-4中的（a）为生产工艺热用户与蒸汽管网直接连接，图6-4中（b）为热用户与蒸汽管网直接连接。热网中的蒸汽管道方式可根据蒸汽压力参数选择。当使用一种蒸汽压力参数时，采用单管式。当使用两种蒸汽压力参数时，采用双管式。当使用多种不同蒸汽压力参数时，采用多管式。凝结水可采用回收方式或不回收方式。图6-4中的（c）为热用户通过蒸汽-水换热器间接连接。一次热网中的热媒为蒸汽，二次热网的热媒为热水，通过蒸汽-水换热器进行热量交换，热用户从二次热网中取用热量。

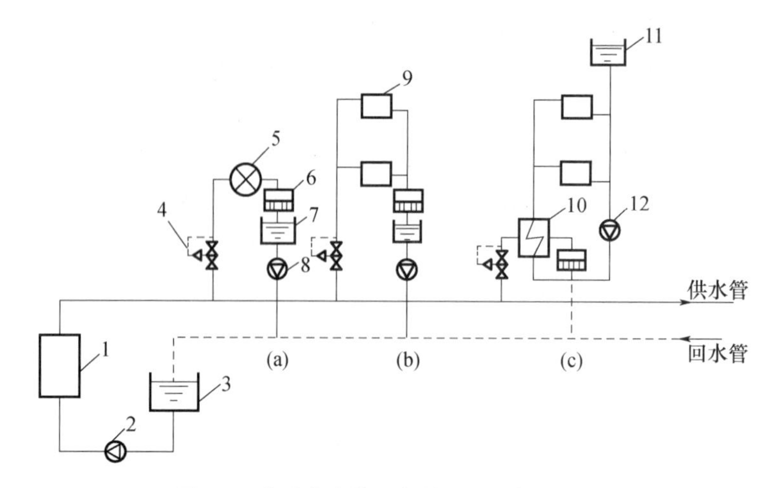

图 6-4　常见蒸汽管网与热用户的连接示意

1—蒸汽锅炉；2—锅炉给水泵；3—凝结水箱；4—减压阀；5—生产工艺用热设备；6—疏水器；7—用户凝结水箱；8—用户凝结水泵；9—散热器；10—采暖系统用的蒸汽-水换热器；11—膨胀水箱；12—循环水泵

6.2　集中供热系统的监控与调节

集中供热系统的监控任务是保证供热系统的安全经济运行，将热媒介质参数控制在设计范围内，并为供热系统的生产和管理提供依据。供热系统中的调节包括水力工况和热力工况调节两方面内容。水力工况调节的任务是保证供热管网具有输送热媒的能力，热力工况的调节任务是保证供热量与用热量的相互平衡，满足热用户的用热需求。

6.2.1　集中供热系统的监控功能

1. 集中供热系统的特点

（1）集中供热系统涉及的区域较广，换热站之间的距离较远，信号传输受到限制。

（2）由于热惯性较大，热量调节的滞后性也很大。供热系统的调节不仅与当前的数据有关，而且还与历史数据有关。

（3）供热管网是闭式系统的，各部分相互关联，局部的参数变化，会引起整个管网的参数变化。

集中供热系统中的水力工况和热力工况调节是比较复杂的，目前常采用计算机监控系统进行集中监控管理和分级控制。

2. 集中供热系统监控功能

（1）检测供热系统热媒运行的温度、压力、流量等参数，及时了解水力工况、流量分配、温度分布等情况，了解换热器运行情况。

（2）合理匹配热源的供热量与用户的用热量，保证按需供热。根据采暖季节、采暖时间、室外温度等因素，及时调节供热量。按需求向热用户提供热量，保障适宜的室内温度，实现经济运行下的节能最大化。

（3）按需求调整区域供热的分配流量，消除换热站之间和二次网水力失调现象，提高各建筑物之间的供热效果的均匀性，消除冷热不均现象。

（4）计算机监控系统通过对系统参数监控与控制，能够对管网、换热站、热用户系统中发生的泄漏、堵塞等故障分析提供依据，为供热系统的安全运行提供保障。

6.2.2　集中供热系统调节方法

为保障热用户所需要的用热量，供热系统的供热量应与热用户的热负荷变化规律相适应。集中供热系统运行调节方法有量调节、质调节、分阶段改变流量的质调节、间歇调节、质量-流量调节等方法。

1. 常用调节方法

（1）量调节

量调节方法是保持供水温度不变，通过调节供热管网中热水循环流量来适应用户热负荷的变化需求。采用变频调节循环水泵的转速来调节热水循环量时，由于循环水泵的轴功率与出口循环流量的立方成正比，当热水循环流量减少时，不仅能够满足用户低热量需求，还能降低循环水泵的电能损耗。供热系统网采用量调节方法时，负荷变化响应快，但热水循环量减少过多，易引起供热系统的水力失调。

（2）质调节

质调节方法是保持供热管网中热水循环量不变，仅改变供回水温度来适应用户热负荷的变化需求。集中供热系统中质调节只需改变热源处的供水温度，管网中的水利稳定性好，运行管理方便。但由于管网热水循环量始终保持设计值，循环水泵的电能消耗较大。当供水温度过低时会影响暖风机、供热空调和热水供应等热负荷的运行效果，负荷变化响应速度较慢。

（3）分阶段改变流量的质调节

分阶段改变流量的质调节方法是将供热管网中的流量分为阶段性变化调节，在室外温度较低阶段保持设计最大流量，在室外温度较高阶段保持最小流量。在每个运行阶段内，供热管网中循环量保持不变，通过改变供回水温度的质调节进行供热调节。这种调节方法相对纯质调节来说，电耗减少幅度较大，节能效果显著。

（4）质量-流量调节

质量-流量调节方法是指在供热系统运行期间同时改变供热管网中的供水温度和流量，实现热负荷的供热变化需求。在这种调节方式下，管网流量随供热负荷减少时、可减少循环泵的电耗。但控制方法复杂，需要解决好管网中水力失调问题。

（5）间歇调节

当室外温度较高时，不改变供热管网的循环水量和供、回水温度，只减少每天的供热小时数来调节供热量。这种调节需要用户具有较好的蓄热性。

2. 按供热面积收费体制下的供热调节

按现有供热面积收费体制下，供热管网是以均匀调节为目标，用户一般无法按需要的用热量调节热水流量。整个供热系统可分为供热网和热源两个系统进行调节。热网实现均匀供热为调节目的，热源通过动态预测的总需求热量调节总供热量。供热系统可以按质调节或分阶段改变流量的质调节方式进行运行管理。

为满足供热需求，并保证一定的经济性，供热系统在投入使用前的一次性初调节时，将整个供热管网的热水流量，按用户的设计流量进行调节分配。供热系统以提供适合的供水温度进行供热调节。对于一次管网中的热源，可根据室外温度的变化，利用供热曲线控制热源的供水温度。对于二次管网，为保证稳定的供水温度可以通过调节一次管网通过换热器的流量来实现。

按面积收费体制下的供热调节，用户不能自主调节自己的用热量，供热量的调节主要是供热公司集中调节控制。可以通过调节热源的总供热量和控制热网中的热水循环流量和供水温度实现对用户所需的用热量调节。

3. 热计量体制下的供热调节

在热计量体制下，热用户将根据自己的需求调节室内散热器上的温控阀来控制室内温度，并保持在一定的温度范围。温控阀的调节实质是通过改变散热器中的热水流量来调节散热器的散热量，满足室内适宜的温度需要。当多个用户调节流量后，整个供热管网中的热水循环流量和供热量也将随之变化。用户的自主调节会导致整个管网的流量分配比例发生变化，影响其他用户的热力工况。因此，供热系统进行供热调节时，需要从热源的一次网供水温度和热水循环流量进行调节，以满足热用户的热负荷变化调节需求。

热计量体制下的供热调节将使热源、供热管网、用户之间相互牵制影响。对于供热公司来说，这种流量和供热量的变化是难以预知和无法控制的。热用户用热具有主动调节权，供热方变为被动的适从者，供热系统必须能够适应供热管网热水循环流量出现较大波动的工况，并尽可能减少热能损失。

6.3 换热站的监控

换热站是一次热网与二次热网进行热量交换的场所。换热站中的主要设备有换热器、循环泵、疏水器、集水器、分水器、除污器、补水泵、水箱、监测仪表装置、各类阀门、电动调节阀等。换热器是转换供热介质种类、改变供热参数的设备。换热器按照热交换的介质可分为蒸汽-水换热器、水-水换热器。换热器的作用是将一次高温热网的热量交换给二次低温热网，通过分水器分配给各热用户，散热后的回水通过集水器集中后，进入换热器进行循环加热使用。

6.3.1 蒸汽-水换热站的监控

由热电厂生产的高温蒸汽热媒，通过一次热网输送到蒸汽-水换热器中，与二次热网中低温热水进行充分的热量交换，一次热网蒸汽形成的凝结水经疏水器聚集到凝结水箱中。同时二次热网低温水被加热后温度升高，向热用户提供热量。

如图 6-5 所示为蒸汽-水换热站监控原理示意。二次热网适应热负荷的变化调节，通过改变热水供水温度或热水循环流量来实现的。采用质调节方式时，二次热网中的热水循环量保持不变，通过调节二次热网供水温度来调节供热量和用热量的平衡。一次热网通过调节蒸汽管上的电动调节阀的开度改变进入换热器的蒸汽量，控制换热器二次热网供回水温度，并满足设定值要求。一次热网蒸汽的流量控制与压力有关，因此对一次热网蒸汽热媒的压力和流量控制是换热站自动控制的主要目的。

换热站的监控任务是对换热器一次热网和二次热网热媒运行参数进行监测，以及对二次热网的供水温度、循环水泵、补水系统等进行自动控制。

1. 监测功能

（1）换热器一次热网蒸汽热媒运行参数的监测。通过 A 点压力变送器 P_T、B 点温度变送器 T_T、C 点流量变送器 F_T实时监测蒸汽的压力、温度、流量等参数。

（2）换热器一次热网凝结水温度监测。通过 E 点温度变送器 T_T监测凝结水温度参数。

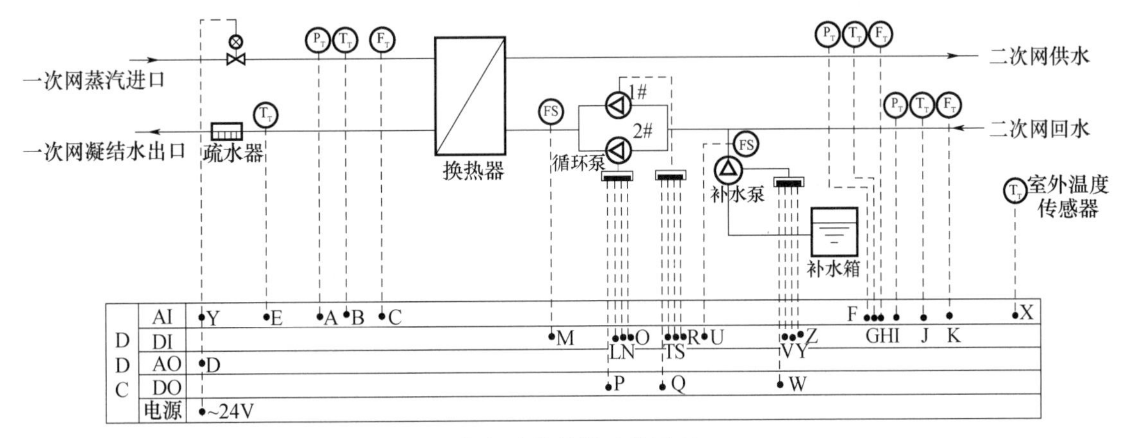

图6-5 蒸汽-水换热站监控原理

(3) 换热器二次热网供水热媒运行参数的监测。通过F点压力变送器P_T、G点温度变送器T_T、H点流量变送器F_T实时监测二次热网供水的压力、温度、流量。

(4) 换热器二次热网回水热媒运行参数的监测。通过I点压力变送器P_T、J点温度变送器T_T、K点流量变送器F_T实时监测二次热网回水的压力、温度、流量。

(5) 监测室外空气温度。通过X点温度变送器T_T监测室外气温，为供回水温度设定值调整提供依据。

(6) 水泵运行状态显示与故障报警。采用M点流量开关FS（M点）监测循环泵运行状态，U点流量开关FS监测补水泵运行状态。采用泵的主电路中热继电器辅助触点作故障报警信号。

2. 控制功能

(1) 二次热网供水温度自动控制

蒸汽-水换热站的控制功能通常是保证二次热网的供水温度在设定值范围。结合室外气温变化前24h平均值，利用供热运行曲线设置供水温度设定值，以满足气温变化对热用户需求的影响。供水温度的改变会使回水温度发生缓慢变化。为保证二次侧供水温度设定值相对稳定，可以调节一次热网蒸汽量来满足要求。

如果一次热网的蒸汽的压力较平稳，可将二次热网G点的供水温度作为被控量，一次热网C点的蒸汽流量作为操作量进行控制。DDC控制系统实时检测换热器的出水温度，并与控制器中与温度设定值进行比较，将温度偏差信号进行PID运算，输出控制指令，调节蒸汽管道上D点蒸汽流量电动调节阀开度，改变进入换热器中的蒸汽流量，控制换热器的换热量，调节控制二次热网的供水温度，以满足供水温度设定值要求。蒸汽的计量可以通过测量蒸汽的温度、压力和流量实现。

如果一次热网蒸汽压力波动较大，需要增加蒸汽流量调节控制系统作为辅助调节，及时克服蒸汽压力波动对控制系统的蒸汽量产生的影响，形成供水温度和蒸汽压力串级控制，保证二次热网供水温度设定值要求。

(2) 二次热网循环流量控制

当二次热网采用分阶段改变流量的质调节方式时，且换热器二次热网的供、回水水温满足要求，则在保证热用户所需作用压力的情况下，在一定范围内调节二次热网热水循环量，也可满足热用户量调节需求。

根据供热理论，热用户的用热量和供热系统的供热量应相平衡，为热用户所提供的供热量为

$$Q = q \times c_p \times (t_1 - t_2)/3600 = q \times c_p \times \Delta t/3600 \tag{6-1}$$

式中　Q——供热量，kW；

q——热水的循环流量，kg/h；

c_p——比热容，kJ/(kg・℃)；

t_1——供水温度，℃；

t_2——回水温度，℃。

根据式（6-1）可知，当热用户需要的用热量减少时，供热系统的供热量 Q 的调节可以通过保持供回水温差 Δt 不变，调节减少热水的循环流量，来实现供热量的减少，并与用户的用热量相平衡。二次热网循环流量控制的量调节方式，可采用调节工频运行的循环水泵运行台数变化，或变频调节循环水泵运行转速，都能实现热水循环流量的调节。

① 循环泵采用工频启动运行来调节热网中的循环流量

循环泵采用工频启动运行是以50Hz交流频率按设计流量运行。调节循环水泵运行台数来改变热水循环流量时，对于中小型规模供热系统，一般采用分两个阶段改变流量的质调节方式。一般选用两台（组）同规格的循环水泵，满足两个阶段改变流量的质调节需求。其中一组（台）循环水泵的流量按供热管网系统中热水流量的设计值100%选择，另一组（台）循环泵的流量按供热管网系统中热水流量的设计值70%～80%选择；对于大型规模供热系统中，一般采用分三个阶段改变流量的质调节方式。也可以考虑采用三组（台）不同规格的热水循环泵。各阶段的实际流量与设计流量之比的相对流量同常选择100%、80%、60%等。

由于水泵的扬程与流量的平方成正比，水泵的电功率与流量的立方成正比。一方面过多地减少流量会降低重力循环的作用压头，通常供热系统的热水流量不应小于设计流量的60%，尽量避免出现水力失调现象。另一个方面适当减少热水循环流量时，能够大量减小循环水泵的电能损耗。对采用分两个阶段改变循环流量调节方式的供热系统，循环水泵电能消耗为与设计工况之比为100%和34.3%～51.2%。对采用分三个阶段改变循环流量调节方式的供热系统，循环水泵电能消耗与设计工况之比约为100%、51.2%、21.6%。供热系统与采用单一质调节方式比较，节能效果显著。

② 循环泵采用变频控制调节循环流量

由于循环泵中异步电动机的转速与电源频率成正比，改变电源频率能够调节循环泵的转速，从而调节热网热水循环流量。采用变频器调节循环泵的转速来改变热水循环流量时，常采用定压力法或定压差法调节控制进行调节。变频器接受压力信号或差压信号，转换为不同的电源频率进行调节循环泵的运行转速，以满足供热系统对流量改变的需求。变频调速控制还应满足供热管网最不利点的压差控制，从而保证整个管网的水利平衡，消除流量分布不均的现象。

在我国北方地区，换热站中的循环泵一般采用“一用一备”的方式运行。采用分阶段改变流量的质调节时，循环泵可以不设备用泵。

（3）补水泵的控制

闭式热网只供应热用户所需热量，供热系统的热媒热水量基本上是不变的。但实际运行中，热媒热水通过阀门、水泵轴承、补偿器等以及其他不严密之处时，总会向外部泄漏少量循环热水，使供热系统总的循环水流量减少，不及时补水会影响供热系统正常运行。在正常情况下，供热系统泄漏的水量靠补水装置来及时补充。

恒压补水点通常设在回水管上循环泵的入口处，检测回水压力大小，通过设定压力的上下限值，自动控制补水泵的启停，及时对供热系统进行补水，以维持该点压力恒定。当回水压力超过设定的上限值时，还可以打开泄压电磁阀进行泄压，维持该点压力恒定。

（4）联锁控制功能

当循环水泵停止运行时，电动调节阀自动联锁关闭。当循环水泵因故障停运，联锁自动启动备用泵投入运行。

3. 监控功能表

对蒸汽-水换热站监控功能及监控点情况见表6-1。

表6-1　蒸汽-水换热站监控功能及监控点

设备名称	台数	监控功能	DI	DO	AI	AO	小计	备注
蒸汽-水换热站	1	一次网蒸汽进口温度测量			1			A
		一次网蒸汽进口压力测量			1			B
		一次网蒸汽进口流量测量			1			C
		一次网凝结水出口温度测量			1			E
		一次网蒸汽进口电调阀控制				1		D
		一次网蒸汽进口电调阀阀位反馈			1			Y
		二次网供水压力测量			1			F
		二次网供水温度测量			1			G
		二次网供水流量测量			1			H
		二次网回水温度测量			1			
		二次网回水流量测量			1			

6.3.2　水-水换热站的监控

由一次热力管网输送高温热媒热水，在水-水换热站中与二次热网中低温热水进行充分的热量交换，一次热网热水热水温度降低，通过锅炉房热水循环泵，回到锅炉继续加热。同时二次热网低温热水被加热后温度升高，并向热用户提供热量。

如图6-6所示为水-水换热站监控原理示意。根据二次热网的供水温度来调节一次热网的电动调节阀，从而改变一次热网进入换热器的流量，调节二次热网的供热量。

1. 监测功能

（1）换热站一次热网供水参数监测。通过压力A点压力变送器、B点温度变送器、C点流量变送器实时监测一次热媒供水的压力、温度、流量等参数。

（2）换热站一次热网回水参数监测。通过D点温度变送器T_T和E点压力变送器监测一次回水温度和压力参数。

（3）换热站二次热网供水运行参数监测。通过F点压力变送器、G点温度变送器、J点流量变送器、I点分水器温度变送器监测二次热网供水参数。

（4）换热站二次热网回水热媒运行参数监测。通过U点压力变送器、V点温度变送器监测二次热网回水参数。

（5）监测室外空气温度。通过L点温度变送器T_T监测室外温度，为供回水温度设定值调整提供依据。

（6）循环水泵运行状态显示与故障报警。采用流量开关FS作为循环泵（H点）和补水点作为运行状态显示信号。采用泵的主电路中热继电器辅助触点作故障报警信号。

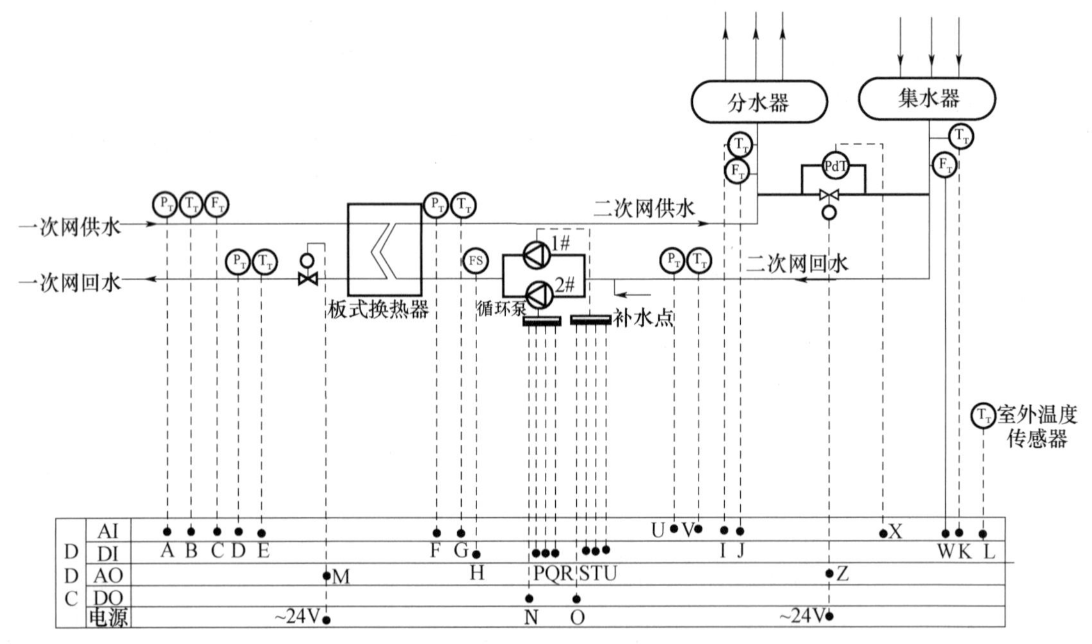

图 6-6　水-水换热站监控原理

2. 控制功能

（1）二次热网供水温度自动控制

水-水换热站的自动控制功能主要是维持二次热网的供水温度设定值。其控制原理为根据室外气温监控 L 点，利用供热曲线和循环热水流量，确定二次热网供水温度的设定值。根据装设在供水管处 J 点的温度传感器检测的温度值与设定值比较偏差，DDC 控制器输出指令，按 PID 规律调节一次热网 M 点回水管路上的电动调节阀开度，通过调节一次热网热媒热水流量来适应二次热网用热量需求为防止热交换器过热，当二次热网供水温度达到规定的设定值上限时，通过 DDC 控制电动调节阀，切断热交换器一次热网的供热。

（2）旁通阀控制

通过监测 X 点压差传感器 PdT 信号，获得二次热网供回水压差参数，控制旁通阀的开度，维持 X 点压差设定值。

（3）联锁控制

当二次热网热水循环泵停止运行时，一次热网电动调节阀自动关闭。当循环水泵因故障停运，联锁自动启动备用泵投入运行。

（4）失水量监控

当热用户没有增加，通过二次网供回水管路上的流量监测 J 点和 W 点的差值和回水压力参数分析供热系统失水情况。当流量差值在正常设定值范围内，启动补水系统，通过补水点进行补水。当流量差值超出设定值范围时，DDC 发出警报，并按要求采取管理措施。

（5）水质处理

供热系统中水质对供热效果的影响较大。水质标准中通常有悬浮粒、含盐量、硬度、碱度、pH 值、含氧量、含油量、含铁量、二氧化硅含量等项目。供热系统中的水质标准通常都有明确规定。在水质处理过程中，经过滤器处理可除去悬浮物和胶质，能澄清水质。经离子交换处理可除去钙、镁等离子所形成的硬度，能软化水质。降低水中的含氧量和含二氧化碳气体的处理，可减少水对锅炉、板式换热器、供热管网等腐蚀作用。

对连接热源的一级热网和连接用户的二级热网中的水质都需要处理，达到相关要求。对循环水水质处理措施，可在总回水管上设置简易投药罐进行人工投药处理，也可以设置旁通式自动加药装置。对于补水系统的水质处理，可以采用加防腐阻垢剂、离子交换软化、石灰水软化处理等方法。

供热系统中的水质处理的目标主要是减少不良水质对金属管网的腐蚀作用，抑制水垢，防止微生物的生长，防止堵塞供暖设备，不污染环境。

3. 水-水换热站监控功能与外部接线

水-水换热站的监控功能与DDC外部接线见表6-2。

表6-2　水-水换热站监控功能与DDC外部接线

序号	监控点	监控功能	状态	导线根数	备注
1	B、E	一次网供、回水温度监测	AI	4	
2	A、D	一次网供、回水压力监测	AI	4	
3	C	一次网供水流量监控	AI	2	
4	M	一次网电动调节阀监控	AO	4	
5	F、U	二次网供、回水压力监测	AI	4	
6	G、V	二次网供、回水温度监测	AI	4	
7	H	二次网循环泵运行状态显示	DI	2	
8	N	1#循环水泵启停控制	DO	2	
9	O	2#循环水泵启停控制	DO	2	
10	P、Q、R	1#循环水泵工作状态显示、故障状态控制、手/自动转换控制信号	DI	6	
11	S、T、U	2#循环水泵工作状态显示、故障状态控制、手/自动转换控制信号	DI	6	
12	Z	换热器二次网供回水旁路电动调节阀	AO	2	
13	X	换热器供回水压差信号	AI	2	
14	I、K	分水器、集水器温度监测	AI	4	
15	J、K	二次网供、回水流量监控	AI	4	
16	L	室外温度监测	AI	2	

6.4　直连网和间连网的集中运行调节

在计量供热体制下，一方面热网的调节通常采用供水定压力和供回水定压差控制方法，来保证用户有足够的资用压头，满足用户调节热量的需求，保证充分供应热量；另一方面热网通常采用供水温度设定随室外气温变化调节，以及压力控制点位置及设定值的选择，尽可能降低运行能耗，降低运行成本。

6.4.1　直接连接热水采暖系统调节

1. 无混水直接连接热水采暖系统调节

无混水的直接连接热水采暖系统可采用质调节方式和量调节方式进行供热调节。质调节方式是根据室外气温的变化调节热网的供水温度。量调节方式是以维持热网上某处的压力或压差基本不变，并将其作为控制参数，来调节供热系统中的热水循环量。

（1）热源供水温度调节

在计量供热体制下，热源供水温度的调节是利用室外温度传感器实时监测气温变化，根据供热运行曲线和供热规律调节热源供水温度设定值，通过控制器实现供水温度调节控制。

根据供热理论，无混合装置的直接连接热水采暖系统，只改变采暖系统的供回水温度，而供热管网中热水循环流量保持不变，即$\overline{G}=1$。在室外气温发生变化时，供热系统供回水调节温度的计算公式为：

$$t_g = t_n + \Delta t'_s \overline{Q}^{\frac{1}{1+b}} + 0.5\ (t'_g - t'_h)\ \overline{Q} \tag{6-2}$$

$$t_h = t_n + \Delta t'_s \overline{Q}^{\frac{1}{1+b}} - 0.5\ (t'_g - t'_h)\ \overline{Q} \tag{6-3}$$

式中　t_g、t_h——供热管网供、回水温度，℃；

t'_g、t'_h——用户的设计供、回水温度，℃；

t_n、t_w——供暖室内、外温度，℃；

$\Delta t'_s$——用户散热器的设计平均计算温差，℃，$\Delta t'_s = 0.5\ (t'_s + t'_h - 2t_n)$；

$\overline{Q}$——相对热量比，$\overline{Q} = \overline{G}\dfrac{t_n - t_w}{t_n - t'_w}$，$t'_w$为供暖室外计算温度，℃；

$\overline{G}$——相对流量比，$\overline{G} = \dfrac{G}{G'}$，$G'$为供热管网热水循环量，t/h；$G$为供热管网设计热水循环量，t/h；

b——由实验确定的散热器系数，$b=0.14 \sim 0.37$。

例如，长春市供暖室外计算温度取-21.1℃，供热系统设计供回水温度为95℃/70℃，供暖室内温度为18℃，室内采用质调节时室外温度变化与供回水温度调节参数见表6-3。

表6-3　直接连接热水供暖系统质调节的热网水温度（95℃/70℃）

室外温度 t_w（℃）	-21.1	-17.2	-13.3	-9.4	-5.5	-1.6	0	2.4	5.0	6.3
相对热量 $\overline{Q}$	1.00	0.90	0.80	0.70	0.60	0.50	0.46	0.40	0.33	0.29
供水温度 t_g（℃）	95	88.7	82.3	75.8	69.0	62.1	59.3	54.9	49.8	47.3
回水温度 t_h（℃）	70	66.2	62.3	58.3	54.0	49.6	47.8	44.9	41.6	39.8

注：表中计算$b=0.3$。

室外气温的变化将会影响热用户对热负荷的需求。在保持室内温度不变时，随着室外气温t_w的升高，室内热负荷需求减少，供热热源的供回水温度相应降低，供回水温差也随之减小，供热系统的供热量也就随之减少。散热器的平均计算温差也会随之降低。

对于有多种热负荷的热水供热系统，过低的供水温度难以满足热水负通风负荷等热负荷工作要求。如过低的供水温度会使通风系统产生吹冷风的不适感。在这种情况下，需要保持供水温度不再下降，可用减少供热小时数的调节方法，即采用间歇调节方法进行供热调节。

间歇调节可以在室外气温较高的供暖初期和末期作为辅助调节措施。当室外温度升高时，不改变供热管网的热水循环流量和供水温度，只减少每天供暖小时数。供暖小时数计算公式为

$$n = 24\frac{t_n - t_w}{t_n - t_w}\ (\text{h/d}) \tag{6-4}$$

式中　t_w——开始间歇调节时的室外温度，℃；相对于供热管网保持的最低供水温度。

如果集中采暖供热管网保持最低供水温度为60℃时，开始间歇调节时的室外温度为0℃

左右。当室外温度为5℃时，供暖室内温度取18℃，则间歇调节运行时间为17.3h/d。

（2）一次热网总供水流量的调节

按热量计费的热网调节原则是保证充分供应热能的情况下尽可能降低运行成本。为保证充分供热，满足热用户以调节流量来控制用热量的变化需求，供热管网应确保任何时候热用户所需要的资用压头。一次热网总供水流量的调节属于变流量调节系统。变流量调节的基本原则是控制供暖系统中最不利环路热用户的资用压头不低于设定值。供热系统的变流量调节可以采用供水定压力控制和供回水定压差控制两种方法。

① 供水定压力控制

如图6-7（a）所示为供水定压力控制原理示意。在热网供水管路上的某一点选作恒定压力控制点，在系统运行调节流量时，一直保持该点的压力值不变。当热用户的调节导致热网需要增大流量时，压力控制点的压力值会下降，这时调高热网循环水泵的转速，增大热水流量，使该点的压力恢复到原来的设定值，保持压力控制点的压力不变。当热用户的调节导致热网流量减少时，压力控制点的压力值会增加，这时降低热网循环泵的转速，减少热水流量，使该点的压力恢复到设定值。

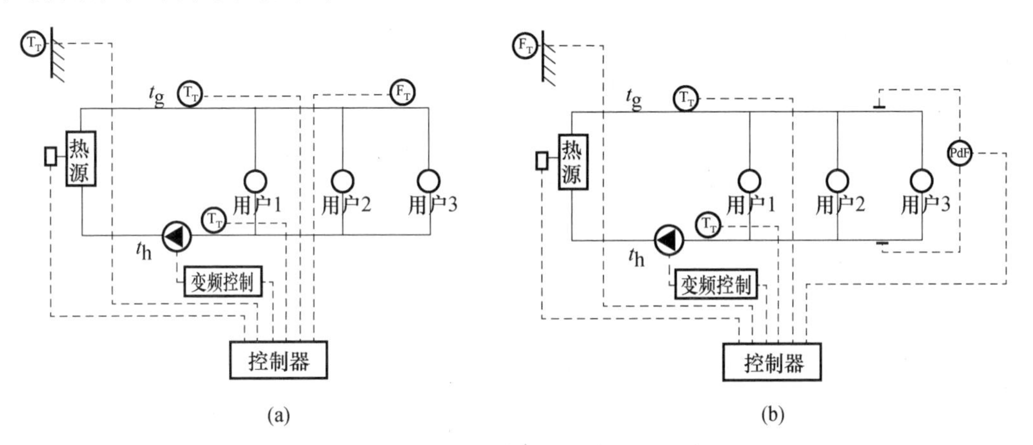

图6-7　无混水的直连网控制调节示意

（a）供水定压力控制原理；（b）供回水定压差控制原理

定压力控制点位置的选择要考虑满足各用户的资用压头和降低系统运行能耗等方面因素。当各热用户所需资用压头相同时，压力控制点选在最远用户供水入口处。压力设定值应为恒压点压力、热用户资用压头、热用户到热源恒压点之间的回水干管压降三部分之和。当各热用户所需资用压头不同时，压力控制点选择最大压力设定值之处的热用户供水入口作为压力控制点。一般情况下，如果最远热用户所需资用压头最大，则把最远热用户供水入口处作为定压力控制点。否则按经验法确定压力控制点在离循环泵出口约2/3处的热用户供水入口处，其设定值取设计工况下该点的供水压力值。

② 供回水定压差控制

如图6-7（b）所示为供回水定压力差控制原理示意。定压差控制是把供热管网某处管路供回水压差选作压力控制点，保持该点的供回水压差始终不变。当热用户调节导致热网流量变化时，压差控制点的压差值会变化。使用变频器改变循环水泵的转速来调节供热管网热水循环流量，使该处的压差值恢复到原来的设定值。

定压差控制点可选择在距热源近端和远端两种方式。控制点选择在近端时，能够保证所有热用户在各种工况下得到足够的资用压头，以获得足够的供热量。近端控制方式的供热管网稳定性较好，信号传输控制方便。但循环水泵的扬程始终是定值，节能效果差。远端控制方式的定压差控制点设置在最不利热用户的热力入口处，循环水泵的扬程应等于水泵与压差控制点之间干管管路压降和压差控制点压差之和。当用户调节致使官网流量减少时，干管管路压降减小，则循环水泵扬程随之减小，水泵转速降低，系统节能效果好。由于热用户的自主调节，循环水泵的扬程变化有可能导致有些热用户在调节工况下得不到足够的资用压头，系统的稳定性较差，信号的传输与管理不便。

2. 带混水泵的直接连接热水采暖系统调节

带混水泵直接连接定压力控制原理示意如图 6-8 所示。热用户的供水量由热网的供水量和旁路回水量组成的混水量得来，混水温度与热网温度、回水温度和混合比等相关。

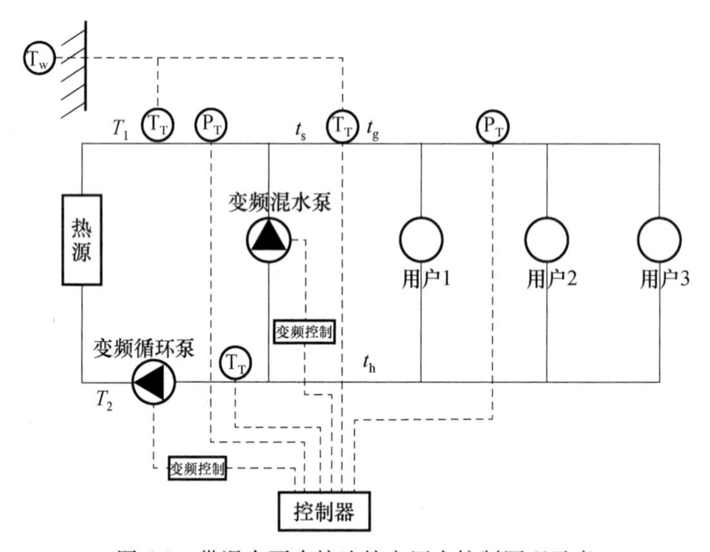

图 6-8　带混水泵直接连接定压力控制原理示意

热水采暖系统所进行的调节为质量-流量调节方式。为满足采暖热用户供水温度的要求，一次热网相应地调节供水温度和热水循环流量，进行集中供热调节。在热源处，一次热网的供水温度τ_1和回水温度τ_2随室外气温变化关系为

$$\tau_1 = t_n + \Delta t'_s \overline{Q}^{\frac{1}{1+b}} + \left[\Delta t'_w + 0.5\ (t'_s - t'_h)\ \overline{Q}\right] \tag{6-5}$$

$$\tau_2 = t_n + \Delta t'_s \overline{Q}^{\frac{1}{1+b}} - 0.5\ (t'_s - t'_h)\ \overline{Q} \tag{6-6}$$

式中　τ_1、τ_2——热网供、回水温度,℃;

$\Delta t'_w = \tau'_1 - t'_g$——热网与用户系统的设计供水温差,℃。

一次热网热水循环流量可以通过变频循环泵调节控制。二次热网在混水后，当某一热用户调节流量时，混水后的流量会发生变化。为保证热用户有足够的资用压力，在热用户处设置压力控制点，调节变频混水泵转速，保持压力控制点压力不变。混水后的供水温度 t_g应仅与室外气温有关，而不随热用户的调节而发生变化。可以采用自动控制技术，调节适当的混合比来保持混合后的供水温度。

6.4.2　间接连接热水采暖系统调节

在间接连接的供热系统中，通过换热器将一次热网的热能递给二次热网的采暖系统热用户。对热源来说换热器相当一次热网的热用户，对二次热网来说换热器相当于采暖

用户的热源，这样一来，间接连接热网中的每一个换热器所形成的二次热网，对热用户来说就相当于一个独立的直连网。二次热网需要的热能完全由一次热网提供，一次热网的热能由热源提供。

在热计量供热系统中，热用户将根据室内温度自己调节控制所需热负荷。换热站通过调节一次热网的热水循环流量，控制二次热网的供回水温度。热源对一次热网供水温度进行调节控制，满足供热需求。在一次热网和二次热网中，通过监测热用户供回水压差，调节循环泵的转速，保证热用户有足够量热水循环量。

1. 一次热网供热调节

在以二次热网供水温度保持在设定值为控制策略的控制系统中，二次热网的供水温度需要由换热站一次热网中的电动调节阀控制，这样一次热网为变流量运行。一次热网的供水温度调节与直连网相同，并由室外气温以及供热经验或供热规律确定供回水温度。一次热网的变流量调节也可采用与直连网相同的供水定压力或供回水定压差控制。

2. 二次热网供热调节

如图 6-9 所示为二次热网供水温度控制原理示意。二次热网的供水温度调节通常有定值控制和气候补偿自动控制等方法。二次热网供水温度调节是以保持稳定的温度设定值为目标进行控制。

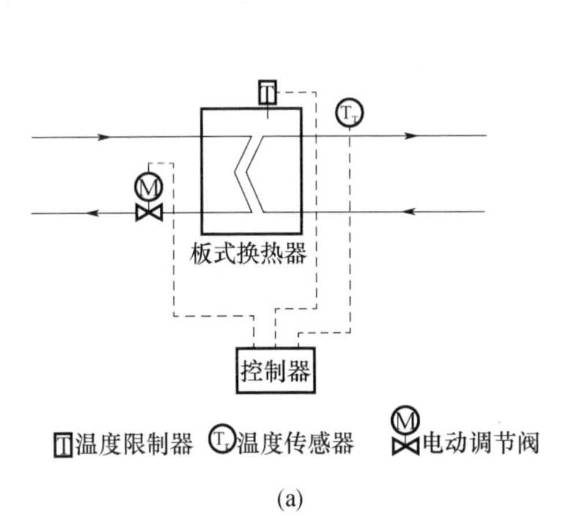

(a)

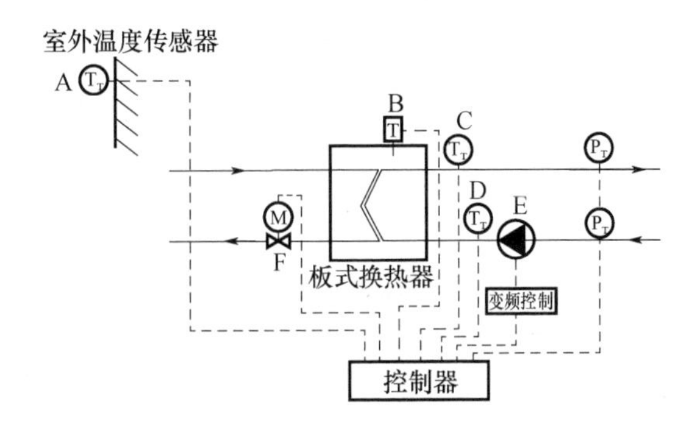

A—室外温度传感器；B—温度限制器；C—供水温度传感器；D—回水温度传感器；E—循环泵；F—电动调节阀

(b)

图 6-9　供水温度控制原理示意

（a）供水温度定值控制原理；（b）供水温度气候补偿自动控制原理

如图 6-9（a）所示为二次热网供水温度定值控制原理示意。当二次热网供水温度传感器测得的实际温度与控制器中的温度设定值相比较偏差，控制器输出指令调节电动调节阀开度，控制一次热网热水流量多少，调节供热量，直到二次热网供水温度达到设定值为止。当换热器内部温度过热时，可利用温度限制器通过控制器切断换热器的供热，对换热器进行保护。

如图 6-9（b）所示为二次热网供水温度气候补偿自动控制原理示意。根据室外气候变化，通过理论模型或经验数据，控制二次热网供水温度。由室外温度传感器测得室外气温，与控制器中的供热曲线进行比较后，确定二次热网供水温度的设定值，然后与供水温度传感器测得的实际供水温度相比较，根据其偏差，按 PID 控制规律调节电动调节阀开度，调节供热量与用热量的平衡关系。

当换热站所带的热用户中进行热水流量调节后，换热器的二次热网流量也发生了变化。在二次热网中的循环水泵可以采用变频调节转速来调节循环流量的变化。

由于二次热网是变流量循环系统，补水定压水泵也宜采用变频泵调节控制。定压点通常设置在循环水泵的入口处，根据定压点实测压力值与设定值比较偏差，通过变频器改变不水泵运行频率来调节补水量，保证二次网定压点的压力恒定，维持二次网热水循环系统稳定运行。

如图 6-10 所示为间接连接热水采暖系统调节控制系统组态示意。通过对室外气象温度、室内温度、二次热网供回水温度、最不利热用户供回水压力等参数监测，调节控制一次网电动调节阀开度，调节一次热网流量，保证二次热网的供热量。利用变频器调整循环泵运行频率，改变二次热网运行流量。利用变频器调整补水泵的运行频率，实现定压点恒压控制，保证供热系统稳定运行。

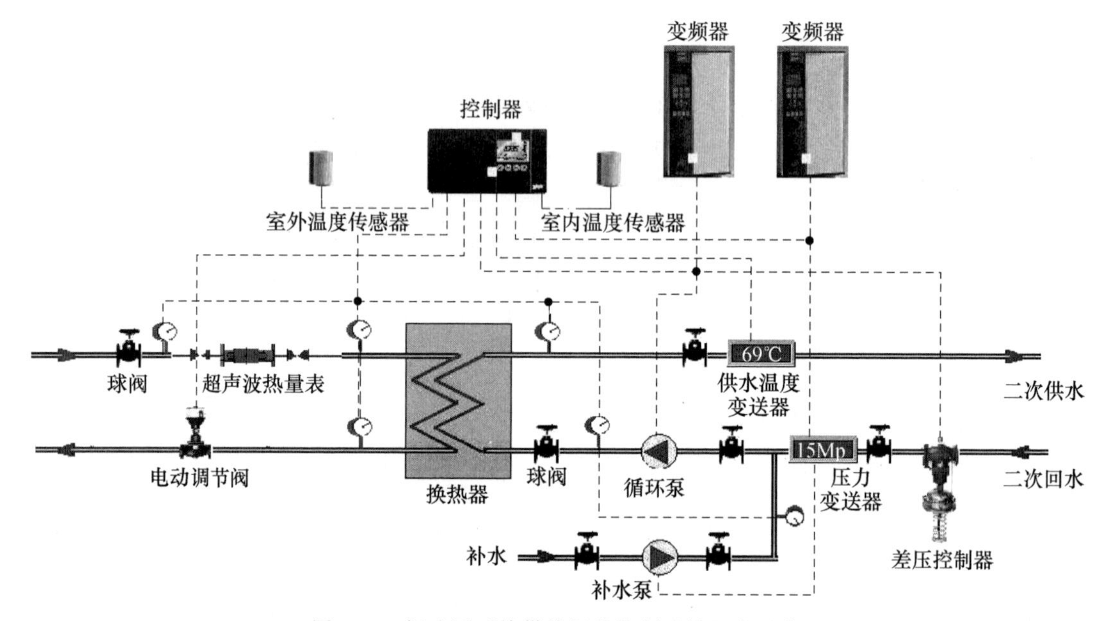

图 6-10　间连网系统供热调节控制系统组态示意

6.4.3　分布式供热系统的调节

分布式供热系统是将供热系统中热媒热水的驱动力由不同层次的循环泵承担，共同完成输送热媒传输热量的任务。在分布式供热系统中，热源处的循环泵在总流量下只提供部分动力，其他动力可由管网循环泵、热用户循环泵、热用户混水泵等多个分级泵按不同分流量下提供。

1. 分布式供热系统分类与基本组成

分布式供热系统为多级泵系统，通常分为二级泵系统和三级泵系统。如图 6-11 所示为分布式供热二级泵系统和二级混水泵系统组成示意。在二级泵系统中，从热源开始串联连接的循环泵有热源循环泵、热用户泵。在二级混水泵系统中，从热源开始串联连接热源循环泵、沿程泵和热用户混水泵，沿程泵和热用户混水泵设在热用户机房内，合称为二级泵。平衡管使热源和热水管网形成两个可独立运行的回路，每个回路中的循环泵只承担所在环路中的循环动力。

在二级泵系统中，热源循环泵承担热源内的循环动力，热用户泵承担管网和热用户内的循环动力。二级混水系统中的沿程泵承担管网的循环动力，热用户混水泵承担热用户内的循环动力。热用户1通过板式换热器间接从热网取用热能，热用户2采用直接连接热网取热，热用户3通过混水装置向热网直接取热。

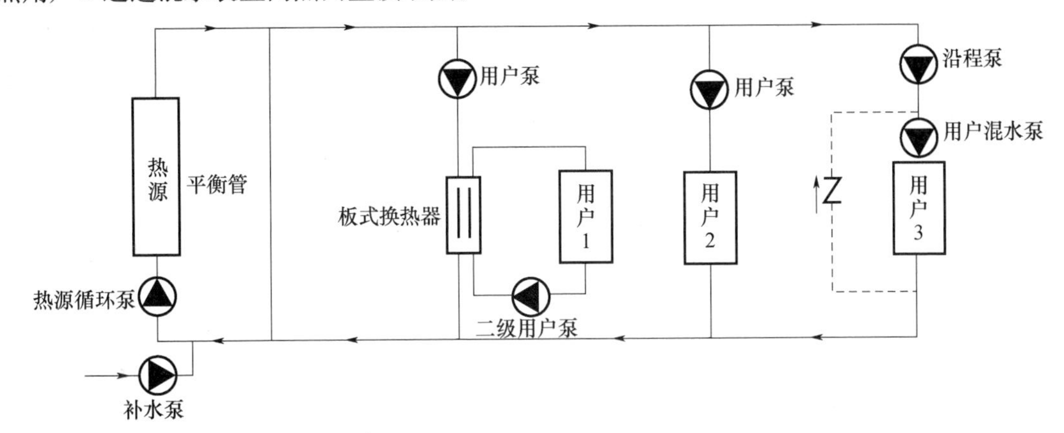

图6-11 分布式供热系统二级泵和二级混合泵系统示意

如图6-12所示为分布式供热系统三级泵系统和三级混水泵系统组成示意。三级泵系统从热源开始串联连接的循环泵有热源循环泵、沿途管网循环泵、用户泵。三级混水系统从热源开始依次有热源循环泵、沿途管网循环泵、热用户混水泵。沿程管网泵承担管网的循环动力，其他泵的作用与二级泵和二级混水泵系统相同。

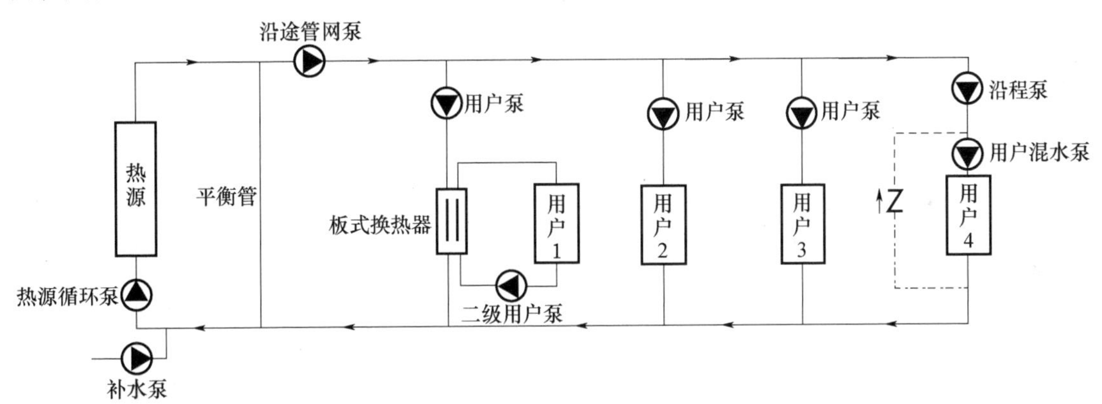

图6-12 分布式供热系统三级泵系统和三级混合泵系统示意

在分布式供热系统中，热用户泵或热用户混水泵可以安装在供水管路上，还可以安装在回水管路上。混水泵也可以安装在旁通管上。二级混水泵系统中的沿程泵可以安装在供水管路上或回水管路上，或是在供回水管路上不设置沿程泵。由此可组成不同种类型的多级泵和多级混水泵系统。

2. 分布式供热系统控制调节

在分布式供热系统中，二级泵系统和二级混水泵系统中的循环水泵选用变频调速控制，实时改变进入热用户的循环水量，调节热用户的用热量，保持热用户室内温度。三级泵系统和三级混水泵系统中的循环水泵可采用变频调速控制，也可采用定速控制。由于分布式供热系统多级泵系统类型不同，其控制调节内容不尽相同。本节仅对安装在供水管上的热用户泵和热用户混水泵控制调节进行简要介绍。

如图6-13所示为热用户泵安装在供水管上的多级泵系统控制原理示意。采用集成一体式变频循环水泵。在热用户处设室外温度传感器、室内温度传感器、热用户回水温度传感器。控制器通过室外温度和热用户管网回水温度参数变化，控制热用户循环水泵的转速。

在设计工况下，热用户循环水泵高转速运行。当室外温度升高时，热用户需要的热量会随之减少，控制器通过采集室外温度传感器、室内温度传感器、回水温度传感器的温度参数，经计算处理输出信号给变频控制器，通过减少频率来降低热用户循环水泵的运行转速，实时减少进入热用户的循环水量，保持热用户室内温度稳定。

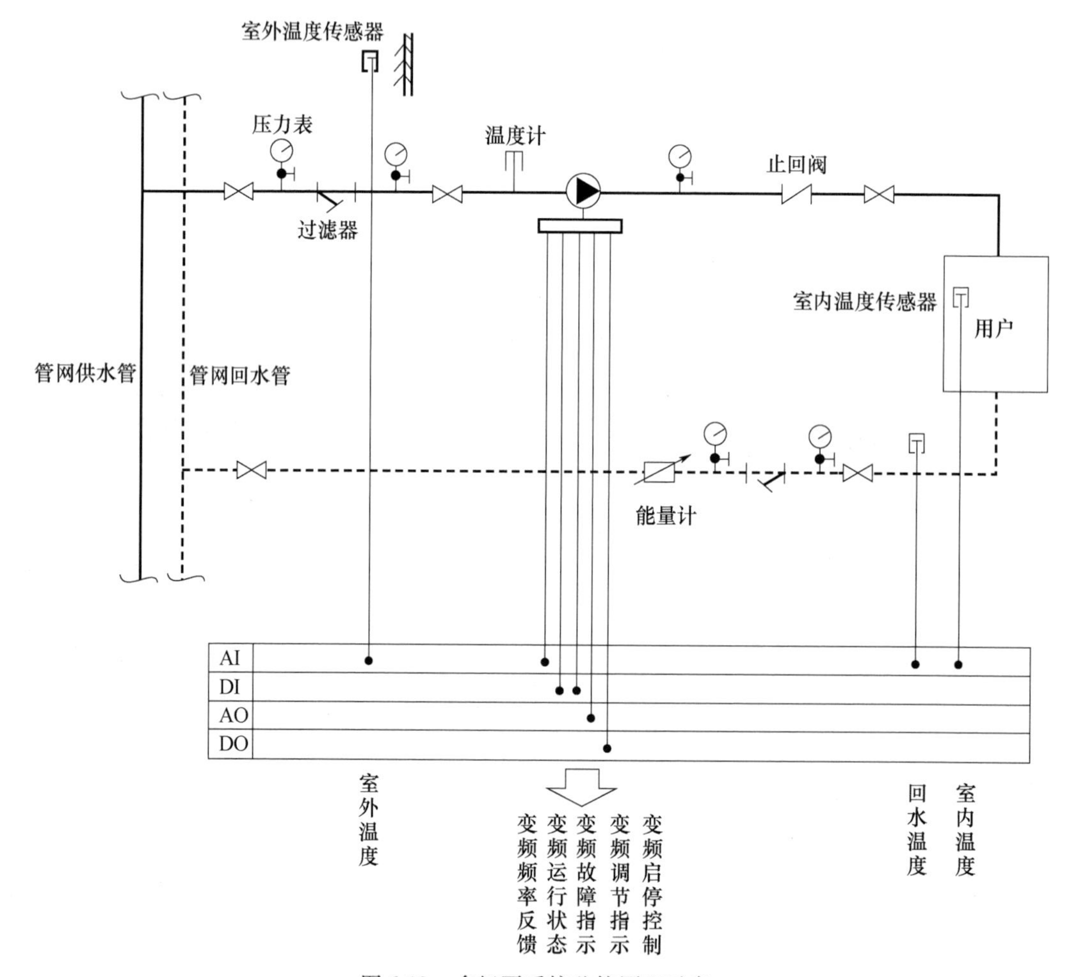

图 6-13　多级泵系统监控原理示意

如图 6-14 所示为热用户混水泵安装在供水管上的多级混水泵系统控制原理示意。通过热用户泵房内控制器，控制电动调节阀和热用户混水泵的变频调速运行或定速运行。当室外温度变化时，通过调节电动调节阀的开度，改变用户的混水系数，使用混水泵的变频调速运行或定速运行，适应热用户的变流量调节用热，达到控制需求。

在设计工况下，热用户混水泵高速运行，当室外气温升高时，热用户的用热量需要减少。控制器通过室外温度传感器、热用户管网供回水压力传感器、供水温度传感器等采集参数，经过计算输出控制信号，传给变频控制器，调节控制热用户混水泵降低转速，实时减少进入热用户的热水流量，减少供热量，维持用户室内温度稳定。两台互为备用的混水泵由手动切换实现互投。

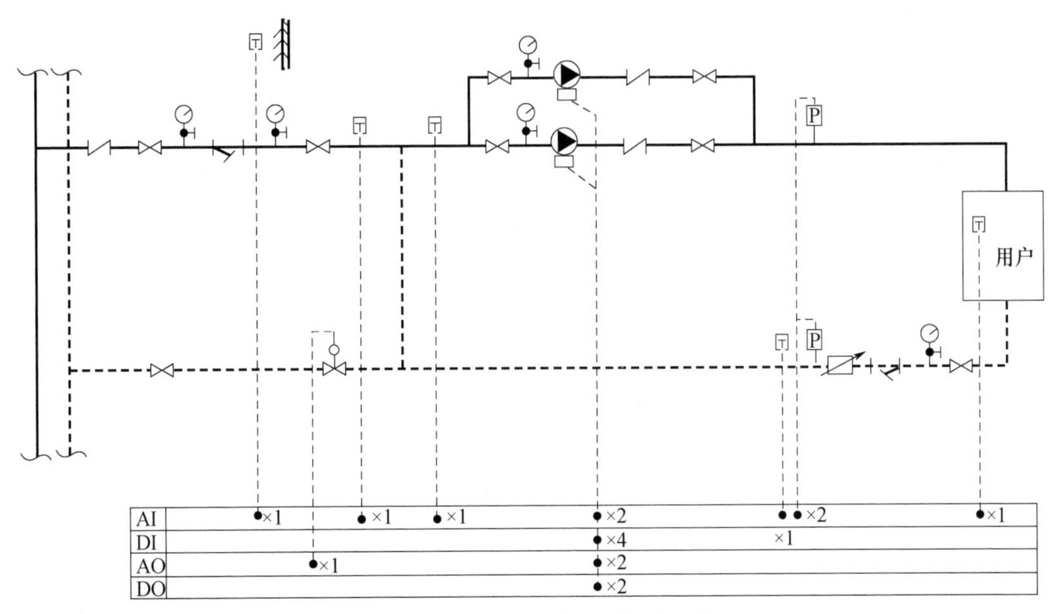

图 6-14　多级混水泵系统监控原理示意

3. 集中供热系统与分布式供热系统比较

在直连网中，集中供热系统中的循环水泵安装在热源处，并为整个系统热媒热水循环提供动力，其扬程是按最不利环路的压力损失确定的。在运行中会出现管网近端热用户的资用压差过大，流量过多，远端热用户的资用压力过小，流量过少，容易使管网水力失调，并产生热力失调，导致热用户冷热不均现象出现。当管网线路较长，热用户支路的阻力相差较悬殊，负荷变化较大，使用时间及供回水温度不同时，系统输送热能的能耗较大，热用户的舒适性难以满足。

在分布式供热系统中，由于在热用户侧设置与热源处的循环泵相串联的多级泵系统或多级混水泵系统，能够实现同一套热水管网不同供回水温度的运行方式。在热用户侧供水温度可采用与热水管网供回水温度相同或不同的系统，可按需要从热网中提取热量。热水管网系统可采用大温差、小流量的运行方式。热用户可采用大流量、小温差的运行方式。例如，在供热采暖系统中，由于热用户大量使用散热器采暖和地板辐射采暖设备，供热系统必须满足不同供热温度的要求。散热器采暖需要较高的二次热网提供设计供回水温度，通常为 95℃/70℃ 的热水，空调热风采暖需要二次热网提供设计供回水温度为 60℃/50℃ 的热水，地板辐射采暖需要提供设计供回水温度为 50℃/40℃ 的热水为宜。对于分布式多级混水泵系统，利用同一套供热管网，只要改变不同的混合比，就能方便地实现不同采暖形式下的设计供回水温度等级不同的需求。

由于变频调速技术在分布式供热系统多级泵中的使用，不仅能够实现管网的变流量调节，满足不同热用户的输送温度及舒适性要求，还能够降低输配能耗，节电节能，提高了输送效率和供热系统的水力稳定性。

6.5　循环水泵的调节

循环水泵是集中供热系统中向热媒循环提供动力的机械设备。在调节控制循环水泵运行状态时，需要将循环水泵性能与所连接的管网特性需要相匹配才能实现。对循环水泵的选择与控制是否合适，直接影响到供热系统正常运行情况。

6.5.1 循环水泵的工作特性

1. 关于水泵的基本概述

（1）水泵的组成

水泵是将原动机（电动机）的电能或机械能转换为液体流动能量的机械设备。水泵通常由泵体、电机、其他附件等组成。泵体包括泵壳、叶轮、叶轮轴/传动轴等部件，电机包括定子、转子、转轴等部件。其他附属部件主要有联轴器、底座、压力开关、电缆等。

（2）水泵的分类

水泵的种类繁多，分类方法也很多。按结构可分为离心泵、柱塞泵、螺杆泵等。按用途可分为循环泵、给水泵、空调泵、消防泵、排污泵、补水泵等。按安装形式可分为立式泵、卧式泵。按输送液体的介质可分为清水泵、热水泵、污水泵、油泵等。按制造泵体的材质可分为铸铁泵、不锈钢泵、青铜泵、塑料泵等。按级数可分为单级泵和多级泵。按使用地点的安装方式可分为管道泵、液下泵、潜水泵等。

如图6-15所示为立式单级单吸热水泵外形示意。供热系统中的循环水泵常用的是离心泵。离心泵通过叶轮产生的离心力提升或输送热媒热水。在暖通空调工程中常用的水泵有单极单吸清水泵和管道泵。离心泵输送液体流量均匀性好，但不够稳定，会随管路情况而变化，一定流量只能对应一定扬程。离心式水泵结构简单，体积小，安装检修方便，适应于水等黏度较低的各种介质。

图6-15　立式热水泵外形

（3）水泵主要参数

① 水泵流量（G）。它表示单位时间内的出水量，单位为立方米/小时（m^3/h），或升/秒（L/s）等。

② 水泵扬程（H）。它表示将液体提升的高度或出口压力，单位为米（m）。压力单位还可以用公斤力（kgf）表示，1公斤力等于$10mH_2O$，等于0.1MPa。

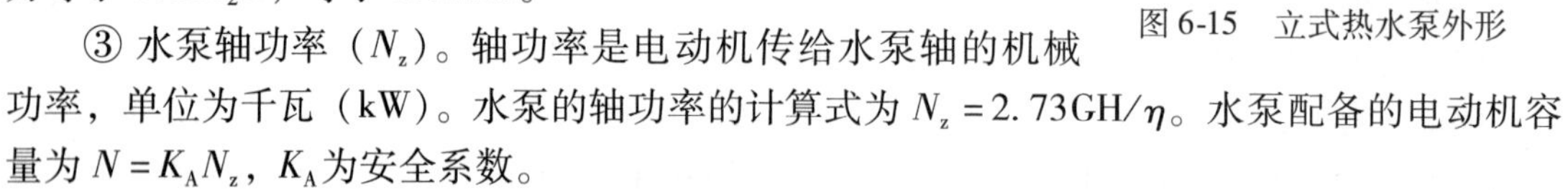

③ 水泵轴功率（N_z）。轴功率是电动机传给水泵轴的机械功率，单位为千瓦（kW）。水泵的轴功率的计算式为 $N_z=2.73GH/\eta$。水泵配备的电动机容量为 $N=K_A N_z$，K_A为安全系数。

④ 水泵效率（η）。它是水泵有效功率与轴功率之比。由于轴承和填料的摩擦阻力，叶轮旋转时与水的摩擦，泵内水流的漩涡、间隙回流、进出、口冲击等原因。必然消耗了一部分功率，所以水泵不可能将电动机输入的机械功率完全变为有效功率。也就是说，水泵的有效功率与泵内损失功率之和为水泵的轴功率。水泵效率一般取0.5~0.8。

⑤ 水泵的转速（n）。它表示水泵每分钟旋转的转速，单位为转/分钟（r/min）。水泵的转速与交流电源的频率、磁极对数、转差率有关。

⑥ 水泵工作频率（f）。它表示水泵电动机工作时交流电源的频率。在我国工频交流电为50Hz。当交流电源的频率发生变化时，水泵的转速会发生变化。利用变频调速技术，可以改变水泵的流量，并能减少水泵的功率。

2. 水泵的性能曲线

在一定的转速下，水泵的性能参数流量扬程与功率、效率之间存在一定的关系，其量值变化曲线称为水泵的性能曲线。水泵性能曲线流量-扬程（$G-H$）曲线、流量-功率（$G-N$）曲线、流量-效率（$G-\eta$）曲线。如图6-16所示为单级单吸离心泵性能曲线。

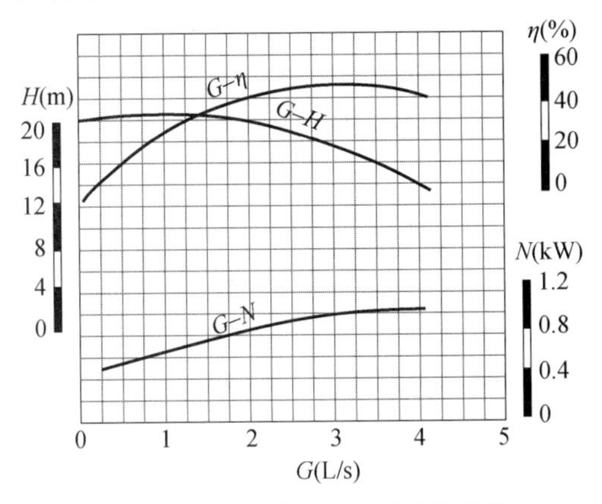

图6-16　单级单吸离心泵性能曲线

在水泵的性能曲线中，流量-扬程（$G-H$）曲线是离心泵的基本性能曲线。一般来说，当流量小时扬程就高，随着流量的增加扬程会逐渐下降。流量-功率（$G-N$）曲线表示水泵的轴功率随着流量增加而增加。当流量 $Q=0$ 时，相应的轴功率并不等于零，其值约为正常运行功率的60%左右。如果长时间的运行，会导致泵内温度不断升高，致使泵壳和轴承发热，严重时可能导致泵体变形。此时水泵的扬程较大，当阀门打开时，随着流量的增加，轴功率会缓慢的增加。

在流量-效率（$G-\eta$）曲线中，当流量为零时效率也等于零。随着流量的增加，水泵的输出效率也会逐渐增加。当水泵的效率增加到最高值之后，就会随流量的增加而减少。在最高效率点附近，水泵的效率值都比较高，为高效率区。

水泵的流量、扬程、轴功率和转速之间的关系为

$$\frac{G}{G_1}=\frac{n}{n_1},\frac{H}{H_1}=\left(\frac{n}{n_1}\right)^2,\frac{N_z}{H_{z1}}=\left(\frac{n}{n_1}\right)^3 \tag{6-7}$$

式中　G、H、N_z——水泵叶轮转速为 n（r/min）时的流量（m^3/h）、扬程（m）、轴功率（kW）；

G_1、H_1、N_{z1}——水泵叶轮转速为 n_1 时的流量、扬程、轴功率。

由式（6-7）可知，当电动机的转速（n）发生变化时，水泵的性能曲线会发生变化。如图6-17所示为某离心水泵相对于不同转速的流量-扬程（$G-H$）曲线族。

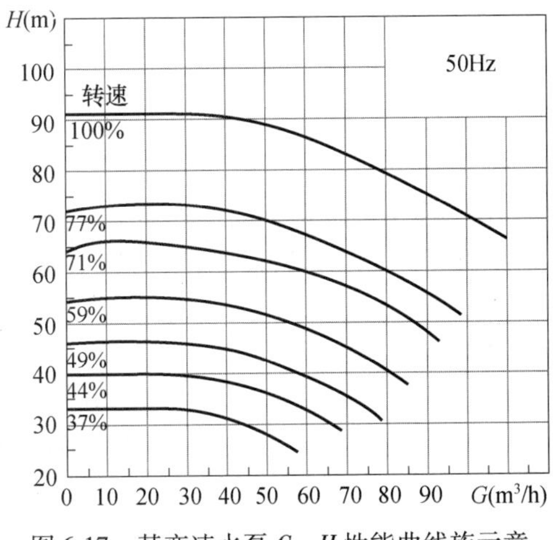

图6-17　某变速水泵 $G-H$ 性能曲线族示意

水泵的运行参数由厂家的水泵性能曲线提供。水泵的实际工作点并不稳定，它与相连接的管网阻力特性相关。

6.5.2 循环水泵工作特性与热网特性的匹配

在供热管网中，循环水泵总是与热水管网系统相连接的，循环水泵在实际工作时所提供的扬程和流量不仅决定于泵的性能，还与热水管网的特性有关。

1. 管网的性能特性曲线

管网的特性曲线通常是指管路中通过的流量与所消耗的压力损失之间的关系。任何热网都是由许多串联管段和并联管段组成，当流体的流量通过管网时，流量（G）的大小与管网的压力损失（ΔP）相关。

根据供热理论，对于闭式系统，管路的流量特性以计算整个热水网路最不利环路中的流量与压力损失之间的关系为

$$\Delta P = SG^2 \quad 或 \quad h = SG^2 \tag{6-8}$$

在开式系统管路中

$$H = H_1 + h \tag{6-9}$$

式中 ΔP 或 H——热水网络的循环流量为 G 时的沿途压力损失或扬程，Pa 或 mH_2O；

S——热水管网的阻力特性数，$Pa/(m^3/h)^2$。它表示当管段通过 $1m^3/h$ 水流量时的压力损失值，S 仅取决于管网本身，不随流量变化；

G——管段的水流量，m^3/h；

h——整个管路的沿程阻力损失和局部阻力损失之和，mH_2O；

H_1——整个管网的静压头，mH_2O。$1mH_2O$ 的压强约为 10kPa。

如图 6-18 所示为某管路特性曲线示意。由于管网的阻力特性数 S 不仅与管网的总的沿程阻力损失有关，还与管段中总的局部阻力系数有关。若水泵安装在某固定管网上时，当管道上的阀门关小时 S 会增大，管网特性曲线从 R_1 向左移到 R_2。当管道上的阀门开打时 S 会减小，管网特性曲线从 R_2 向右移到 R_1。

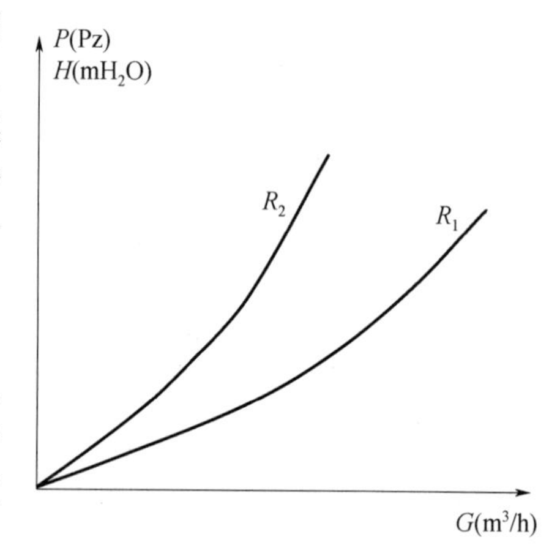

图 6-18 热水管网特性曲线示意

2. 水泵在管网系统的工作点

在供热管网中，管网系统的特性由管网的大小、管径的粗细、分支数量、阀门多少等决定，而管网中的循环流量以及克服管网阻力损失所需要的扬程必须由循环水泵来满足。

因此水泵在管网中的工作点确定，可以将水泵的 $G-H$ 性能曲线和管网的特性曲线按相同比例绘制在用一张图上，两条曲线的焦点 A 即为水泵在管网上运行的工作点。

图 6-19 中的 A 点为水泵在管网特性为 R 上的工作点。A 点表明所选择的水泵可以向供热管网系统提供 G_a 大小的流量和 H_a 大小的扬程。对于供热系统来说，A 点表明的参数能满足供热需求，并应等于供热系统的设计流量。对于水泵来说。A 点表明的参数应为水泵在高效区极限流量，水泵的运行状态良好。

当管网由于关断分支路阀门、关小水泵出口阀门等原因而使管网特性曲线变陡（R_2）时，与水泵性能曲线相交于 B 工作点。与 A 工作点相比较，流量 G_b 减少了，但泵的扬程 H_b

提高了。循环水泵在闭式管路中所需要提供的扬程，仅取决于闭合管网中的总压力损失。

3. 循环水泵工作点与热网特性的匹配

循环水泵的工作点与热网特性匹配是指循环水泵的性能曲线与热网特性曲线的相交点为设给水泵的工作点。如果循环水泵的工作点与管网不匹配，会造成管网不正常运行。

在热计量热网中，当用户采用调节流量的方法来调节用热量的变化时，可以通过调整水泵的转速来改变循环水泵的特性曲线，获得与管网相匹配的工作点参数。水泵的转速调整只能在额定转速范围内进行，且最低转速应在额定转速30%以内。

图6-20为水泵变频调速与管网特性匹配的工作点匹配示意。通过关小阀门开度，用户所需的流量由 G_A 调节为 G_B 时，管网的特性曲线由 R_1 变为 R_2。如果保持循环水泵的扬程不变，变频器将通过改变电源频率来调节电动机的转速由 n_1 变为 n_2，使水泵的性能曲线与管网特性曲线 R_2 相交B点，B点即为水泵变频调速与管网特性匹配的工作点。根据式（6-7），水泵运行转速的下降，会使轴功率大量减少，能够节约大量电能。

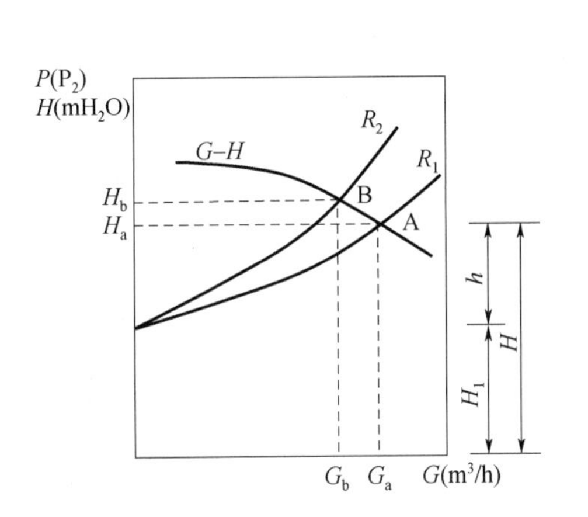

图6-19　水泵在管网中的工作点确定

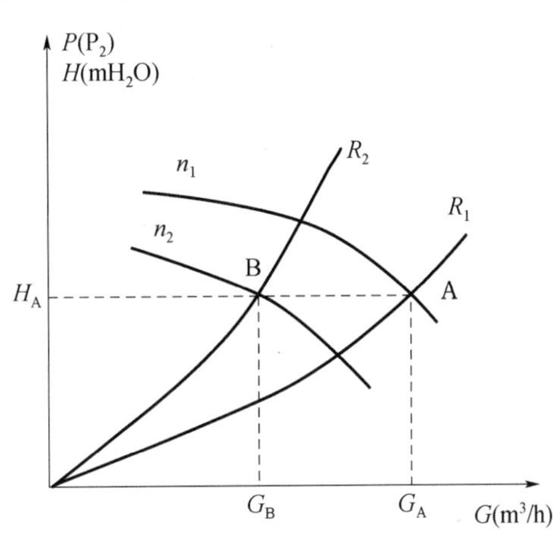

图6-20　水泵变频调节工作点与管网特性匹配

6.5.3　循环水泵的选择与控制

1. 循环水泵的选择

对于供热系统，循环水泵选择的主要参数为最大流量和扬程。循环水泵流量 G 的计算公式为

$$G = 1.1\frac{3600Q}{\Delta t \cdot c \cdot \rho} \tag{6-10}$$

式中　G——循环水泵流量，m^3/h；

Q——供热系统总负荷，kW；

c——水的质量比热，kJ/(kg·℃)；

ρ——水的密度，kg/m^3；

Δt——供回水温差，℃；

1.1——安全系数。

水泵压力 ΔP 和扬程 H 的计算公式为

$$\Delta P = (1.1 \sim 1.2) \sum (\Delta P_w + \Delta P_j) \tag{6-11}$$

$$H = \frac{\Delta P}{\rho g} \tag{6-12}$$

式中　　ΔP——循环水泵压力，Pa；

$\Sigma(\Delta P_w + \Delta P_j)$——供热系统沿程阻力损失与局部阻力损失之总和，Pa；

h——水泵的扬程，m；

g——重力加速度，m/s^2；

1.1~1.2——安全系数。

在确定循环水泵的流量和扬程值后，可按照水泵特性曲线选择水泵型号和配套电机。所选择的循环水泵应满足供热系统所需要的最大流量和扬程，并使工作点处于高效区，提高循环泵长期使用的经济性。

2. 水泵的控制

循环水泵常使用鼠笼式三相异步电动机拖动，采用的启动方法有直接（全压）启动、降压启动、软启动、变频启动等。根据电动机的容量，使用电源电压有220V或380V工频交流电。

（1）直接启动

直接（全压）启动异步电动机的主要特点为启动设备简单，操作方便，启动转矩大，投资少。但启动电流大，对配电系统引起的电压降大，会影响同一电路上的其他设备的正常运行。

鼠笼式三相异步电动机都能够允许全压启动，当直接启动不影响其他负荷正常运行时，应尽可能采取直接启动方式。

由城市低压网络直接供电的场所，电动机允许全压启动的容量应与地区供电部门的规定协调。如果没有明确规定，由公共低压配电网供电时，电动机容量在11kW以下可采用全压启动。由居民小区自配变压器低压供电时，电动机容量在15kW以下可采用全压启动。

（2）降压启动

当采用直接启动时对电网上的其他负荷的正常工作有影响时，可以采用降低启动电压，减小启动电流对电网的冲击影响。常用的降压启动方法有星-三角降压启动和自耦变压器降压启动。

采用星-三角降压启动的条件为电动机正常运行为三角型连接，启动时使用星型连接。这种降压启动方式，在启动时能使电动机每相绕组电压降低到$1/\sqrt{3}$倍，启动电流降到1/3倍。星-三角降压启动的启动电流小，启动转矩也小，使用方便，可靠性不高。

采用自耦变压器器降压启动时，耦变压器一次侧接入三相电源，将电动机接入自耦变压器的二次侧，通过选择不同的轴头比（如0.8或0.65），使电动机在启动时获得80%或65%的电压，降低启动电流。启动结束后，恢复全压工作状态。自耦变压器器降压启动的启动电流小，且可以通过选择不同的抽头比进行调整，启动转矩较大。

（3）软启动

软启动器是一种集电机软启动、软停车、轻载节能和多种保护功能于一体的电机控制装置。软启器用采用晶闸管技术调节电动机启动电压，实现平滑启动，降低启动电流。启动结束后恢复全压工作状态。软启动过程可达到无级调节，能实现平滑减速，逐渐停机的软停机功能，可靠性高。

（4）变频器启动

变频器是应用变频技术与微电子技术，通过改变电机工作电源频率方式来控制交流异步电动机转速的设备。变频器不仅可以保证电动机的软启动、软停车，还能在运行过程中实现变频无级调速。

利用变频器的软启动功能将使启动电流从零开始，逐渐提高到额定电流，减轻了对电网的冲击和对供电容量的要求，延长了设备和阀门的使用寿命。变频器的变频无级调速功能，能够使循环水泵的输出流量按热网所需要的流量变速调节，节约电能效果显著。

变频器通常采用压力或压差信号进行恒压和变压等控制。恒压控制是以保持管网某点压力或压差不变，当供热管网中的热用户调节阀门，减少流量时，循环水泵为保持扬程不变，变频调节电动机转速，自动减少循环水泵的输出流量，维持压力点压力恒定。当热网特性不变时，用户需要的减少流量，可以通过变频调节降低转速来减少循环水泵的输出流量，管网的压力也随之变化。恒压控制比变压控制容易实现。

本章小结

本章介绍了集中供热系统组成、供热形式、供热调节等基本知识。对供热系统中的蒸汽-水换热站、水-水换热站的监控原理进行了分析，主要监测供回水温度、压力、室外温度等参数，控制策略是以保持二次热网供水温度的稳定来调节一次热网的热煤流量。

简要介绍的直连网和间连网在集中供热运行中的质调节、量调节、直-量调节等基本知识。介绍了分布式供热系统的基本组成和多级泵变频监控原理。在供热系统中，循环水泵的选择与控制应考虑其性能特性和管网特性的匹配关系，以及两者之间的匹配来确定工作点。循环水泵的性能参数主要为扬程和流量，其控制方式主要有直接启动、降压启动、变频启动。

习　题

1. 集中供热系统的基本组成？常用哪几种供热形式？
2. 热水管网与热用户有几种连接方式？
3. 集中供热系统常用调节方式有几种？各有哪些特点？
4. 按面积热计费时，热源和热网的调节方法有几种？
5. 简述水-水换热站监控原理。
6. 简述蒸汽-水换热站主要监控功能。
7. 在质调节方法中，室外气温对供水温度有怎样的影响？
8. 量调节常采用哪几种控制方式？
9. 分布式供热系统主要特点是什么？
10. 分布式供热系统与传统供热系统比较有哪些优势？
11. 简述多级泵监控原理。
12. 在供热系统中循环水泵的工作点如何确定？

第7章　给排水系统监控

在建筑物中，水是人类赖以生存和生产活动的必须物质。给水系统主要负责向建筑物内提供生活用水、生产用水和消防用水。排水系统完成废水或污水安全排放功能。给排水系统能为建筑内提供舒适、便捷、安全的水资源需求和利用系统。

对给排水监控系统主要是通过计算机对系统中的水位、水泵运行方式、管网压力进行实时监控，保证用水质量，节约能源，减轻工作强度，提高管理水平。

7.1　给排水系统简介

7.1.1　给水系统基本概念

1. 给水系统组成

给水系统主要由水源、取水系统、净水及其输配系统组成。对于建筑物来说，主要涉及净水及其输配系统。水经过净化后，达到生活饮用水标准，由二级泵站升压，通过输配水管网送到用户。

（1）输配水系统组成

输配水系统包括二级泵站、输水管线、配水管网、管网的附属设备、管网的调节设备等。二级泵站是连接清水池和输配水系统的送水泵站，它的任务是把净化后的水由清水池抽升并送至配水管网供给用户。输水管是输送用水到城市配水管网的输水总管。配水管网是直接给用户供水的管道。管网的附属设备是指阀门、减压阀、排气阀和室外消火栓等。阀门用于调节水流或截断水流。减压阀是用来调控出水水压的，设在需要降低水压的管段上。排气阀设在输水管和管网的高处，以排除管道中的空气。泄水阀设在输水管和管网的低处，为排除泥沙或事故泄水用。管网的调节设备主要用于调节管网的水量和水压，常用的有水塔、高地水池及水厂中的清水池等。

（2）建筑内部给水系统

建筑内部给水系统由引入管、水表节点、管道系统、给水附件、升压和贮水设备以及室内消防设备等组成。引入管是由室外给水管网引入建筑内管网的管段；水表节点是水表及其前后阀门和泄水装置的总称，安装在引入管上；室内给水管网是建筑物内水平干管、立管和横支管；给水附件如配水龙头、消火栓、喷头与各类阀门等；加压和贮水设备如水泵、气压给水装置、变频调速给水装置、水池、水箱等。

2. 建筑给水系统的分类与功能

（1）建筑给水系统分类

建筑给水系统按照供水对象及其要求不同，可分为生活给水系统，专供人们生活用水；生产用水，专供生产用水，如食品加工等生产过程中的用水；消防给水系统，专供消火栓和其他消防装置用水。

（2）建筑给水系统功能

建筑给水系统的功能是将生活或生产用水，自室外给水管引入室内，并在保证满足用户对水质、水量和水压等要求的情况下，把水配送到各个配水点。如消防设备、生活用水、水龙头等处。

给水系统需要保证水质、水量和水压等参数要求。不同的建筑物对水量、水压的要求是不同的。一般城市给水管网以满足底层建筑给水系统所需要的压力为基准，对于高层建筑常常通过设置增压设备，增压设备有水泵、高位水箱、气压装置及变频调速供水设备等。

水泵是给水系统中的重要升压设备。水泵的选择十分重要，主要参考流量和扬程两个参数。水泵常常设置在建筑的底层或地下室内，这样可以减小建筑负荷、振动和噪声，也便于水泵吸水。

贮水池是用来贮存和调节水量的构筑物。它的主要参数是贮水池的有效容积。水箱除具有贮存和调节水量外，高位水箱还可以起到稳定管网压力和减压的作用。水箱设在建筑的屋顶上，适用于配水管内水压有周期不足的情况，压力高时水箱存水，贮备低压时供应水压不足的楼层用水。在配水管网经常不能满足建筑供水要求时，可以设水泵和水箱联合供水系统。水箱的有效容积一般是根据调节水量、生活和消防贮备水量和生产事故备用水量来确定的。

气压给水设备是利用密闭罐中压缩空气的压力变化，贮存、调节和压送罐中水量的给水装置。气压给水设备主要是确定气压水罐的总容积和配套水泵的流量和扬程两个参数。

3. 室内给水方式

建筑给水方式的确定要根据建筑物的使用功能、高度、配水点的布置情况和室内所需水压、室外管网供水压力和水量等因素综合决定。室内给水方式有直接给水方式、水泵和水箱联合给水方式、变频给水方式、气压给水方式、分区给水方式。

（1）直接给水方式

如图 7-1 所示为直接给水方式。这种给水方式室内给水管道直接与室外给水管道连接，利用室外管网压力向室内各楼层供水，适用于外网供水压力和流量在任何时候都能满足室内用水需求。这种给水方式可充分利用室外管网水压，系统结构简单，减少水质受污染，设备管路少，投资少。但系统给水没有调节能力，受外网影响大，室外管网停水，室内立刻断水。

（2）水泵和水箱联合给水方式设水泵

如图 7-2 所示为水泵和水箱联合给水方式。当外网的供水压力经常不足，室内用水不均匀时，采用这种供水方式。利用水泵向高位水箱蓄水，水箱向用户供水。由于水箱能贮存一定的水量，停电停水时，还可以向用户给水，供水可靠性高。但水箱对水质有二次污染性，水箱需要设置在屋顶的最高处，增加了建筑高度和结构荷载，不够美观，不利于抗震。

（3）变频给水方式

如图 7-3 所示为变频给水方式。这种给水方式主要是按室内供水水压变化，来变频调节水泵运行转速，改变输送水量，满足用水变化需求。当给水系统中用水量发生变化时，管网中的压力会发生变化。通过压力传感器向控制器输入水管压力的信号，当测得的压力值大于设定压力值时，控制器向变频调速器发出降低电流频率的信号，使水泵的转速降低，水泵出水量减少，水泵出水管压力随之下降。当测得的压力值小于设定压力值时，控制器向变频调速器发出增加电流频率的信号，使水泵的转速增大，水泵出水量增加，水泵出水管压力随之增大。变频调速给水方式可省去高位水箱，能有效节约电能，但设备投资较高。

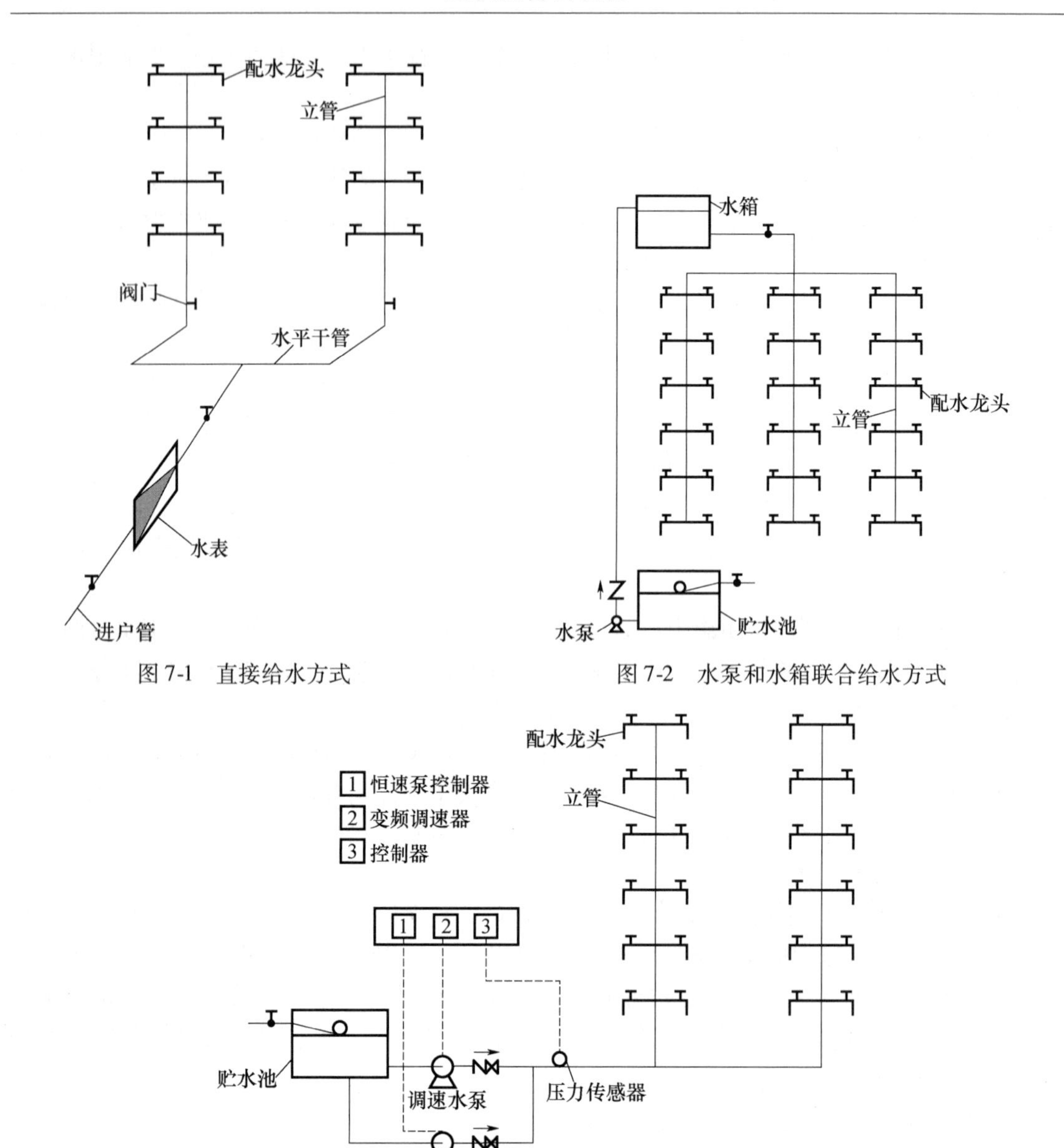

图 7-1　直接给水方式

图 7-2　水泵和水箱联合给水方式

图 7-3　变频调速给水方式

（4）分区给水方式

在高层建筑中，当室外的管网供水压力和流量不能满足高区楼层用水压力需求时，可采用分区加压供水方式。如图 7-4 所示，高层建筑下面几层区域的用水由室外给水管网直接供水。上面楼层区域的用水采用水泵和水箱联合给水方式，形成上下分区供水方式。

（5）气压给水方式

气压给水方式是利用密闭贮存罐内空气的压缩或膨胀，能使水压上升或下降，调节给水管网的水压送水量。这种给水方式常用在外网给水压力不足，室内用水不均，且不宜设高位水箱的场合。给水装置可以设在水泵房内，便于集中管理，供水可靠，因水压密封性好，水质不会受到二次污染，但调节能力小，运行费用较高。

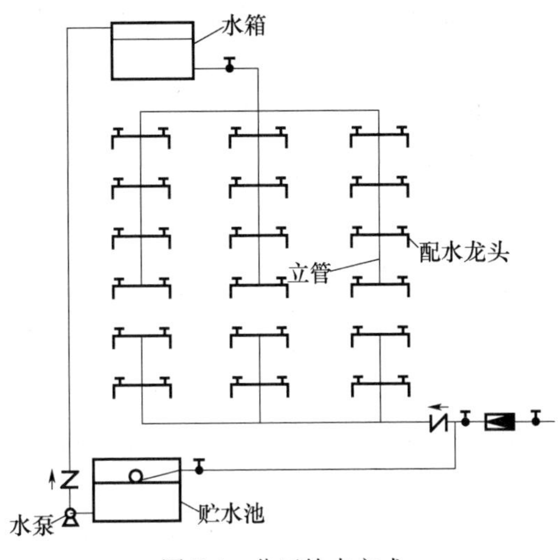

图 7-4　分区给水方式

气压给水方式按照输水压力稳定性可分为变压式气压给水和定压式气压给水。图 7-5 为气压罐单罐变压式给水方式。图 7-6 为气压罐单罐定压式给水方式。

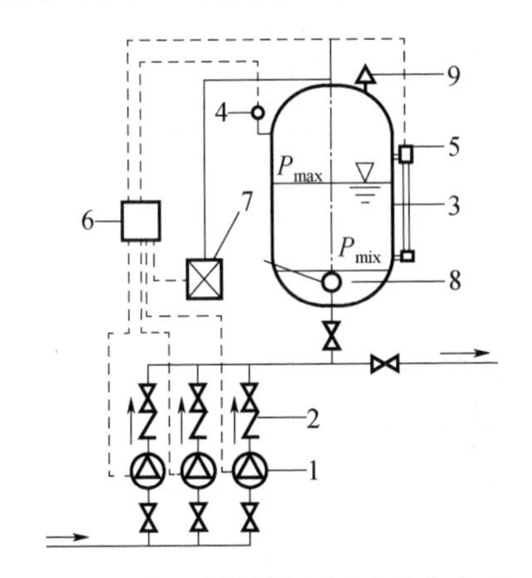

图 7-5　气压罐单罐变压式给水方式

1—水泵；2—止回阀；3—气压罐；4—压力继电器；5—液位信号器；6—控制器；7—空气压缩机；8—排气阀；9—安全阀

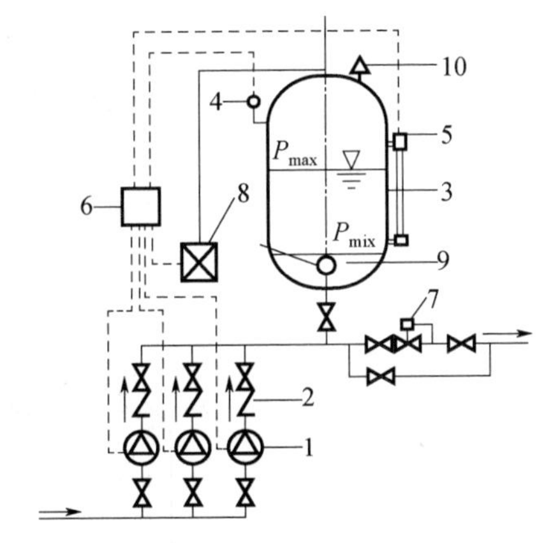

图 7-6　气压罐单罐定压式给水方式

1—水泵；2—止回阀；3—气压罐；4—压力继电器；5—液位信号器；6—控制器；7—压力调节阀；8—空气压缩机；9—排气阀；10—安全阀

在图 7-5 中，变压式气压给水设备在向给水系统送水过程中，水压处于变化状态。罐内的水在压缩空气的起始压力，即在最大工作压力作用下，被压送至给水管网，随着罐内水量减少，压缩空气体积膨胀，压力减少。当压力降至最小工作压力时，压力继电器动作，使水泵启动。水泵的出水除供用户外，多余部分进入气压水罐，罐内水位上升，空气又被压缩。当压力达到最大工作压力时，压力继电器动作，使水泵停止工作，由气压罐再次向管网输水。

当水泵启动向用户供水时，如果水泵流量大于用户所需用水量，多余的水将进入气罐，罐内空气因水位的升高而压缩增压，直至高水位限压值点，压力继电器将指令水泵停止运转。罐内水表面上压缩空气的压力将水输送到用户。如果罐内水位下降到最低水位时，罐内空气压力减小，压力继电器将指令水泵开始运转。因罐内的水压在向给水时处于变化状态，故称变压式给水方式。

在图7-6中，定压式气压给水设备在向给水系统送水过程中，水压维持恒定。在气、水同罐的单罐变压式气压给水设备的供水管上安装调压阀，使供水压力稳定。

当用户用水，气罐内水位下降时，空气压缩机自动向罐内补气，维持罐内气压恒定。当水位降至设计最低水位时，水泵自动开启，向水罐内充水。定压式给水设备在向给水系统送水过程中，水压维持恒定。

7.1.2 室内排水系统

室内排水系统的主要任务是排除建筑内的各种污水。按照所排除的污水的性质不同，可分为生活污水排水系统、工业废水排水系统和雨水雪水排水系统三类。

生活污水是人们日常生活用水后排出的水，生活污水包括粪便污水，厨房排水、洗涤和沐浴排水。工业废水是指工业生产中排出的水。根据工业废水受污染的程度将其分为生产污水和生产废水。生产污水是指工业生产中排出的受污染严重的水。而工业废水则是受污染轻微的水。雨水和雪水一般都比较清洁，可以直接排入水体或城市雨水系统。

1. 室内生活排水系统的组成

室内生活排水系统一般由卫生器具、排水横支管、立管、排出管、通气管、清通设备及某些特殊设备等部分组成，如图7-7所示。

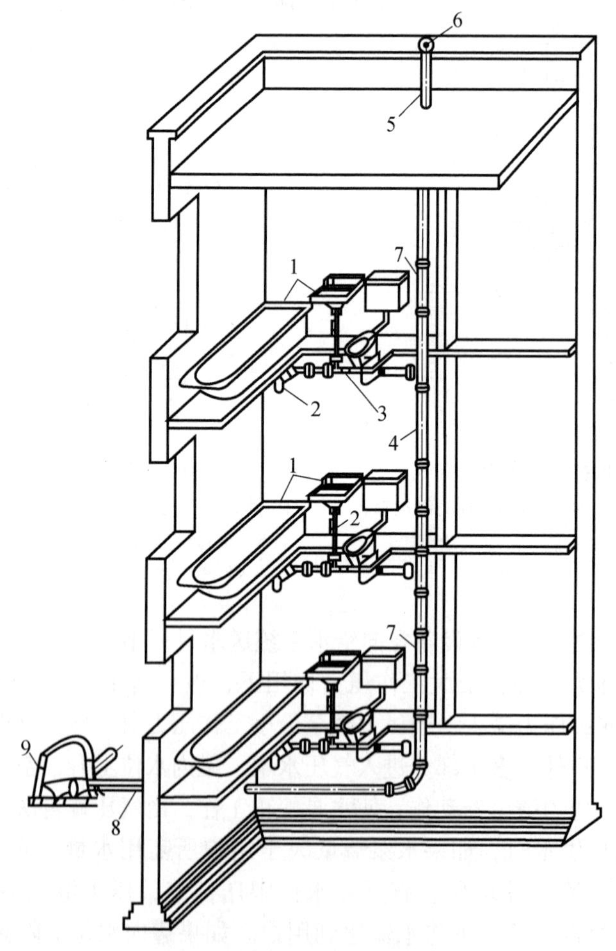

图7-7　建筑室内排水系统示意

1—排水设备；2—存水弯；3—排水横支管；4—排水立管；5—通气管；6—铅丝球；7—检查口；8—排出管；9—检查口

（1）卫生器具

卫生器具是室内排水系统的起点，既是用水设备，也是污（废）水收集设备，它接纳各种污（废）水排入管网系统。污水从器具排出口经过存水弯和器具排水管流入横支管。

（2）排水横支管

排水横支管的作用是接纳各卫生器具的排水，并将污水排至立管。横支管应具有一定的坡度。

（3）排水立管

排水立管接纳各排水横支管汇集来的污水，然后再排至排出管。为了保证污水畅通，排水立管管径不得小于50mm，也不应小于任何一根接入的排水横支管的管径。

（4）排出管

排出管是室内排水立管与室外排水检查井直接的连接管段，它接纳一根或几根立管流来的污水并沿着一定的坡度将水排至室外排水管网。排出管的管径不得小于与其连接的最大立管的管径，连接几根立管的排出管，其管径应由水力计算确定。

（5）通气管

通气管的作用是污水在室内外排水管道中产生的臭气及有毒害的气体能排到大气中去，使管系内在污水排放时的压力变化尽量稳定并接近大气压力，因而可保护卫生器具存水弯内的存水不致因压力波动而被抽吸（负压时）或喷溅（正压时）。

（6）清通设备

清通设备的作用是用以疏通排水管道。

2. 排水泵房和集水池

室内生活排水一般采用重力排水。当室内生活排水系统无条件重力排出时，应设排水泵房压力排水。地下室排水应设置集水坑和提升装置排至室外。排水泵房应设在有良好通风的地下室或底层单独的房间内，并靠近集水池。排水泵房的位置应使室内排水管道和水泵出水管尽量简洁，并考虑维修检测的方便。

（1）排水泵的选择要求

建筑物内使用的排水泵有潜水排污泵、液下排水泵、立式污水泵和卧式污水泵等。如果建筑物内场地较小，排水量不大时，可采用潜水排污泵和液下排水泵。在排水水质或水温对电机有危害的场所宜采用液下排污泵、立式污水泵和卧式污水泵，但是由于它们要求设置隔振基础、自灌式吸水，并占有一定的场地，所以在建筑中较少使用。

排水泵的流量应按生活排水设计流量选定。当有排水量调节时，可按生活排水最大小时流量选定。

公共建筑内应以每个生活排水集水池为单元设置一台备用泵，平时宜交替运行。地下室、设备机房、车库冲洗地面的排水，如果有两台及两台以上排水泵时可不设备用泵。

（2）排水集水池

生活污水集水池应与生活给水贮水池保持10m以上的距离。地下室水泵房排水，可就近在泵房内设置集水池，但池壁应采取防渗漏、防腐蚀措施。

① 排水集水池的有效容积的选择

a. 在排水水泵自动启停时，排水集水池的有效容积不宜小于最大一台水泵5min的出水量，且排水水泵在1h内启动次数不宜超过6次。

b. 生活排水集水池的有效容积不得大于6h生活排水平均小时流量。

② 排水集水池的构造要求

排水集水池的构造应根据水泵的运行要求，设置水位指示装置。集水池设计最低水位，应满足水泵吸水要求，当采用潜水排污泵且为连续运行时，停泵水位应保证电动机被水淹没1/2。

7.2 室内给水系统监控

室内给水系统监控目的主要是使系统正常工作，保证可靠供水，提高效率，节约能源。在建筑物中，生活给水、生产给水和消防给水系统可单独设置，也可由其中的两个或三个系统组成共用系统。这里主要介绍生活给水系统和消防给水系统的监控。

7.2.1 给水系统监控功能

由于建筑物内条件不同，给水系统的供水方式可采用一种方式，也可采用多种方式组合。如下区直供，上区用泵升压供水；局部水箱供水，局部变频泵供水；局部并联；局部串联等等。管网可以是上行下给式，也可以是下行上给式等。在给水系统工程中，设计者应根据实际情况，在符合有关规定的前提下确定供水方案，力求以最简便的管路，经济、合理、安全地达到供水要求。

给水系统虽然有不同的供水方式，但对其监控的目的是一致的。既要使系统正常的工作，保证可靠供水，有、又要使设备合理运行，提高效率，节约能源。

1. 具体的给水系统监控功能

（1）水箱液位显示及报警。监视水箱（罐、池）的各种水位，当水位超限发出报警信号。

（2）水泵启停控制。根据对水压或液位的检测结果，控制投入运行水泵的数量，并根据各个泵运行时间，实现主泵与备用泵之间的自动切换，平衡各泵的运行时间。

（3）水泵运行状态显示及过载报警。监视水泵运行状态，当水泵发生过载等故障时，发出报警信号。

（4）水流、水压状态显示。监视水泵水流、水压及压控等状态，当参数异常时，发出报警信号。

（5）累计各设备运行时间，并根据运行时间制定各个设备的检修保养计划，提示管理人员定时维修。

2. 各种信号的检测

（1）液位信号

对供水系统来说，所有的水池、水箱中的液位是保证系统运行的重要参数。液位一般分为控制液位、报警液位、指示液位。控制液位一般是指控制开、停水泵的液位，它们是水泵运行的必要参数。报警液位 一般可分为超高报警和超低报警液位，用于监视液位的极限位置，便于及时采取紧急应对措施，若不加控制，将会出现异常情况。指示液位用来监视系统的运行状态。

液位信号不但在给水系统中使用，也在排水系统的污水池或集水坑中使用，其同样的作用。

（2）压力信号

给水系统的运行状态一般可由压力信号反映出来，压力多高，或过低都会影响给水系统的正常运行。压力信号的取样位置同城选在系统中能表征系统运行状态的部位或压力的高低可能对系统运行产生严重影响的部位，例如给水加压泵的出口、减压阀的两端等。

（3）压差信号

建筑给排水系统中有些部位的压力差往往标志着设备的运行工况，必须及时了解，一旦超限时必须及时进行处理。例如过滤网两端的压差信号，能反映出过滤器是否堵塞，便于及时清洗。

（4）流量信号

一般用于系统给、用水量的大小的观察和计量。但因流量测量仪器价格昂贵，所以尽管流量是给排水系统的重要参数，但选用时仍需慎重。

7.2.2　高位水箱给水系统监控

因为外网水压经常不足，所供水量也不能满足设计流量的需求。因此，一般在多层建筑中，常采用高位水箱给水系统的供水方式。这种供水方式常分为两种，一种是水泵直接从外网抽水升压给水箱；另一种是通过调节池吸水升压给水箱。如图7-8所示为高位水箱给水系统监控结构示意，城市供水进入地下室的低位水箱，在经水泵送入高位水箱，通过高位水箱向楼宇内各用户供水。

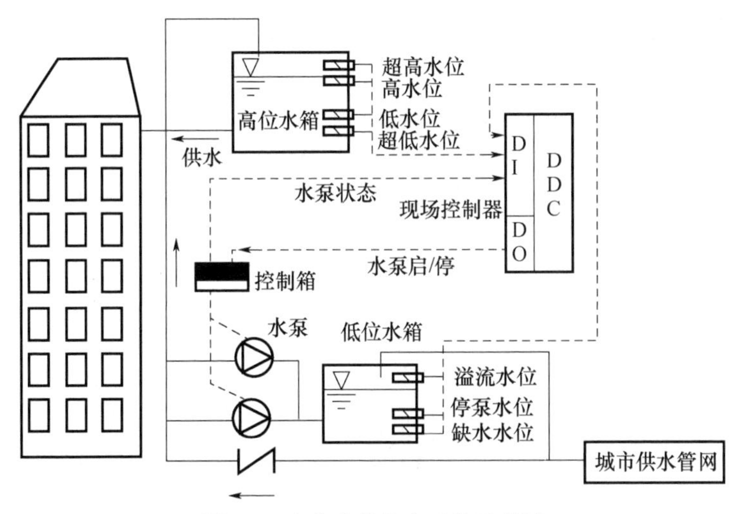

图7-8　高位水箱给水系统示意图

高位水箱给水系统监控功能如下：

（1）水箱的监控

高位水箱设有超过水位、高水位、低水位和超低水位监测，利用液位传感器检测水位信号，并以数字信号形式输入DDC中。当水为达到低水位时，现场控制器DDC通过控制箱联锁启泵运行，向高位水箱内注水。当水位达到高水位时，现场控制器DDC通过控制箱联锁停泵，停止向水箱内注水。

低位水箱设有溢流水位、停泵水位、缺水水位监测，利用液位传感器检测水位信号，并以数字信号形式输入DDC中。当水位达到溢流水位时，发出报警信号，停止城市供水管网供水。当水位达到停泵水位时，停止向高位水抽水，并开启城市供水装置，向低位水箱内注水。当水位达到缺水水位时，消火栓泵停止运行，并发出报警信号。

（2）水泵的监控

水泵的启停运行状态由高位水箱和低位水箱中的液位信号自动控制，并通过DDC进行监控与报警。当工作泵发生故障时，备用泵自动投入运行。水泵的运行状态和手动/自动切换状态也都是数字量信号送给 DDC。

水泵的启停信号以及水泵电动机过载信号将反馈给 DDC。当水泵电动机过载时，水泵联锁停机，控制系统发出报警信号。

（3）监测与报警

当高位水箱液面超出超高水位，或低位水箱液面高于溢流水位时，DDC 将自动报警。当高位水箱液面低于最低报警水位的超低水位时自动报警。当发生火灾时，消防泵启动，如果低水位水箱液面降低到消防泵缺水水位时，系统向消防中心报警。当水泵发生故障时自动报警。

（4）其他

高位水箱给水系统监控功能还有设备运行时间累计和用电量累计等。设定累计运行时间功能，可以为定时维修提供依据，系统将自动确定出每台泵是作为运行泵还是备用泵。

7.2.3 高层建筑分区给水系统监控

根据给水排水技术措施要求，一般情况下，当建筑高度高于 100m 的高层建筑，通常采用水箱水泵联合供水的分区串联供水方式。这种供水方式中的泵数量较多，泵房面积较大，对自动控制要求高。

如图 7-9 所示为分区给水系统监控原理。分区给水系统是高层建筑中常采用的供水方式。一方面下区直接由城市供水管网直接供水或者由室外供水，有效利用了室外管网的压力；另一方面上区由水泵和水箱联合供水，可以弥补城市管网的供水压力对于上部的不足。

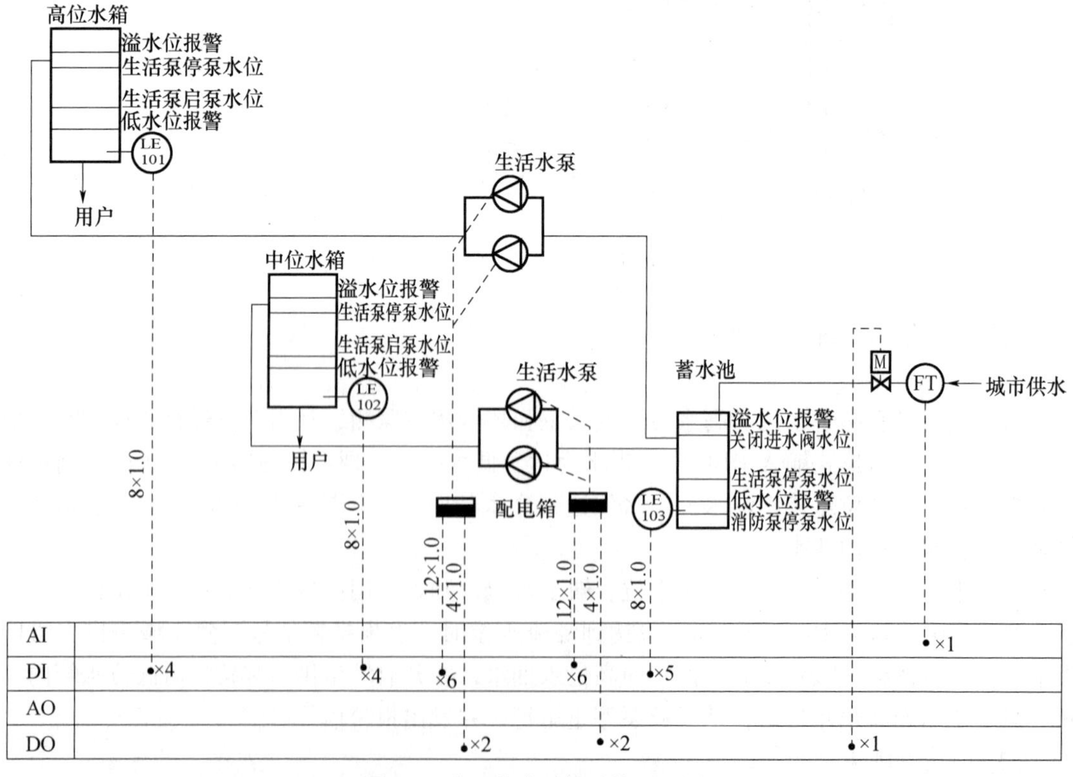

图 7-9　分区给水系统监控原理图

1. 生活水泵启停控制

高位水箱和中位水箱以及蓄水池都设有四个测量水位传感器，用于溢流水位、最低报警水位、生活停泵水位和生活启泵水位等信号监测。现场控制器DDC根据水位信号（LE）来控制生活水泵的启停。当高位水箱液面高于停泵水位或蓄水池液面达到停泵水位时，DDC送出信号自动停止生活水泵。当工作水泵发生故障时，备用泵自动投入运行，自动显示水泵启停状态。

对每台水泵的监控内容有：水泵运行状态（DI）、水泵故障报警（DI）、水泵手/自动转换（DI）、水泵启停控制（DO）。对一用一备两台生活水泵的监控点位共有六个DI和两个DO信号点位。

2. 水箱及水池监控

对高位水箱和中位水箱设有溢水位报警、生活泵停泵水位、生活泵停泵水位、低水位报警等四个水位信号监控。对蓄水池设有溢水位报警、关闭进水阀水位、生活泵停泵水位、低水位报警和消防泵停泵水位等五个水位信号监控。当蓄水池中的液面达低于关闭进水阀水位时，电动进水阀打开，城市供水向蓄水池内注水。当水位达到关闭进水阀水位时，电动进水阀自动关闭，停止向蓄水池内注水。

3. 监测及报警

当高位或低位水箱中的液位达到溢流水位时，生活水泵并没用自动停止运行，应发出报警信号，提示值班人员注意，并采取紧急处理措施加以控制。当高位或低位水箱中的液位达到低水位时，说明生活水泵并没用自动启动运行，应发出报警信号，提示值班人员采取应急措施。当蓄水池中的液位达到溢水位时，说明电动进水阀没用自动关闭，应发出报警信号，并采取应急措施。蓄水池中的低水位以下的蓄水量是为了保障消防用水量。如果蓄水池中的液面达到消防泵停泵水位，系统应向消防中心报警。水泵发生故障时，系统将自动报警。

4. 其他

设定累计运行时间功能，优化水泵运行时间，还可以为定时维修提供依据。

7.2.4　气压罐给水系统监控

1. 监控系统组成

室外管网压力经常不足，且不宜设置高位水箱的建筑可采用气压给水系统的供水方式。气压给水系统一般由空气压缩机、气压罐、压力传感器、液位检测器、水泵、控制器等组成。气压给水设备是给水系统中利用空气的压力，使气压罐中的储水得到位能的增压设备，可设置在建筑物的高处或低处。气压给水设备的一般宜采用变压给水系统。当供水压力有恒定要求时则采用定压式气压给水。一般宜采用立式气压罐，条件不允许时也可采用卧式气压罐。气压给水设备的水泵宜选用一用一备，自动切换。多台水泵运行时，工作泵台数不宜多于三台，并应递次交替和并联运行。气压罐变压给水系统监控原理图如图7-10所示。

2. 监控的主要内容

气压给水设备，应有可靠的和完善的自动控制运行、工作显示和报警等功能。

（1）气压罐的监测

① 气压罐的压力监测。气压罐的压力信号是利用压力传感器来检测的。当水位达到低水位时，气压罐中的压力变小，达到或小于最小压力时，要启动水泵自动进水，这样气体的

体积变小，压力会逐渐变大。反之，当气压罐的水位达到高水位时，气压罐中的压力变大，达到或大于最大压力时，要停止水泵不进水。当用户用水时，气压罐中的气体的体积变大，压力会逐渐变小，这个过程反复下去。所以压力是必须检测的一个信号。

② 监视气压罐的液位状态监测。当气压罐内的液位到达低水位时，启动水泵运行；当气压罐内的液位高于设定的高水位时，水泵停止运行。

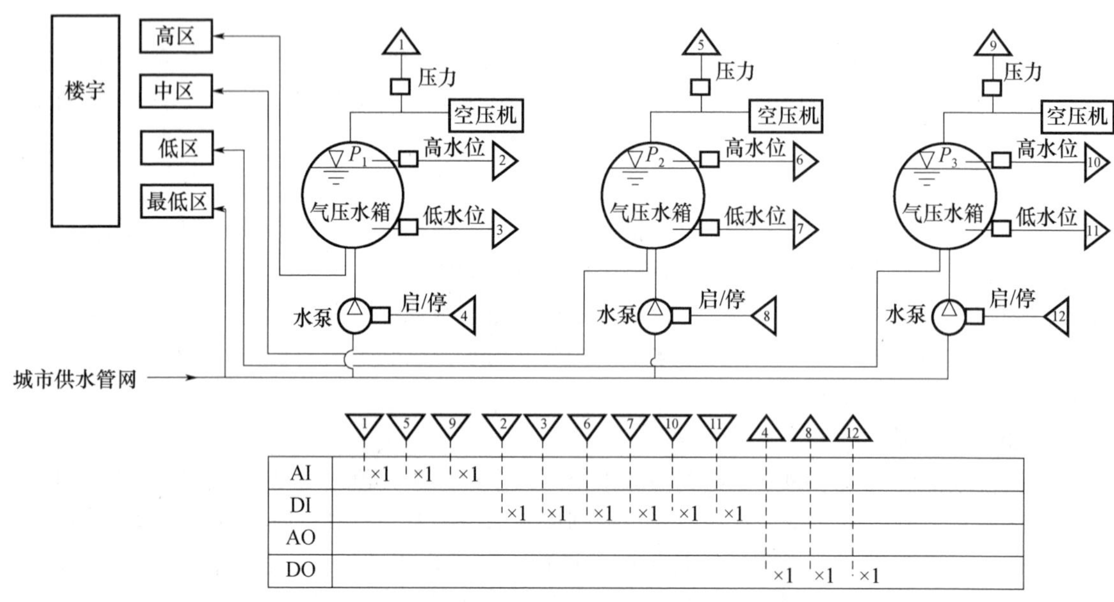

图 7-10　气压罐变压给水系统监控原理图

（2）水泵监控

在图 7-10 中设有水泵的启停控制。如果需要，还可以增加水泵的故障报警、水泵的运行状况的监测以及水泵的手动/自动切换状态的监测等。

（3）其他

在中央站，可以选择采用彩色图形显示并记录各参数、状态、报警、启停时间、累计时间和其历史参数，且可通过打印机输出。

7.2.5　变频恒压给水方式的监控

1. 变频恒压给水系统组成及原理

在建筑物给水系统中，当用户的用水量大时，会使给水系统中的供水管网的压力降低。当用水量减少时，会使管网的压力增高。为维持用水点的端压力恒定，保证用水点不会受到供水管网系统压力变化所导致供水量不稳定现象发生，要求供水管网的水泵压力在用户用水量变化时基本保持不变，也就是要求供给水系统中的水泵具有改变流量和压力（扬程）的调节能力。

典型变频恒压给水系统通常由压力传感器、DDC 控制器、变频水泵等组成。这种供水方式中的主要设备是变频器及水泵，可取消水箱设备。变频器可以平滑改变三相交流电源的频率，从而可以调节水泵中异步电动机的转速。恒压供水是指不管用户端用水量大小，总保持管网中水压基本恒定。

根据相似理论，水泵的出口流量于转速成正比，水泵的输出压力与转速的平方成正比，水泵的轴功率与转速的三次方成正比。当调节电源频率是，就可以调节水泵的流量和压力，同时还能降低轴功率，减少能耗，在满足用户对水量的需求时，又不使电动机空转而造成电能浪费，节能效果显著。

变频恒压给水系统的基本原理为变频器根据给定压力信号来改变水泵电机的供电电源频率，控制电动机的转速，使水泵的出口流量和压力得到调节，自动控制水泵的供水量，以保证在用水量变化时，供水量能随之变化，从而维持水系统管网中水压恒定。变频恒压给水系统监控原理如图7-11所示。

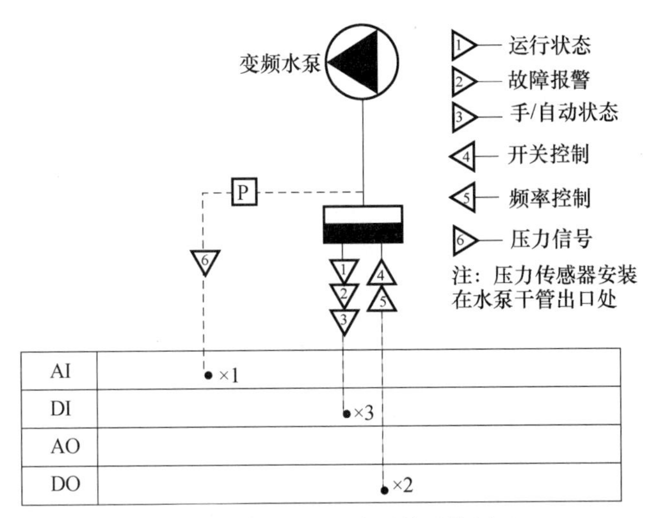

图7-11　变频恒压给水系统监控原理

2. 主要监控内容

（1）变频水泵监控

将变频器的一端接入50Hz工频三相交流电源上，将另一端能产生频率可变的三相变频电源接入异步电动机，因电动机的转速与电源频率成正比，故可实现水泵的变频调速。

通常在水泵出水干管上设置压力传感器，由AI通道送入DDC控制器中，与设定值比较，其差值经过PID等控制算法后，输出控制模拟信号对变频器进行频率变化控制。当水泵控制箱中的辅助触点信号为频率控制点DO（5点）接通时，对水泵实行变频控制。当供水管网用水量增加时，管网水压下降，变频器输出频率提高，水泵转速加大，供水量增大，维持水压基本平衡。当供水管网用水量减少时，管网水压增大，变频器输出频率降低，水泵转速减少，供水量降低，维持水压基本平衡。

对变频水泵还可以进行运行状态、故障报警、手自动转换状态监控，还可以设置工频开关控制。

（2）监测及报警

压力传感器安装在水泵干管出口处，应选择具有代表性，有稳定的压力点，实时检测压力信号。压力传感器检测信号为模拟信号。如果水泵发生故障则自动报警。

以上几种给水系统在实际应用中应视具体工程的要求、用水量的大小、建筑物结构等综合考虑，在供水安全可靠性、先进性和经济性等方面合理选择。

7.2.6　建筑消防给水系统的监控

建筑消防给水系统是用于火灾发生时，为建筑物内的消火栓灭火系统、自动喷水灭火系统提供充足的水介质进行熄灭火灾。

1. 建筑消防给水系统组成及类型

建筑消防给水系统主要由水源、供水设施、给水管网、稳压或减压控制设备等组成。水源通常有市政给水、天然水源、消防水池等。供水设施通常有水塔、高位消防水箱、消防水泵、水泵接合器等，其中消防水池、消防水箱和消防水泵的设置需根据建筑物的性质、高度以及市政给水的供水情况而定。

（1）建筑消防给水系统的类型

通常建筑消防给水系统的类型见表 7-1。按照水压、流量可分为三种。按照范围可分为两种。按照供水功能可分为三种。

表 7-1 消防给水的类型

分类方式	系统名称	定义
按水压、流量分	高压消防给水系统	水压和流量任何时间和地点都能满足灭火时所需要的压力和流量，系统中不需要设消防泵的消防给水系统
	临时高压消防给水系统	水压和流量平时不完全满足灭火时的需要，在灭火时启动消防泵。当为稳压泵稳压时，可满足压力，但不满足水量；当屋顶消防水箱稳压时，建筑物的下部可满足压力和流量，建筑物的上部不满足压力和流量
	低压消防给水系统	低压给水系统，管道的压力应保证灭火时最不利点消火栓的水压不小于 0.10MPa（从地面算起）。满足或部分满足消防水压和水量要求，消防时可由消防车或由消防水泵提升压力，或作为消防水池的水源水，由消防水泵提升压力
按范围分	单体消防给水系统	向单一建筑物或构筑物供水的消防给水系统
	区域（集中）消防给水系统	向两座或两座以上建筑物或构筑物供水的消防给水系统
按供水功能分	独立消防给水系统	单独给一种灭火系统供水的消防给水系统
	联合消防给水系统	给两种或两种以上灭火系统供水的消防给水系统
	合用给水系统	消防给水系统与生产、生活给水系统合并为同一给水系统

（2）建筑消防给水系统竖向分区给水方式

建筑消防给水系统在竖向通常有并联消防给水泵、串联消防给水泵、减压阀减压、减压水箱减压、重力水箱等五种分区给水方式。

① 并联消防给水泵分区给水方式。消防给水管网竖向分区时，每个区分别有各自专用消防水泵，并集中于消防泵房内进行控制管理。

② 串联消防给水泵分区给水方式。消防给水管网竖向分区时，每个区由消防水泵或串联消防水泵分级向上供水。串联消防水泵设置在设备层或避难层。串联分区又可分为直接串联和水泵转输串联两种。消防水泵可从消防水箱或消防管网直接吸水。消防水泵从下到上依次顺序启动。

当采用水泵直接串联时，应注意管网供水压力。因接力水泵在小流量高扬程时会出现的最大扬程叠加。管道系统的设计强度应满足此要求。

当采用水泵转输串联时，中间转输水箱同时起着上区输水泵的吸水池和本区消防给水屋顶水箱的作用，其储水有效容积按 15～30min 消防水量经计算确定，并不宜小于 60m^3。

③ 减压阀减压分区给水方式。当消防水泵的压力不大于 2.4MPa 时，其竖向可采用减压阀减压分区。减压阀减压分区，可采用比例式减压阀和可调式减压阀。比例式减压阀的阀前阀后压力比值一般不宜大于 3：1，可调式减压阀阀前后压差不应大于 0.40MPa。

当一级减压阀减压不能满足要求时，可采用减压阀串联减压。减压阀串联减压不宜超过2级。

④ 减压水箱减压分区给水方式。当消防水泵的压力不大于2.4MPa时，其竖向可采用减压水箱减压分区。设有避难层的超高层建筑可采用减压水箱减压分区给水系统。减压水箱的有效容积不应小于18m^3。减压水箱应有两条进水管，每条进水管应满足消防设计水量的要求。减压水箱进水管宜采用薄膜液压水位控制阀。减压水箱应有两条出水管，每条出水管应满足本区各种消防设施的用水压力和流量的要求。

⑤ 重力水箱消防给水方式。这种给水方式是在建筑物的最高处或避难层等适当的位置设置满足消防用水量和压力的重力水箱，并由重力水箱向各竖向消防给水分区供水。各区重力水箱的数量不应少于两个，且每个水箱的有效容积不小于100m^3。当重力水箱的有效容积不能满足火灾延续时间内的水量时，应设置消防转输泵。消防转输泵应满足消防水量的要求，并应独立设置，且应有备用泵。转输给水管不应小于两条。

2. 消防给水系统的监控功能

（1）消防水泵的监控要求

临时高压消防给水系统的消防水泵应采用一用一备，或多用一备，但工作泵不应大于三台。备用消防水泵的工作能力不应小于其中最大一台消防工作泵的供水能力。当为多用一备时，应考虑多台消防泵并联时，流量叠加对消防泵出口压力的影响。

选择消防水泵时，其水泵性能曲线应平滑无驼峰，消防水泵零流量时的压力不应超过系统设计额定压力的140%。当水泵流量为额定流量的150%时，此时消防泵的压力不应低于额定压力的65%。

消防水泵应采用自灌式吸水，吸水管上应装设闸阀或带自锁装置的蝶阀。消防水泵的出水管上应设止回阀、闸阀或蝶阀。消防水泵出水管的止回阀前应装设试验和检查用压力表和DN65的放水阀门，或在消防水泵房内应统一设置检测消防水泵供水能力的压力表和流量计。压力表的量程宜为消防泵额定压力的3倍，流量计的最大量程应不小于消防泵额定流量的1.75倍。

（2）消防水泵的控制

消防水泵应保证在火警后5min内开始工作。自动启动的消防泵宜在1.5min内正常工作，并在火场断电时使用应急电源仍能正常运转。若采用双电源或双回路供电有困难时，可采用柴油发电机组等内燃机作备用电源。

自动喷水、喷雾等自动灭火系统的消防泵宜由室内给水管网上设置低压压力开关和报警阀压力开关两种自动直接启动功能。消防泵房应有强制启停泵按钮。消防控制中心应有手动启泵按钮。消防水池最低水位报警，但不得自动停泵。任何消防主泵不宜设置自动停泵的控制。消防泵组宜设置定时自检装置。

（3）稳压泵的监控

稳压泵的设计流量不应小于消防给水系统管网的正常泄漏量或系统自动启动流量。当没有管网泄漏量具体数据时，稳压泵的设计流量宜按消防给水系统设计流量的1%～3%计，但不宜小于1L/s。

稳压泵设计工作压力应足够维持系统正常的工作压力以满足系统自动启动和充满水的要求。

在消防给水系统管网或气压罐上设置稳压泵自动启停压力开关或压力变送器，消防主泵工作时稳压泵应停止工作。

消防水泵和稳压泵的监控内容主要有流量与出口压力监测，消防水泵和稳压泵启停控制与联锁控制等。

应特别强调，消防给水系统的监控是由消防控制系统来完成，BAS 只进行监测，不进行控制。

7.3 建筑排水系统监控

7.3.1 建筑排水系统组成

高层建筑物一般都有地下室，地下室的污水集水池一般低于城市排水管网的标高，故不能靠重力排除，应先将废水（污水）集中收集于集水池（污水池）中，然后由排水泵（排污泵）将废水（污水）提升，排至室外排水管或水处理池中。

如图 7-12 所示，排水系统通常由集水坑（污水池）、液位传感器、直接数字控制器、排水泵（污水泵）、控制箱等组成。

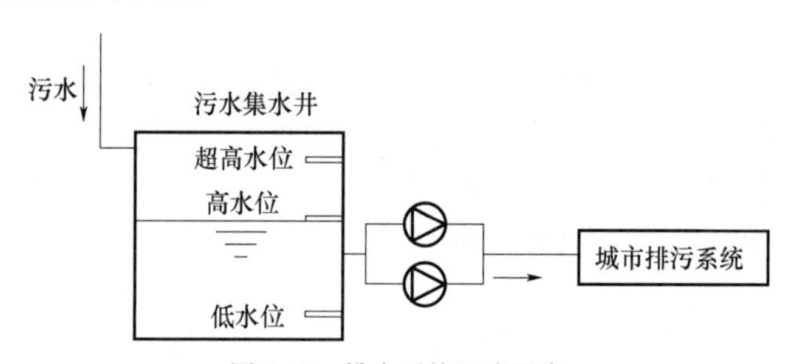

图 7-12 排水系统组成示意

7.3.2 建筑排水系统监控

建筑排水系统监对象主要为污水处理池、集水井和排水泵。如图 7-13 所示为生活排水系统和排污系统监控原理图。

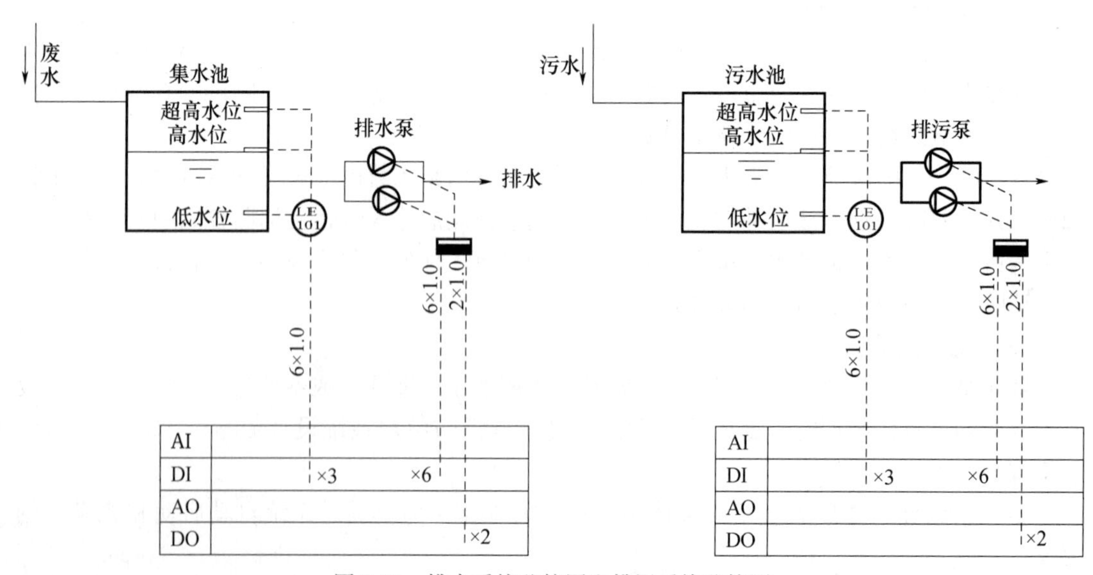

图 7-13 排水系统监控图和排污系统监控图

1. 建筑排水系统监测与报警

（1）集水池、集水井、污水池中的高低液位显示及越限报警。

（2）水泵运行状态显示，并监测水泵的启停及有关压力、流量等有关参数。

（3）水泵过载报警。当水泵出现过载时停机并发出报警信号。

2. 建筑排水系统监控

（1）根据集水池或污水池的水位控制排水泵的启停状态。当集水池或污水池中的水位达到高水位时，联锁启动相应的排水泵运行，将污水排到室外排水系统。当水位高于超高水位时，联锁启动相应的备用泵运行，直到水位降至低水位时联锁停止备用泵运行。

（2）监控排水泵运行状态、故障报警、手自动转换状态，发生故障时自动报警。

本章小结

本章重点讲解了建筑物内的生活给水和排水系统的监控原理图，在了解了建筑给水和排水的专业知识的基础上，结合计算机控制技术，能够熟悉水系统的 DDC 的点数的确定，以及一些传感器的应用。

习　题

1. 简述给水系统的供水方式。
2. 简述生活高位水箱给水系统的监控功能。
3. 简述生活排水系统的监控功能。
4. 画出生活给水系统的监控原理中的 DDC 监控表。
5. 画出生活排水系统的监控原理中的 DDC 监控表。
6. 查阅资料，了解生活给水系统的监控原理图中的各种元器件的选择和安装位置。
7. 查阅资料，了解生活排水系统的监控原理图中的各种元器件的选择和安装位置。
8. 查阅资料，了解生活给水系统和生活排水系统的实际工程案例。

第8章　建筑电气监控系统

在建筑物中，建筑电气系统通常包含强电和弱电两大系统。强电系统是以输送和使用电能为主的系统，主要包括供配电系统、照明系统、电梯系统等。弱电系统是以信息传输与处理为主的系统，通常包括消防系统、安防系统、电视系统、电话系统等。建筑电气监控系统主要是检测与监控各电气系统设备运行状态，对设备运行参数的变化趋势进行有效分析，提高管理水平，节约运行电能。

8.1　建筑电气系统概述

8.1.1　建筑供配电系统

建筑供配电系统是建筑物中最主要的电能来源，它起着接收、变换和分配电能的作用。为确保用电设备的正常运行，必须保证供电的可靠性和连续性。一旦供电中断，建筑内的大部分电气化和信息化系统将立即瘫痪。

1. 用电负荷等级

在建筑供配电系统中，为确保对用电负荷供电的可靠性，根据《民用建筑电气设计规范》（JGJ 16—2008）相关规定，将用电负荷按供电可靠性及中断供电所造成的损失或影响程度，划分为一级负荷、二级负荷及三级负荷。

一级负荷是指中断供电将造成人身伤亡，将造成重大影响或重大损失，将破坏有重大影响的用电单位的正常工作，或造成公共场所秩序严重混乱。例如：重要通信枢纽、重要交通枢纽、重要的经济信息中心、特级或甲级体育建筑、国宾馆、承担重大国事活动会堂、经常用于重要国际活动的大量人员集中的公共场所等的重要用电负荷。

在一级负荷中，当中断供电将发生中毒、爆炸和火灾等情况的负荷，以及特别重要场所的不允许中断供电的负荷，应为特别重要的负荷。

二级负荷是指中断供电将造成较大影响或损失，将影响重要用电单位的正常工作或造成公共场所秩序混乱。如二类建筑中的消防负荷、应急照明负荷等。

三级负荷是指不属于一级和二级的用电负荷。如一般照明、暖通空调设备、冷水机组、锅炉、扶梯等。

2. 供电要求

（1）一级负荷应由两个独立电源供电，当一个电源发生故障时，另一个电源不应同时受到损坏。

（2）对于一级负荷中的特别重要负荷，除两个独立电源之外，还应增设应急电源，并严禁将其他负荷接入应急电源系统。

（3）二级负荷的供电系统，宜由两条独立回线路供电。在负荷较小或地区供电条件困难时，二级负荷可由一回路6kV以上专用的架空线路或电缆供电。当采用架空线时，可为一回路架空线；当采用电缆线路时，应采用两根电缆组成的线路供电，其每根线缆应能承受100%的二级负荷。

（4）三级负荷可按约定的单电源供电。

8.1.2　建筑供配电系统中的主接线

主接线是指连接变压器、断路器、避雷器、电压互感器、电流互感器、电缆等电气设备按一定顺序连接的传输与分配电能的电路。在建筑物中，根据用电负荷重要性，以及对电能的需求程度，满足其供电的主接线形式是多种多样的，本节仅举例说明一级、二级、三级负荷主接线的形式。

1. 向一、二级负荷供电的主接线

图 8-1 中，主接线采用双电源供电，两个电源可取自市电网。变压器一、二次侧均采用单母线分段接线，在一次侧保证电源互为备用，二次侧保证变压器互为备用。变电所内有两台以上变压器，备用电源容量应保证所有一、二级负荷的供电，但不保证三级负荷的供电。

2. 向三级负荷供电的主接线

当用电设备多为三级负荷时其主接线形式常引入一路市电网作为单电源供电，变电所内常采用一台变压器，其主接线如图 8-2 所示。

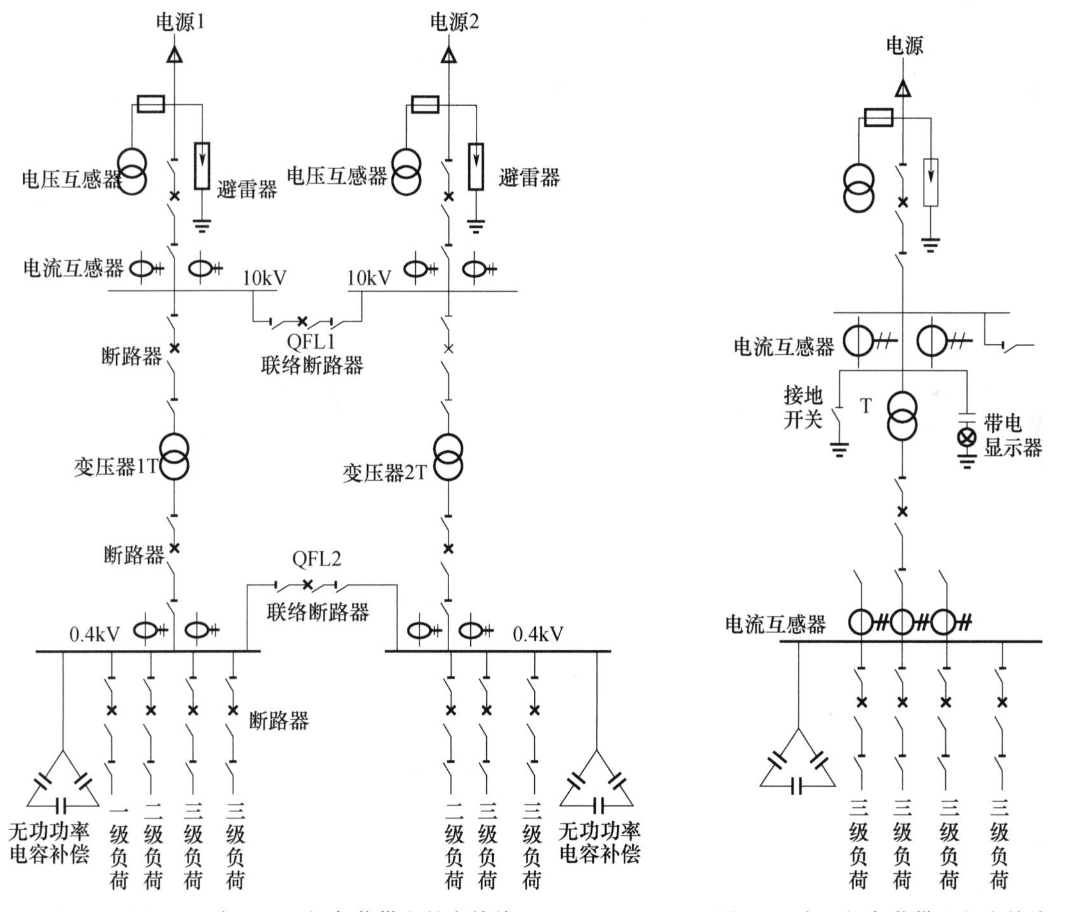

图 8-1　向一、二级负荷供电的主接线　　　图 8-2　向三级负荷供电的主接线

3. 应急电源系统

当有特别重要的用电负荷时，为保证其供电的可靠性，应设有独立于两个电源之外的自备电源作为第三电源。在国内外高层建筑中，考虑应急负荷、备用负荷的容量及经济性指标时，多数采用柴油发电机组作为应急自备电源。

应急电源选择：

（1）快速自动启动的应急发电机组，适用于允许中断供电时间为15～30s的供电。

（2）带有自动投入装置的独立于正常电源的专用馈电线路，适用于允许中断供电时间大于电源切换时间的供电。

（3）不间断电源装置（UPS），适用于要求连续供电或允许中断供电时间为毫秒级的供电。

（4）应急电源装置（EPS），适用于允许中断供电时间为毫秒级的应急照明供电。

8.2 建筑供配电系统监控

对建筑供配电系统进行监控，能够及时发现隐患，根据报警提示，及时进行维护。当出现故障后，还可利用监控系统的历史数据进行诊断和维修。

建筑配电系统监控通常按供电电压分为高压系统监控、低压系统监控、应急电源监控等部分。通常在工频交流电中，高于1kV为高压，低于1kV为低压。常以10/0.4kV变压器为划分界限，接受电源电能的10kV称为一次侧，馈送电能的0.4kV侧称为二次侧。

建筑供配电系统的监控一般采用集散控制系统（DCS）的三层结构，即管理级、控制级和现场级。管理级用于人机对话的界面、数据处理和存储管理以及与楼宇计算机管理系统通信。控制级监测和控制供电系统的运行。现场级一般是接I/O设备，现场I/O则用于现场设备状态信号和运行参数的采集，对现场设备进行操作控制。对于中小规模的系统，可能只有现场级和管理级两层结构。

8.2.1 高压配变电系统监控

1. 高压线路的电压及电流监测

在建筑物变配电站的高压进线侧10kV线路上，利用互感器和变送器得到线路电压、电流值，并转变成相应0～5V（DC）或4～20mA直流信号送至现场控制器DDC的。如图8-3所示。

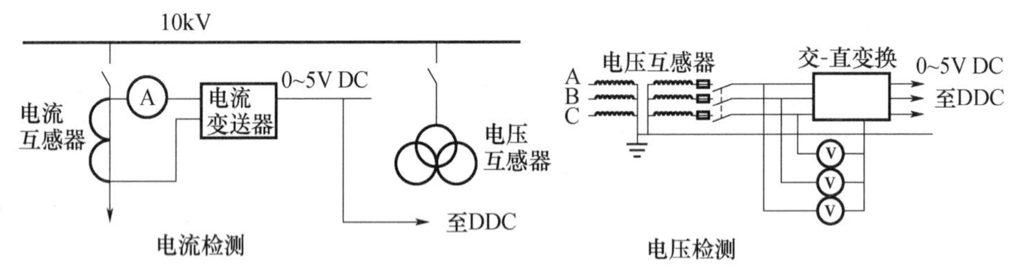

图8-3　高压线路的电压及电流测量方法

2. 对供电质量的监控

供电质量是保证用电设备正常工作的前提条件。供电质量的评价指标通常包含电源的电频率、波形等。

（1）电压质量。通常包含电压偏移、电压波动和电压三相不平衡度等情况，其中电压偏移对电压质量的影响较大。电压偏移是指用电设备的端电压偏离额定电压程度。当电压偏离过多时，将影响用电设备正常工作运行情况，监测系统应报警，同时应采取相应的保护措施。

（2）频率质量。我国电力工业的标准频率为 50Hz，电气设备上都标有额定工作频率。当电源频率与电气设备上的额定频率偏差过大时，电气设备将不能正常运行工作。因此，国家规定电力系统对用户的供电频率偏差范围为 ±0.5%。

3. 高压配变电系统的监测内容

如图 8-4 所示为 10kV 高压配变电系统监控原理示意，主要监控内容如下：

（1）监测两路高压电源进线电气参数及工作状态。通过电压互感器和变送器可测量 1#和 2#高压电源进线处的三相电压参数。监视隔离开关闭合与断开（on/off）的工作状态。

（2）监测主进线断路器的电气参数与故障状态。通过断路器的电子式继电保护器（JK）和电流互感器可以测量进线断路器处的电压（V）、电流（A）参数，监视断路器过电流故障信号（OC）和过流接地故障信号（OCG），提供电气主接线开关状态画面，在发生故障时自动报警，并显示故障位置、相关电压和电流数值等。楼宇控制网络中心可以通过 DDC 的数字量输入通道检测高压侧一次侧主开关的分合状态、母联开关的分合状态。

（3）监控计量信号。在高压计量柜处主要测量电压（V）、电流（A）、有功功率（W）、无功功率（Var）、功率因数（cosφ）、电源频率（Hz）等参数，为正常运行时的计量管理和发生事故时对故障原因的分析提供数据。

（4）监测出线和母联处断路器工作状态（on/off），过电流故障信号（OC）和过流接地故障信号（OCG），自动报警，并显示相关参数。

（5）对电气设备运行时间进行统计、记录、存储，为自动管理、故障分析、历史数据查询提供充足的信息资源。

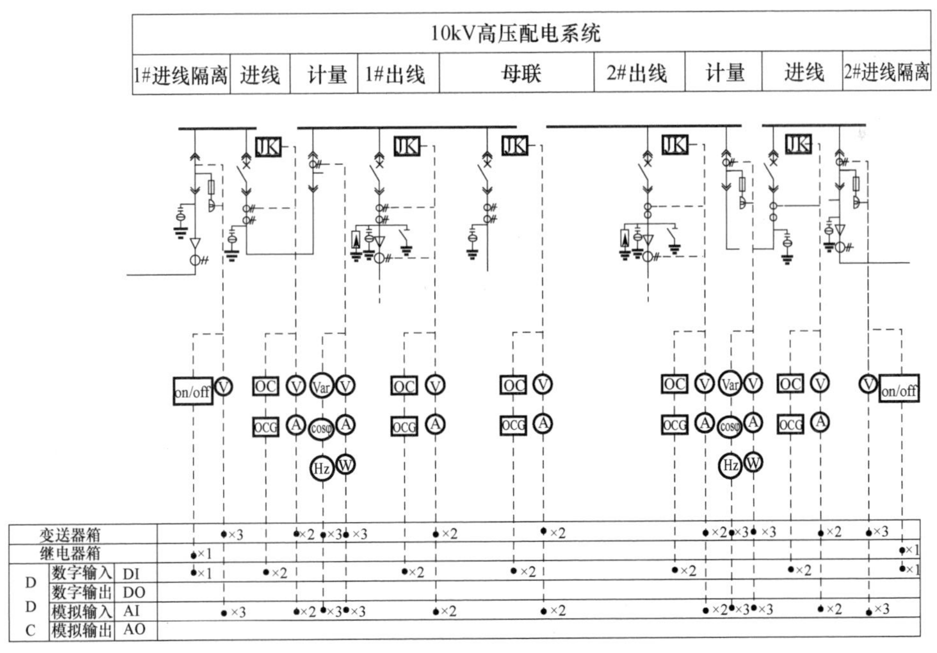

图 8-4 高压配变电系统监控原理示意

8.2.2 低压配变电系统监控

1. 变压器及低压配变电系统监控原理图

如图 8-5 所示为 380/220V 变压器及低压配变电系统监控原理图。在建筑供配电系统中，常用干式变压器将 10kV 高压电能转换为 380/220V 低压电能。电力变压器的故障对供电可靠性和整个系统正常运行会带来严重影响。干式电力变压器在发生超时过载、短路、内部异常等现象时，通常会表现出中性线上零序电流和内部温度等参数变化较大，通过监控这些参数变化，保证变压器正常运行，提高建筑供配电系统运行可靠性。

在建筑物中，低压用电设备种类多，对供电的可靠性要求较高，耗电量大。低压配电系统的监控主要任务是和低压配电系统正常工作，异常情况自动报警，提供数据显示、记录、远传等功能。

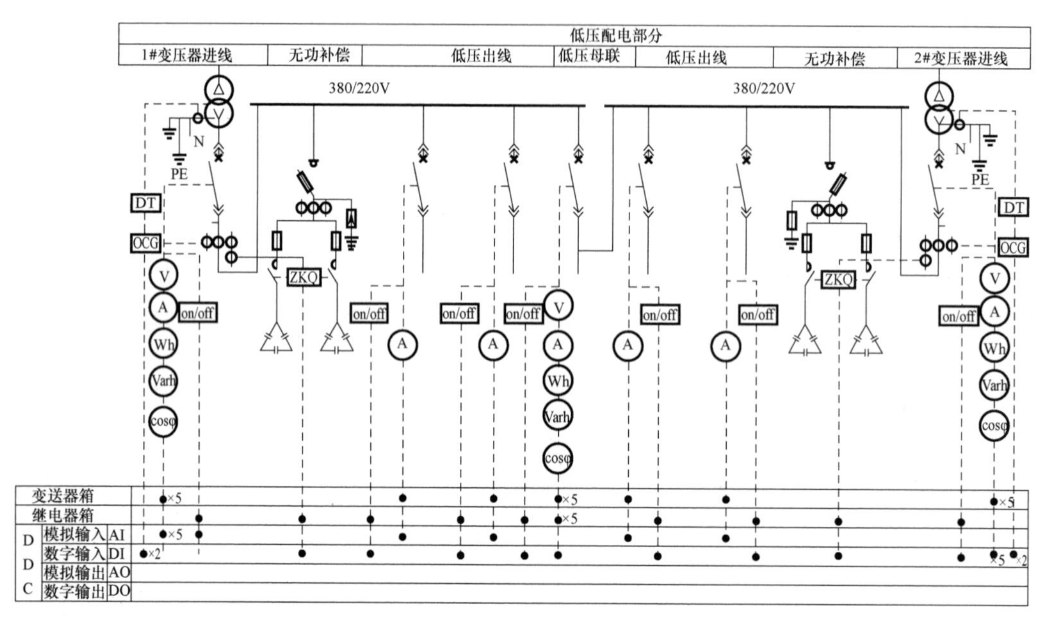

图 8-5　低压配变电系统监控原理示意

2. 低压配电系统监控的主要内容

（1）监视变压器运行状态。干式变压器自身带有温度保护系统，当变压器超时过载或发生故障时，内部线圈温度会升高，温度保护系统自动启动风机冷却，并将变压器温度报警信号（DT）输送到 DDC 中，发出报警信号，表示变压器运行异常。变压器正常运行时，变压器中性线上的电流不大，当变压器发生单相接地短路时，中性线上的零序电流比正常值大许多，将变压器发生接地故障信号（OCG）输送到 DDC，发出自动报警，通知专业人员进行处理。

（2）测量变压器二次侧主进线断路器和低压母线联络柜的运行参数。DDC 通过电压变送器、电流变送器、有功变送器、无功变送器、功率因数变送器，自动检测线路电压（V）、电流（A）、有功（Wh）、无功（Varh）、功率因数（cosφ）等参数。监视断路器闭合与断开（on/off）的工作状态。发生故障自动报警，并显示相应的电压、电流数值和故障位置。绘制用电负荷曲线，如日负荷曲线、年负荷曲线；实现自动抄表、打印输出用户单据等。

（3）监测低压母线处无功功率补偿电容器组工作情况。DDC 通过自动投切控制器，监视电容器组运行（on/off）情况。

（4）监视低压出线断路器的运行状态，测量低压出线线路的电流。

（5）发生火灾时与消防系统联动控制，切换电源。

（6）对各种电气设备的检修和保养维护进行管理，如建立设备档案，包括设备配置参数档案，设备运行、事故和检修档案。生成定期维修操作单并存档，避免维修操作时引起误报警等。

8.2.3　自备发电机组的监测

在建筑物中，为保证消防泵、消防电梯、电动防火卷帘门等二级负荷以上的重要负荷供电，通常需要用户自备柴用发电机组或燃气发电机组作为备用电源。当来自城市电网的主电源发生中断供电时，柴油发电机组将自动启动发电机组运行，为二级以上的重要负荷供电。当主电源恢复供电时停止自备发电机组运行。

自备柴油发电机组监控原理示意如图8-6所示。柴油发电机组能在主电源停电15s之内启动运行。

（1）监测柴油发电机组运行状态。当柴油发电机组中的水温过高、油压过低、油温过高或过低等参数异常变化时，通过数字信号DI传送到DDC中，自动报警。

（2）测量柴油发电机组的发电频率，监视电瓶组工作电压。

（3）监测燃油系统的油箱液位信号。当油箱中的油面过低（LT）时，启动燃油泵，向油箱内注油，并发出信号。

（4）监控动力配电箱信号。动力配电箱的进线开关状态（on/off）、故障信号出线开关状态（on/off）信号、手动/自动控制信号，以及进线开关分/合控制。

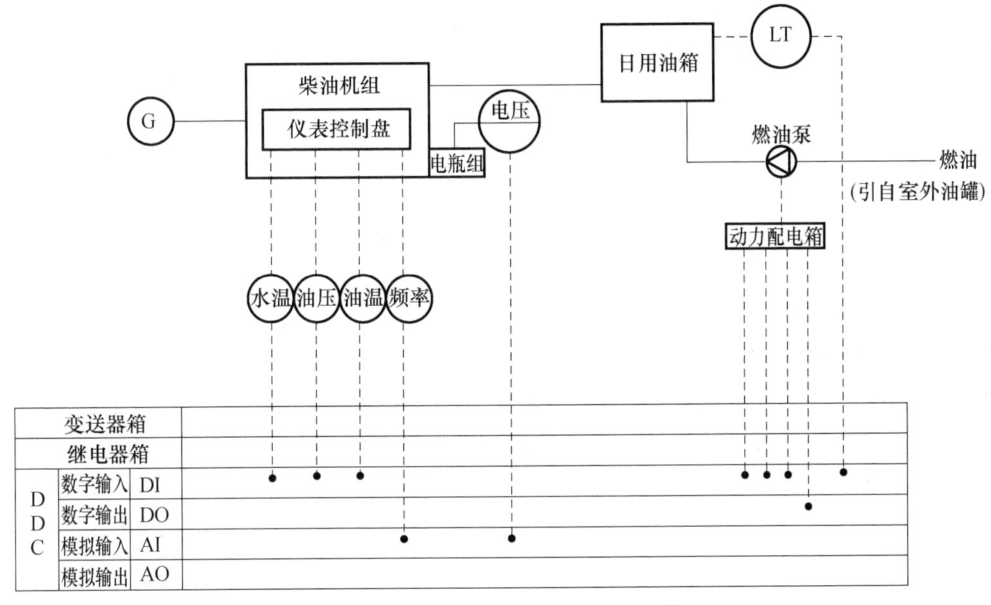

图8-6　柴油发电机组监控原理示意

8.3　照明系统监控

照明系统为建筑物提供充足的人工光线，满足人们工作和生活需求。照明系统的用电设备分散在建筑物中的各处，手动/自动就地控制灵活方便，但不利于集中管理，节能效果较差。集中控制理论上是可行的，但是实际上难度很大。

照明系统监控是将智能大厦中的各种照明灯具和开关电器等照明设备按需要和区域分成若干组别，利用DDC照明控制器接入楼宇自动控制网络，以时间表或事件程序控制方式及传感器照度控制方式，自动实现灯光照明设备的启/闭，从而建立舒适、合理的照明环境，并达到节能的效果。不同用途的区域对照明的要求不同，根据照明区域的性质及特点，对照明设施进行不同的控制。照明系统的监控按照功能分为走廊、楼梯照明监控、办公室照明监控、障碍照明监控、建筑物外立面照明监控以及应急照明的应急启/停控制和状态显示。

8.3.1 照明系统监控分类

1. 走廊、楼梯照明监控

楼梯、走廊等照明监控以节约电能为原则，防止长明灯，在下班以后，一般走廊、楼梯照明灯及时关闭。因此照明系统的 DDC 监控装置依据预先设定的时间程序自动地切断或打开照明配电盘中相应的开关。

2. 办公室照明监控

办公室照明的一个显著特点是白天工作时间长，因此，办公室照明要把天然光和人工照明协调配合起来，达到节约电能的目的。当天然光较弱时，根据照度监测信号或预先设定的时间调节，增强人工光的强度。当天然光较强时，减少人工光的强度，使天然光线与人工光线始终动态地补偿。

3. 障碍照明监控

高空障碍灯的装设应根据该地区航空部的要求来决定，一般装设在建筑物或构筑物凸起的顶端，采用单独的供电回路，同时还要设置备用电源，利用光电感应器件通过障碍灯控制器进行自动控制障碍灯的开启和关闭，并设置开关状态显示与故障报警。

4. 建筑物外立面照明监控

大型的楼、堂、馆、所等建筑物，常需要设置供夜间观赏的立面照明（景观照明）。目前立面照明通常选用投光灯，根据建筑物的功能和特点，通过光线的协调配合，充分表现出建筑物的风格与艺术构思，体现出建筑物的动感和立体感，给人以美的享受。投光灯的开启与关闭由预先编制的时间程序进行自动控制，并监视开关状态，故障时能自动报警。

8.3.2 照明系统监控内容

1. 照明系统监控原理

照明系统监控由集中控制器（DDC）、主干线和信息接口等元件构成，对各区域实施相同的控制和信号采样的子系统网络。其子系统由各类调光模块、控制面板、照度动态检测器及动静探测器等元件构成的，对各区域分别实施不同的具体控制的网络，主系统和子系统之间通过信息接口等元件来连接，实现数据的传输。如图 8-7 所示为照明设备监控系统示意。

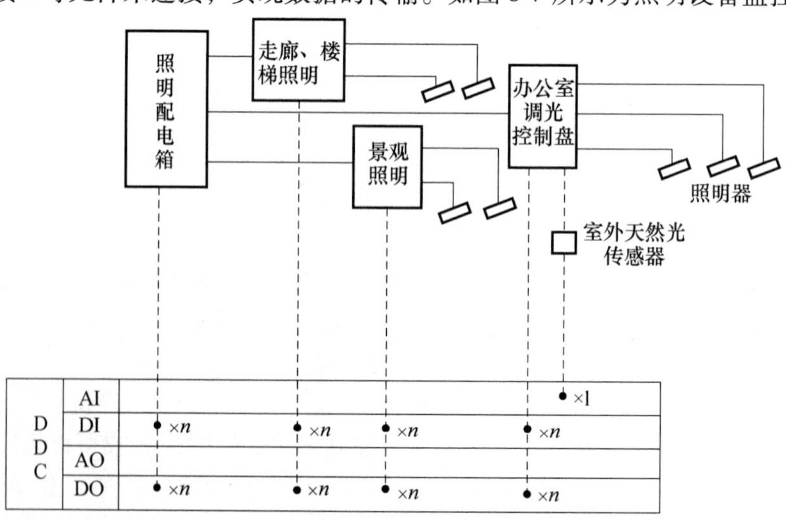

图 8-7 照明系统监控原理示意

2. 照明控制系统的主要控制内容

（1）时钟控制。通过时钟管理器等电气元件，实现对各区域内用于正常工作状态的照明灯具时间上的不同控制。

（2）照度自动调节控制。通过每个调光模块和照度动态检测器等电气元件，实现在正常状态下对各区域内用于正常工作状态的照明灯具的自动调光控制，使该区域内的照度不会随日照等外界因素的变化而改变，始终维护在照度预设值左右。

（3）区域场景控制。通过每个调光模块和控制面板等电气元件，实现在正常状态下对各区域内用于正常工作状态照明灯具的场景切换控制。

（4）动静探测控制。通过每个调光模块和动静探测器等电气元件，实现在正常状态下对各区域内用于正常工作状态的照明灯具的自动开关控制。

（5）应急状态减量控制。通过每个对正常照明控制的调光模块等电气元件，实现在应急状态下对各区域内用于正常工作状态的照明灯具的减免数量和放弃调光等控制。

（6）手动遥控器。通过红外线遥控器，实现在正常状态下对各区域内用于正常工作状态的照明灯具的手动控制和区域场景控制。

（7）应急照明的控制。这里的控制主要是指智能照明控制系统对特殊区域内的应急照明所执行的控制。

（8）正常状态下的自动调节照度和区域场景控制。同调节正常工作照明灯具的控制方式相同。

（9）应急状态下的自动解除调光控制。实现在应急状态下对各区域内用于应急工作状态的照明灯具放弃调光等控制，使处于事故状态的应急照明达到 100%。

3. 照明配电箱监控原理

如图 8-8 所示为集中控制照明配电箱监控原理示意。这种情况适合对商场、工厂等大场所的照明器进行集中控制管理。转换开关 SA 能够实现手动和自动控制两种功能。合上电源开关 QF，当 SA 旋转到手动挡时，1 和 2 之间的触点接通，KM 线圈得电，KM 主触点接通，

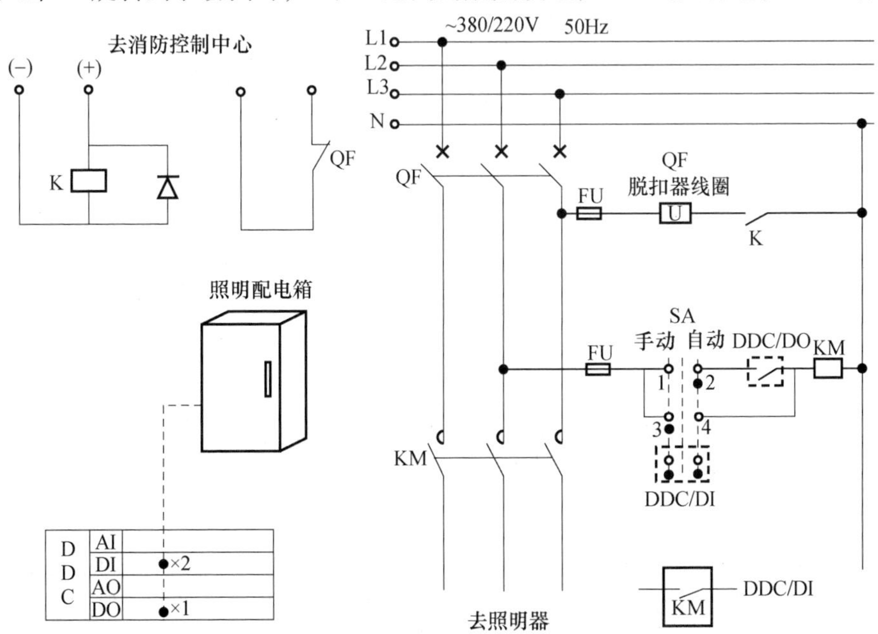

图 8-8　照明配电箱监控系统示意图

照明器供电发光，并将SA工作信号传送到DDC中。当SA旋转到自动挡时，3和4之间的触点接通，由DDC控制KM线圈得电情况。DDC将根据用户要求和照明器的工作特点，按时间、场景等程序控制KM主触点接通情况，实现自动控制功能。

当发生火灾时，消防控制中心自动接通中间继电器K线圈回路，K动合触点闭合，QF脱扣器线圈得电，QF电源开关自动跳闸，切断正常照明回路供电，并通过QF动断触点的闭合，将QF状态信号返回消防控制中心。

8.4 电梯系统监控

电梯系统是高层建筑物中不可缺少的垂直和水平交通工具，具有安全、迅速、舒适和方便等性能。电梯通常都自带控制系统，完成对自身的控制功能，并留有与BAS的相应接口，用于监视运行状态和交换数据信息等。

8.4.1 电梯系统简介

1. 电梯基本组成

电梯通常由轿厢、曳引系统、对重、导轨、导向系统、安全保护系统、电气控制系统等组成。轿厢承载人和货物。曳引系统输出动力，驱动电梯运行。对重能平衡轿厢竖向状态，导轨是轿厢上下的通道。导向系统可限制轿厢和对重的活动自由度。安全保护系统可保证电梯安全使用，防止一切危及人身安全的事故发生。电气控制系统对电梯进行安全可靠、启停平稳、加速减速等正常运行控制。

2. 电梯基本分类

按用途分类，电梯可分为乘客电梯、载货电梯、观光电梯、自动扶梯等。乘客电梯载客人数通常为8～21人，速度有0.63m/s、1.0m/s、1.6m/s、2.5m/s等多种，超高层建筑可达3m/s、5m/s、9m/s、10m/s等。载货电梯轿厢宽大，结构牢固，速度在1m/s以下。观光电梯轿厢壁透明，供乘客观光。自动扶梯与地面呈30°～35°倾斜角，自动运转，运输能力很强。

按速度分类，电梯可分为低速、快速、高速等电梯。低速电梯的速度不大于1.0 m/s，快速电梯的速度在1.0～2.0m/s，高速电梯的速度在2.0m/s及以上。

8.4.2 电梯系统监控内容

如图8-9所示为电梯运行状态监视原理示意。通常BAS系统不对电梯系统内部信息进行处理，只是从外部对电梯的运行状态进行监视，接受报警信号进行处理。DDC从电梯控制箱取出状态信号和控制信号就可实现监视功能。

（1）按时间程序设定的运行时间表启/停电梯、监视电梯运行状态。运行状态监视包括启动/停止状态、运行方向、所处楼层位置等，通过自动检测并将结果送入DDC，动态地显示各台电梯的实时状态。

（2）故障及紧急状况报警。故障检测包括电动机、电磁制动器等各种装置出现故障后，自动报警，并显示故障电梯的地点、发生故障时间、故障状态等。紧急状况检测通常包括火灾、地震状况检测，发生故障时是否关人等，一旦发现，立即报警。

（3）多台电梯群控管理。电梯监控系统在不同人流时期，自动进行调度控制，达到减少候梯时间，最大限度地利用现有交通能力，又能避免数台电梯同时响应同一召唤造成空载运行和浪费电力现象。这就需要不断地对各厅的召唤信号和轿厢内选层信号进行循环扫描，根据轿厢所在位置、上下方向停站数、轿内人数等因素来实时分析客流变化情况，自动选择最适合于客流情况的输送方式。多台电梯群控系统能对运行区域进行自动分配，自动调配电梯为各个不同区段服务。

（4）消防联动控制。当发生火灾时，按消防规定要求，普通电梯直驶首层，打开轿厢门后，切断电源，停止运行。消防电梯由应急电源供电，在首层待命，保持运行状态。

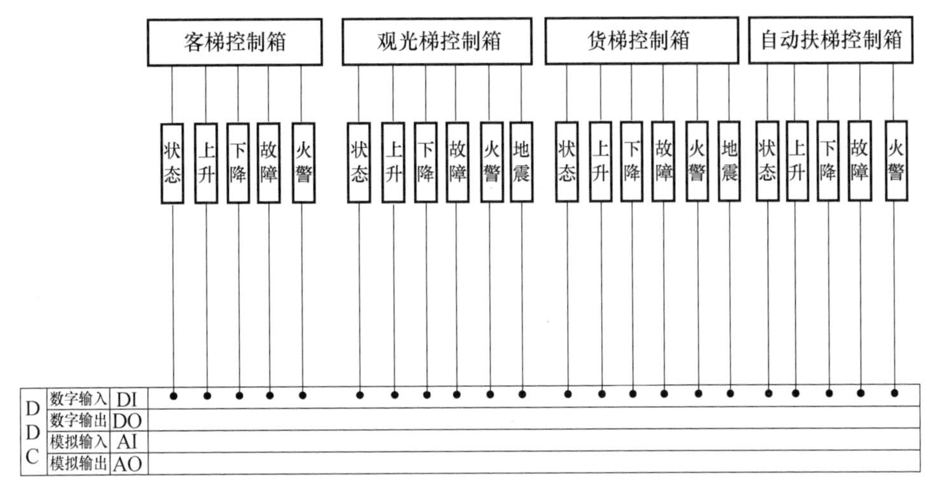

图 8-9　电梯运行状态监视原理

8.5　火灾自动报警与消防联动控制系统

火灾探测报警与消防联动控制系统（FAS）是以计算机技术和通信技术为基础的智能化系统，能够实现火灾早期探测和报警，并能根据火情的位置，及时向各区域内的配电、照明、电梯、广播以及各类消防设备发出控制信号，进行联动控制，实现自动灭火、排烟、指示疏散，确保人身安全，减量减小财产损失。FAS 是建筑管理系统中重要组成部分。

8.5.1　火灾自动报警系统

火灾自动报警系统的组成：火灾探测报警系统是实现火灾早期探测并发出火灾报警信号的系统，一般由火灾触发器件（火灾探测器、手动火灾报警按钮）、声光警报器、火灾报警控制器等组成。根据建筑物的需求，自动报警系统有时带有火灾应急广播、应急照明等联动系统。火灾探测器能探测火灾早起火情，并将信号传输到火灾报警控制器中进行处理认定后，输出控制信号，控制火灾警报器发出声光报警信号。还可以联动控制火灾应急广播系统和火灾应急照明系统等，通知人员紧急疏散。

根据《火灾自动报警系统设计规范》（GB 50116—2013）中相关内容，火灾自动报警系统可分为区域报警、集中报警、控制中心报警等三种形式。

1. 区域报警系统

仅需要报警，不需要联动自动消防设备的保护对象宜采用区域报警系统。区域报警系统由火灾探测器、手动火灾报警按钮、火灾声光警报器及火灾报警控制器等组成，区域报警系统组成框图如图 8-10 所示。区域报警系统结构示意如图 8-11 所示。

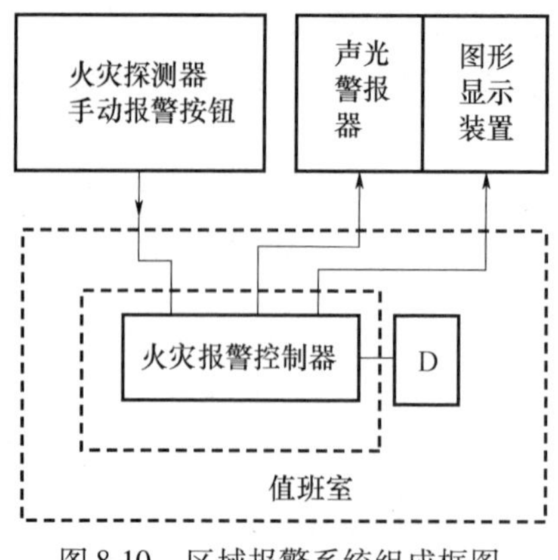

图 8-10　区域报警系统组成框图

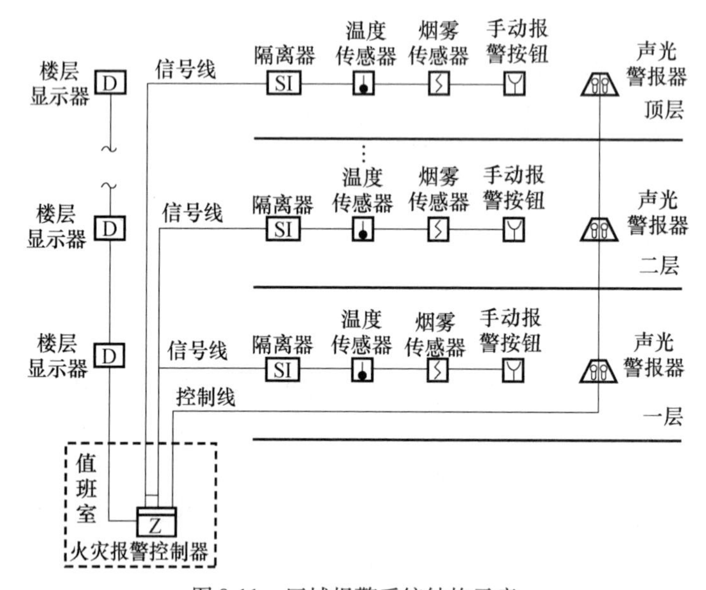

图 8-11　区域报警系统结构示意

区域报警系统不具有消防联动功能，所以系统在确认火灾后，声光警报器由火灾报警控制器的火警继电器直接启动。

2. 集中报警系统

集中报警系统不仅需要报警，同时需要联动自动消防设备。集中报警系统由火灾探测器、手动火灾报警按钮、火灾声光警报器、消防专用电话、消防应急广播、火灾报警控制器、消防联动控制器、消防控制室图形显示装置等组成，如图 8-12 所示为集中报警系统框图。集中报警系统结构示意如图 8-13 所示。集中报警系统通常设置一台具有集中控制功能的火灾报警控制器，设置一个消防控制室。

3. 控制中心报警系统

控制中心报警系统为当有多个集中报警系统时，应设置控制中心报警系统。当有两个及以上消防控制室时，应确定一个主消防控制室，主消防控制室应能显示所有火灾报警信号和联动控制状态信号，并应能控制重要的消防设备，各分消防控制室内消防设备之间可互相传输，显示状态信息，但不应互相控制。

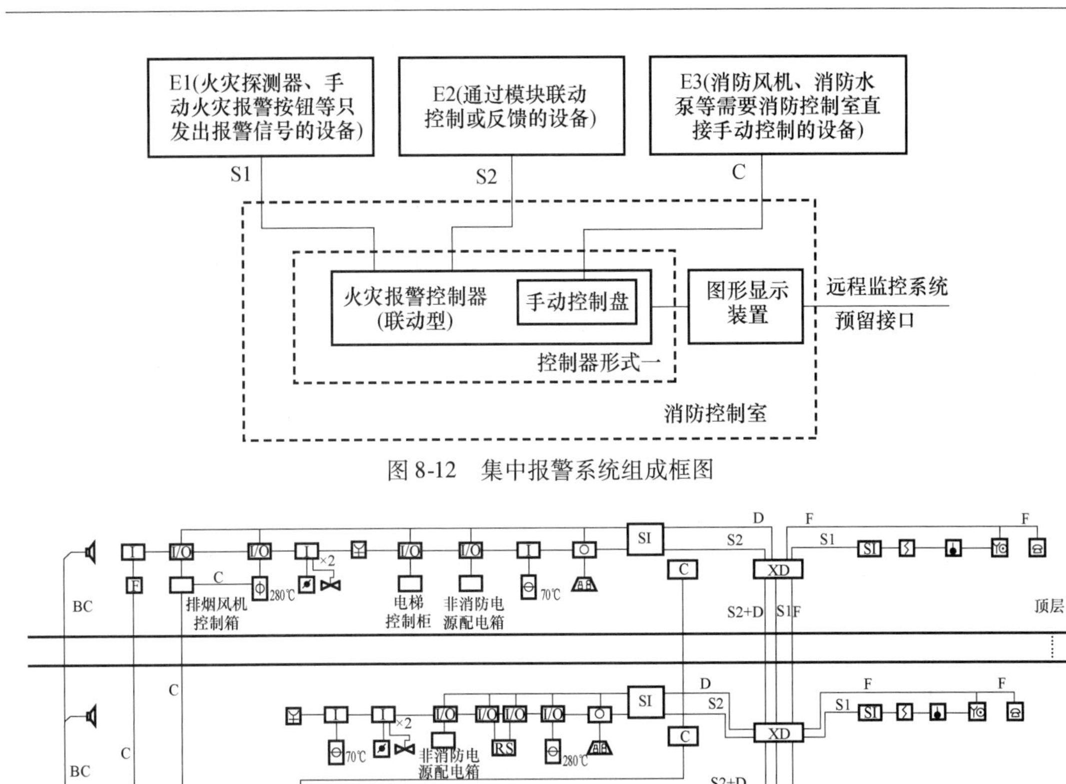

图 8-12　集中报警系统组成框图

图 8-13　集中报警系统结构示意

8.5.2　消防联动控制系统

消防联动控制系统接收火灾报警控制器发出的火灾报警信号，按预先设定的程序，自动完成各项消防控制功能。集中报警或控制中心报警系统通常设置消防联动控制器、消防控制室图形显示装置、消防电气控制装置、消防电动装置、消防联动模块、消火栓按钮、消防应急广播设备、消防电话等设备。可燃气体探测报警系统是火灾自动报警系统的独立子系统，属于火灾预警系统，由可燃气体报警控制器、可燃气体探测器和火灾声光警报器组成。电气火灾监控系统是火灾自动报警系统的独立子系统，也属于火灾预警系统，由电气火灾监控器、电气火灾监控探测器和火灾声光警报器组成，如图 8-14 所示。

消防联动设备是消防系统中的重要控制对象。消防联动控制系统通常包括灭火系统、火区隔离装置、防排烟系统、疏散系统等。灭火系统通过消火栓、自动喷水、高压水雾、CO_2 等方式熄灭火焰。火区隔离装置使用防火门、防火卷帘、防火阀等设备将起火区域隔离开来，进行有序疏散和有效灭火。在火灾初期，为解救被困人员，防排烟系统中的正压送风机系统向火灾区域连续不断送入新风，提供必要的氧气，排烟系统将烟气有序排除建筑物外，为营救工作提供条件。疏散系统通过火灾广播、应急照明、疏散指示照明等设备，为人员逃生提供必要保障。消防联动控制系统中设备监控，应协调动作，才能实现隔离、引导疏散和灭火的功能。

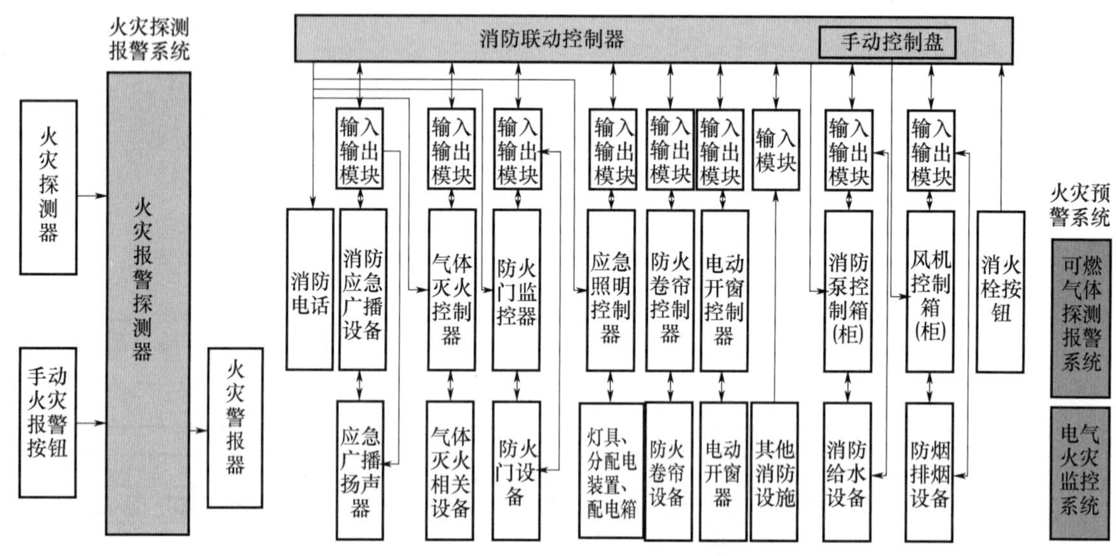

图 8-14　火灾自动报警与消防联动控制系统组成

1. 灭火系统监控

根据灭火系统的设置方式和使用的灭火剂，可以分为以水作为灭火剂的消火栓、自动喷水、水雾、水幕等灭火系统，以气体作为灭火剂的气体灭火系统。自动喷水灭火系统是一种常见的固定式自动灭火系统，其分类如图 8-15 所示。

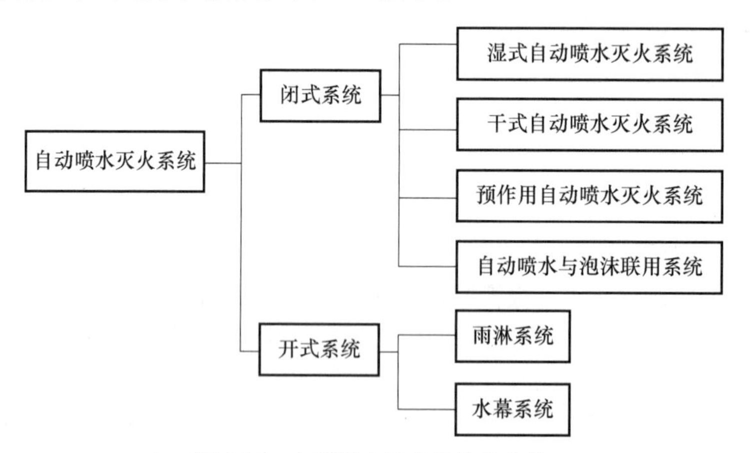

图 8-15　自动喷水灭火系统的分类

湿式自动喷水灭火系统由闭式喷头、湿式报警阀组、水流指示器或压力开关、供水与配水管道以及供水设施组成，湿式自动喷水灭火系统的组成如图 8-16 所示。

湿式自动喷水灭火系统工作原理如图 8-17 所示。在发生火灾时，在现场烟雾温度急剧升高，致使闭式喷头动作，水从喷头喷出灭火。此时连接喷头管网中的水开始流动，水流指示器动作，将信号传送至消防联动控制器，并显示该区域自动喷水系统的动作信息。由于持续喷水泄压，造成湿式报警阀的上部水压低于下部水压，在压力差的作用下，湿式报警阀由关闭状态变为开启状态，水通过湿式报警阀流向着火区域的喷头。报警阀压力开关动作后，发送启动信号至消防联动控制器，联锁启动喷淋泵，持续加压供水喷淋灭火。自动喷水灭火后，人工停泵，关闭控制阀。

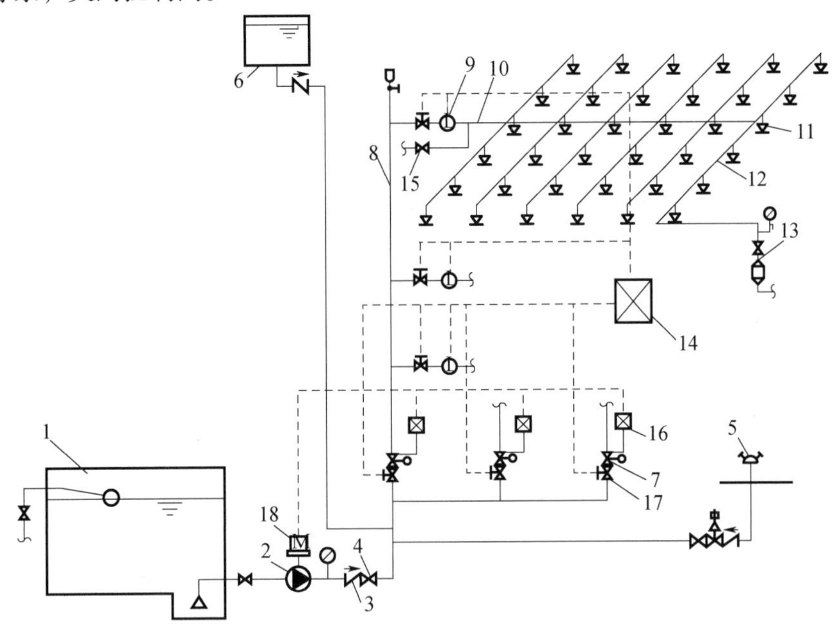

图 8-16　湿式系统基本组成示意

1—消防水池；2—喷淋水泵；3—止回阀；4—闸阀；5—水泵接合器；6—消防水箱；7—湿式报警阀组；8—配水干管；9—水流指示器；10—配水管；11—闭式喷头；12—配水支管；13—末端试水装置；14—报警控制器；15—泄水阀；16—压力开关；17—信号阀；18—驱动电机

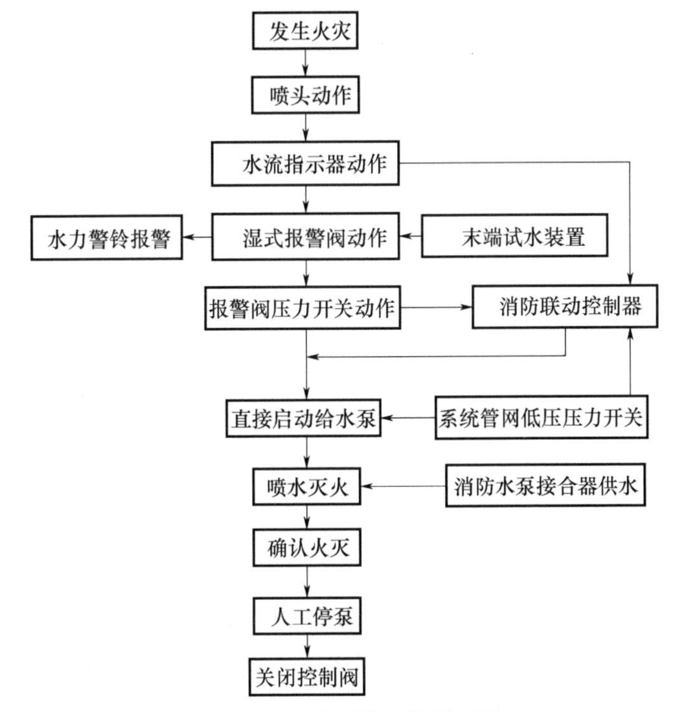

图 8-17　湿式系统工作原理图

水流指示器和压力开关作为系统的联动触发信号。当水管内的水压下降到一定值时，压力开关也产生报警信号。火灾报警控制器接收到水流指示器和压力开关的报警信号后，一方面发出火灾声光警报，并记录报警地址和时间；另一方面同时将报警信号传递给消防联动控制器，启动喷淋泵，以保证压力，水会持续喷出，达到灭火的目的。

2. 火区隔离装置监控

当发生火灾时，需要采取隔离措施，以防止火势蔓延扩散，最大限度地减少火灾损失。常用的隔离物有防火墙、防火钢筋混凝土楼板、防火卷帘门、防火门、防火阀等。其中防火墙、防火钢筋混凝土楼板是不需要控制的。消防联动控制器可以控制防火卷帘门、防火门等。

如图 8-18 所示，防火卷帘门用于建筑内部较大空间的防火隔离。防火卷帘门两侧宜设感烟式和感温式火灾探测器及其报警控制装置或输入输出模块，且两侧应设置手动控制按钮及人工升降装置。防火卷帘门设在疏散通道上时，在火灾确认后，防火卷帘门在烟感报警情况下，卷帘下降至楼面 1.8m 处，保持疏散畅通；在温感报警情况下，卷帘下降到底，关闭疏散通道。防火卷帘门仅作为防火隔离时，探测器报警后，卷帘门直接下降到底。

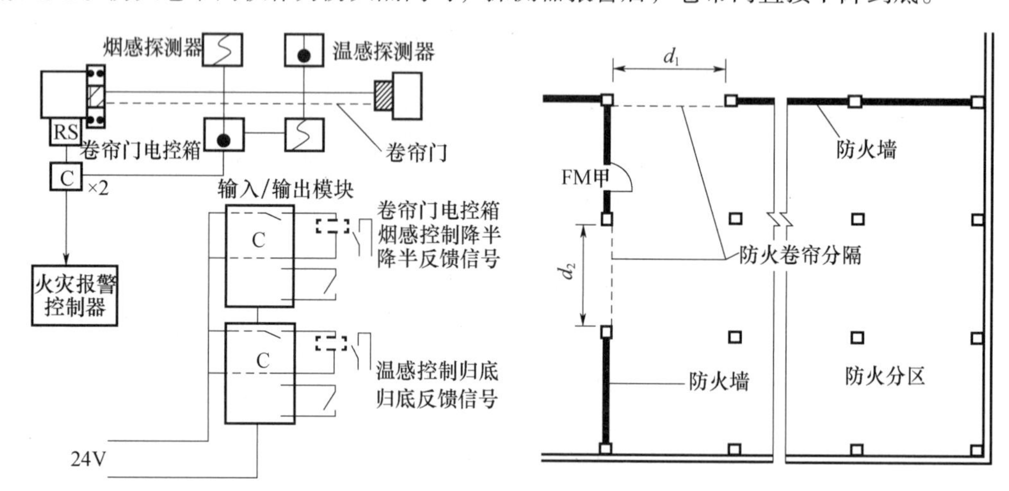

图 8-18 防火卷帘门分步控制图和防火隔离示意

3. 防排烟系统监控

防排烟系统的作用是阻止烟气进入疏散和消防通道的消防设施，保证非消防人员安全疏散，为消防人员创造灭火条件。防排烟系统通常分为正压送风系统和排烟系统。正压送风系统由送风机和送风口组成。排烟系统通常分为单独排烟系统和合用通风系统，单独排烟系统由排烟风口、排烟管道、防火阀和排烟风机组成。

如图 8-19 所示为防排烟系统的工作流程图。当发生火灾时，由防火分区内感温探测器、感烟探测器、手动报警按钮将火情信号送给火灾自动报警控制器及消防联动控制器，一方面消防联动控制器开启正压送风口，启动正压送风机向火灾区域送风，并将送风口和送风机的运行状态信号反馈给消防联动控制器；另一方面消防联动控制器开启排烟口或排烟阀，启动排烟风机，及时排除火灾时产生的烟气，同时通过防火阀切断向该防火分区送风和排风，停止空气调节系统运行。

如图 8-20 所示为防排烟系统结构示意。防火阀按照熔断温度可分为 70℃和 280℃两种。70℃防火阀用于空调送风系统，280℃防火阀用于排烟系统。当送风温度达到或超过 70℃，排烟温度达到或超过 280℃时，防火阀熔片熔断，自动关闭阀门，并发出报警信号。

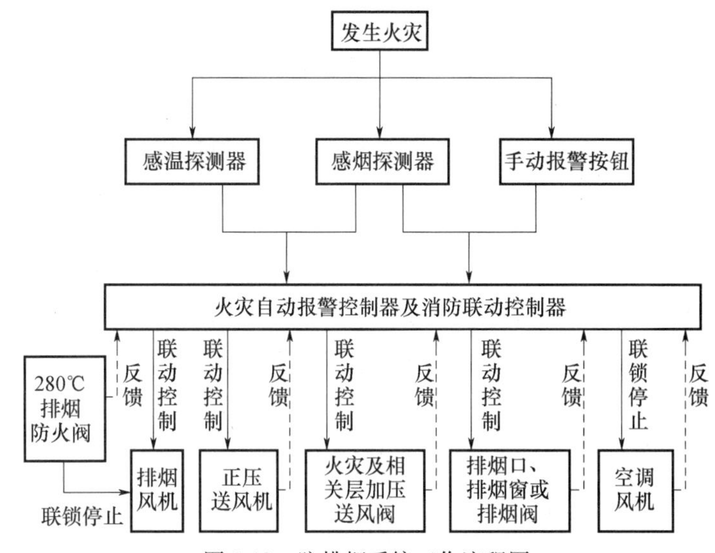

图 8-19　防排烟系统工作流程图

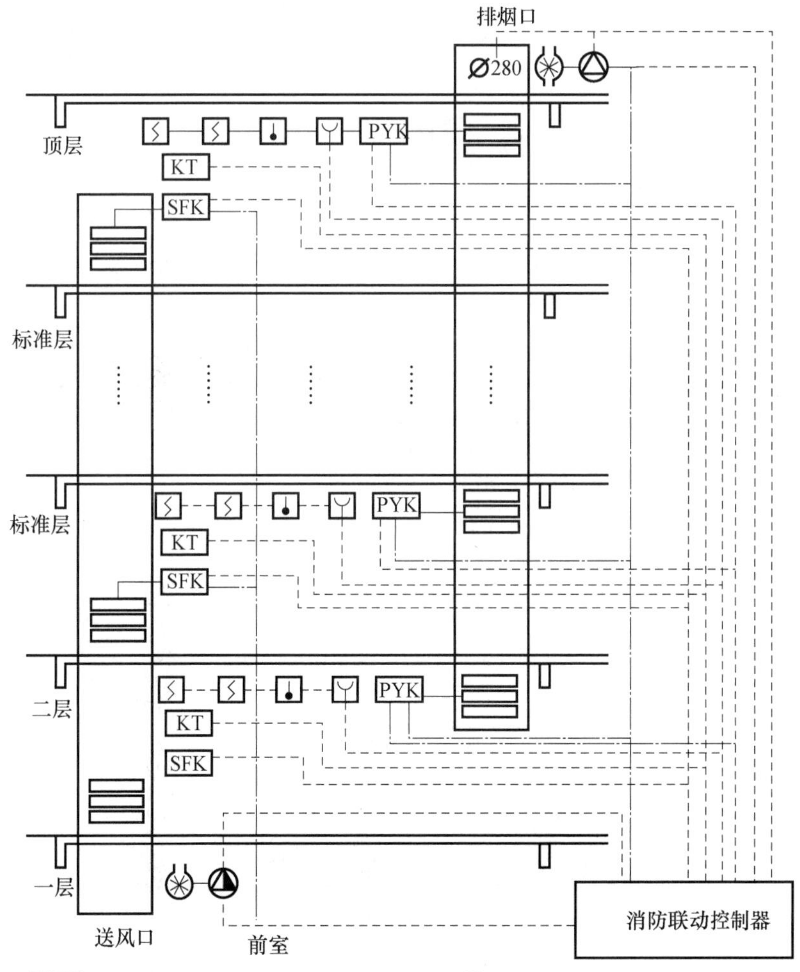

图 8-20　防排烟系统结构示意

4. 消防应急广播联动控制

当建筑物内发生火灾时，消防应急广播系统是引导处于危险场所的人员如何逃生的重要设施。消防应急广播的联动控制信号应由消防联动控制器发出。消防应急广播应与火灾声光警报器分时交替工作。在消防控制室应能手动或按预设控制逻辑联动控制选择广播分区、启动或停止应急广播系统，并能监听消防应急广播。消防应急广播与普通广播或背景音乐广播合用时，应具有强制切入消防应急广播的功能。

如图 8-21 所示为一种消防应急广播联动控制系统结构示意。独立设置的消防应急广播系统，未与普通广播合用。它适用于系统规模较大，需要使用多个广播功率放大器的场合。如果方案中的功率放大器只为一个广播分区播音，则系统中的模块可以省略。

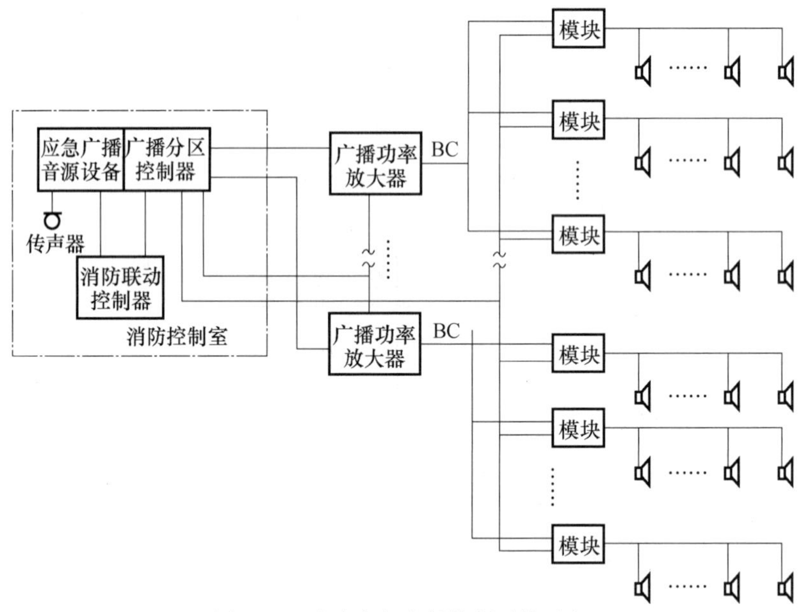

图 8-21　消防应急广播控制系统示意

5. 消防应急照明和疏散指示系统的联动控制

消防应急照明和疏散指示系统是在火灾情况下，为保证人员能从室内安全疏散到室外所提供的照明和疏散指示系统。由各类消防应急灯具及相关装置组成。

消防应急照明和疏散指示系统的分类如图 8-22 所示。集中控制型系统主要由应急照明集中控制器、双电源应急照明配电箱、消防应急灯具和配电线路等组成，消防应急灯具可为持续型或非持续型，所有消防应急灯具的工作状态都受应急照明集中控制器控制。

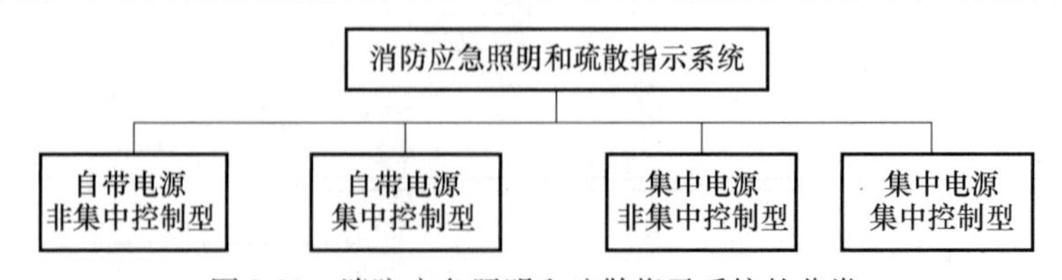

图 8-22　消防应急照明和疏散指示系统的分类

如图 8-23 所示为消防应急照明和疏散照明系统的集中电源集中控制型的示意。需要注意的是，图中的信号线与电源线电压等级不同不可以共管敷设。应急照明集中电源与应急照明分配电装置为一对一的形式，它们之间也可以是一对多的形式。在图 8-23 的控制回路中，同一回路的消防应急灯具的工作方式要相同。消防应急灯具按照灯具的工作方式的不同分为持续型和非持续性。回路 1 中的灯具设置为非持续型，回路 2 中的灯具设置为持续型。

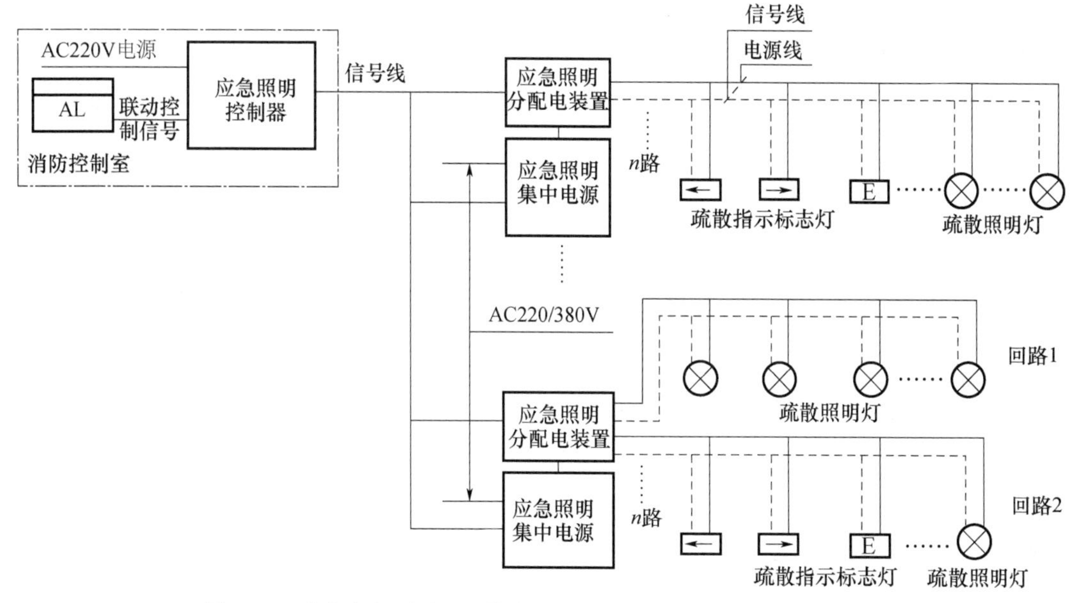

图 8-23　消防应急照明和疏散指示照明集中电源集中控制型示意图

若应急照明作为正常照明的一部分而设置，平时就点燃，属于持续型。而应急照明只有在发生火灾的时候点燃，则为非持续性。持续型的照明的控制用按钮，按钮装在柜门上，用集中控制方式控制。

消防应急照明配电系统的实例如图 8-24 所示。这个实例是集中电源集中控制型的。当正常电网停电或发生火灾等事故时，应急照明电源（EPS）通过逆变器释放存储的电能，向事故照明器和疏散指示器供电，并保持疏散要求所规定的时间。

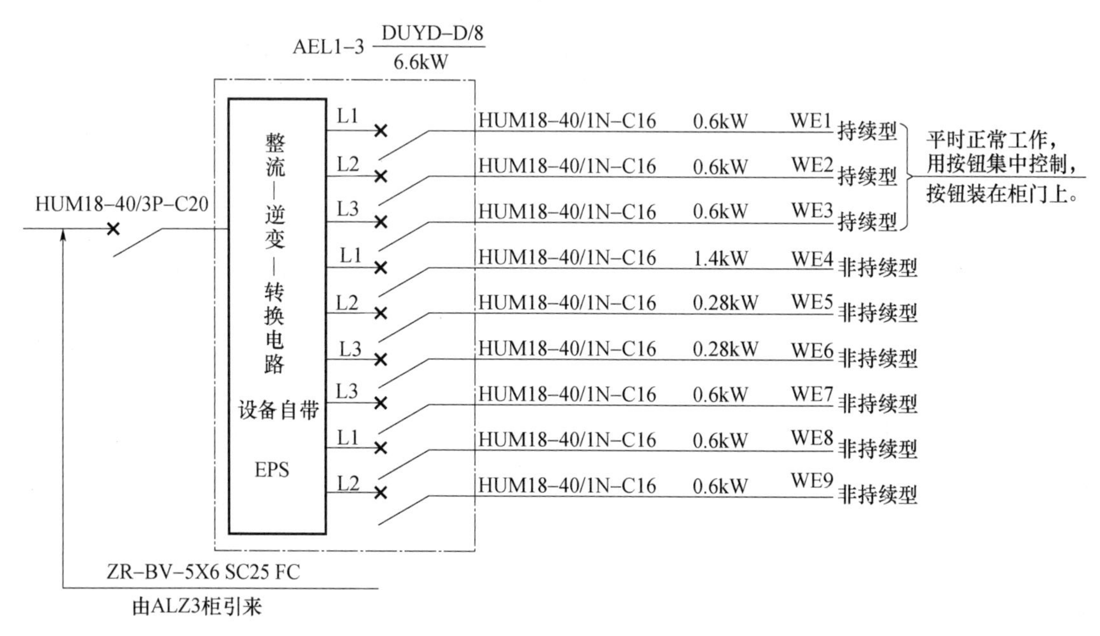

图 8-24　消防应急照明配电系统实例

8.6 安全防范系统

建筑物的安全防范系统（SAS）是建筑管理系统（BMS）中的一个重要组成部分。安全防范系统为建筑物提供防入侵、防盗、防破坏等安全保障措施，尽量避免人员受到伤害，财产受到损失，提升物业管理水平。

在建筑物中，安全防范系统通常包括访客对讲系统、闭路电视监控系统、防盗报警系统、门禁系统等。安全防范系统的主要任务有防范、报警、监视、记录等。防范是安全保护的核心任务。通过设置防范设施，使罪犯不能进入防范区，或在企图作案时能被及时发现，进而采取措施保护人身安全。当发现安全受到威胁时，安全防范系统能向安防控制中心发出信号报警，并送到保安部门。在发出报警信号的同时，安防控制中心应能对事发地点的现场图像和声音进行监视与记录。当安全防范系统受到破坏时，能触发报警信号。

8.6.1 访客对讲系统

访客对讲系统是通过与来访者的对讲通话或摄像来确认来访者的身份，以决定是否打开楼门电锁的系统，实现了安全和便捷的门禁管理目的。访客对讲系统一般有非可视对讲系统和可视对讲系统。

1. 非可视对讲系统

如图 8-25 所示，访客非可视对讲系统一般由管理中心主机、单元非可视对讲门口主机、住户非可视对讲分机、电源和防盗门电锁等组成。三级结构为住户非可视对讲分机为现场级设备，单元非可视对讲门口主机为监督级设备，管理中心主机为管理级设备。

非可视对讲系统的功能为：在住宅楼的每个单元首层大门处设有一个电子密码锁，每个住户使用自己家密码开锁，密码可根据用户需要随时修改，以保证密码不被盗用。来访者需进入住宅楼时，按动大门上主机面板上对应房号，被访者家分机发出振铃声，主人摘机与来访者通话确认身份后，按动分机上遥控大门电子锁开关，打开门允许来访者进入，然后闭门器使大门自动关闭。当住户遇到突发事情，可通过对讲系统与保安人员取得联系，进行报警和求助。

2. 访客可视对讲系统

如图 8-26 所示，访客可视对讲系统一般由管理中心主机、单元可视对讲门口主机、室内住户可视对讲分机、视频放大器、视频分配器、电源和防盗门电锁等组成。视频分配器用于语音编码信号和影像编码信号解码，然后送至对应的住户分机，在系统中串行连接使用。视频分配器采用直流电，由系统电源设备供电。视频放大器为选配件，一般 12 户以内可省略。当超过 12 户时，因视频信号输出的损失和高频衰减，可能影响到输出图像的质量，应增加视频放大器。

访客可视对讲系统功能为：在对讲系统安装上摄像机，实现可视对讲。可视对讲系统安装单元门入口处，当有客人来访时，按压室外机按钮，室内机的电视屏幕上即会显示出来访者和室外情况。摘下室内分机即可与来访者通话。在无人呼叫时，按压室内机的监视键，可主动监视室外情况。可视对讲门铃采用夜间红外线照明设计，使白天黑夜均清晰可见。

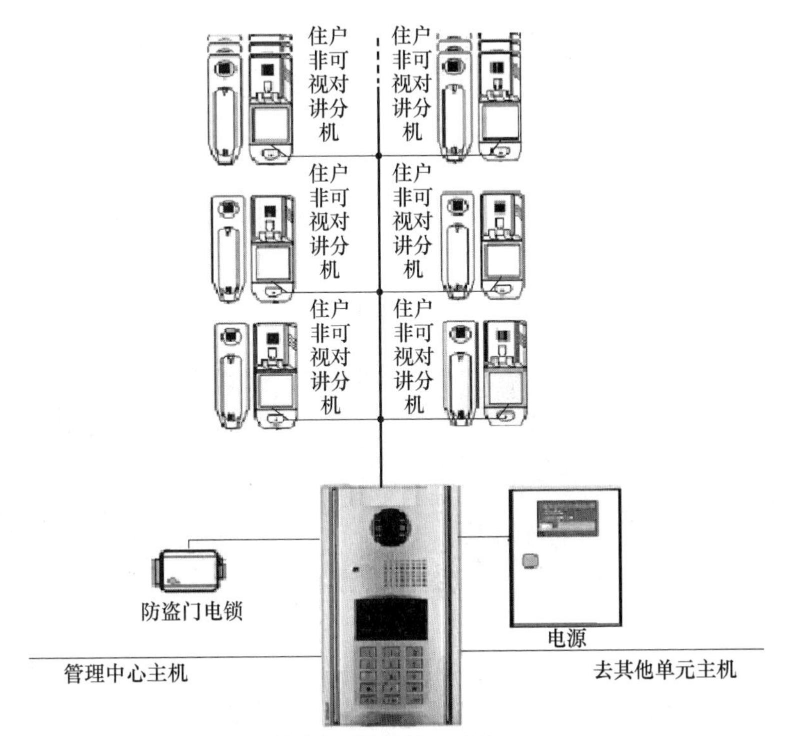

图 8-25　访客非可视对讲系统组成示意图

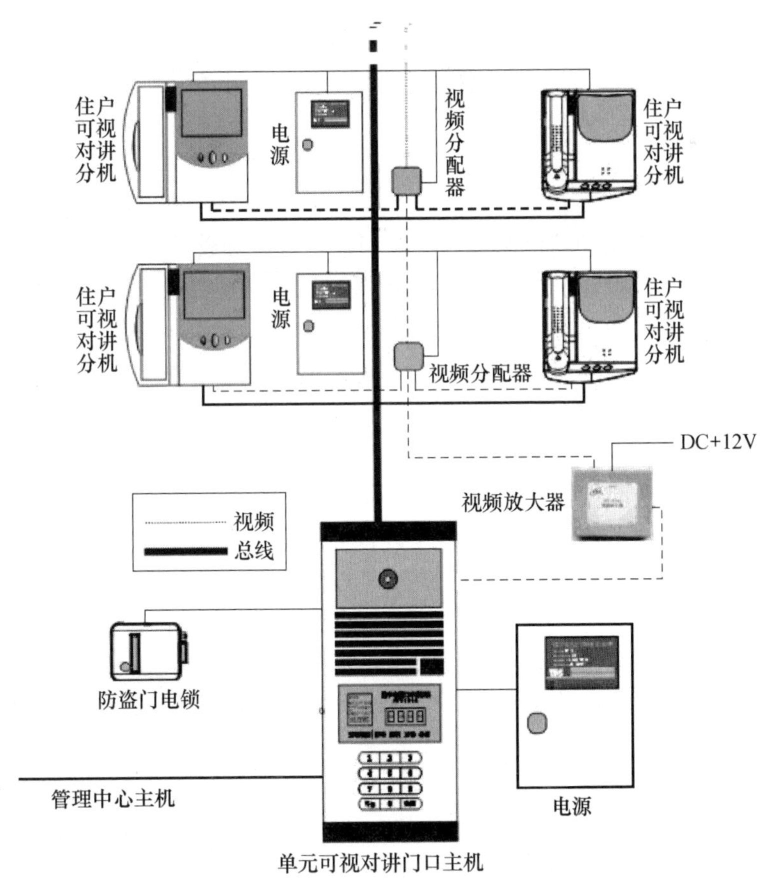

图 8-26　访客可视对讲系统组成示意图

8.6.2 闭路电视监视系统

闭路电视监控系统是现代管理、监测、控制的重要手段之一。它可以通过摄像机及其辅助设备直接观看被监视场所的实际情况，并可以把所拍摄的图像记录下来，为处理事故提供依据。

如图 8-27 所示，闭路电视监控系统（CCTV）主要由摄像部分、传输部分、控制部分、显示记录等部分组成。三级结构各种摄像机为现场级设备，主机为监督级设备，管理中心主机为管理级设备。

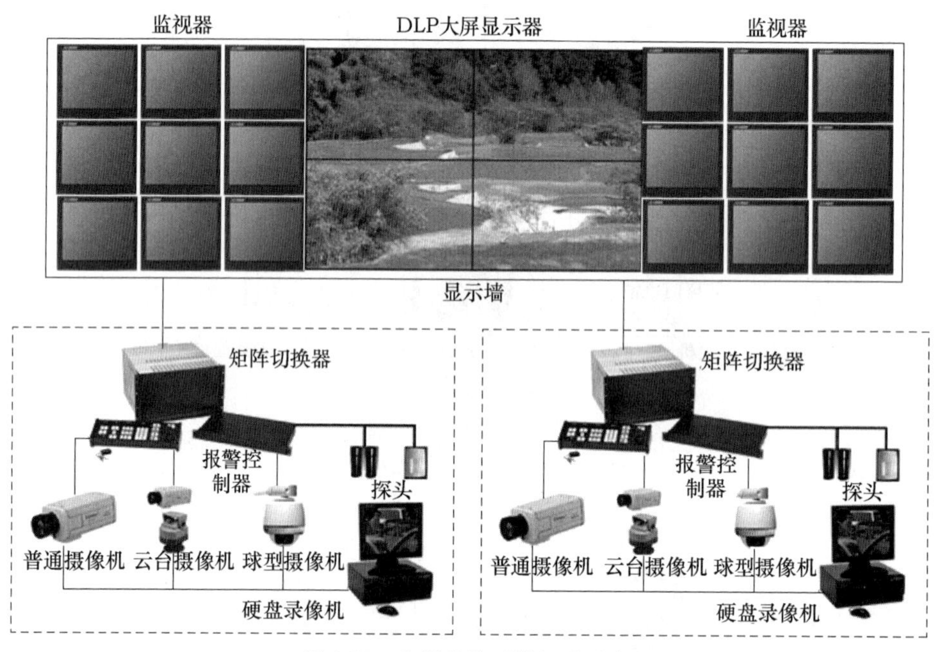

图 8-27 电视监控系统组成示意

摄像部分包括安装在现场的摄像机、支架和电动云台等设备，完成对景物的摄像并将其转换成电信号。在图 8-27 中普通摄像机、云台摄像机和球型摄像机都是摄像设备。

传输部分包括摄像机输出的视频信号传输和控制中心发出的控制信号传输两大部分。传输部分一般包括线缆、调制和解调设备、线路驱动设备等。

控制部分包括视频切换器、画面分割器、视频分配器、矩阵切换器等，负责对所有设备的控制和图像的处理。

显示记录设备主要是监视器、录像机或硬盘录像系统和一些视频处理设备，它们一般安装在控制室内，用于把现场传来的图像信号进行显示，并在需要时进行记录。在图 8-27 中显示记录设备有黑白或彩色监视器、数字光处理的大屏显示器和硬盘录像机。

8.6.3 防盗报警系统

防盗报警系统是用来探测入侵者的移动或其他行为的报警系统。以现代化高科技的电子技术、传感器技术、精密机械技术和计算机技术为基础的防盗器材设备，将物理防范、人员防范和技术防范相结合，构成一个快速反应系统，从而达到防入侵、防盗和防破坏的目的。

1. 防盗报警系统基本组成

如图 8-28 所示为防盗报警系统的基本组成示意。三级结构现场探测器为现场级设备，区域控制器为监督级设备，防盗报警主机为管理级设备。

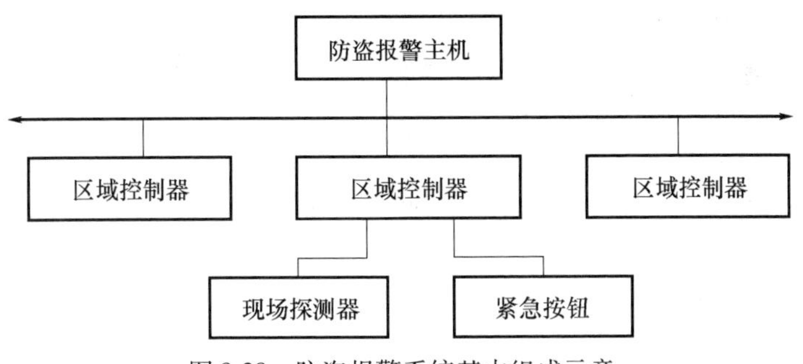

图8-28　防盗报警系统基本组成示意

（1）现场探测器

根据安全防范的具体要求，被保护区域划分为若干个防区，每个防区可以连接一定数量的现场探测器，负责监视保护区域现场的任何入侵活动。

通常在现场使用的报警探测器有红外探测器、紧急按钮、微波探测器、超声波探测器、磁开关、玻璃破碎探测器、双鉴报警探测器等。这些探测器一般由传感器和信号处理器组成，传感器把压力、振动、声响、电磁场等物理量，转换成易于处理的电量（电压、电流、电阻）。信号处理器是把电压或电流进行放大，使其成为一种合适的信号。

（2）传输系统

报警探测器通过信号传输媒体，将报警输出信号传送到报警控制主机，进行响应和处理。同时，报警探测器的控制信号、供电电源等也需要由报警控制主机提供。根据现场使用环境和条件不同，信号传输系统可以是有线传输、无线传输、微波传输、光纤传输和电话线传输等多种信号传输媒体方式。

（3）区域控制器

区域控制器是带微处理器的控制器，当它接到现场探测器报警信号时，一方面需要对现场报警点进行操作和控制，另一方面向监控中心传递有关的报警信息，在监控中心的主机或显示屏上显示出来或在监控中心的打印机上把有关的报警信息打印记录下来。区域控制器的规格与数量完全取决于现场报警信号的数量和性质。

（4）报警控制主机

报警控制主机是对传输系统传送来的报警信号，进行判断、处理、显示、执行、存储和发送的控制设备。它一般要给有线传输系统的前端探测器提供电源，对防区进行布防和撤防操作，对系统工作状态进行编程。它带有备用蓄电池，停电时，向前端探测器及系统设备提供不间断供电。

报警控制主机连接电话线，用于与上一级报警中心通信；连接输出执行设备，用于完成警情的处理工作。

（5）输出执行设备

输出执行设备包括警灯、警号、打印机、报警联动箱及其联动设备等。当报警系统控制主机发出警报时，警灯、警号发出声光报警指示，打印设备自动打印警情报告，报警联动箱带动联动设备完成报警联动控制操作，如打开现场灯光、启动电控锁工作等。

防盗报警系统的基本功能是接收探测器发送报警信号，同时向上层的计算机控制中心传送自己负责区域的报警情况。系统管理中心接到来自控制器的报警时，在指定的终端 CRT 上清晰地显示报警信息。系统中的探测器负责探测人员的非法入侵，有异常情况向区域报警控制器发送信息。区域报警控制器带有微处理器，它负责对下层设备的管理，它自带多路数字开关输入（常开或常闭，可由软件自由编辑）接受来自探测器的检测信号，同时它还自带多路数字开关输出（可由报警联动）。

2. 防盗报警系统的基本要求

（1）实现对设防区域中重要出入口、周界及建筑物区域、空间的非法入侵进行实时监控，能正确无误地报警。

（2）系统应能按时间、部位、区域任意进行设防或撤防。

（3）系统能显示、打印记录报警的部位、区域和时间，存档备查，能提供与报警联动的电视监控、灯光照明等控制信号，并能实时显示现场报警及有关联动报警的位置图形。

（4）必须留有与外部公安110报警中心联网的接口。

8.6.4 门禁管理系统

门禁管理系统也叫出入口控制系统，是对建筑物正常的出入通道进行管理，控制人员出入、控制人员在楼内或相关区域的行动。

1. 门禁管理系统分类

通常实现门禁管理系统控制方式有三种。第一种是在需要了解其通行状态的门上安装门磁开关。第二种是在需要监视和控制的门上，除了安装门磁开关以外，还要安装电动门锁。第三种是在需要监视、控制和身份识别的门或有通道门的高保安区，除了安装门磁开关、电控锁以外，还要安装磁卡识别器或密码键盘等出入口控制装置，由中心控制室监控，采用计算机多重任务处理，对各通道的位置、通行对象及通行时间等实时进行控制或设定程序控制，并将所有的活动用打印机或计算机记录，为管理人员提供系统所有运转的详细记录。

2. 门禁管理系统基本功能

如图8-29所示，门禁系统通常由管理计算机、读卡器、控制器、电控锁、闭门器、门磁开关、出门按钮、识别卡和传输线路组成。第一层是与人直接打交道的设备，包括负责凭证验收的读卡机，作为受控对象的电子门锁，和起报警作用的出入口按钮、报警传感器、门传感器、报警喇叭等，作为三级结构中的现场级设备。第二层设备是智能控制器，它将第一层发来的信息同自己存储的信息相比较，作出判断后，再给第一层设备发出相关可知信息，作为三级结构中的监督级设备。第三层设备是监控计算机，管理整个防区的出入口，对防区内所有的智能控制器所产生的信息进行分析、处理和管理，并作为局域网的一部分与其他子系统联网，作为三级结构中的管理级设备。

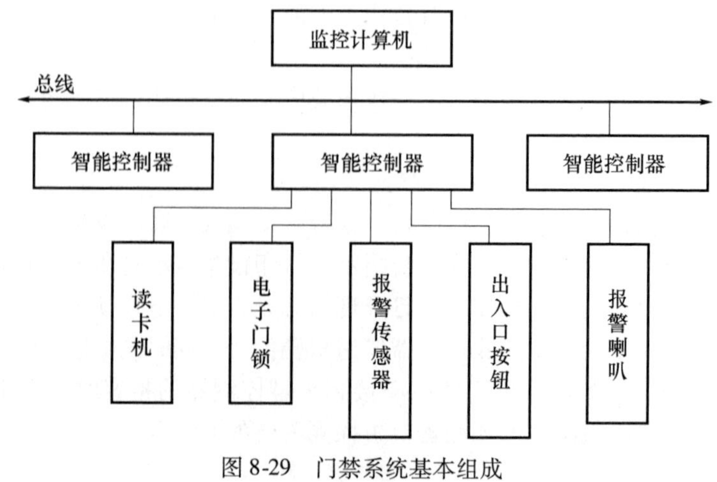

图8-29　门禁系统基本组成

门禁系统的基本功能是有效地管理门的开启与关闭，保证授权出入门人员的自由出入，限制未经授权人员的进入。同时对出入人员代码、出入时间、出入门号码进行登记与储存。

8.6.5　巡更管理系统

巡更管理系统是保安人员在规定的巡更路线上，在指定的时间和地点向管理主机发出巡更信号以表示正常。通常在巡更的路线上安装巡更开关，巡更保安人员在指定的时间区域内到达指定的巡更点。并且用专门的钥匙开启巡更开关，向系统管理主机发出“巡更到位”的信号。如果在指定的时间内，巡更信号没有发到管理主机，或不按规定的次序发出巡更信号，系统将视为异常。

巡更管理系统是小区周边安防系统的重要补充，通过小区内各区域及重要部位的安全巡视和巡更点的确认，可以实现不留任何死角的小区巡更网络。巡更系统一般分为非在线式巡更和在线式巡更系统两种。

1. 非在线式巡更系统

非在线式巡更系统的巡更信息是在安全值班人员巡更完成后将手持读卡机采集的巡更点信息传入管理中心计算机的，能检验巡更人员是否按照预定的路线和规定时间进行巡逻作为考勤的依据，同时记录的巡更信息也为处理事故提供参考。

非在线式巡更系统由分布在各处的巡更读卡点或巡更开关、手持读卡机、数据传送器、管理主机及打印机等组成。图 8-30 为非在线式巡更系统示意图。

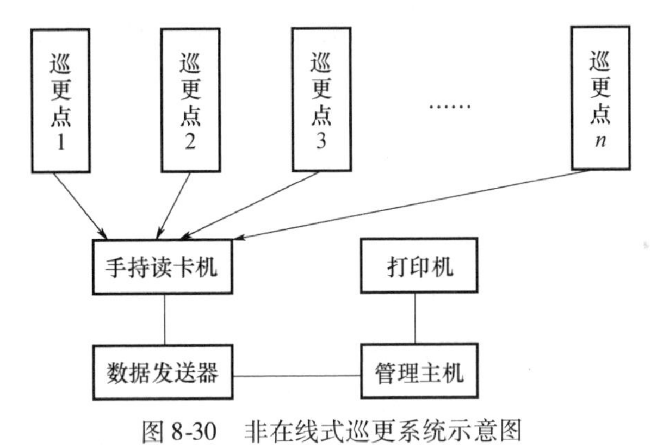

图 8-30　非在线式巡更系统示意图

巡更点就是一个信息钮，是由不锈钢封装的存储器芯片，每个信息钮在制作时均被注册了一个唯一性的序列号 ID，用强力胶将其固定在巡更位置上。当巡更员将手持读卡机放在巡更点的信息钮上时，会发出蜂鸣声作声音提示，互相连通的电路就会将信息钮中的数据存入信息采集器的存贮单元中，完成一次存读。

手持读卡机就是信息采集器，目前种类和型号比较多，一般由金属浇铸而成，使用 9V 或 12V 锂电池供电，配备容量不低于 128K 的存储器，内置日期和时间，有防水外壳，能存储 5000 条以上信息。有些手持读卡机可以直接使用 USB 接口与计算机连接进行数据传输。

数据发送器是计算机的专用外部设备，其上有电源、发送、接收状态指示灯。对于不能直接与计算机进行数据传输的手持读卡机，在插入数据发送器后就可通过串行口与计算机连通，从而通过软件读出其中的巡更记录。

管理主机以视窗软件运行，一方面可以方便组织和变换巡更路线；另一方面可详细列出巡更人员经过每一个巡更点的地点、时间以及缺巡资料，以便核对保安巡更人员是否尽责，确保智能建筑周围的安全。

2. 在线式巡更系统

如图 8-31 所示，在线式巡更系统主要由巡更点信息触发装置、信息传输网及控制主机等组成。

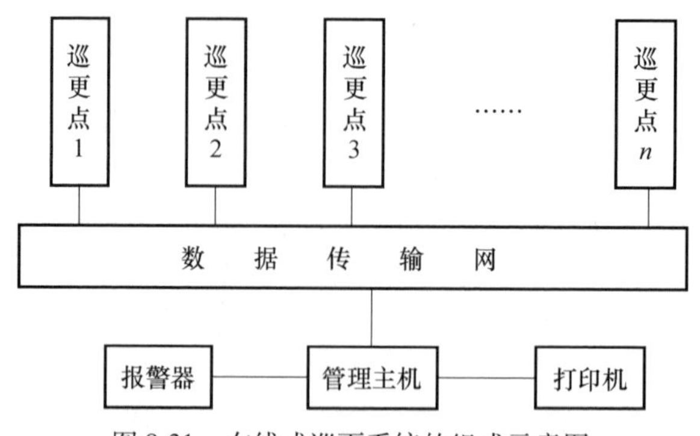

图 8-31　在线式巡更系统的组成示意图

在线式巡更系统工作时能够及时向管理中心传递巡更信息，管理中心可以随时了解巡更人员的巡更路线和大体位置。如果巡更人员没有按照规定的路线行走或受到伤害不能在规定的时间内到达巡更点，管理中心就会接收到报警信号及时联系巡更人员。所以，在线式巡更系统不但能够检查巡更人员是否按照规定的路线在规定的时间范围内进行巡更，而且在巡更人员受到伤害后能够及时发现并确定其方位，有利于保护巡更人员的安全。

在线式巡更系统的巡更点信息发送可以使用按钮开关、门锁或是读卡机等装置，巡更人员在走到巡更点处，通过按钮、刷卡、开锁等手段，将以无声报警表示该防区巡更信号，从而将巡更人员到达每个巡更点时间、巡更点动作等信息记录到系统中。

在线式巡更系统的传输网络可以单独设置，也可以与其他报警系统合用，因为每个巡更点的信息发送都可以视为系统中的一个已知报警信号。

在线式巡更系统的控制主机通过编程确定每次的巡更路线，每条路线上巡更点的数量、位置和到达时间都可能不同，这样可以避免规律性巡更以给犯罪分子可乘之机。巡更人员沿巡更路线在规定的时间到达巡更点便启动该处信息发送装置将巡更信息记录到系统中，在中央控制室通过查阅巡更记录就可以对巡更质量进行考核。当发生遗漏巡更点、提前或迟误到达巡更点以及巡更被中断等情况时，控制主机就会发出报警信号，这样控制中心值班人员就可通过对讲系统或内部通信方式与巡更人员沟通和查询，确保巡更人员安全。控制主机可以单独设置，也可以由集成报警系统中警报控制主机完成工作。

本章小结

本章介绍了高低压配变电系统、照明系统、电梯系统、消防系统和安防系统的监控原理图。高低压变配电系统以监控供电参数和供电质量为目标，主要监测电压、电流、功率因数、计量、运行状态、故障状态等参数，控制供电质量、无功补偿、与消防系统联控等。照明系统的监控常以节能为目的，按区域进行监控。消防系统以逃生、减灾、灭火为监控目的。安防系统以防范为监控目标。

习　题

1. 简述高低压配电的系统的监控功能。
2. 简述照明系统的监控功能。
3. 简述电梯系统的监控功能。
4. 画出变配电高低压系统的监控原理中的 DDC 监控功能表。
5. 画出照明系统的监控原理中的 DDC 监控功能表。
6. 画出电梯系统的监控原理中的 DDC 监控功能表。
7. 查资料，了解高低配电压系统的监控原理图中的各种元器件的选择和安装位置。
8. 简述 FAS 中的自动报警系统功能和联动控制功能。
9. 在 SAS 中，有哪些安全防范措施？如何工作？

第9章　监控组态软件系统

9.1　监控组态软件系统概述

9.1.1　监控组态软件功能

1. 关于组态软件

组态软件是一种面向工业自动化的通用数据采集和监控软件，即SCADA（Supervisory Control And Data Acquisition）软件，又称人机界面或HMI/MMI（Human Machine Interface/Man Machine Interface）软件，在国内俗称"组态软件"。

组态（Configure）的含义是配置、设定、设置等意思。它是指用户通过类似"搭积木"的简单方式来完成自己所需要的软件功能，而不需要编写计算机程序，就是"组态"。它有时候称为"二次开发"，组态软件又称为"二次开发平台"。

监控（Supervisory Control）是指通过计算机信号对自动化设备或过程进行监视、控制和管理。简单地说，组态软件能够实现对自动化过程和装备的监视和控制。它能从自动化过程和装备中采集各种信息，并将信息以图形化等更易于理解的方式进行显示，将重要的信息以各种手段传送到相关人员，对信息执行必要分析处理和存储，发出控制指令等。组态软件可根据工程的需要进行选择、配置来建立监控系统。

组态软件既可以完成对小型的自动化设备的集中监控，也能由互相联网的多台计算机完成复杂的大型分布式监控。

2. 组态软件的常见功能

组态软件提供对建筑自动化系统进行监视、控制、管理和集成等一系列的功能。利用组态软件，可以完成的常见功能简述如下：

（1）可以读写各种PLC、DCS、仪表、智能模块等现场信号，从而对现场进行监视和控制。

（2）可以以图形和动画等直观形象的方式呈现现场信息，方便对控制流程的监视。也可以直接对控制系统发出指令，或设置参数干预现场的控制流程。

（3）可以将控制系统中的紧急工况（报警）通过软件界面、电子邮件、手机短信、即时消息软件、声音和计算机自动语音等多种手段及时通知给相关人员，使他们及时掌控自动化系统的运行状况。

（4）可以对现场的数据进行逻辑运算等处理，将结果返回给控制系统，协助控制系统完成复杂的运算控制功能。

（5）可以对从控制系统得到的数据进行记录存储。在工程发生事故和故障的时候，对系统故障原因等进行分析定位，责任追查等。通过对数据的质量统计分析，还可以提高自动化系统的运行效率，提升产品质量。

（6）可以将工程运行的状况、实时数据、历史数据、警告和外部数据库中的数据以及统计运算结果制作成报表，供运行和管理人员参考。

（7）可以提供多种手段让用户编写自己特殊需要的功能，操作工程中的资源，与组态软件集成为一个整体运行。

（8）可以为其他应用软件提供数据，也可以接收数据，从而将不同的系统关联和整合起来。

（9）多个组态软件之间可以互相联系起来，提供客户端和服务器架构，通过网络实现分布式监控，实现复杂的大系统监控。

（10）可以将控制系统中的实时信息送入管理信息系统，也可以反之，接收从管理系统的管理数据，根据需要来干预生产现场或过程。

（11）可以对工程的运行实现安全级别、用户级别等的安全控制。

（12）可以非常简单地开发面向国际市场的，能适应多种语言界面的监控系统。可以实现工程在不同语言之间的自由灵活切换。

（13）可以通过因特网发布监控系统的数据，实现远程监控。

目前楼宇控制系统中的常用组态软件有美国 Honeywell 公司的 Excel Care、德国 Siemens 公司的 S600 Apogee、清华同方的易视 RH-iDCS 等。在国内的建筑自动化控制系统中，应用最多还是美国 Honeywell 公司的 Excel Care，故本章节主要介绍是 Excel Care 组态软件。

9.1.2 Care 的基本概念

1. Care 的步骤和流程图

这里简要介绍 Care 5.0 使用中楼宇控制系统 Care 软件的步骤和流程图，如图 9-1 所示。有关 Care 软件的安装内容，请查阅相关资料。

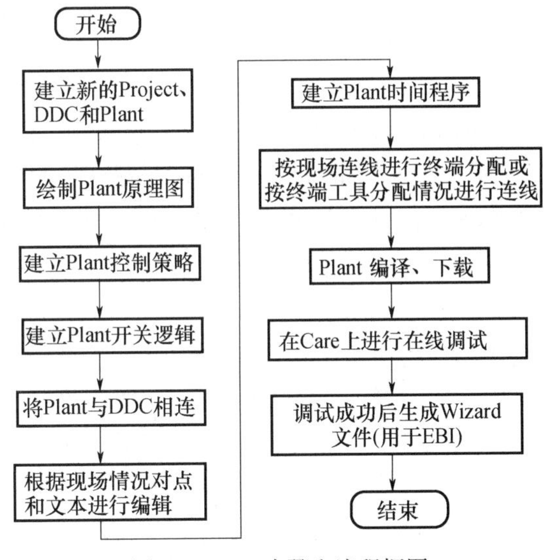

图 9-1 Care 步骤和流程框图

使用 Care 软件的第一步是建立一个新的工程（Project）。在新的工程里面，建立新的控制器（Controller）和新的受控设备系统（Plant）。也就是说 Project、Controller 和 Plant 是新建工程中三个重要的组成要素。

（1）关于 Plant

Plant 是指一个受控设备系统，简称设备树。一个设备可以是温湿度控制器、锅炉、冷冻机等，或者是由锅炉、加热器、水泵、传感器和其他装置组成的变风量系统（VAV）。在

Plant 中可以绘制空调系统、给排水系、供热系统、制冷系统等监控原理图。在 Plant 原理图的基础上，建立控制策略和开关逻辑等控制命令。

然后将 Care 软件和硬件 DDC 相连接。DDC 通道中的各个点和实物 Excel 连接，再对 Plant 编译、下载，调试成功后应用于实际工程。因 Care 软件和 Excel 的成本较高，而且调试复杂，故本章节主要讲解 Care 提供的 Plant 原理图、控制策略、开关逻辑和时间程序等功能。这四种功能主要用于建立便于下载到控制器的程序文件，因此这些功能是和硬件相连接的重要环节。

（2）Plant 原理图

Plant 原理图是由显示 Plant 中设备及安装段（Segments）的组合。

（3）控制策略

建立好原理图后，就可以建立一个控制策略。控制策略能使控制器智能化地处理系统。控制策略可定义为基于条件、数学计算或/和时间表的控制回路，可根据模拟量和数字量的组合进行控制。Care 还提供了标准的控制算法，如比例 - 积分 - 微分（PID）、最小值、最大值、平均值和序列等。定义日常时间表（如工作日、周末、假期）并将它们分配到每周的时间表中。

（4）开关逻辑

除了对原理图加入控制策略外，还可以对数字控制（如开关状态等）加入开关逻辑。开关逻辑是基于逻辑或、逻辑与、逻辑或非等的逻辑表。

（5）时间程序

可建立与容量相符的控制设备启动或停止的时间程序。可定义日常时间表（如工作日、周末、假期）并将它们分配到每周的时间表中。

2. Care 的关系图

如图 9-2 所示为 Project、Controller 与 Plant 之间的关系示意。Project 是指公用总线上的 1 ~ 30个控制器。如图 9-3 所示中为一个带有四个 Plants 与三个控制器的 Project。每个控制器（Controller）可以包含多个 Plant，但同一个 Plant 不能分配给多个控制器。

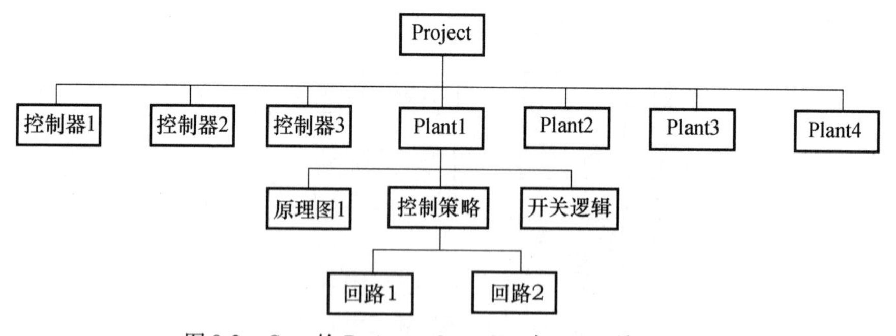

图 9-2　Care 的 Project、Controller 与 Plant 关系图一

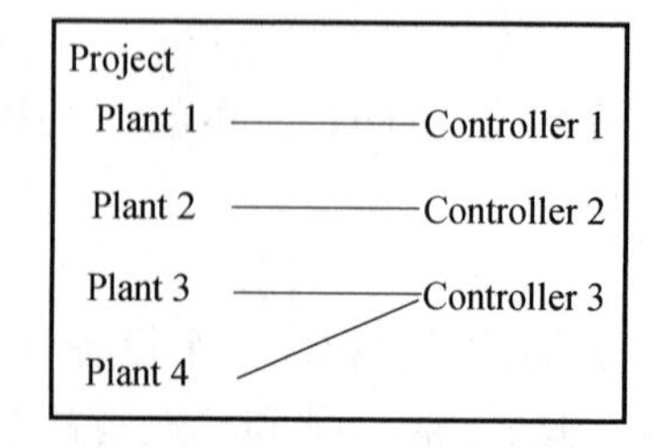

图 9-3　Care 的 Project、Controller 与 Plant 关系图二

9.2　创建建筑设备自动化工程

9.2.1　Care 主界面的介绍

主界面内容：

如图9-4 所示为 Care 5.0 的主界面。主界面中建立了新的 Project、Controller 和 Plant。第一行为标题行，显示的信息为 Excel Care 5.0 版本，未注册版的 Project 的名称为 xinfeng。第二行为工具栏，这里重要的是 Project 项、Controller 项和 Plant 项。第三行和第四行为快捷工具栏。中间的左上部分里面是设备分支树，第一个是工程名（如 xinfeng），第二个是控制器（CONT01），第三个是由各种输入输出点的 Plant，设备名为 kt。设备分支树的下边是网络设备分支树。它们的右边有 Project 的属性、网格内容。

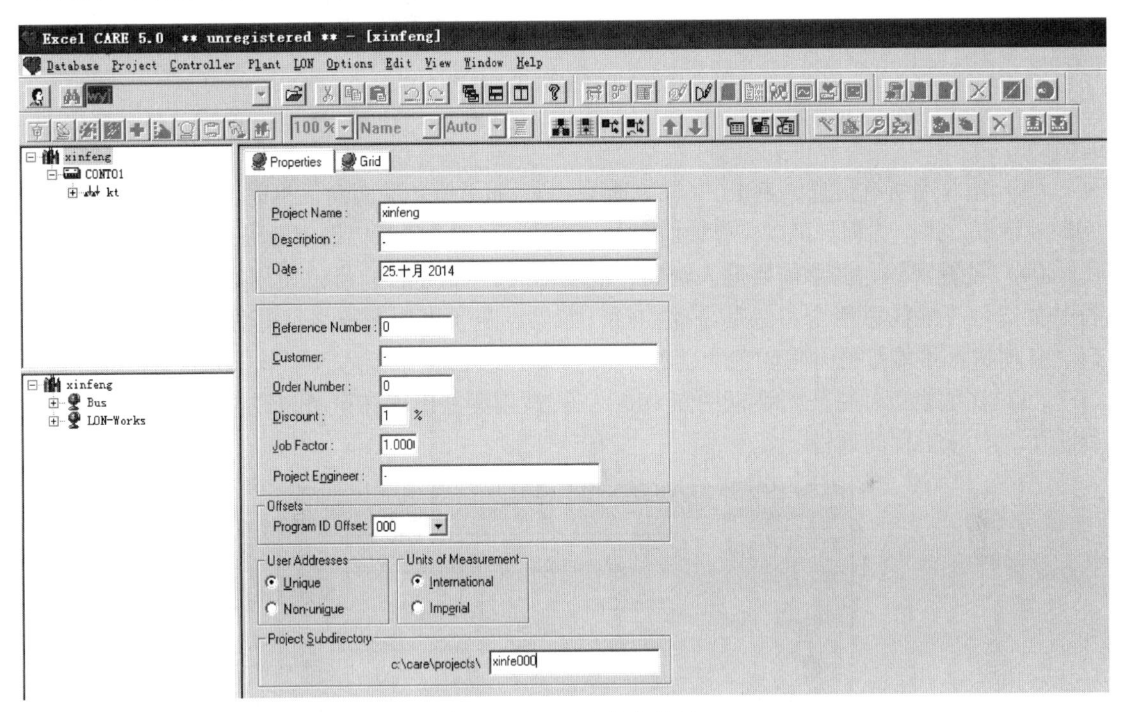

图9-4　Care 5.0 的主界面

设备分支树和网络分支树如图9-5 所示。设备树提供了一个关于工程逻辑结构总的轮廓，主要对组织管理控制器、设备表及点位等组件提供帮助。网络树提供了一个关于工程的总线系统和网络结构总的轮廓，这对组织管理工程中用到的 C-Bus 控制器、LON 装置、LON 对象等网络组件提供帮助。

9.2.2　创建工程、控制器和设备

1. 创建 Project 工程的步骤

（1）点击 Care 菜单栏中 Project 的下拉菜单 New 就会出现创建新工程对话框。如图9-6 所示。

（2）填写必要信息。有些地方是默认的，点击时有相应说明。用户可以根据情况填写相关信息。

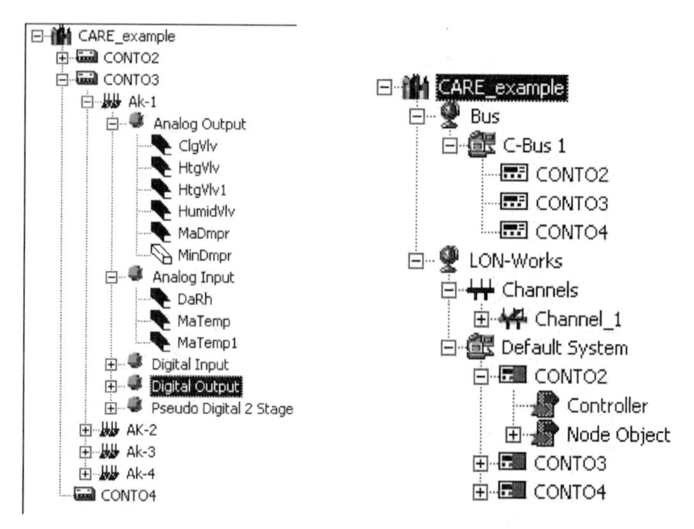

图 9-5 设备分支树和网络分支树

= 工程（最多一个） = 控制器 = 设备表 = 点类型 = 单个点。

（3）填写完所有信息，点击“OK”选项，按 Enter 键。关闭对话框时，会出现编辑工程密码对话框。每个工程都可以有单独的密码。这是个可选项，可以设定密码，也可以不设置。

（4）设置密码。如果需要键入密码，最多键入 20 个字符，可以使用数字、字母和特殊符号如逗号等的任意组合。但是需要注意，如果设定了密码，务必记好你的密码。没有密码，任何人都不能打开并编辑这个工程。

（5）在编辑工程密码对话框中点 OK。工程被创建并出现在设备树或网络树中。在右边面板中，显示工程的属性。

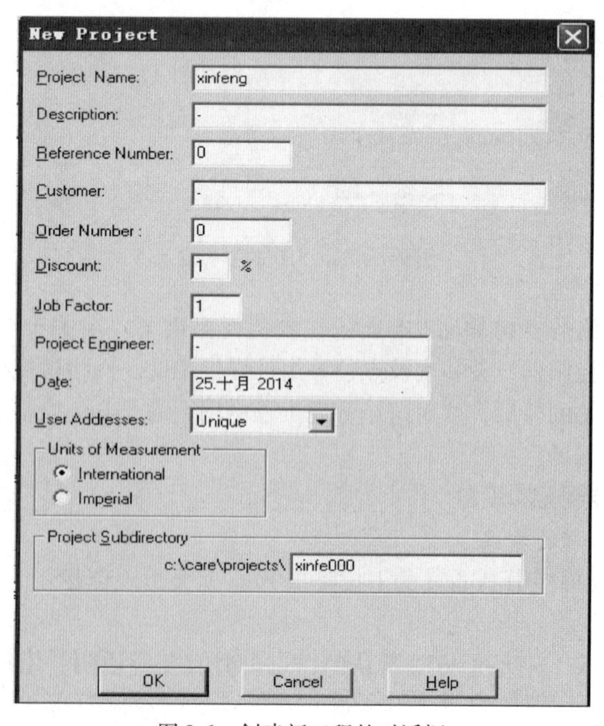

图 9-6 创建新工程的对话框

2. 创建控制器（Controller）的步骤

（1）在设备树中点击选中工程。

（2）点击 Controller 下拉菜单 New，或者在设备树中右击在菜单中选创建控制器，出现新控制器对话框。如图 9-7 所示。

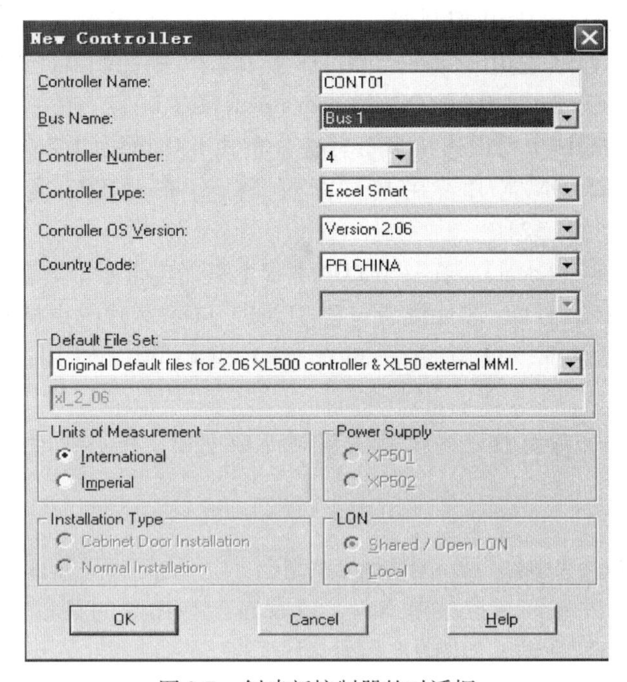

图 9-7　创建新控制器的对话框

（3）键入控制器名字 Controller Name（在工程中必须是唯一的）。如，CONT01。

（4）切换到 Bus 名字栏（Bus Name）。你可以选择一个放置控制器的子目录。系统默认的创建一个名为“Bus 1”的目录。在本例中由于没有创建其他的子目录，选择 Bus 1。

（5）切换到控制器编号（Controller Number）。系统会自动按创建顺序从 1 开始编号。如想修改编号，点击 Change Number 用上下方向键从 1～30 选择一个编号。编号在工程中必须是唯一的。如例，选编号为 4。

（6）切换到控制器类型（Controller Type）。点击下拉菜单选择合适的控制器类型（Excel 100、Excel80、Excel 50、Excel 500、Excel 600、Excel Smart、ELink）。在本例中选择 Excel Smart。

（7）切换到控制器系统版本 Controller OS Version，运行在控制器中的操作系统版本。保留当前版本或者点下拉菜单选择相应的版本。

（8）切换到国家代码（Country Code）。选择一个国家代码，中国大陆选择 PR China。

（9）切换到默认文件设置（Default File Set）。根据所选的控制器操作系统版本，选择合适的缺省文件。选中的缺省文件会有一个简短的描述。

（10）切换到计量单位（Units of Measurement）。选择使用国际标准单位（公制）或者国家标准单位。

（11）切换到供电电源（Power Supply）。选择合适的电源模块类型。供电电源只适用与 Excel 500 和 Excel 600 控制器。

（12）切换到安装类型（Installation Type）。默认选择是一般安装（Normal Installation）。如果控制器有高密度的数字输入，选择方格式安装（Cabinet Door Installation）。安装类型只适用于 Excel 500 和 Excel 600 控制器。

（13）切换到电线类型（Wiring Type），选择合适的类型（螺旋线接头或扁平电缆线）。电线类型选择只适用于 Excel 50 控制器。

（14）切换到 LON。只适用于 Excel 500 OS 版本 2.04 的控制器，选择合适的配置。

一种选择为共享/开放式 LON I/O（Shared/Open LON I/O）。在一条 LON-Bus 上或者开放式 LON 装置集成的总线上可以连接多个具有分布式 I/O 模块的控制器。这种配置下，控制器必须包含 3120E5LON 芯片。在共享配置下，分布式 I/O 模块可以是 XFL521B、XFL522B，XFL523B，XFL524B。

另一种选择为本地（Local）。在一条 LON-Bus 上只能连接一个具有分布式 I/O 模块的控制器。控制器包含 3120E5LON 芯片或者包含 3120B1 LON 芯片的更早的控制器时，使用这种配置。在本地配置下，以下的分布式 I/O 模块可以使用：XFL521，XFL522A，XFL523，XFL524A。

（15）点击 OK，完成选择。一个新的控制器被创建，在右面的面板中，出现控制器属性。

3. 创建设备步骤

（1）在设备树中，选中你想要依附到的控制器。

（2）点击设备（Plant）下拉菜单 New，或者右击在出现的菜单中选创建设备（Creat Plant），会出现新设备对话框，如图 9-8 所示。

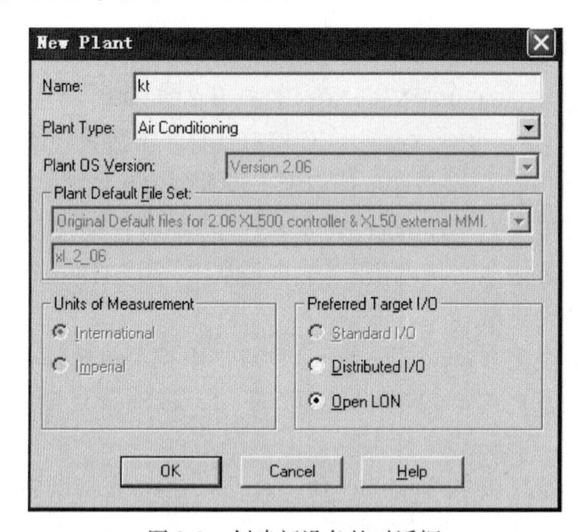

图 9-8　创建新设备的对话框

（3）在名字栏键入设备名字。在一个工程中新设备名字不能和已存在的设备名重复，最多键入 30 个字母和数字符号，不能有空格，第一个字符不能是数字。

（4）从设备类型下拉菜单中选择合适的类型。Air Conditioning 为空气处理或风机系统。Chilled Water 为冷冻水系统，含有冷却塔、冷却水泵、冷冻水泵、冷冻机等设备系统。Hot Water 为热水系统，含有热水锅炉、热水换热器等设备系统。ELink 为描绘 Excel 10 控制器系统点的块。

（5）点击 OK，完成选择。一个新的设备被创建并自动黏附到控制器上。新的设备出现在设备树中并在右边面板出现设备属性。

9.3　Plant 原理图（Plant Schematic）

9.3.1　Plant 原理图主界面

Plant 原理图的打开：

（1）选择所需的 Plant。

（2）点击菜单 Plant 下拉选项 Schematic，或点击菜单栏下按钮栏中的 Schematic 图标，出现原理图窗口，如图 9-9 所示。第一行是标题栏。第二行是工具栏，包含了文件、编辑、视图、段和帮助的信息。下面通过空调系统的两个原理图来说明如何绘制以及每个设备的点的含义。如图 9-10 所示给出了所有段的表示。

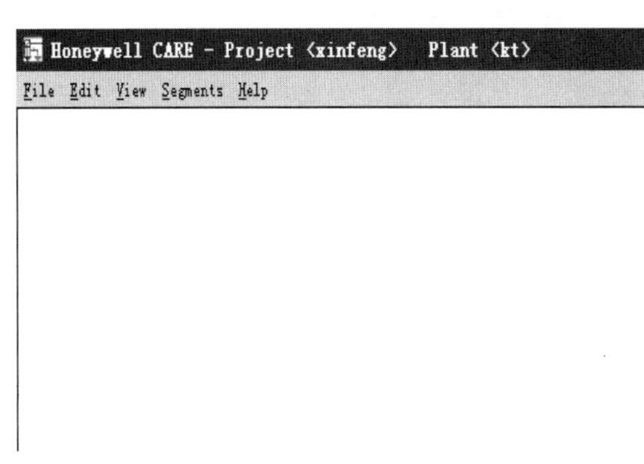

图 9-9　Plant 的主界面

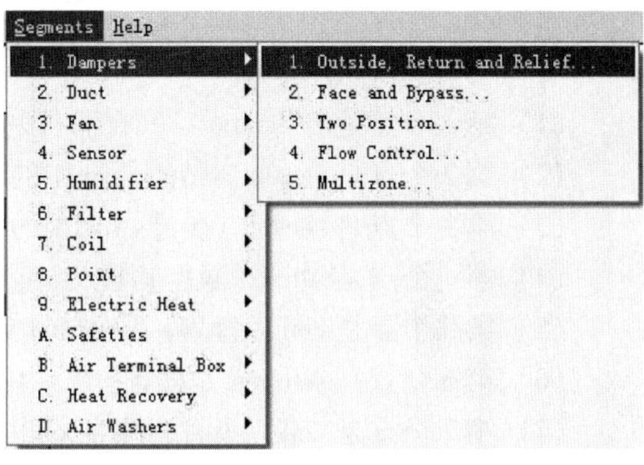

图 9-10　Segments 的主界面

部分段的含义解释如下：

① Dampers/Outside，Return and Relief：风阀/新风、回风、排风；

② Duct：管子；

③ Fan/Single Supply Fan/Single Speed with Vane Control/Fan and Vane Control with Status：风机/送风机/可变频调速/带状态点的变频调速风机；

④ Sensor/Temperature/Discharge Air Temp（传感器/温度/送风温度）、Sensor/Pressure/Supply Duct Static（传感器/压力/送风管静压）；

⑤ Humidifier：加湿器；

⑥ Filter/Outside，Mixed or Supply Air Duct/Differential Pressure Status：滤网/室外、混合风、送风管/差压开关；

⑦ Coil/Hot Water Heating Coil：盘管/热水盘管、Coil/Chilled Water Cooling Coils：盘管/冷水盘管；

⑧ point：点；

⑨ Electric Heat：电加热；

⑩ Safeties/Freeze Status：生命安全/防冻开关。

9.3.2　Plant 原理图的实例

1. 新风机组的监控原理实例

如图 9-11 所示为新风机组的监控原理图。从左至右依次是新风阀门、温度传感器、湿度传感器、过滤器、不带泵的热水加热系统、防冻开关、不带泵的冷水冷却系统、加湿器、送风机、温度传感器、湿度传感器、防火阀等段中的各种设备。

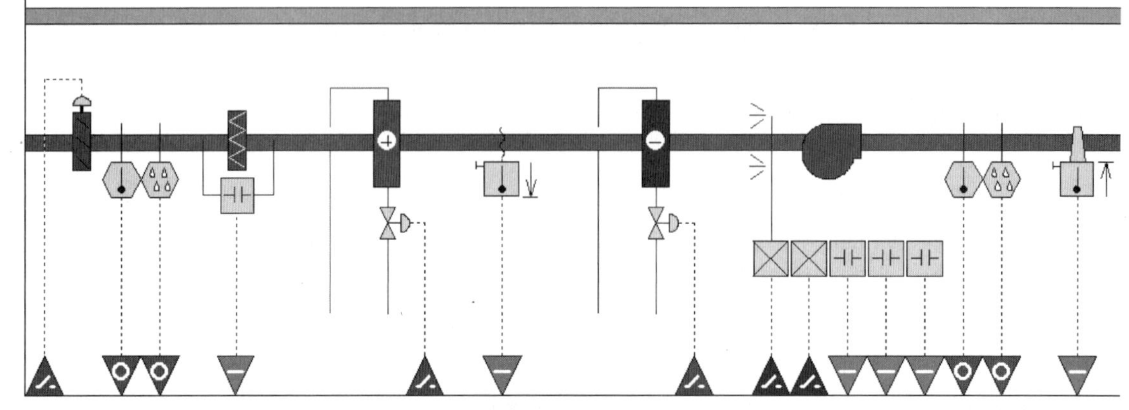

图 9-11　新风机组的监控原理图

（1）第 1 个点是由 dampers（阀门）段构成。

（2）第 2 个点是 sensor（传感器）中的 temperature sensor（ 温度传感器）构成。

（3）第 3 个点是 sensor（传感器）中的 humidity sensor（湿度传感器）构成。

（4）第 4 个点是 filter（滤网）段构成。

（5）第 5 个点是 coil（盘管）中的 hot water heating coils（热水盘管）构成。

（6）第 6 个点是 safeties（安全系统）中的 Freeze Status（防冻状态）构成。

（7）第 7 个点是 coil（盘管）中的 chilled water cooling coils（冷水盘管）构成。

（8）第 8 个点是 humidifier（加湿器）段构成。

（9）第 9 个点和第 10 个点是 fan（风机）段构成。

（10）第 11 到 12 个点 point（点）中的（digital point）点构成。

（11）第 13 和 14 个点是与第 2 和第 3 个点一样的。

（12）第 15 个点是 safeties（安全系统）中的 fire Status（防火状态）构成。

其中每个点是由不同的颜色和不同方向的三角形构成的，这些都代表了不同的含义，见表 9-1。

表 9-1　Plant 原理图中点的信息

箭头颜色	箭头三角形方向	符号	点的类型
绿色	向下	—	数字输入或累加器
红色	向下	0	模拟输入
蓝色	向上	—	数字输出
紫色	向上	0	模拟输出
淡蓝色	向上	—	Flex

注：Flex 点的类型有 Pulse 2、Multistage 和 DO Feedback DI。

2. 双风机组的监控原理实例

如图 9-12 所示为双风机组的监控原理图。双风机组的情况与新风机组的情况类似，不同之处为前端有三个阀门，分别是新风阀门，排风阀门和回风阀门，接着是温度传感器和湿度传感器是测量回风管道中的空气温度和湿度。在回风管道上多了一个回风机。

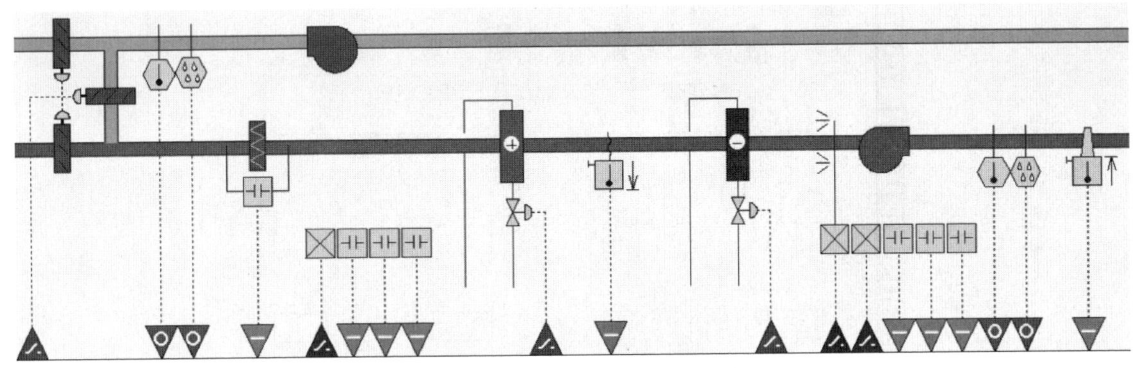

图 9-12　双风机组的监控原理图

9.4　Plant 的控制策略（Control Strategy）

9.4.1　Plant 的控制策略主界面

Plant 控制策略主要由控制回路组成，为模拟点提供标准的控制功能，通过监测回路和调整设备操作来维持环境的舒适水平。控制回路是由一系列的表示事件顺序的控制图标组成。控制图标通过预编程功能和运算法来实现 Plant 原理图中的控制顺序。

1. 控制策略容量

（1）每个 Plant 可有多个控制回路。

（2）每个控制器上与控制器连接的所有 Plant 最多只能有 128 个控制图标。如果有三个 Plant，用于三个 Plant 所有控制图标总数不能超过 128 个。

（3）每个控制器上与控制器连接的所有 Plant 最多只能有 40 个 PID 控制图标。如果有三个 Plant，用于三个 Plant 的 PID 控制图标总数不得超过 40。

如果控制回路没有完成而退出控制策略功能，则无法将 Plant 与控制器相连，也不能对 Plant 进行编译，将会出现警告信息。

2. 控制策略的主界面

如图 9-13 所示为控制策略的主界面。控制策略主窗口分成标题，菜单栏、设备原理图、硬件点条、软件点条、工作区、控制图标等部分。第一行是标题栏，显示的是 Control Strategy（控制策略）的信息。第二行是菜单栏，包含了文件、编辑和视图。最左边的一列是控制图标，提供了预先编好的功能和算法用以实现设备原理图的控制顺序。

控制图标功能有求最小值、最大值、PID 调节、选通的等，需要哪个图标，选择后添加到右边的空白图框中即可。每个控制图标都有一个 I/O 对话框用来定义输入和输出。它们可以是物理点，伪点或者是其他控制图标。针对某些点，控制图标的输入和输出是与 Plant 原理图中的 AI、AO、DO、DI 以及伪点相连接的。

下面给出了每个控制图标的功能名、符号、图标名和描述信息。最下面的就是软件点条，也就是伪点或标志点所要分配的位置的区域。

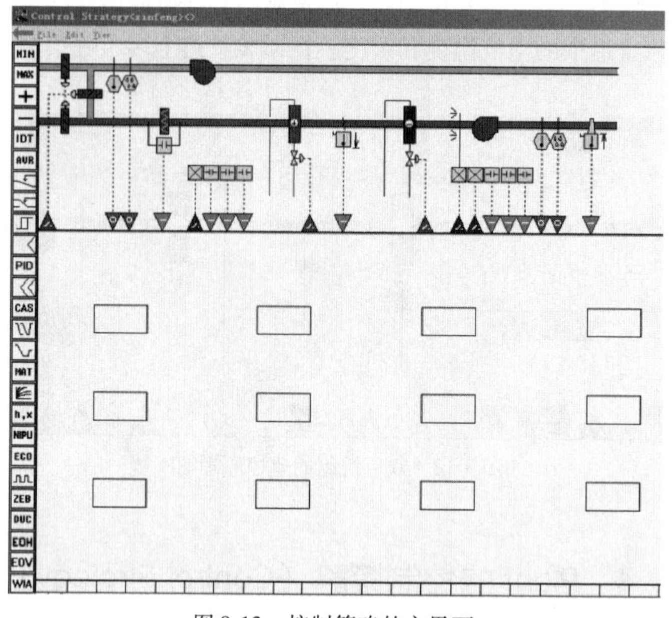

图 9-13　控制策略的主界面

功能名	控制图标	图标名	描述
Add	+	ADD	多个模拟量输入点值求和（2~6）
Analog Switch		SWI	根据一个数字量，切换模拟量值
Average	AVR	AVR	计算多个模拟量输入点的平均值（2~6）
Cascade		CAS	串级控制器
Cascade（with DI）	CAS	CAS	类似串级控制器，多一个数字量输入
Changeover Switch		CHA	根据一个数字量，传递模拟量值
Cycle		CYC	建立一个循环操作
Data Transfer	IDT	IDT	将值从一个控制图标传递到其他图标或点
Digital Switch		2PT	根据两个模拟量值传递一个数字状态
Duty Cycle	DUC	DUC	间断性切换 HVAC 系统 On 或 Off，用以节能
Economizer	Eco	ECO	确定最经济的系统运行
Event Counter		EVC	事件计数器
Fixed Application	XFM	XFM	能和其他子模块或点结合的混合应用
Heating Curve with Adaptation		HCV	使用加热曲线计算排风温度设定值
Humidity and Enthalpy	h, x	H，X	计算焓值和绝对湿度
Mathematical Editor	MAT	MAT	数学编辑器
Maximum	MAX	MAX	选择模拟量输入中的最大值（2~6）

功能名	控制图标	图标名	描述
Minmum	MIN	MIN	选择模拟量输入中的最小值（2~6）
Night Purge	NIPU	NIPU	在夜间使用较冷的室外温度，降低能耗
Optimum Start/Stop	EOH	EOH	为启停加热系统计算最优值
Optimum Start/Stop Energy	EOV	EOV	为启停空调设备计算最优值
PID		PID	PID 控制器
PID（with integration time parameter）	PID	PID	PID 控制器（带有积分时间参数）
Radio		RAMP	限制房间温度变化率
Read	RIA	RIA	读取一个用户地址的属性
Sequence		SEQ	根据模拟量输入，确定模拟量输出顺序
Subtract		DIF	计算多个模拟量输入值的差（2~6）
Write	WIA	WIA	写入一个用户地址的属性
Zero Energy Band	ZEB	ZEB	确定预先定义的舒适区的设定值

9.4.2 Plant 控制策略的实例

1. 实例分析 1

如图 9-14 所示为控制策略的实例示意。其原理图为空调系统的双风机组的监控原理图。控制策略选择的图标为选通和 PID 调节。当处理过的空气的温度经过 PID 调节后，且风机为运行状态时，经选通送给热水阀，对阀门进行调节。在图 9-14 为控制策略的设置过程，PID 图标的颜色为蓝色的表示连接已经完成，选通的图标的颜色为红色表示连接未完成。这里 PID 的输入为两个信号，所以未用的一个输入端必须连接 VA 点，VA 点表示伪点或者为标志点中的伪模拟点。伪点或者为标志点中一共有七种类型，伪模拟点 VA、伪数字点 VD、伪累加器 VT、GD 全局模拟点、标志模拟点 FA、标志数字点 FD。在图 9-14 中已给出了 VA 的创建过程以及 VA 和控制图标的输入连接。

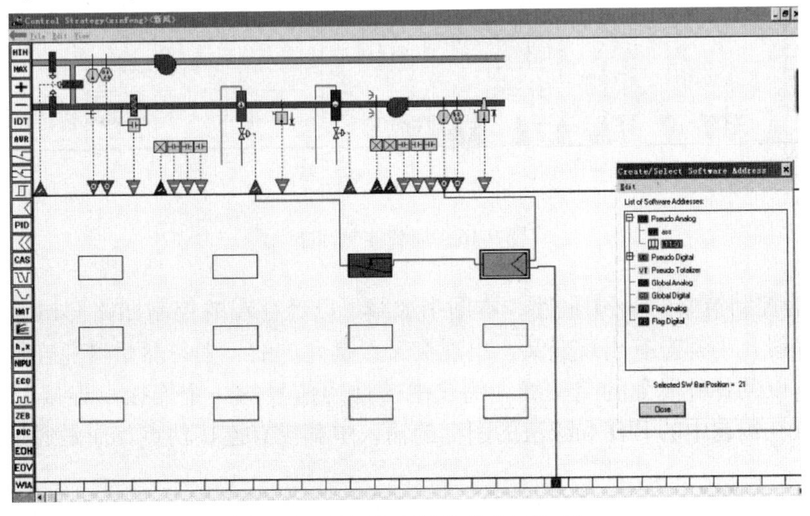

图 9-14 设置控制策略的实例分析

图 9-15 为控制策略的完整图实例。两个控制图标的颜色都为蓝色说明控制回路连接完成了。在这个实例中说明了原理图中的点和伪点/标志点与控制图标是如何连接的，控制图标和控制图标直接连线，以及通过控制图标所表达的控制策略等内容。

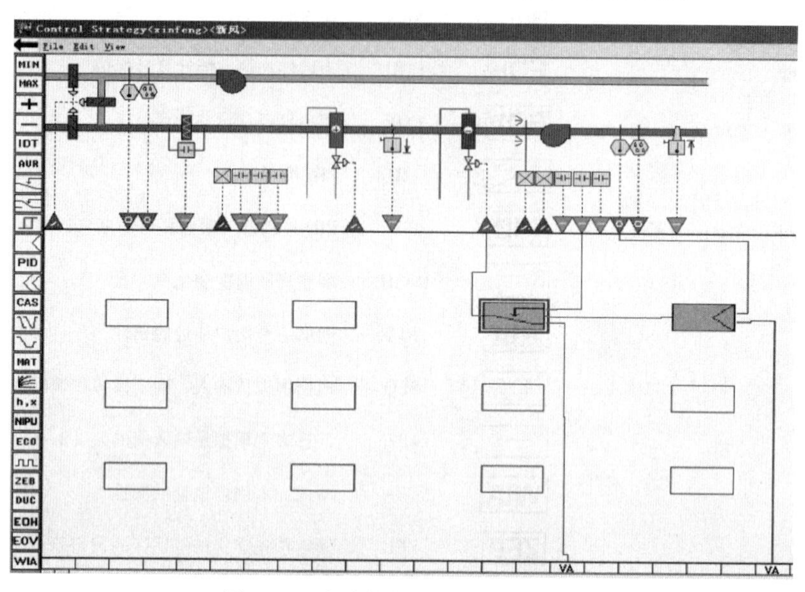

图 9-15　完成控制策略的实例分析

2. 实例分析 2

对于已经存在的控制回路，则通过 File 的下拉菜单的 Load Control Loop 来选择加载，如图 9-16 所示。

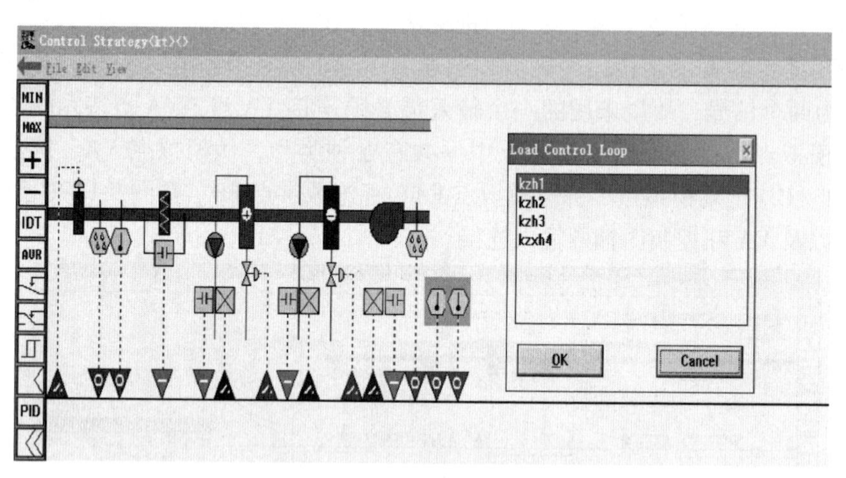

图 9-16　加载控制回路

图 9-17 为控制策略的 kzh1 回路，本图中加载了已经存在的控制回路 kzh1，从图中可以看出来各个连线几乎都没有出现交叉，出现交叉点是允许的，但是尽量避免连接的线路有太多的交叉点，以及各种混乱的交叉线。例题中的选通信号的一个连接点连接了 VD 点，VD 点是伪数字点。例题中的 PID 和减法的图标的输入中都没有连接伪点，而是通过设置数据来完成的。

图 9-18 为控制策略的 kzh2 回路，图 9-19 为控制策略的 kzh3 回路。从图 9-18 中可以看

出来这个控制策略是针对第一个模拟点来设置的，用于控制新风阀门。从图 9-19 中可以看出来这个控制策略是针对第二个模拟点来设置的，用于控制热水阀门。这两个控制回路主要是为了说明两个问题：一是为了说明控制策略是针对模拟点而言，二是为了和后面的控制回路说明某个点已经设置了控制策略，再次对这个点来设置控制策略是无效的，也是不可能的。

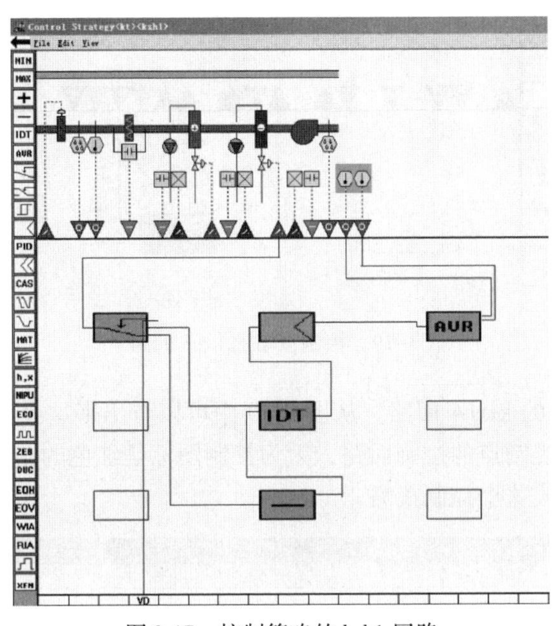

图 9-17　控制策略的 kzh1 回路

通过实例分析 2 说明三个问题：① 某些图标的未连接点不需要连接到伪点或者标志点上，而是通过设置数据来完成。② 控制策略的目的是针对模拟输出点而言的，对于其他的点是无效的。③ 如果某个模拟点已经设置了控制策略，再次对这个点来设置控制策略是无效的。

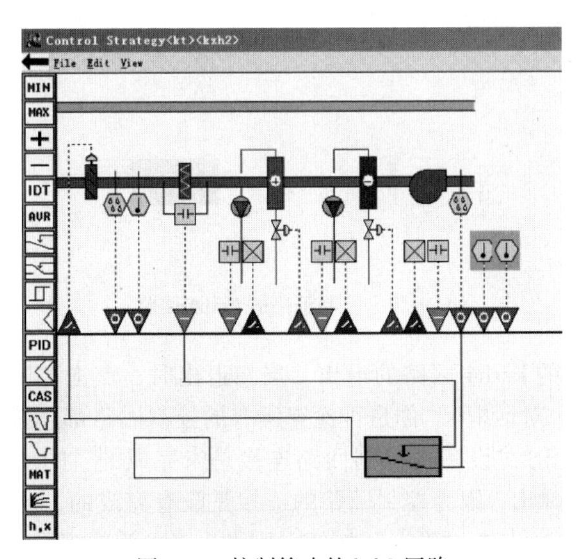

图 9-18　控制策略的 kzh2 回路

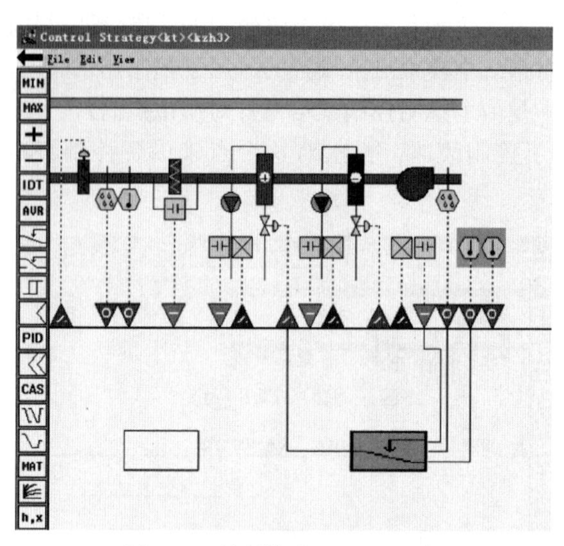

图 9-19　控制策略的 kzh3 回路

图 9-20 为控制策略的 kzxh4 回路。从图 9-20 中可以看出来这个控制策略是一个没有完成而且是一个无法设置控制点的控制回路，因为控制图标是红色的。因为三个模拟点都已经设置过了，所以无法完成这个控制策略。

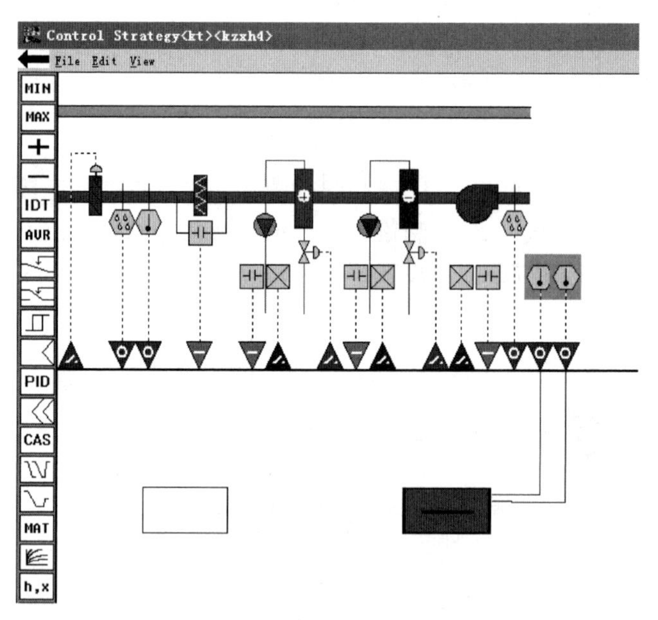

图 9-20　控制策略的 kzxh4 回路

图 9-21 为控制策略的 kzxh4 回路的退出。当想退出时，点击 File 文件的 Exit 退出，则弹出 End Control Strategy 对话框。“你是否检查所有的控制回路都连接到所分配的设备上?”点击“是”按钮，则弹出，“设备的控制回路连接是未完成的”的对话框信息（图 9-22）。点击“确定”按钮，则弹出“因为控制回路的连接是没有完成的，所有设备 kt 无法和控制器连接，”的对话框信息。点击“确定”按钮，则弹出“重新连接设备还是无法成功，分离设备吗?”的对话框信息。点击“是”则返回到 care 的主界面，如图 9-23 所示。而且此时

的项目、控制器和设备的三级结构是和前面设置的是不一样的。设备已经不是附属于控制器的设备了。

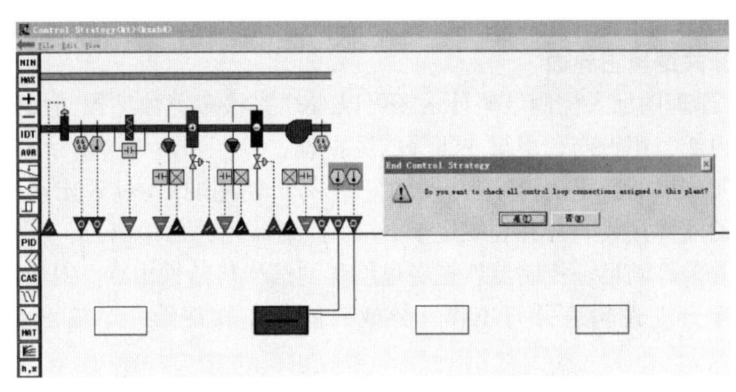

图 9-21　End Control Strategy 对话框

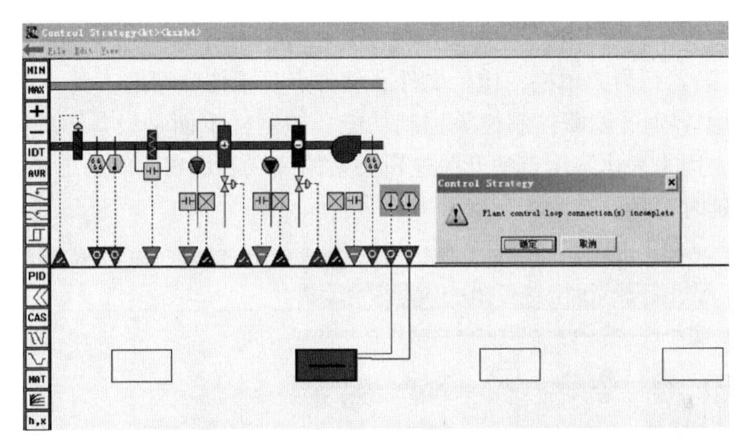

图 9-22　设备的控制回路连接是未完成的对话框

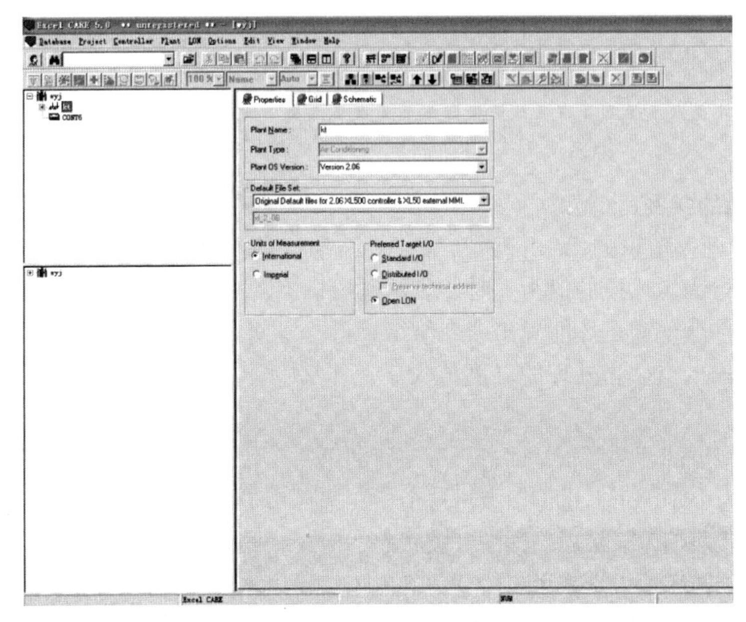

图 9-23　Care 的主界面

9.5 Plant的开关逻辑（Switch Logic）

9.5.1 Plant 的开关逻辑主界面

除了对 Plant 原理图加入控制策略外，还可以对开关状态等数字控制加入开关逻辑。开关逻辑是基于逻辑或、逻辑与、逻辑或非等的逻辑表。

开关逻辑为实现点的数字逻辑控制提供了一个易于使用的 Excel 逻辑表的方法，减少了到现场开关设备的硬件接线。开关表规定了 Excel 控制器相关的输出点，决定开关状态以及输入条件。若开关条件满足，控制器就把经过编程的信号传给输出点。对单段的一个控制器来说，可以有多个开关逻辑表并行工作。异或表能防止软件给一个输出点传送超过一个“真”条件。

开关逻辑的主窗口：

如图 9-24 所示为开关逻辑的主窗口。开关逻辑主窗口包括标题栏、菜单栏、控制栏、设备原理图、开关表格（工作区）、开关逻辑工具栏等部分。第一行为标题栏，显示了工程名和 Plant 名称。第二行为菜单栏，包括文件、软件点、视图和帮助工具。第三行为控制栏，包括返回到 Care 主界面、隐藏控制栏等控制功能。控制栏下面是设备原理图，设备原理图的下面是工作区，用来表达各个点的开关逻辑关系的区域。最右侧的是工具栏，可以增加列和减少列、增加延时等条件。

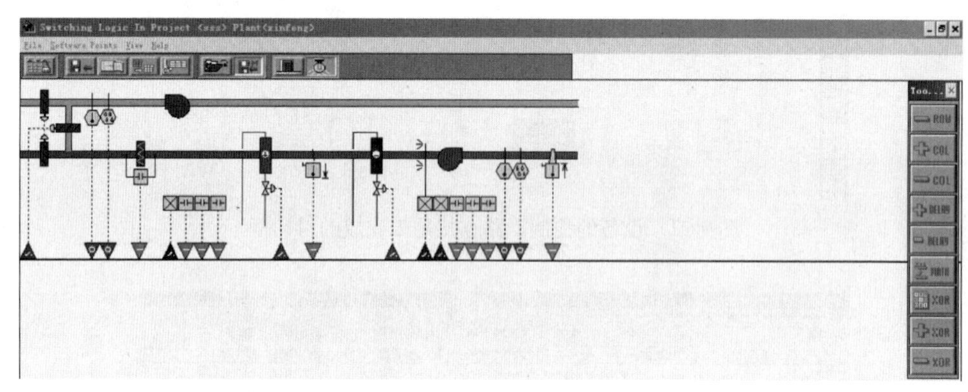

图 9-24　开关逻辑的主窗口

9.5.2 开关逻辑的实例

图 9-25 中，开关逻辑的第一行为结果行，结果行的下面是实现结果行命令的条件行。在本例中，结果行为送风机的值为 1 时，表示送风机启动。启动条件为下面的与逻辑，也就是条件行中的条件全部满足才能发出命令给结果行。本例中的两个条件点，一个为模拟输入点，一个为数字输入点。当处理的温度值大于等于 24℃，并且滤网状态为不堵塞的情况下启动风机。

需要说明模拟点的开关逻辑是两行，第一行的第一个代表了模拟点的地址，第一个代表了比较类型，可以为大于等于，也可以点击这个栏，选择小于等于。第二行的第一个代表指定的测试值，第二个代表偏差。最后一列的开关状态，对于模拟点来说，1 代表了真的情况。数字点只占一行，对于数字输入点来说，1 代表了关闭。所以本例中当温度的值大于等于 24℃并且滤网状态为不堵塞的情况下启动风机。数字 3 代表了偏差值，防止风机频繁启动。

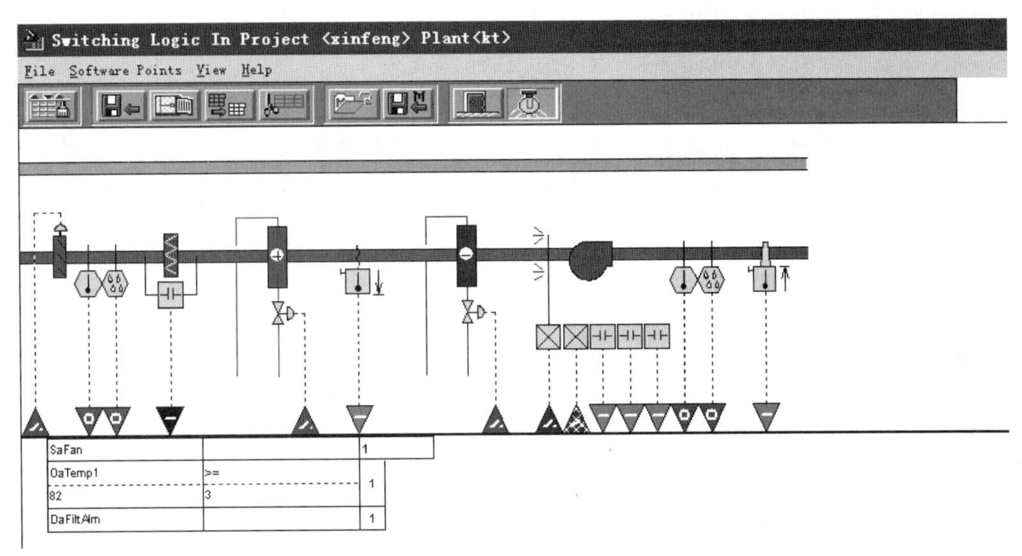

图 9-25　开关逻辑的实例

9.6　Plant 的时间程序（Time Program）

9.6.1　Plant 的时间程序的建立

建立与容量相符的控制设备启动/停止的时间程序，可定义日常时间表（如工作日、周末、假期）并将它们分配到每周的时间表中。

时间程序主要分为日程序、周程序、假日程序以及年程序。在建立时间程序之前必须编辑添加要控制的点。日程序列出了点、每日点的动作和时间。将日时间应用于一周（周日到周六）的每一天，可生成系统的周程序，周程序应用于一年的每一周。年程序用一些特殊的日程序来确定时间周期，考虑当地情况，如地方节日和公众假期。

下面以创建日程序步骤来说明如何创建时间程序。周程序、年程序和假日程序与日程序类似。

（1）在时间程序窗口工具栏中点用户地址（User address），如图 9-26 所示。

（2）点浏览（Reference）显示已经指派的数据点。

（3）选中列表中需要指派的数据点，点选择（Select），被指派的数据点前面出现一个#符号，表示选中。

（4）点关闭（Close）。

（5）在时间程序窗口工具栏中点日程序（Daily Program），出现日程序对话框，如图 9-27 所示。

（6）点添加（Add），出现添加日程序对话框。

（7）键入日程序名字点确认（OK），出现日程序对话框，新的日程序被选中。

（8）点编辑（Edit），出现编辑日程序对话框；你可以指派数据点来执行这个日程序。

（9）点添加（Add），出现添加点到日程序对话框。

（10）从用户地址下拉选单中，选中一个用户地址。对话框中的选项和设定参数与选择的数据点的类型有关。

（11）在时间框中键入时间。

（12）在数据点值（Value）栏，键入适当的值。

（13）对于开关点可以在最优化（Optimize）下拉菜单中选择是（Yes）或否（No）。

（14）点确认（OK），回到编辑日程序对话框，可以添加更多的数据点。列表中的每一行都是一个命令。每个命令包含相应的特定时间、用户地址、设定值/状态等信息。

（15）点添加（Add）添加更多的数据点。

（16）点关闭（Close）。

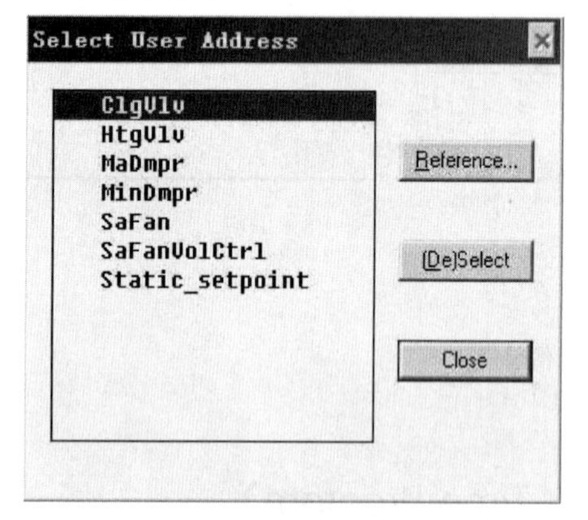

图 9-26　用户地址界面

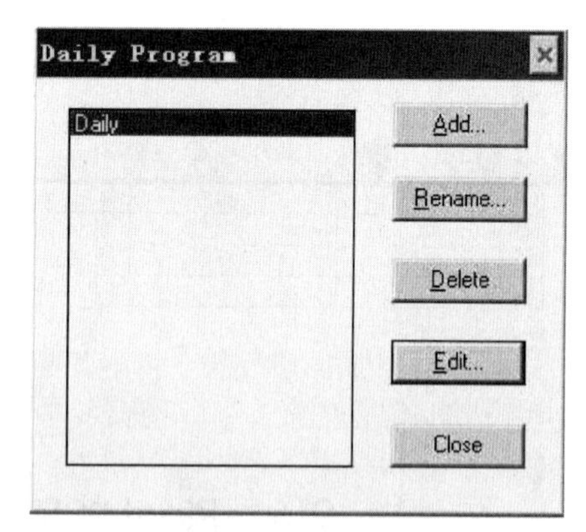

图 9-27　日程序界面

9.6.2　时间程序的实例

如图 9-28 所示是创建时间程序的流程图。从图中可知创建时间程序的三个主要环节是时间程序的编辑器，用户地址和编辑日程序的对话框。前面提过时间程序中还有周时间程序、假日时间程序、年时间程序，它们的创建流程图和日时间程序类似，都是以日时间程序为基础。

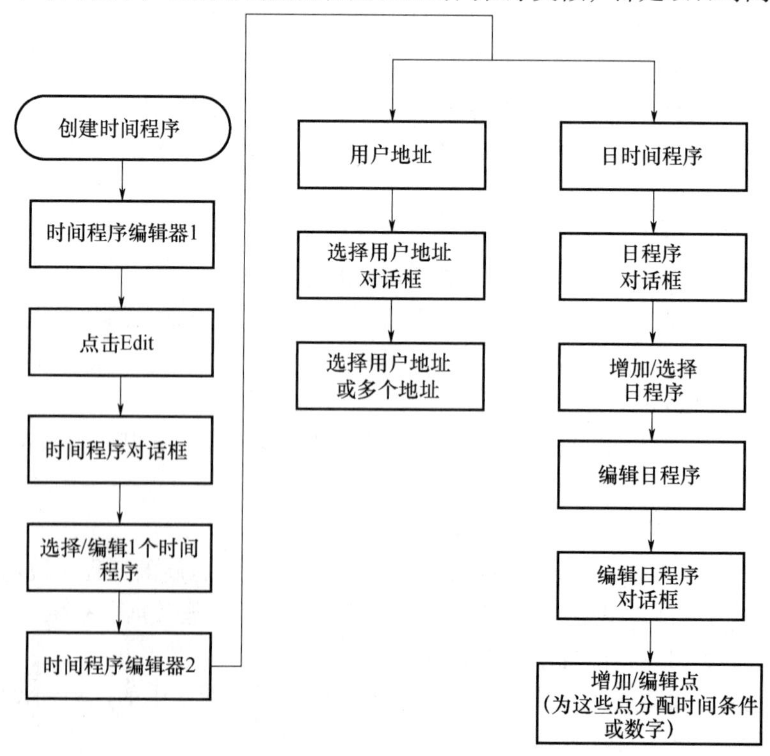

图 9-28　创建时间程序的流程图

如图 9-29 所示是创建一个日时间程序的实例。首先编辑用户地址，实例中的用户地址有两个，带有加了（#）号的用户，说明用户地址在日程序中已经用到过。第二个方块是已经创建的日程序有三个，它们分别是创建的日程序的名称。第三个方块是具体的日程序的实例，在早上六点钟用户地址 SaFan（送风机）处于打开状态，在晚上五点钟送风机处于关闭状态。

图 9-29　时间程序中日程序的实例

本章小结

本章讲解了 Care5. 0 如何创建工程、控制器和设备，在此基础上重点讲解了如何绘制 Plant 原理图，建立 Plant 控制策略和开关逻辑以及简要介绍了时间程序的日程序的创建。其目的是结合建筑物的 BAS 工程，运用 Care5. 0 对空调系统、建筑给排水、热交换系统等进行组态仿真。一方面能够熟悉各系统的 DDC 的点数的确定，另一方面熟悉实际工程中传感器、执行器、DDC 的选择问题。

习　题

1. 简述组态软件 Care5. 0 的工作流程。
2. 简述组态软件 Care5. 0 的设备、控制策略、开关逻辑和时间程序的含义。
3. 实际操作建立工程、控制器和设备的过程。
4. 画出空调系统的 Plant 原理图，并编写自己的控制策略。
5. 画出生活排水系统的 Plant 原理图，并给出自己设计的开关逻辑。

第 10 章　建筑设备自动化系统设计与施工

建筑设备自动化系统（BAS）设计与施工是为建筑物的使用管理者提供一个可靠、安全、舒适的建筑环境空间，并为运行、维护、管理、节能提供便利条件。由于建筑设备种类繁多，监控参数和技术指标要求不同，因此，BAS 的设计和施工要根据建筑物的使用功能和用户需求，依据国家相关的设计、施工、验收规范进行，确保建筑设备自动化系统（BAS）能够正常运行。

10.1　建筑设备自动化系统（BAS）设计

10.1.1　BAS 的设计要求

BAS 是一种综合性多级分布式计算机信息处理与控制系统。BAS 集控制、通信、网络、管理技术于一体，能实现集中监视、分散控制、信息共享等功能。由于建筑设备的复杂性和专业性，分散控制是专业设备所必需的。但设备的运行状态参数常需要统一管理及部分功能的远程控制，通过集中管理手段，能为管理者快速识别故障，快速确定故障范围，快速进行设备维修提供实时数据和决策依据。

1. BAS 的设计原则

BAS 的设计原则不仅要兼顾系统功能的实用性和经济性，还要兼顾技术的先进性、可靠性，以及系统的安全性、可集成性、开放性、扩展性、互操作性等。选择符合要求的系统与产品，考虑系统的生命周期成本，取得预期效果，达到室内环境舒适、安全、高效、节能等目的。

（1）BAS 设计时的功能要求

① 保证建筑物环境的舒适、安全、便捷。

② 保证建筑设备的安全和建筑的防灾能力。

③ 综合考虑建筑的能源动力供应方案。

④ 通过优化控制，使各类设备高效运行，降低能源消耗，减轻人员的劳动强度。

⑤ 及时收集、整理设备的运行数据，为后期设备的维护、管理、扩容改造等提供依据。

（2）BAS 管理系统要求

① 能够实现全面的集中监控。

② 硬件设备的信号资源实现共享。

③ 便于一体化的维修管理。

④ 集中协调同类设备的运行控制方案。

目前，消防、安防、电梯、冷水机组等机电设备都有各自的控制系统，BAS 并不完全接管这些设备的控制权，而是将这些设备的状态信号传送到 BAS 系统，实现整个建筑设备的统一监控和管理。

（3）BAS 的扩展性

随着技术的进步和设备的改进，BAS 中的设备需要不断升级改造，因此要求 BAS 具有一定的扩展性和兼容性。BAS 的扩展性主要包括：

① 中央站和分站计算机容量和操作系统的适应性。

② 分站控制点数和控制模块增加时，中央站有一定的设备容量。

③ 控制网络的兼容性和对应用软件的适应性。

2. BAS 中央站监控界面的主要内容

BAS 中央站必须实现对建筑设备的全面监视和对部分设备的直接控制，中央站计算机界面设计时，主要考虑的内容参见表 10-1。

表 10-1　中央站监控界面功能

功能	描述	功能	描述
监控功能	1. 设备故障报警及地址显示； 2. 设备工作状态监控； 3. 设备超限超差报警	数据管理功能	1. 趋势数据的再显示功能； 2. 用户数据处理辅助功能； 3. 警报记录次数、工作时间累积； 4. 操作状况变化记录
操作控制功能	1. 手动、自动控制操作； 2. 远程设备设定参数修改； 3. 程序设定值修改； 4. 系统维护登录、解除； 5. 停电处理和恢复供电控制； 6. 灾害事故的联动控制； 7. 设备远程启停和联动控制； 8. 设备顺序启停控制	显示功能	1. 时间显示； 2. 屏幕多窗口显示； 3. 多画面监视器显示； 4. 控制点的操作文字及动画显示； 5. 数据的图形显示； 6. 报警指示显示、警报报表显示； 7. 设备及系统维修及登录记录显示； 8. 系统日报、周报、月报报表显示
安全保障功能	1. 系统开机及工作过程自诊断； 2. 操作密码设置、操作等级设置； 3. 设备登记及工作履历管理； 4. 设备运行维护管理； 5. 安全保障时间表管理（如备份等）	记录功能	1. 各种数据记录； 2. 各类报表生成； 3. 系统工作记录
		通信功能	1. 语音视频通信功能； 2. 数据互传功能

3. BAS 的技术方案

（1）方案一

如图 10-1 所示，方案一是按照建筑设备系统进行监控系统方案设计。其特点为设备按各自的子系统进行控制。这种设计方案中，BAS 系统连接布线复杂，调试工作量大，适合为功能单一的建筑物设计。

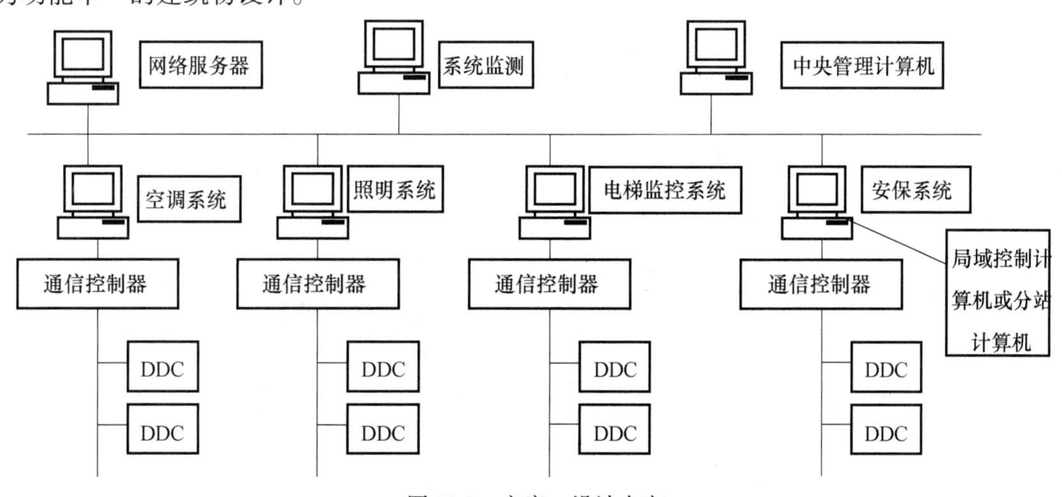

图 10-1　方案一设计内容

（2）方案二

如图 10-2 所示，方案二是按建筑物楼层进行设备监控系统设计。其特点为按照楼层设计 BAS。这种设计方案中，布线施工简单，子系统监控功能设置比较灵活，调试工作相对独立，系统的可靠性较好，子系统的失灵不会波及整个系统。适用于商用的多功能建筑。

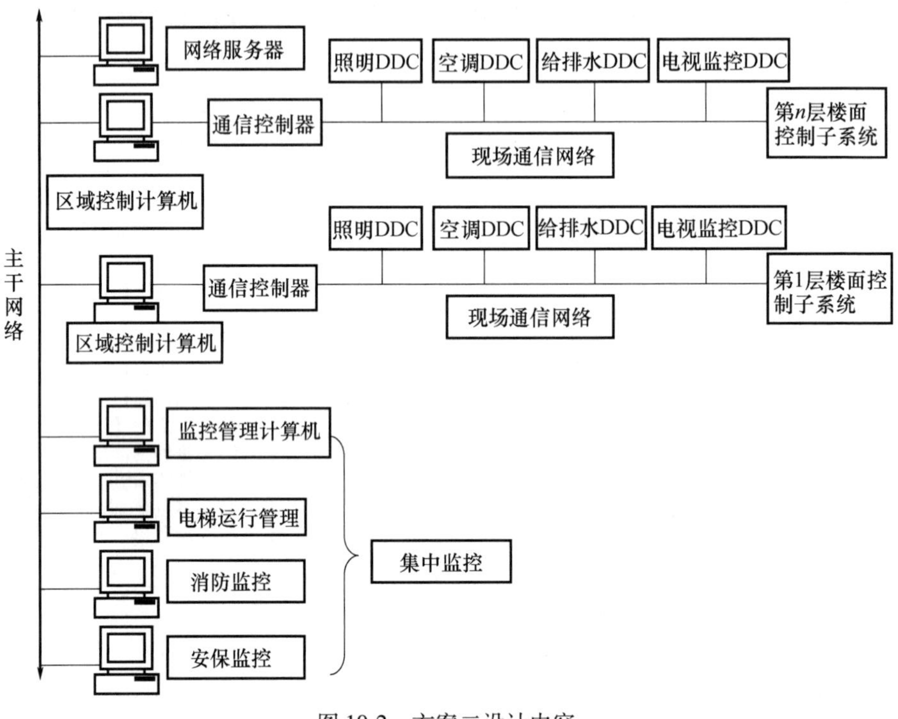

图 10-2　方案二设计内容

（3）方案三

如图 10-3 所示，方案三为混合型 BAS，兼有上述两种结构特点，即某些子系统如供电、给排水、消防、电梯等，采用按整座建筑物设备功能组织的集中控制方式。而另外一些子系统如空调、灯光照明，则按建筑楼层层面组织的分区控制方式。该方案结构灵活，可根据实际情况调整。

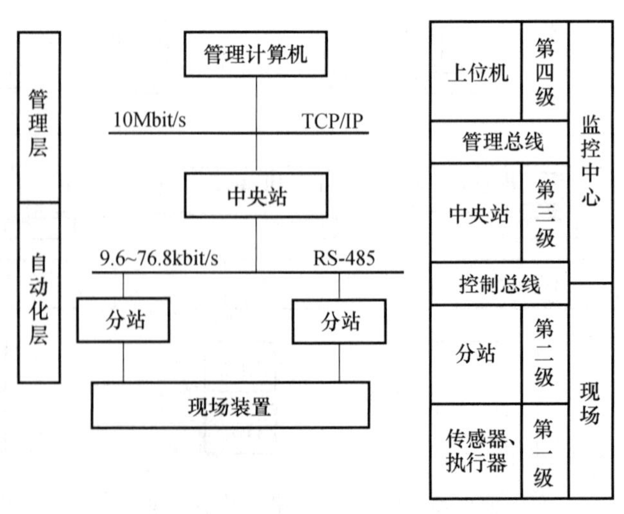

图 10-3　BAS 系统典型结构图

4. 中央站及分站设置

如图 10-3 所示，分布型建筑设备自动化系统的典型结构是由中央站和分站两类节点组成的分级分布式系统，具有管理层和自动化控制层二层结构。

管理层进行系统监控及设备管理、决策，制作各种报表。趋势记录、耗能分析等。自动化控制层进行设备控制，完成各种操作、联动、报警、参数调节等。通常，管理层采用以太网，通信协议是 TCP/IP，速度是 10 ~ 100Mbit/s，控制层采用总线型网，通信协议是 RS - 485，速度是 9.6 ~ 76.8Mbit/s。

现场总线控制技术把现场信息模拟量信号（如 4 ~ 20mA）转变为全数字双向多站的数字通信传输，使建筑自动化系统的现场装置得以形成数字通信网络。

（1）中央站设置

中央站一般包括主机设备、显示设备、操作设备、打印设备、存储设备、操作台。

① 主机设备可采用市场上主流的工业或商用计算机，根据软件功能和设备要求配置系统所需要的各类数据接口，主机应具有较强的图形处理能力和较强的网络数据通信能力。运行时可采用双机热备份形式。

② 外围存储设备应具有历史数据存储功能和网络数据传输与备份功能。

③ 显示设备一般采用液晶显示器，配合声光、LED 等进行报警显示。

④ 输入输出设备有键盘、鼠标、打印机、扫描仪、USB 接口、串、并接口等。

（2）分站设置

现场控制站可以是直接数字控制器（DDC）、可编程逻辑控制器（PLC）、单片机控制器等组成的小型控制采集装置，或各类工控机系统。

分站接受传感器采集的现场信号，并进行实时数据处理（各种滤波、校正、补偿处理、上下限报警及数据积累计算等），测量值和报警值经总线网络送到中央站，供实时显示、存储、报警、打印等。分站还可完成各种控制功能，并可接受中央站的各种操作命令，完成对生产过程的直接调节控制。

分站区域的划分应符合下列规定：

① 集中布置的大型设备应在一个分站内进行监控，当监控点的输入、输出量的总数超过一个分站所允许最大量的 80% 时，应并列设置两个分站，或在分站之外设置扩展箱。

② 设备的 DDC 控制必须满足实时性的要求。一个分站对多个回路实施分时控制时，应综合考虑各类综合延时，避免因分时过短而导致设备失控。

③ 分站至监控点的最大距离不得超过导线和传输协议的要求。

④ 分站的监控范围可不受楼层限制，依据平均距离最短的原则设置于监控点附近。但防火分站应按有关消防规范参照防火分区及区域报警器的设置规定确定其监控范围。

10.1.2　建筑设备自动化系统（BAS）的设计

1. BAS 设计内容与步骤

如图 10-4 所示为 BAS 通常设计内容。根据建筑物功能，设计内容从用户需求开始，一直到各子系统控制原理。一般建筑设备自动化系统设计步骤如下：

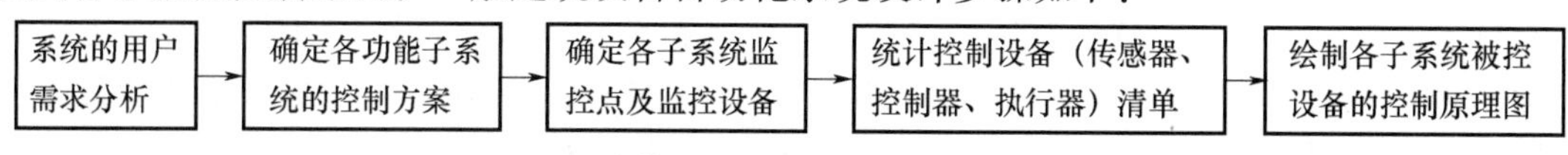

图 10-4　BAS 设计内容

（1）根据工程实际情况决定纳入建筑设备自动化系统的设备类型。

（2）根据系统规模及今后的发展，确定监控中心位置和使用面积。

（3）建筑设备自动化系统设计时要注意与相关工种的配合，了解其控制范围与施工要求，确定监控点位置和管线布局，逐项核对监控点实施方案。

（4）编制监控表。

（5）结合各设备工种平面图，进行控制分站监控点划分。

（6）绘制建筑设备自动化系统图。

（7）绘制建筑设备自动化系统平面图。

（8）进行监控中心（中央站）布置等。

2. BAS 设计流程

BAS 设计和其他设计一样，设计流程通常可分成方案设计、初步设计和施工设计三个阶段。

（1）方案设计

方案设计主要规划系统的基本功能和主要目标，对建筑设备自动化系统的设置进行比较详细的可行性研究。

① 可行性研究主要包括技术可行性分析，经济可行性分析，管理可行性分析等。

② 需设置建筑设备自动化系统的建筑通常为重要的、多功能大型建筑。或对于消防和保安有较高要求的建筑，设备复杂，难以用手工管理。或设置建筑设备自动化系统后，照明或空调系统节能可达到 10% ~15% 以上的节能效果。

BAS 的规模按照监控点的容量可分为小型、较小型、中型、较大型和大型等，见表 10-2。

表 10-2　BAS 规模划分

系统规模	监控点数	系统规模	监控点数
小型	≤40	较大型	651 ~2500
较小型	41 ~160	大型	>2500
中型	161 ~650		

（2）初步设计

当方案设计通过后，可以进行初步设计阶段。初步设计应提供如下一些资料。

① 建筑设备自动化系统的功能、系统组成和划分。

② 监控点设置和点数。

③ 系统网络结构。

④ 系统硬件及其组态。

⑤ 软件种类及功能。

⑥ 系统供电方式，包括正常电源和备用电源。

⑦ 线路配线及其敷设方式。

⑧ 建筑设备自动化系统图、流程框图。

（3）施工设计

① 施工设计调研。充分了解建设单位的需求，特别是要求建筑设备自动化系统达到的功能。收集现有产品的样本资料，研究其性能特点。进行实地考察，了解已经安装运行的建筑设备自动化系统运行情况和经验教训。熟悉有关标准、规范对于空调、给排水、供电、消防和安保各方面的要求。

② 施工设计应形成的设计文件资料。a. 设计说明；b. 监控表；c. 设备控制原理图；d. 控制系统图；e. 中央监控室平面图；f. 主要监控设备平面图，管线平面图；g. 主要设备清单。

如图 10-5 所示为 BAS 设计步骤和流程示意。

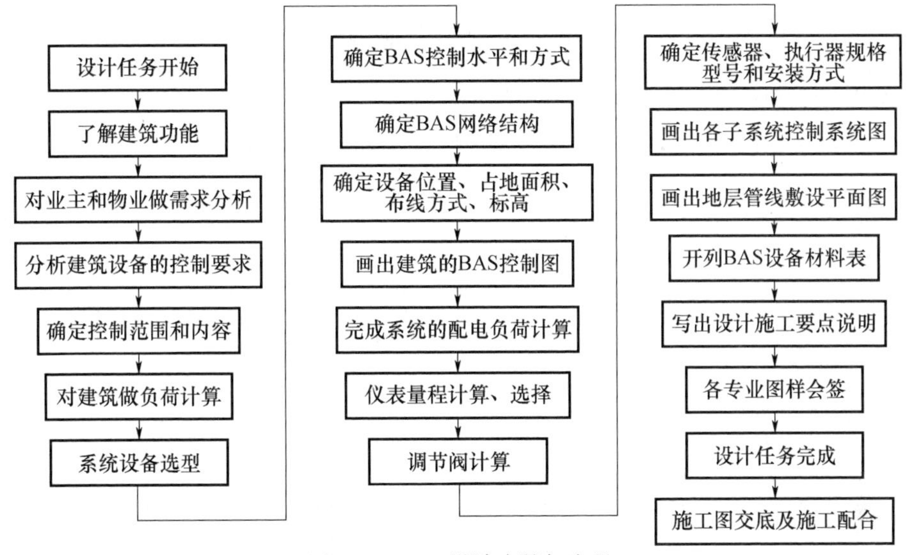

图 10-5　BAS 设计步骤与流程

3. BAS 的系统结构与组成

（1）BAS 的系统结构

如图 10-6 所示为某建筑物 BAS 的系统结构示意。BAS 系统含有四个子系统，车库/停车场管理系统、安保控制系统、消防系统、机电设备控制（BAS）。其中车库/停车场管理系统、安保控制系统、消防系统一般自成系统，只需要将系统的主要控制参数通过网络送给 BAS 控制中心。而机电设备控制（BAS）主要对空调系统、给排水系统等进行监控。

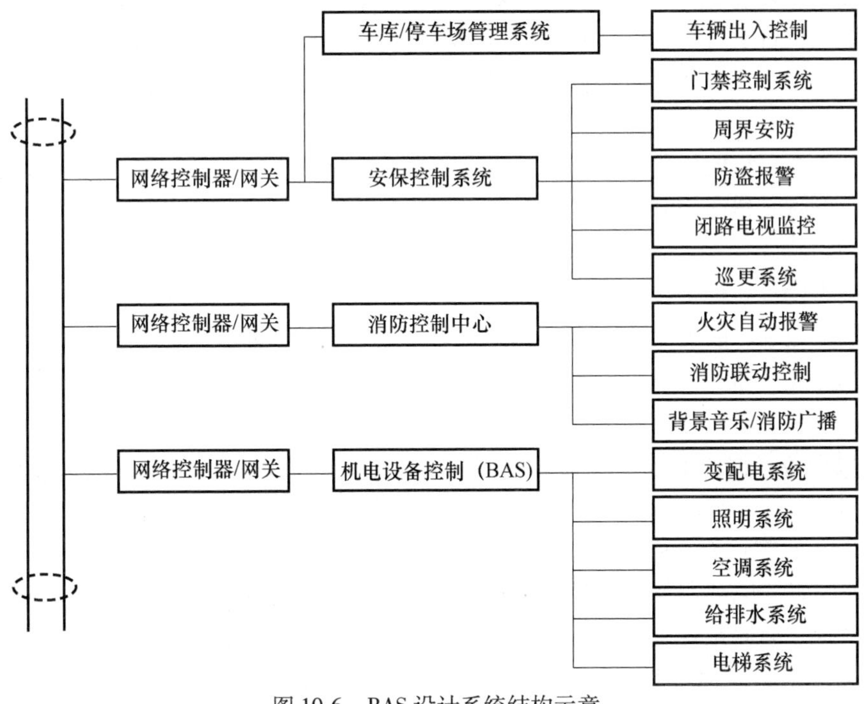

图 10-6　BAS 设计系统结构示意

（2）BAS 的组成

建筑设备自动化的监控系统可以涵盖所有可能的设备，见表 10-3。但直接控制的设备主要是暖通空调设备。

表 10-3　BAS 组成内容

建筑设备自动化系统组成	电力供应与管理系统	高压配电、变电、低压配电、应急电源
	照明控制与管理	工作照明、事故照明、艺术照明、特殊照明
	环境控制与管理	空调、冷源、热源、通风、环境监测与控制、给排水与饮用水、卫生设备、污水处理
	消防报警与控制	自动监测与报警、灭火、排烟、联动控制、紧急广播
	保安监视与控制	出入控制、电视监视、防盗报警、确认分析
	交通运输	电梯、停车场管理系统
	广播系统	背景音乐、事故广播
	管理服务	运行报表、经济分析、维护及档案管理

4. 监控表的编制

监控表是在各工种设备选型后，根据控制系统结构图，将各设备的监控点按属性进行归纳汇总，由系统设计人员与各工种的设计人员共同编制的表格。它是全部被控设备及全部监控内容的汇总表，是 BAS 的施工依据。

（1）监控表的编制

① 监控点的划分。监控信号可分为模拟输入（AI）、模拟输出（AO）、数字输入（DI）、数字输出（DO），同时要注意监控信号的类型。如。直流电压、电流、干接点等。监控点还可划分为显示型、控制型、记录型。

显示型为设备运行状态的实时检测与显示，包括模拟量数值显示及开关量状态显示；报警状态检测与显示，包括运行参数越限报警；设备运行故障报警；火灾、非法闯入与防盗报警；以及其他需要进行显示监视的情况。

控制型为根据智能优化控制算法编制设备投运控制程序，包括按季、日、时、分、秒设置的设备启停时间程序控制，按工艺要求或设备负荷能力而编制的设备启停及设备投运控制程序。

记录型为设备运行状态记录与输出报表生成。包括设备运行记录、运行时间累计记录、动作次数累计记录、能耗（电、水、热）记录等及需要的日报、月报表格的生成。

② 监控表的一般格式。见表 10-4，监控表的格式以简明、清晰为原则，根据建筑物各类设备的技术性能，有针对性地进行制表，表为推荐的参考格式。每个监控点应标出下列内容：a. 所属设备名称或编号；b. 监控点的文字描述；c. 监控点所属类型。d. 分站编号；e. 设备分组编号；f. 总线的通道编号；g. 监控点编码。

（2）BAS 监控点的编码

监控点编码的原则。编码需要具备系统性和可扩展性、应方便计算机运算处理、编码位数应尽量一致、编码最好是由数字和非易错英文字母组成。非易错英文字母为 A、B、C、D、E、F、G、H、K、L、M、P、R、V、W、X、Y 共 17 个。如图 10-7 所示。

表10-4　BAS监控功能表（示例）

<table>
<tr><td colspan="2">DDC配置表</td><td></td><td></td><td></td><td></td><td></td><td></td><td></td><td></td><td></td><td></td><td></td><td></td><td></td><td></td><td></td><td></td><td></td><td></td><td></td><td></td><td></td><td></td><td></td><td></td><td></td><td></td><td></td><td></td></tr>
<tr><td colspan="2">项目</td><td rowspan="3">设备位号</td><td rowspan="3">通道号</td><td colspan="4">DI类型</td><td colspan="4">DO类型</td><td colspan="8">模拟量输入点AI要求</td><td colspan="5">模拟量输出点AO要求</td><td rowspan="3">DDC供电电源引自</td><td colspan="4">管线要求</td></tr>
<tr><td colspan="2">DDC编号</td><td rowspan="2">接点输入</td><td colspan="3">电压输入</td><td rowspan="2">接点输入</td><td colspan="3">电压输入</td><td colspan="6">信号类型</td><td colspan="2">供电电源</td><td colspan="3">信号类型</td><td colspan="2">供电电源</td><td rowspan="2">导线规格</td><td rowspan="2">型号</td><td rowspan="2">管线编号</td><td rowspan="2">穿管直径</td></tr>
<tr><td>序号</td><td>监控点描述</td><td></td><td></td><td>其他</td><td></td><td></td><td>其他</td><td>温度</td><td>湿度</td><td>压力</td><td>流量</td><td></td><td>其他</td><td></td><td>其他</td><td></td><td></td><td>其他</td><td></td><td>其他</td></tr>
<tr><td>1</td><td></td><td></td><td></td><td></td><td></td><td></td><td></td><td></td><td></td><td></td><td></td><td></td><td></td><td></td><td></td><td></td><td></td><td></td><td></td><td></td><td></td><td></td><td></td><td></td><td></td><td></td><td></td><td></td><td></td></tr>
<tr><td>2</td><td></td><td></td><td></td><td></td><td></td><td></td><td></td><td></td><td></td><td></td><td></td><td></td><td></td><td></td><td></td><td></td><td></td><td></td><td></td><td></td><td></td><td></td><td></td><td></td><td></td><td></td><td></td><td></td><td></td></tr>
<tr><td>3</td><td></td><td></td><td></td><td></td><td></td><td></td><td></td><td></td><td></td><td></td><td></td><td></td><td></td><td></td><td></td><td></td><td></td><td></td><td></td><td></td><td></td><td></td><td></td><td></td><td></td><td></td><td></td><td></td><td></td></tr>
<tr><td>4</td><td></td><td></td><td></td><td></td><td></td><td></td><td></td><td></td><td></td><td></td><td></td><td></td><td></td><td></td><td></td><td></td><td></td><td></td><td></td><td></td><td></td><td></td><td></td><td></td><td></td><td></td><td></td><td></td><td></td></tr>
<tr><td>5</td><td></td><td></td><td></td><td></td><td></td><td></td><td></td><td></td><td></td><td></td><td></td><td></td><td></td><td></td><td></td><td></td><td></td><td></td><td></td><td></td><td></td><td></td><td></td><td></td><td></td><td></td><td></td><td></td><td></td></tr>
<tr><td>6</td><td></td><td></td><td></td><td></td><td></td><td></td><td></td><td></td><td></td><td></td><td></td><td></td><td></td><td></td><td></td><td></td><td></td><td></td><td></td><td></td><td></td><td></td><td></td><td></td><td></td><td></td><td></td><td></td><td></td></tr>
<tr><td>7</td><td></td><td></td><td></td><td></td><td></td><td></td><td></td><td></td><td></td><td></td><td></td><td></td><td></td><td></td><td></td><td></td><td></td><td></td><td></td><td></td><td></td><td></td><td></td><td></td><td></td><td></td><td></td><td></td><td></td></tr>
<tr><td>8</td><td></td><td></td><td></td><td></td><td></td><td></td><td></td><td></td><td></td><td></td><td></td><td></td><td></td><td></td><td></td><td></td><td></td><td></td><td></td><td></td><td></td><td></td><td></td><td></td><td></td><td></td><td></td><td></td><td></td></tr>
<tr><td>9</td><td></td><td></td><td></td><td></td><td></td><td></td><td></td><td></td><td></td><td></td><td></td><td></td><td></td><td></td><td></td><td></td><td></td><td></td><td></td><td></td><td></td><td></td><td></td><td></td><td></td><td></td><td></td><td></td><td></td></tr>
<tr><td>10</td><td></td><td></td><td></td><td></td><td></td><td></td><td></td><td></td><td></td><td></td><td></td><td></td><td></td><td></td><td></td><td></td><td></td><td></td><td></td><td></td><td></td><td></td><td></td><td></td><td></td><td></td><td></td><td></td><td></td></tr>
<tr><td>11</td><td></td><td></td><td></td><td></td><td></td><td></td><td></td><td></td><td></td><td></td><td></td><td></td><td></td><td></td><td></td><td></td><td></td><td></td><td></td><td></td><td></td><td></td><td></td><td></td><td></td><td></td><td></td><td></td><td></td></tr>
<tr><td>12</td><td></td><td></td><td></td><td></td><td></td><td></td><td></td><td></td><td></td><td></td><td></td><td></td><td></td><td></td><td></td><td></td><td></td><td></td><td></td><td></td><td></td><td></td><td></td><td></td><td></td><td></td><td></td><td></td><td></td></tr>
<tr><td>13</td><td></td><td></td><td></td><td></td><td></td><td></td><td></td><td></td><td></td><td></td><td></td><td></td><td></td><td></td><td></td><td></td><td></td><td></td><td></td><td></td><td></td><td></td><td></td><td></td><td></td><td></td><td></td><td></td><td></td></tr>
<tr><td>14</td><td></td><td></td><td></td><td></td><td></td><td></td><td></td><td></td><td></td><td></td><td></td><td></td><td></td><td></td><td></td><td></td><td></td><td></td><td></td><td></td><td></td><td></td><td></td><td></td><td></td><td></td><td></td><td></td><td></td></tr>
<tr><td>15</td><td></td><td></td><td></td><td></td><td></td><td></td><td></td><td></td><td></td><td></td><td></td><td></td><td></td><td></td><td></td><td></td><td></td><td></td><td></td><td></td><td></td><td></td><td></td><td></td><td></td><td></td><td></td><td></td><td></td></tr>
</table>

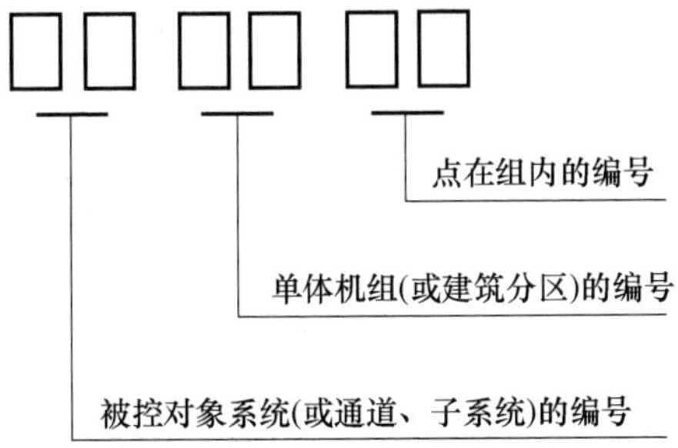

点在组内的编号

单体机组(或建筑分区)的编号

被控对象系统(或通道、子系统)的编号

图10-7　监控点号的编码方法

5. BAS的电源要求

（1）BAS的负荷级别及供电要求

按有关设计规范规定，BAS的监控中心的负荷级别为一级负荷。

（2）中央站（监控中心）的配电要求

① 由变电所引出两条专用回路供电，两条供电回路一备一用，在监控中心设置带自动切换装置的专用配电盘。

② 监控中心内系统主机及其外部设备宜设专用配电盘，通常不宜与照明、动力混用。

③ 为应付紧急情况下迅速停电，监控中心需在最易迅速接近的位置设置紧急停电开关，并加以醒目标志。

（3）分站配电要求

① 对于较大型、大型 BAS 系统，采用放射式配电方式，即由监控中心专用配电盘以一条支路专供一个分站的方式配电；对于中型及以下 BAS 系统，当产品无要求时，亦可由分站邻近的动力配电盘以专路供电（最好两路，一备一用）。当分站数量多而分散时，亦可采用树干式配电方式，即数个分站共用一条线路。

② 分站应设备用电池组，保证停电时不间断供电。

（4）负荷容量计算要求

① 长期无间断的连续运行是 BAS 的特点之一，因此，应按需要系数等于 1.0 计算。

② BAS 用电负荷的总容量为现有设备总容量与预计扩展总容量之和。若扩展容量无明确规划依据，可按现有容量的 20% 估算。

③ 考虑预留扩展容量，在无明确规划时，其统计增容数字约为 5% ~20%。

6. BAS 的接地要求

BAS 的接地应按计算机系统接地的规定执行。系统接地的具体做法为：

① 交流 TN-C-S 和 TN-S 系统，在进行工作接地以后，N 线与 PE 线应严格分开，N 线不得再与任何“地”作电气连接。

② BAS 设备外壳与建筑等电位体或与 PE 线作电气连接作为系统的安全保护接地。

③ 直流工作接地可在监控中心设局部等电位网（排）或接地分汇接线，通过专用接地干线与建筑物总等电位网（排）或接地总汇接环连接。

7. BAS 的线路选择与敷设

（1）线路选择

① 中央站至分站以及分站之间可选用双绞线、同轴电缆或光缆进行连接。进户电缆可选用同轴电缆。在强电磁干扰环境中和远距离传输时可选用光缆。

② 分站至现场设备（传感器和阀门等）可选用同轴电缆、双绞线或带屏蔽层的电缆，导线芯数根据设备信号数量确定。

（2）线路敷设的一般原则

BAS 中的配线设计，应考虑可靠性、维修性、经济性和安全性，以及系统扩建、设备增加及改变时的适应性问题。

① 对于信号线，要防止电磁干扰对信号的影响；

② 信号干线设计时要留有适当的裕度，以适应系统扩容和设备增加的需要。

10.1.3 暖通空调及其监控系统的一般设计

1. 空调系统的选择

（1）制冷方式的选择

① 电力充足地区优选电制冷机组。

② 电力不足且增容困难的地区，如果有天然气或城市煤气，则可选燃气型溴化锂吸收式制冷机组。

③ 电力不足，缺乏天然气和城市煤气的地区，可选择燃油型溴化锂吸收式制冷机组。

④ 在有工业废蒸汽或废热水时，可选蒸汽型或热水型溴化锂直燃机组。

（2）制冷主机的选择

① 冷水机组应根据用途及冷负荷来选用。冷负荷要根据建筑的空调面积和房间功能进行计算。冷水机组的冷负荷是建筑空调总冷负荷与同时使用率的乘积。一般建筑的同时使用率为70%～80%。制冷主机台数可根据负荷情况和建筑机房面积等确定。

② 选用冷水机组时，优先考虑性能系数值较高的机组。一般冷水机组全年在100%负荷下运行时间约占总运行时间的1/4以下，因此在选用冷水机组时应优先考虑效率曲线比较平坦的机型。同时，设计时应考虑冷水机组负荷的调节范围。

（3）供暖热源的选择

① 采用城市集中供热或独立锅炉房供热。

② 没有城市集中供热或锅炉房供热时，可选用风冷热泵型冷热水机组或直接蒸发式机组，并根据实际情况考虑是否设置辅助电加热装置。

（4）空调系统的确定

① 风机盘管加新风系统（空气-水系统）要明确风机盘管的形式，如卧式暗装、卧式明装、立式暗装、立式明装、吸顶式等。了解新风口引入位置及标高等信息。

② 全空气系统要了解空调房间的使用特点。如对噪声、洁净等的要求等。了解建筑的层高、梁下净高及吊顶和梁之间的高度尺寸，确定组合式空调机组的放置位置，了解是否需要设置排风系统。

（5）空调施工材料应根据使用要求确定

以下是各类管道、设备的参考可选材料：

① 送回风道可选镀锌铁皮风道、玻璃钢风道、铝箔复合玻纤管道、板材粘接管道等。

② 冷热水管道可选普通焊接钢管、无缝钢管、镀锌钢管、PP-R管、铝塑管、紫铜管等。

③ 冷凝水管道可选镀锌钢管PP-R管、铝塑管、PVC管等。

④ 送回风口形式可采用单层百叶、双层百叶、散流器、格栅、条形风口等；材质可选铝合金（喷塑）、塑料、木制等。

（6）中央空调冷热负荷的确定

中央空调冷热负荷包括围护结构传热量、通风换气耗热（冷）量、通过门窗的太阳辐射热、照明热负荷、人体散热量等，其他散热量有室内设备散热及其他物料散热等。按实际需要，计算上述六项结果相加后，所得数值即是建筑物的总冷热负荷。空调冷热负荷估算指标见表10-5。

表10-5　空调冷负荷法估算指标

建筑类型	冷负荷（W/m^2）	冷负荷（Cal/m^2）	热负荷（W/m^2）
住宅、公寓、标准客房	114～138	（98～118）	60～70
西餐厅	200～286	（170～246）	120～160
中餐厅	257～438	（220～376）	140～280
小商店	175～267	（150～230）	65～90
大商场、百货大楼	250～400	（215～344）	120～180
医院	105～130	（90～111）	65～80

续表

建筑类型	冷负荷（W/m^2）	冷负荷（Cal/m^2）	热负荷（W/m^2）
会议室	210～300	（180～258）	130～200
办公室	128～170	（110～146）	60～80
图书馆	90～125	（77～108）	50～80
剧场（观众厅）	230～350	（197～310）	95～115
体育馆（比赛馆）	240～280	（205～240）	110～160

2. 空调水系统设计要求

空调水系统设计主要包括：水系统方案的总体规划，水系统形式的选择与分区，水系统管网布置及走向，水系统水管的选择与管径的确定，水系统的辅助设备和配件的配置与选择，水系统的防腐、保温和保护，水系统的调节与控制等。

（1）空调水系统的设计要求

① 国内空调大多采用异程式双管制供水。在舒适性要求高、控制可靠的建筑物，可采用四管制系统供水。

② 空调水管的管内水流速推荐值为：水泵吸水管取1.2～2.1m/s，水泵出水管取2.4～3.6m/s，供水干管取1.5～3.0m/s，室内供水立管取0.9～3.0m/s，分水器和集水器取1.2～4.5m/s，冷却水管道取1.0～2.5m/s。

③ 水管阻力应根据主机所选水泵扬程是否满足要求进行校核。

④ 水管的最高处应设膨胀水箱或自动排气阀。

⑤ 机组与水管连接处配软接头，以减少机体的振动对管道的影响。

⑥ 机组与空调水管的连接处应装设温度计和压力表，以便于日常运转检查。

⑦ 机组进水口设Y形水过滤器，以防堵塞机组内的换热器。

⑧ 空调箱和新风盘管冷热水宜选用调节阀。

⑨ 选用的管材、配件要符合规范的要求。

⑩ 便于维修管理，操作、调节方便。

（2）冷冻水系统设计要求

① 力求水力平衡。空调供冷、供暖水系统的设计，应符合各个环路之间的水力平衡要求。对压差悬殊的高阻力环路，应设置二次循环泵。各环路应设置平衡阀或分流三通等平衡装置。如管道竖井面积允许时，应尽量多采用管道竖向同程式。

② 防止大流量小温差。大流量小温差运行现象的出现主要是由两方面原因造成的。一是因为设计水流量是按最大冷负荷确定的，而系统绝大部分时间是在部分负荷下运行；二是水泵是根据最远环路、最大阻力且考虑一定安全系数确定的。为了防止这种情况，一般在各环路装平衡阀等平衡装置，环路压力差过大（如10kPa以上）则应设二次泵。

③ 空调冷冻水系统的承压。随着建筑物高度的增加，空调冷冻水系统的静水压力和水泵出水压头也随之增加，而系统中的设备（冷水机组、热交换器）、管件、阀门等的承压能力是有一定限度的。

a. 设备承压包括冷水机组、水泵、板式热交换器等的承压，压力等级1.0～2.5MPa；

b. 管道承压主要指管道、管件、阀门等的承压，普通螺纹连接的镀锌钢管和末端风机盘管的承压大约1.0MPa。

c. 冷冻水系统的最高压力。如图10-8所示，系统停止运行时的最高压力在A点，其静压力由高度h决定。系统开始运行时的最高压力在水泵的出口处B点，水泵的出口压力等于静水压力与水泵全压之和。系统正常运行时A点和B点均可能承受最大压力。

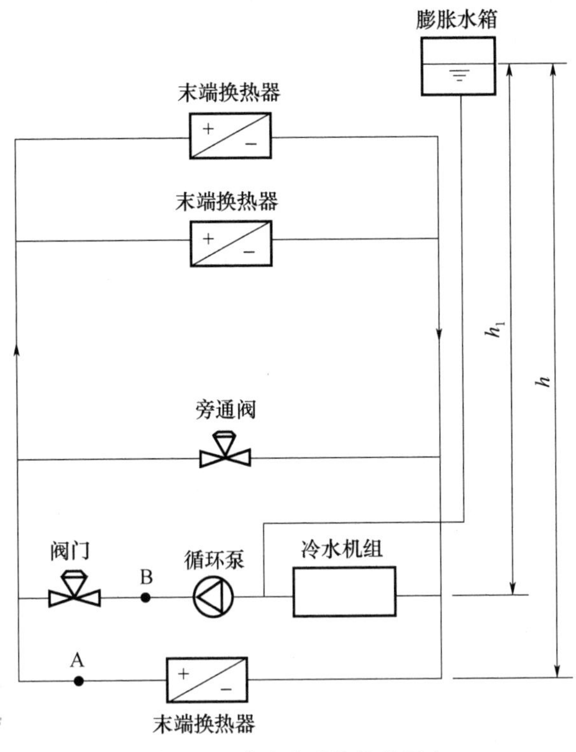

图10-8　冷冻水系统的静压力

（3）水泵的选择

空调水系统通常所用的循环泵为离心式水泵。水泵按安装方式可分为卧式泵和立式泵，按构造可分为单吸泵和双吸泵。卧式泵是最常用的空调水泵，它结构简单、造价低、运行稳定、噪声低、减振设计方便、维修容易，但安装面积较大。立式泵安装占地面积小、运行稳定性差、减振设计难、维修难度大、价格高。单吸泵中的水从泵中轴线流入，经叶轮加压后沿径向排出，它的效率低，存在轴向推力，制造简单，价格低，在空调工程中应用广泛。双吸泵的水从叶轮两侧进水，效率高，消除轴向推力，流量大，构造复杂，工艺要求高，价格较贵。双吸泵常用于流量较大的空调水系统。

① 水泵流量的确定。在没有考虑同时使用率的情况下选定的机组，可根据产品样本提供的数值选用冷冻水流量。如果考虑了同时使用率，建议用如下公式进行计算。公式中的Q为建筑没有考虑同时使用率情况下的总冷负荷。

$$L(\mathrm{m^3/h}) = \frac{Q(\mathrm{kW})}{(4.5 \sim 5)℃ \times 1.163} \tag{10-1}$$

在空调系统中所有水管管径一般按照式（10-2）进行计算。

$$D(\mathrm{m}) = \sqrt{\frac{L(\mathrm{m^3/h})}{0.785 \times 3600 \times V(\mathrm{m/s})}} \tag{10-2}$$

式中 L——所求管段的水流量，m^3/h；

D——所求管段的管径，m；

V——所求管段允许的水流速，m/h。

一般情况下，当管径小于 DN100 时，推荐流速应小于 1.0m/s，当管径在 DN100 到 DN250 之间时，流速推荐值为 1.5m/s 左右，管径大于 DN250 时，流速可再加大。进行计算时应该注意管径和推荐流速的对应。

② 冷却水流量确定。一般按照产品样本提供数值选取，或按照式（10-3）计算。Q 为制冷主机制冷量。

$$L(m^3/h) = \frac{Q(kW)}{(4.5 \sim 5)℃ \times 1.163} \times (1.15 \sim 1.2) \tag{10-3}$$

一般，选择水泵时，水泵的进出口管径应比水泵所在管段的管径小一个型号。如，水泵所在管段的管径为 DN125，通常选水泵的进出口管径应为 DN100。空调水系统常用计算参数见表 10-6。

表 10-6　空调水系统常用计算参数

管径（mm）	最大流速（m/s）	比摩阻（Pa/m）	流量（m^3/h）	水容量（kg/m）
DN15	0.5	390	0.35	0.196
DN20	0.6	370	0.77	0.356
DN25	0.7	360	1.44	0.572
DN32	0.7	350	2.53	1.007
DN40	0.9	360	4.28	1.320
DN50	1.0	290	7.49	1.964
DN65	1.1	260	14.38	3.421
DN80	1.3	290	23.82	5.153

③ 冷却水泵的扬程确定。对于闭式系统，冷却水泵的扬程应是冷却水系统管路沿程阻力 h_y 和局部阻力 h_j 之和，加上冷水机组冷凝器阻力 h_1，冷却塔中水的提升高度 h，以及冷却塔布水器的喷射压力（约为 5m 水柱），再乘以 1.1～1.2 的安全系数。

对于开式系统，冷却水泵的扬程应是冷却水系统管路沿程阻力和局部阻力之和，加上冷水机组冷凝器阻力，冷却塔的提升高度 H，以及冷却塔布水器的喷射压力（约为 5m 水柱），再乘以 1.1～1.2 的安全系数。冷却塔中水的提升高度如图 10-9 所示。

$$Y = (\Sigma h_y + \Sigma h_j + h_1 + h + 5) \times (1.1 \sim 1.2) \tag{10-4}$$

$$Y = (\Sigma h_y + \Sigma h_j + h_1 + H + 5) \times (1.1 \sim 1.2) \tag{10-5}$$

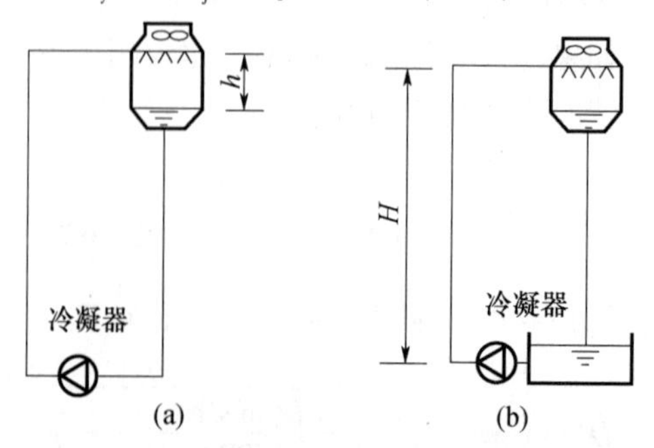

图 10-9　冷却塔中水的提升高度

（a）闭式系统；（b）开式系统

冷却水泵扬程参考值为：制冷机组冷凝器水阻力一般为 5～7mH_2O，冷却塔喷头喷水压力一般为 2～3mH_2O，冷却塔（开式冷却塔）接水盘到喷嘴的高差一般为 2～3mH_2O，回水过滤器阻力一般为 3～5mH_2O，制冷系统水管路沿程阻力和局部阻力损失一般为 5～8mH_2O。所以冷却水泵扬程为 17～26mH_2O，一般为 21～25mH_2O。

冷冻水泵扬程的参考值：制冷机组蒸发器水阻力一般为 5～7mH_2O；末端设备（空气处理机组、风机盘管等）表冷器或蒸发器水阻力一般为 5～7mH_2O；回水过滤器阻力，一般为 3～5mH_2O；分水器、集水器水阻力一般一个为 3mH_2O；制冷系统水管路沿程阻力和局部阻力损失一般为 7～10mH_2O。所以，冷冻水泵扬程为 26～35mH_2O，一般为 32～36mH_2O。

3. 空调系统的分区设置

冷冻水系统的垂直分区：

在高层或超高层建筑物中，冷冻水系统的静水压力很大。当设备的承压能力不足时，为保证空调水系统运行的安全，解决的办法就是将冷冻水系统进行垂直水力分区（低区和高区），并相互隔离。垂直分区后，静水压力变为分段承受，每个水区的水压大大降低。

① 采用板式换热器分区供冷，集中放置。利用水-水板式换热器，将冷冻水管路沿垂直方向分为多个独立水系统，以实现水力隔离。高区系统的冷量仍由低区系统的冷水机组提供，通过板式换热器转换获得。各个分区的高度应不超出换热器的承压能力。换热器可集中放置于建筑物底部的制冷站机房内，具有冷水机组的承压低，设备集中，管理方便等特点。如图 10-10 所示。

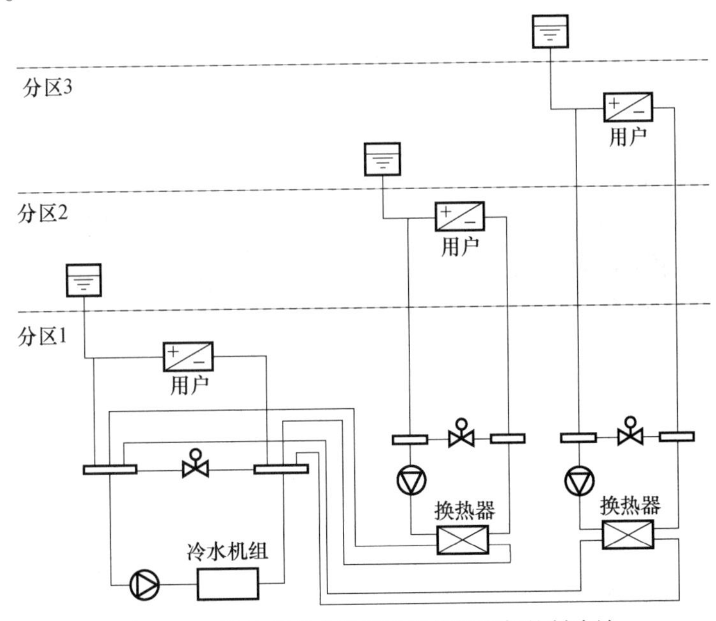

图 10-10　换热器集中放置于建筑物底部的制冷站

② 换热器分区放置。只有最下面一个分区的换热器在制冷站机房内，其他分区的换热器均放置在自己分区的底部。具有管道井较小，制冷站机房占用面积也小，每个分区的压力小（不超过 1.0MPa），系统安全，冷水机组的承压较高，设备分散，不易管理等特点。如图 10-11 所示。

③ 高区的换热器集中放置于设备层的专用机房。这种分区方式能使热交换的次数最少，从而减少换热的温度损失，保证换热器二次侧回水温度在合理的范围内。如图 10-12 所示。

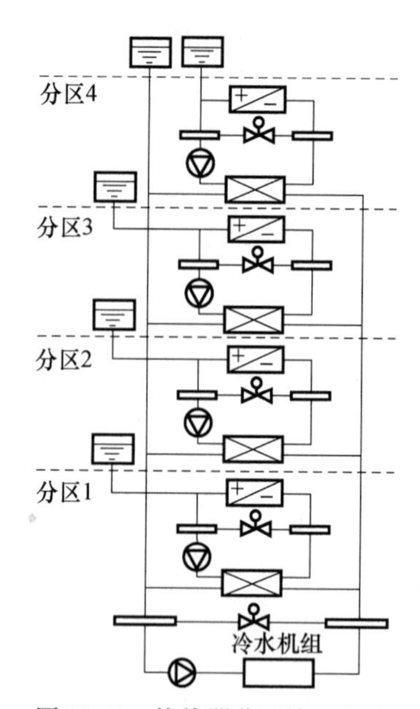

图 10-11　换热器分区放置方式

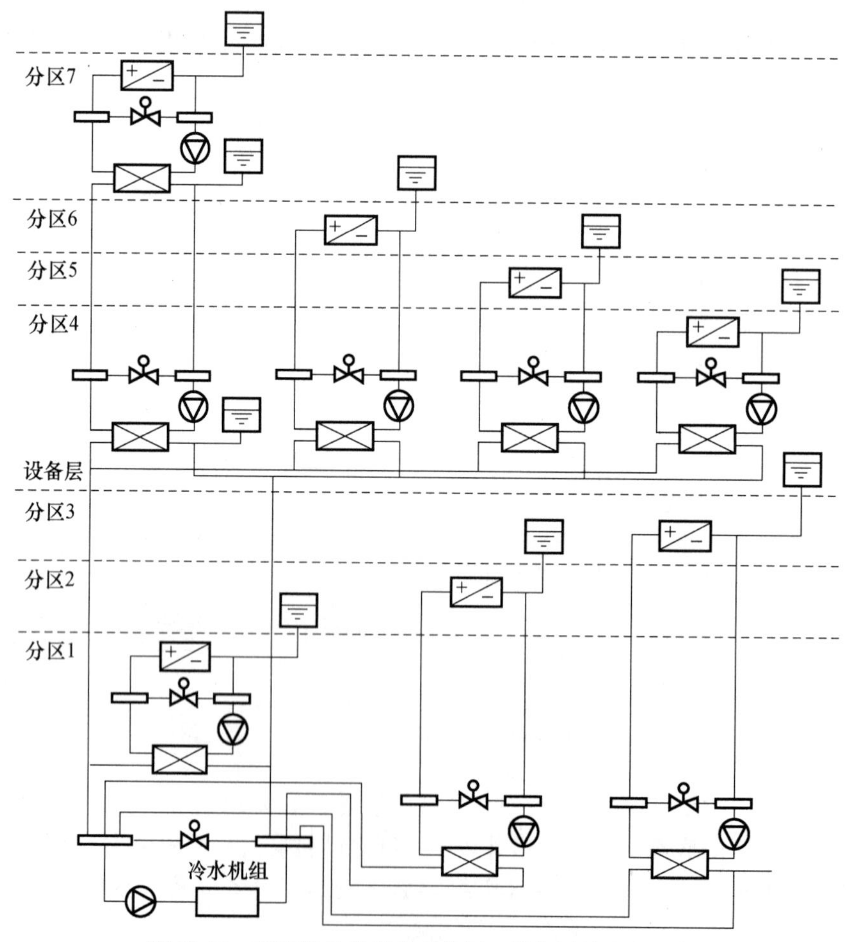

图 10-12　高区的换热器集中放置于设备层的专用机房

④ 设置多个独立的水系统。如图 10-13 所示，将建筑物竖向分为 2 ~ 3 个独立的空调水系统，各自设置冷水机组和循环水泵等设备，从而实现水力隔离。由于每个水区的高度降低，使每个水区承受的静水压力也降低。

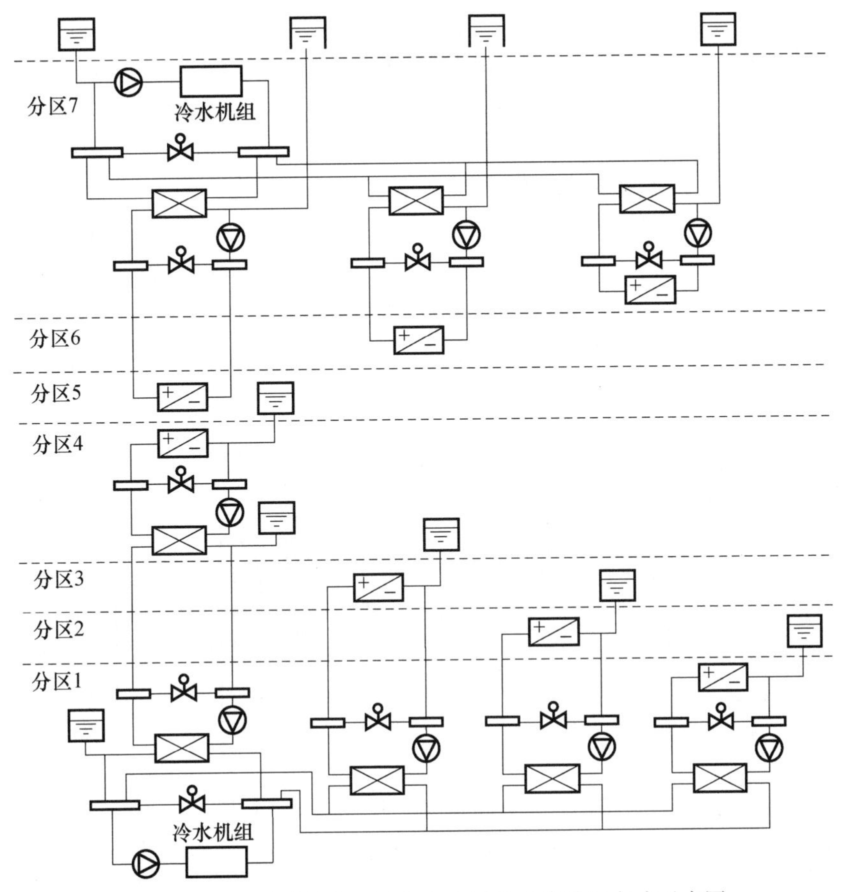

图 10-13　机房分置的两个独立水系统垂直分区方式示意图

采用板式换热器进行隔离分区的不足之处：板式换热器价格昂贵，造成一次性投资增大；换热器一次侧与二次侧换热后有 1 ~ 2℃的温升，增加了换热损失；换热器二次侧冷冻水温度升高后，必然使高层的空调末端出力下降，要维持同样的冷量供应，必须加大空调末端设备的容量，否则将延长空调达到其制冷效果的运行时间；对于 400m 以上的建筑，会在高区出现第 2 级换热。第 2 级换热器的二次侧回水温度将达到 14℃左右，非常接近空气的露点温度，不利于空气除湿。

⑤ 机房分别置于建筑物的底层和顶层。底层系统冷却塔可布置于裙房屋顶上，顶层系统的冷却塔可布置于楼顶上，故工程实施较容易。但机房分散，管理不便。

独立水系统的竖向分区方式的特点是各系统间相互独立，冷水机组、水泵等设备均不能互为备用，增大了投资，且在低负荷时，各系统设备均在低负荷下运行，效率降低，能耗增大。

⑥ 按照压力分区时，空调系统通常以 1.6MPa 作为工作压力划分的界限，大约室外高度 100m 左右的建筑，使得水静压大于 1.2MPa 时，水系统宜按竖向进行分区。

⑦ 按照负荷特性分区时，统一建筑中有不同使用功能的区域，内外分区。

冷、热水系统的分区一般与空调系统的分区、风系统的分区是结合考虑的，一般是一致的。可从负荷特性、使用功能、空调房间的平面布置、建筑层数、空调基数和空调精度方面考虑。

4. 空调监控系统设计

（1）设计内容

如图 10-14 所示，空调监控系统设计内容包括：① 制冷主机的压力、流量、温度、温差、压力、压差、主机转速等参数，采用多种安全保护措施，实现机组的自动节能、安全可靠运行；② 监控冷冻水、冷却水系统的流量、供回水温差，管道流量、水泵和风机的运行转速等参数，根据空调系统负荷的变化，进行自动调节和优化调节；③ 空调机组、新风机组及配套风机盘管、VAV 末端等的温度（温差）、压力（压差）、流量、风速等参数；④ 冷却塔的温度、压力、流量、风速测控；⑤ 锅炉、换热器等热源的参数监控。

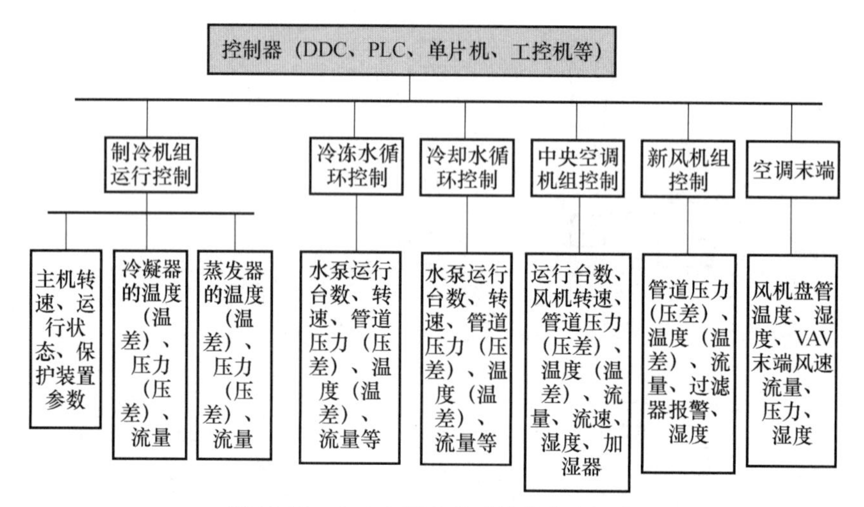

图 10-14　中央空调监控系统的基本组成

（2）设计原则

为实现控制目标，空调控制系统设计时应遵循以下的设计原则：

① 贯彻执行行业相关标准，以实现系统施工与运行的规范化。

② 依据用户需求进行功能、性能设计，充分满足用户的需求，功能实用。

③ 监控系统的技术设施要有一定的先进性，但不能盲目追求先进性而忽视其技术不成熟的风险。

④ 监控系统应保证中央空调系统设备的运行安全。

⑤ 监控系统应能满足使用环境条件的要求，能长期稳定可靠地运行。

⑥ 监控系统应优化设计、合理配置，发挥投资的最大经济效益和最佳的节能效果，使空调系统在整个使用生命周期内获得最佳的性价比。

（3）分区水系统控制设计举例

如图 10-15 所示，某超高层商务建筑共 98 层，最高点高度 439m。73 层以下为办公区，73 层以上为酒店。根据建筑专业疏散要求，分别于 18、19、37、38、55、56、73、74、91、92 层设置避难（机电）层。根据需要，办公和酒店分设独立的集中空调冷（热）源系统：办公区采用蓄冰空调系统，主机房位于地下四层（－18. 500m）；酒店采用风冷热泵（带热回收）系统，机组设于 73 层。因此，办公部分末端设备的最高点位于 72 层（316m），因此定压膨胀水箱箱底高度不应低于 317.5m，则办公空调水系统最大可能的静水压力为 336.0m H_2O，约 3.36MPa。即使水泵的安装方式为压出式，主机或板换的承压也将达到 3.5MPa。因此需要设置中间换热器。综合考虑其空调的使用情况，建筑避难层的设置位置及设备、管件的承压能力，确定了如下方案。

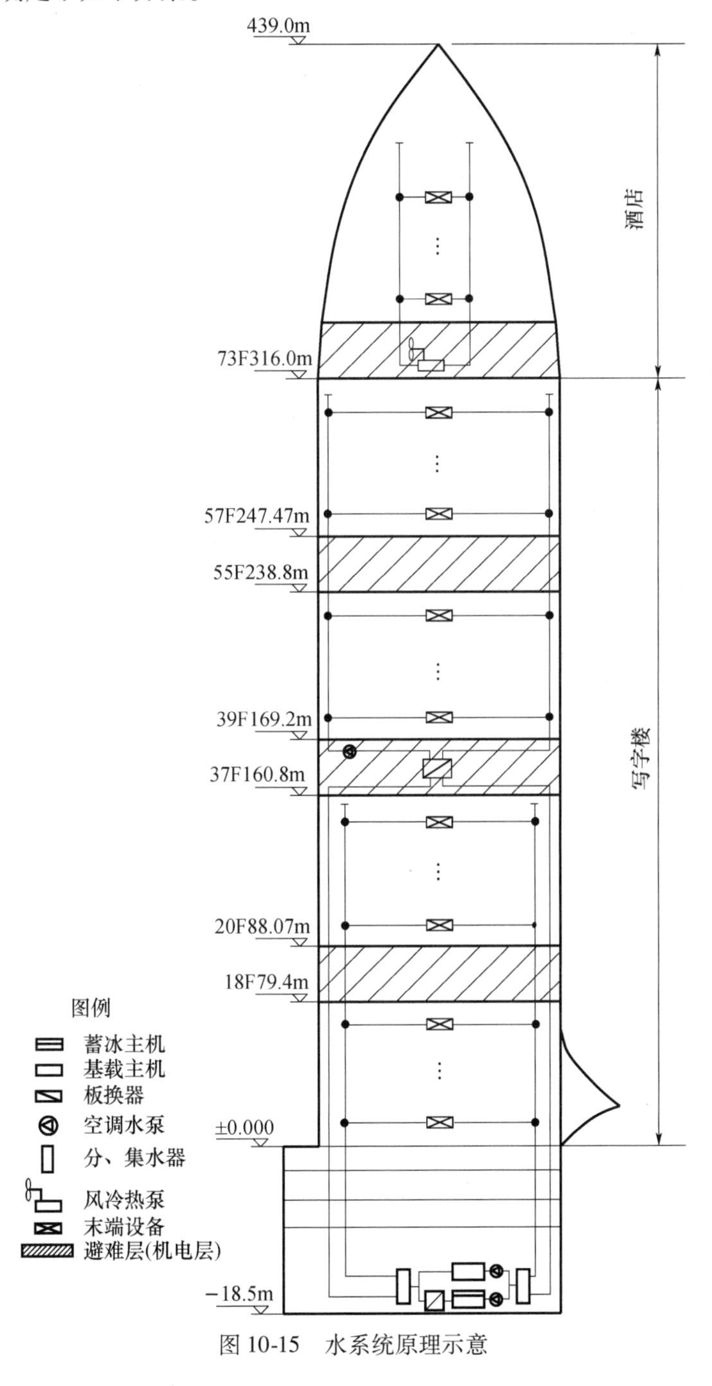

图 10-15　水系统原理示意

在图 10-15 中，在办公部分的中间设备层（37F）处设置一组水-水板式换热器，整个系统仅分为高低 2 个区，37 层（含）以下为低区、39 层（含）以上为高区。低区水由分水器直接供水，末端设备的供回水温度为 5℃/13℃；高区水经 37 层处的板换换热后间接供水，末端设备的供回水温度为6℃/14℃，供冷效率有所下降。一次水系统的膨胀水箱设于38层，总定压点位于集水器出水总管处，一次水泵采用压入式，则主机房内冷水机组、一次水泵及分水器等部件的最高承压约为2.1MPa（即为直接供水的用户最高点至主机房的静水高度与一次水泵扬程之和）。高区和低区的末端设备承压随着所在楼层高度的增加而递减，承压要求介于1.0～2.1MPa之间。

该方案的系统分区少，泵组及板式换热器组设置数量少，运行管理较为简单，运行能耗较低。该方案对冷源、水泵、板换及末端的承压要求比较高，但也在现有设备承压能力的范围内。

10.2 建筑设备自动化系统设备安装施工

建筑设备自动化系统施工全过程可分为四个阶段，即施工准备、施工实施、系统调试和竣工验收。施工的主要依据有合同文件及招标文件、施工图纸以及有关变更修改洽商与通知、国家和各地区技术质量标准和操作规程、设备材料厂家有关安装使用技术说明书和有关施工规范。

10.2.1 施工准备

1. 施工准备内容

施工准备通常有技术准备、施工现场准备、物资、机具、劳力准备以及季节施工准备，还有思想工作的准备等。工程施工应具备以下条件：

（1）施工单位必须持有国家或省级建设行政主管部门颁发的相关系统工程实施或系统集成资质证书。

（2）设计文件及施工图纸齐全，并已会审批准。施工人员应熟悉有关资料图纸，掌握有关的规范和标准，了解工程情况、施工方案、工艺要求、施工质量标准等。

施工前必须做好对BAS系统技术和施工设计的审核，确保工程合同中的设备清单、监控点表与施工图中实际情况三者一致，并与受控点或监测点接口匹配，其设备数量、型号、规格与图样、设备清单一致，这样才可确保系统在硬件设备上的完整性，保证审核符合接口界面、联动、信息通信、接口技术参数等要求。

（3）工程施工所必需的设备、器材、辅材、仪器、机械等应能满足连续实施和阶段施工的要求，并在现场开箱检查。

（4）施工时应与土建工程、装饰工程施工单位相互协调。保证预埋管线、支撑件、预留孔洞、沟、槽，基础、楼地面工程等符合BAS系统设计要求。

（5）保证施工区域的水电需要。

2. 现场设备材料的验收

（1）设备验收

各类传感器、变送器、执行机构等进场验收应符合下列规定：

① 查验合格证和技术文件，实行产品许可证和安全认证的产品应有产品许可证和安全认证标志。

② 外观检查：传感器（温度、湿度、压力、压差、流量、液位传感器等）、执行器、被控设备的铭牌、附件齐全，电气接线端子完好，设备表面无缺损，涂层完整。执行器、被控设备包括各种为电动阀、电磁阀、阀门驱动器、电动风阀、水泵、风机等。

（2）导线验收

① 传感器输入信号与DDC或PLC之间可采用2芯或3芯、每芯截面积大于0.75mm²的RVVP或RVV铜芯聚氯乙烯绝缘、聚氯乙烯护套软电缆连接。

② 控制器与现场执行机构的连接可采用2芯或4芯（供电），每芯截面积大于0.75mm²的RVVP、RVV铜芯聚氯乙烯绝缘、聚氯乙烯护套连接软电缆。

③ 控制器之间、控制器与控制中心可采用RVVP或3类以上的非屏蔽双绞线连接。

④ 配电电路的导线截面应符合设计负荷的要求。

⑤ 导线应符合有关机械强度和防火、防腐、防鼠咬等的要求。

（3）传感器的检测

① 数字量传感器的检测。常用数字量传感器有压差开关、防冻开关、触点、按钮等。输入相应气压、水压和空气温度，检查压差传感器、防冻开关的输出是否符合设计要求。

② 模拟量传感器检测。常用模拟量传感器，如温度、湿度、压力、压差、流量传感器等，按设备说明书要求输入相应的测量值，检测各传感器是否符合设备性能和设计要求。

对于电力系统，输入相应电压、电流、频率、功率因数和电量，检查相应变送器的输出是否满足设备性能和设计要求。注意严防电压型传感器的电压输入端短路和电流型传感器的输入端开路。

（4）DDC开关量（DI、DO）输入、输出检测

① 上位机开关量（运行、故障状态）的输入检测。按设备和设计要求模拟输入相应脉冲宽度、幅度、频率的开关量信号，模拟开关量输入，检测现场DDC输出并在上位机记录，检测开关量输入的次数、时间、地址是否符合设计要求。

② DDC的开关量输入检测。连接现场被控设备干触点，改变干触点状态，检查上位机显示、记录与实际输入是否一致。

③ 现场DDC开关量输出检测。在上位机用程序方式或手动方式设置数字量输出点，检查被设置DDC数字输出点的输出状态是否准确。检测接口电压、电流是否满足设备性能和设计要求。

④ 模拟量输入检测。输入相应（如0～10V，0～20mA）信号，检查DDC相应输出端的电压和电流是否符合设计要求。

⑤ 模拟量输出检测。输入模拟变化的温度、湿度、压力、压差、流量，检查DDC输出的电压和电流是否符合设计要求。

10.2.2 施工实施

1. 电气线路敷设

（1）电气配管必须确保连接可靠和位置准确，配线标准规范，配电箱、接线盒的位置、高度符合设计和规范的要求。

（2）电缆或导线在线槽内敷设时应排列整齐，电缆线槽桥架的安装必须严格按图样标高，纵横向定位准确。

（3）交流与直流、强电与弱电回路导线严禁穿在一根管内，线槽及管内严禁有接头。

（4）硬质配线管道及金属软管与电气设备连接要用入盒接头。

2. 系统设备的安装要求

BAS的主机、分站、网络设备的安装施工应参照《自动化仪表工程施工及质量验收规范》（GB 50093—2013）中相关部分的规定。

（1）中央控制及网络通信设备应在中央控制室的土建和装饰工程完工后安装。

（2）设备及设备各构件间应连接紧密、牢固，安装用的坚固件应有防锈层。

（3）设备在安装前应作检查，并保证设备外形完整，内外表面漆层完好、设备外形尺寸、设备内主板及接线端口的型号、规格符合设计规定。

（4）有底座设备的底座尺寸应与设备相符，其直线允许偏差为每米1mm，当底座的总长超过5m时，全长允许偏差为5mm。

（5）中央控制及网络通信设备的安装要符合下列规定：

① 应垂直、平正、牢固；② 垂直度允许偏差为每米1.5mm；③ 水平方向的倾斜度允许偏差为每米1mm；④ 相邻设备顶部高度允许偏差为2mm；⑤ 相邻设备接缝处平面度允许偏差为5mm；⑥ 相邻设备接缝的间隙不大于2mm；⑦ 相邻设备连接超过五处时，平面度的最大允许偏差为5mm。

（6）按系统设计图检查主机、网络控制设备、UPS、打印机、HUB等设备之间的连接电缆型号以及连接方式是否正确。尤其要检查其主机与分站之间的通信线，要有备用线。

3. 传感器的安装

（1）温度传感器安装

温度传感器包括室内、外空气温度传感器，风管、水管温度传感器等。温度传感器输出随温度变化引起电压值或电阻值变化，再由放大单元放大并转换成与温度变化成比例的0～10VDC或4～20mA的标准输出信号。传感器的要根据被测介质的性质、温度范围、安装长度、精度和价格进行选用，并与DDC模拟输入通道的特性相匹配。

① 室内、外空气温度传感器的安装。室内温度传感器安装要注意避免阳光直射，远离室内冷、热源，如暖气片、空调机出风口等。远离窗、门的通风位置。如无法避开则与之距离不应小于2m。室内温度传感器安装要求美观，多个传感器安装距地高度应一致，高度差不应大于1mm，同一区域内高度差不应大于5mm。室外温度传感器安装应有遮阳罩和防风雨防护罩，远离风口、过道。避免过高的风速对室外温度检测的影响。选用RVV或RVVP线缆连接到现场控制器。

② 水系统温度传感器。水系统温度传感器不宜在焊缝及其边缘上开孔和焊接安装，水管温度传感器的开孔与焊接应在工艺管道安装时同时进行，必须在工艺管道的防腐和试压前进行。水管型温度传感器的感温段宜大于管道口径的二分之一，应安装在管道的顶部并在便于调试、维修。水管温度传感器的安装不宜选择在阀门等阻力件附近和水流流束死角和振动较大的位置。温度传感器至分站之间的连接应符合设计要求，可选用RVV或RVVP线缆连接现场控制器。应尽量减少因接线引起的误差，如对于镍温度传感器的接线电阻应小于3Ω，1kΩ铂温度传感器的接线总电阻应小于1Ω。

③ 风管温度传感器。传感器应安装在风速平稳，能反映风温的位置。传感器的安装应在风管保温层完成后，安装在风管直管段或应避开风管死角的位置。风管型温度传感器的安装应便于调试、维修。

（2）湿度传感器的安装

湿度传感器用于测量室内、室外和风管的相对湿度。湿度传感器在不同的相对湿度情况下，有不同的精度，所以应根据不同的需要选用不同的湿度传感器，输出信号通常为4～20mA或0～10VDC，应注意与控制器模拟输入通道的特性相匹配。

① 室内、外湿度传感器。室内湿度传感器不应安装在阳光直射的地方，应远离室内冷、

热源，如暖气片、空调机出风口。远离窗、门直接通风的位置。如无法避开则与之距离不应小于2m。室内湿度传感器安装要求美观，多个传感器安装距地高度应一致，高度差不应大于1mm，同一区域内高度差不应大于5mm。室外湿度传感器安装应有遮阳罩，避免阳光直射，应有防风雨防护罩，远离风口、过道。避免过高的风速对室外湿度检测的影响。

② 风管湿度传感器。传感器应安装在风速平稳，能反映风温的位置。传感器的安装应在风管保温层完成后，安装在风管直管段或应避开风管死角的位置。风管型湿度传感器应安装在便于调试、维修的地方。

4. 压差开关的安装

（1）风压压差开关的安装

风压压差开关通常用来检测空调机过滤网堵塞、空调机风机运行状态等。压差开关安装时，应注意安装位置，宜将压差开关的受压薄膜处于垂直位置。如需要，可使用“L”型托架进行安装，托架可用铁板制成。压差开关安装应注意压力的高、低压位置，过滤网前端接高压端，过滤网后端接低压端。空调机风机的出口接高压端、空调机风机的进风口接低压端。压差开关应安装在便于调试、维修的地方，并不影响空调器本体的密封性。导线敷设可选用DG20电线管及接线盒，并用金属软管与压差开关连接。如图10-16所示。

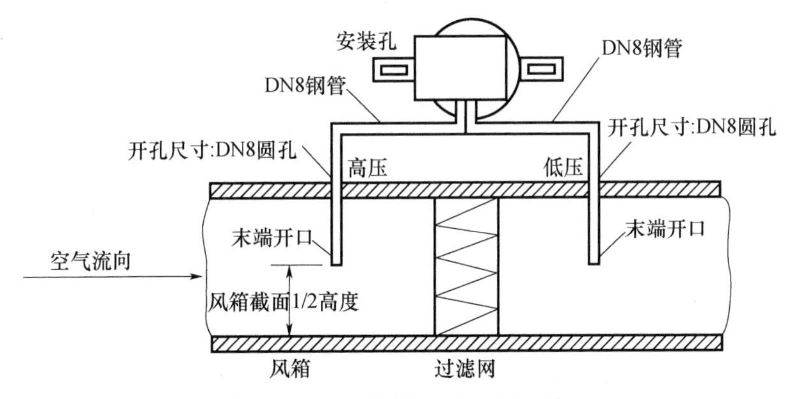

图10-16　风压压差开关安装示意

（2）水压压差开关的安装

水压压差开关通常用来检测管道水压差，如测量分、集水器之间的水压差，用其压力差来控制旁通阀的开度等。水压压差开关应安装在管道顶部、便于调试、维修的位置，不宜在焊缝及其边缘上开孔和焊接安装。水压压差开关的开孔与焊接应在工艺管道安装时同时进行，必须在工艺管道的防腐和试压前进行。水压压差开关宜选在管道直管部分，不宜选在管道弯头、阀门等阻力部件的附近及水流流束死角和振动较大的位置，安装应有缓冲弯管。

（3）压力传感器的安装

压力传感器用通常用来测量室内、室外、风管、水管的空气或水的压力。压力传感器应安装在便于调试、维修的位置。室内、室外压力传感器宜安装在远离风口、过道的地方。以免高速流动的空气影响测量精度。风管型压力传感器应安装在风管的直管段，应避开风管内通风死角和弯头。风管型压力传感器的安装应在风管保温层完成之后。水管压力传感器不宜在焊缝及其边缘上开孔和焊接安装。水管压力传感器的开孔与焊接应在工艺管道安装时同时进行。必须在工艺管道的防腐和试压前进行。水管压力传感器宜选在管道直管部分，不宜选在管道弯头、阀门等阻力部件的附近及水流死角和振动较大的位置。水管压力传感器应加接缓冲弯管和截止阀。如图 10-17 所示。

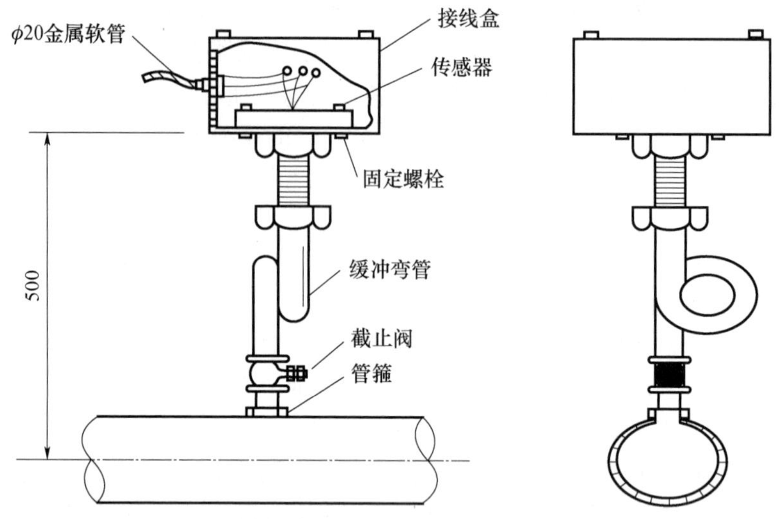

图 10-17 水道压力传感器安装示意

5. 水流开关、防冻开关、空气质量传感器安装

（1）水流开关的安装

水流开关用来检测水管中水流状态和流速设定值。水流开关应安装在便于调试、维修的地方，应安装在水平管段上，垂直安装。不应安装在垂直管段上，不宜在焊缝及其边缘上开孔和焊接安装。水流开关的开孔与焊接应在工艺管道安装时同时进行。必须在工艺管道的防腐和试压前进行。水流开关安装应注意水流叶片与水流方向，水流叶片的长度应大于管径的 1/2。如图 10-18 所示。

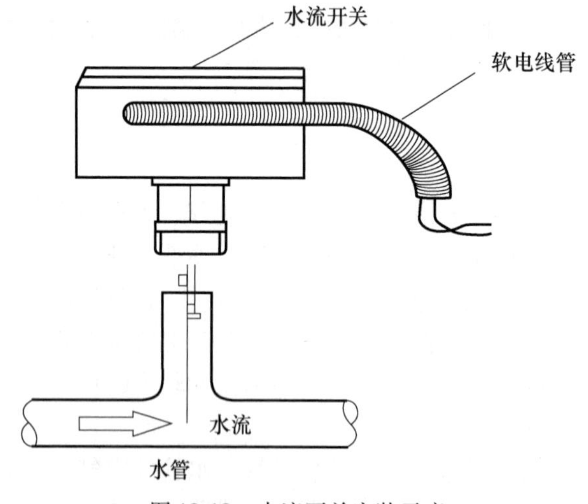

图 10-18 水流开关安装示意

（2）防冻开关的安装

防冻开关主要用来保护空调设备的盘管防止意外冻坏。防冻开关的感温铜管应由附件固定在空调箱内，不可折弯、不能压扁，尤其是感温铜管的根部，应由附件固定空调机盘管前部。

(3) 空气质量传感器的安装

空气质量传感器用来检测室内 CO_2、CO 或其他有害气体含量，以0~10V或4~20mA直流输出信号或以继电器输出开关信号。空气质量传感器安装在能真实反映被监测空间的空气质量状况的地方。探测气体比空气质量轻时，空气质量传感器应安装在房间、风管的上部。探测气体比空气质量重时，空气质量传感器应安装在房间、风管的下部。风管型空气质量传感器安装应在风管保温层完成之后，风管的直管段，应在避开风管内通风死角，便于调试、维修的地方。

6. 流量传感器的安装

(1) 电磁流量计的安装

电磁流量计是基于电磁感应定律的流量测量仪表。电磁流量计应安装在无电磁场干扰的场所，应安装在直管段前端应有长度为10D（D为管径）的直管，流量计的后端应有长度为5D的直管段。若传感器前后的管道中安装有阀门和弯头等影响流量平稳的设备，则直管段的长度还需相应增加。电磁流量计应安装在流量调节阀的前端。

(2) 涡轮式流量计的安装

涡轮式流量计是基于涡轮转速原理的流量测量仪表。涡轮式流量计应水平安装，流体的流动方向必须与流量计所示的流向标志一致。涡轮式流量计应安装在直管段，流量计的前端应有长度为10D（D为管径）的直管，流量计的后端应有长度为5D的直管段。如传感器前后的管道中安装有阀门和弯头等影响流量平稳的设备，则直管段的长度还需相应增加。涡轮式流量变送器的安装应便于维修并避免管道振动的场所。

7. DDC安装

DDC通常安装在被控设备机房中（如冷冻站、热交换站、水泵房、空调机房等）就近安装在被控设备（如水泵、空调机、新风机、通风机）附近墙上，用膨胀螺栓固定、安装。

DDC距地1500mm、远离强电磁干扰的位置安装。DDC的数字输出宜采用继电器隔离，不允许用DDC数字输出的无源触点直接控制强电回路。DDC的输入、输出接线应有易于辨别的标记。DDC安装应有良好接地。DDC电源容量应满足传感器、驱动器的用电需要。

8. 电量变送器的安装

电量变送器把电压、电流、频率、有功功率、无功功率、功率因数和有功电能等电量转换成4~20mA或0~10V输出。被测回路加装电流、电压互感器，互感器输出电流、电压范围应符合电流、电压变送器的电流、电压输入范围。变送器接线时，应严防电压输入端短路和电流输入端开路。变送器的输出应与现场控制器输入通道的特性相匹配。

9. 执行器的安装

(1) 电动调节阀的安装

电动调节阀通常用来调节系统流量，电动调节阀通常由阀体和阀门驱动器组成，阀门驱动器以电动机为动力，依据现场控制器输出的0~10VDC电压或4~20mA电流控制阀门的开度。阀门驱动器按输出方式可分直行程、角行程和多转式三种类型，分别同直线移动的调节阀、旋转的蝶阀、多转式调节阀配合工作。电动调节阀应在工艺管道安装时同时进行。必须在工艺管道的防腐和试压前进行。电动调节阀应垂直安装于水平管道上，大口径电动阀不能有倾斜。电动调节阀一般安装在回水管上，阀体上的水流方向应与实际水流方向一致。调节阀旁应装有旁通阀和旁通管路，并留有检修空间，应有手动操作机构并安装在便于操作的位置，其阀位指示装置安装在便于观察的位置，以方便观察和维修。电动调节阀的行程、关阀的关断压力、阀前后压力必须满足设计要求。电动调节阀阀门驱动器的输入电压、工作电压应与控制器的输出相匹配。

（2）电磁阀的安装

电磁阀利用线圈通电后，产生电磁吸力，提升活动铁芯，带动阀芯运动，控制阀门开、关，电磁阀无电机、变速器等机械转动部件，可靠性强，响应速度高。电磁阀应在工艺管道安装时同时进行。必须在工艺管道的防腐和试压前进行。电磁阀应垂直安装于水平管道上，大口径电磁阀的安装不能倾斜。阀位指示装置安装在便于观察的位置。电磁阀安装应留有检修空间。电磁阀一般安装在回水管上。阀体上的水流方向应与实际水流方向一致。电磁阀的手动操作机构应安装在便于操作的位置，其行程、阀门的关断压力、阀门前、后压力必须满足设计要求。

（3）电动风阀的安装

电动风阀用来调节控制系统风量、风压，由风阀和风阀驱动器组成。风阀驱动器根据风阀的大小来选择，电动风阀提供辅助开关和反馈电位器，能实时显示风阀的开度，电动风阀与风阀驱动器连接的轴杆应伸出风阀阀体 80mm 以上，风阀驱动器与风阀轴的连接应牢固。风阀驱动器上的开闭箭头的方向应与风门开闭方向一致，并应与风阀轴垂直安装。风阀驱动器的输出力矩必须满足风阀转动的需要。风阀驱动器的工作电压、输入电压应与控制器的输出信号相匹配。可选用 RVV 或 RVVP3 ×1.0 线缆连接现场控制器。

10. 风机盘管的安装

风机盘管电动阀阀体水流箭头方向应与水流实际方向一致，其电动阀应安装于风机盘管的回水管上。电动阀与回水管连接应有软接头，以免风机盘管的振动传到系统管线上。温控开关与其他开关并列安装时，距地面高度应一致，高度差不应大于 1mm；与其他开关安装于同一室内时，高度差不应大于 5mm；温控开关外形尺寸与其他开关不一样时，以底边高度为准。温控开关输出电压应与风机盘管电动阀的工作电压相匹配。

10.2.3 暖通空调系统施工安装要点

1. 冷水机组的安装

冷水机组安装应考虑隔振消声措施。安装在室外时，电气控制设备和控制柜应放置室内。控制柜的安装位置，应能有效避免柜内受潮甚至结露。冷水机组的混凝土基础应平整，在减振器上安装时，各减振器的预压缩量应均匀一致，偏差量小于 2mm。连接冷水机组的管道应设有柔性接头，系统管道的重量不应由冷水机组支承。冷水机组的吊装应采用设备的吊装点，禁止在设备上随意捆吊绳。

2. 空调冷冻水系统的安装

（1）一次泵定流量系统的安装要点

① 温控阀必须设置在表冷器的回水管道上。房间温度控制要求不高时可使用电动两通阀，对房间温度控制要求较高时采用电动调节两通阀。浮点式电热阀和电动两通阀、电动两通调节阀相比，具有控制精度高、运行稳定性强、无噪声、体积小等优点。

② 在总供回水管之间设旁通管或由压差控制的旁通电动调节阀，阀门口径按 1 台冷水机组的冷冻水流量来确定旁通管管径。

③ 冷水机组和冷冻水循环泵进行连接方式见第 5 章。当采用共集水管连接必须在每台冷水机组的入口或出口水管道上设置电动隔断阀，并与对应的冷水机组和水泵联锁开关。

④ 在设计过程中，要做好自动控制设计，让系统能够根据空调负荷的变化，自动控制

冷水机组及循环水泵的运行台数。

（2）一次泵变流量系统的安装

对于机组适应性强、控制方案与运行管理可靠性能够保证的大型系统，可采用冷源侧和负荷侧均变流量的一次泵变流量系统，一次泵可用变频调速泵。在采用该系统的时候，要满足以下要求：

① 在末端装置的回水管上设置浮点式电热阀或电动两通调节阀，并要求多台末端设备不同时启停。

② 选择蒸发器许可流量变化率大的冷水机组。冷水机组的最小流量要尽可能低、蒸发器流量允许变化范围要大。

③ 独立控制冷水机组和循环水泵的运行台数，由最不利环路的末端压差变化来控制水泵转速。

④ 在总供回水管之间设置旁通管及由流量或压差控制的旁通电动调节阀，按单台冷水机组的最小允许冷冻水流量来确定旁通管管径。

⑤ 采用共用集水管的连接方式来对冷水机组和水泵进行连接时，在每台冷水机组的入口或出口水管道上设置与对应的冷水机组联锁启停的电动隔断阀。

⑥ 对于一台冷水机组的情况，可以采用一次泵变流量系统。

（3）二次泵变流量系统

如图 10-19 所示，对于系统较大、阻力较高、各环路负荷特性或阻力特性相差非常大的冷冻水系统，要采用在冷源侧和负荷侧分别设置一次泵（初级泵）和二次泵（次级泵）的二次泵变流量系统。一次泵（初级泵）定流量运行，二次泵（次级泵）可采用变频调速泵，并满足以下安装使用要。

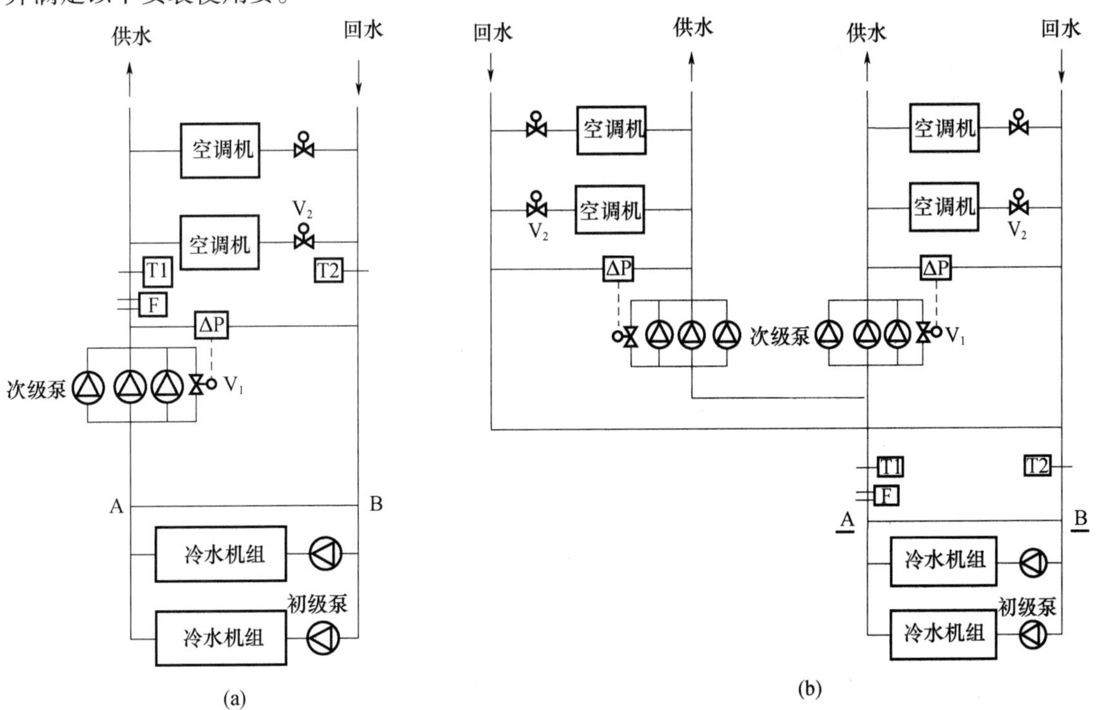

图 10-19　二次泵变流量系统

（a）单区设置；（b）分区设置

① 在末端装置的回水管上设置水量控制阀 V_2，来加强控制。

② 根据系统的供回水压差控制二次泵的转速和运行台数，V_1 控制调节循环水量以适应空调负荷的变化。系统压差测点宜设在最不利环路干管靠近末端处。

③ 冷热源侧和负荷侧的供回水共用集水管之间应设旁通管，旁通管管径应按一台冷水机组的冷冻水流量确定，旁通管上不应设置阀门。

（4）水泵的安装位置

一般情况下，冷冻水泵应设在冷水机组蒸发换热器的入口处，从用户侧回来的冷冻水经过冷冻水泵送回冷水机组。冷却水泵设在冷却水进入冷水机组的水路上，从冷却塔出来的冷却水经冷却水泵送回机组。热水循环泵设在回水干管上，从末端回来的热水经过热水循环泵送回换热器。

（5）阀门的选择安装

① 冷却塔进水管上加电磁阀（不提倡使用手动阀）。

② 管泄水阀应该设置于室内，防止冬天冻坏。

③ 水泵前后的阀门安装。水泵进水管依次连接蝶阀—压力表—软接头；水泵出水管依次连接软接头—压力表—止回阀—蝶阀。

④ 压差旁通阀。在变流量水系统中，供回水管道之间的旁通管上应安装压差等控制的旁通调节阀。其最大的设计流量按一台冷水机组的冷冻水流量确定，管径按冷冻水管最大允许流速选择。

（6）水质处理

① 水过滤。目前常用的水过滤器装置有旋流除污器、Y 型管道式过滤器、直通式除污器等。一般安装在冷水机组、水泵、换热器、电动调节阀等设备的入口管道上。

② 软化水系统。冷、热水系统中必须设置软化水处理设备及相应的补水系统。

③ 电子水处理仪的安装位置应放置于水泵后面，主机前面。

（7）分水器和集水器

多于两路供应的空调水系统，宜设置分水器和集水器。集水器和分水器的直径应按总流量通过时的断面流速（0.5～1.0m/s）初选，并应大于最大接管开口直径的 2 倍。分汽缸、分水器和集水器直径 D 的确定方法为：

① 按断面流速确定 D。分汽缸按断面流速 8～12m/s 计算，分水器和集水器按断面流速 0.1m/s 计算。

② 按经验公式估算来确定 D。$D=(1.5\sim3)D_{max}$，D_{max} 为支管最大直径。

③ 集水器和分水器之间加电动压差旁通阀和旁通管。回水管上应设温度计等测量仪表。

（8）各种仪表的安装

① 布置温度表、压力表及其他测量仪表，应设于便于观察的地方，阀门高度一般离地 1.2～1.5m，高于此高度时，应设置工作平台。

② 在冷水机组进出水管、水泵进出口及集水器、分水器各支路阀门外的管道上，应设压力表。

③ 在冷水机组和热交换器的进出水管、集水器和分水器上、集水器各支路阀门后、新风机组供回水支管上，应设温度计。

（9）水系统的泄水与排气

① 排水管和排水阀门安装在水系统的最低点，放水时间为 2～3h。

② 在水系统的最高点，应安装集气罐，在每个最高点设置放空阀。当无坡度敷设时，在水平管水流的终点设置放空阀。

（10）机组的安装位置

两台压缩机突出部分之间的距离不小于 1.0m，制冷机与墙壁之间的距离和非主要通道的距离不小于 0.8m，大中型制冷机组（离心，螺杆，吸收式制冷机）的间距为 1.5 ~2.0m。制冷机组的制冷机房的上部最好预留起吊最大部件的吊钩或设置电动起吊设备。

10.2.4　系统调试

1. BAS 系统的调试程序

BAS 系统调试应根据相关的规范、设计要求和工程合同的规定进行，按规范要求的调试程序、方法、测试项目、手段、仪器设备和测试要求或标准等进行调试。并根据各种测试报告和施工调试验收记录按施工验收规范进行验收。调试程序如图 10-20 所示。

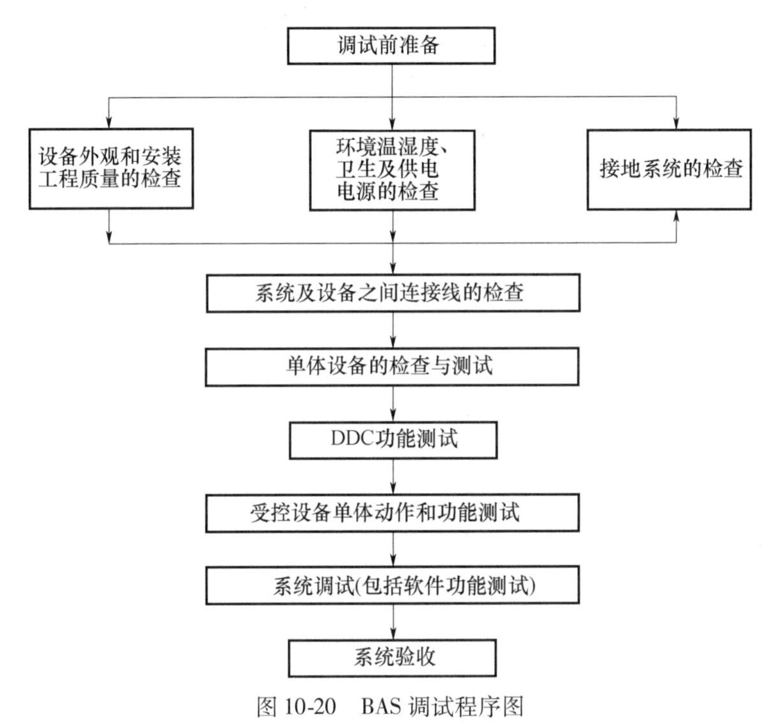

图 10-20　BAS 调试程序图

2. 给排水系统单体设备的调试

（1）检查各类水泵的电气控制柜，按设计监控要求与分站之间的接线是否正确，严防强电串入分站。

（2）按监控点表的要求，检查装于各类水箱、水池的水位传感器或水位开关，以及温度传感器、水量传感器等设备的位置，接线是否正确，其安装是否符合规范的要求。

（3）确认各类水泵等受控设备，在手动控制状态下是否运行正常。

（4）在分站侧主机或主机侧，按规定的要求检测该设备 AO、AI、DO、DI 点，确认其满足设计、监控点和联动联锁的要求。

3. 变配电照明系统单体设备调试

（1）接线检查

① 按设计图样和变送器接线要求，检查各变送器输入端与强电柜接线是否正确和量程

是否匹配（包括输入阻抗、电压、电流的量程范围）。检查变送器输出端与分站接线是否正确，量程是否匹配。

② 强电柜与分站通信方式检查按设计图样和通信接口的要求，确认接线是否正确和数据通信协议、格式、传输方式、速率是否符合设计要求。

（2）系统监控点的测试

① 根据设计图样和系统监控点表的要求，逐点进行测试。

② 模拟量输入信号的精度测试：在变送器输出端测量其输出信号的数值，通过与主机显示数值进行比较，其误差应满足设计和产品的技术要求。

③ 在确认受 BAS 控制的照明配电箱设备运行正常情况下，启动顺序、时间或照度控制程序，按照明系统设计和监控要求，按顺序、时间程序或分区方式进行测试。

（3）电能计费测试

按系统设计的要求，启动电能计费测试程序，检查其输出打印报告的数据，用计算方法或用常规电能计量仪表进行比较，其测试数据应满足设计和计量要求。

（4）柴油发电机运行工况的测试

① 确认柴油发电机组及其相应配电柜是否运行正常。

② 确认柴油发电机输出配电柜是否处于断开状态，严禁其输出电压接入正常的供配电回路。模拟启动柴油发电机组启动控制程序，按设计和监控点表的要求确认相应开关设备动作和运行工况是否正常。

4. 空调系统单体设备的调试

（1）新风机（二管制）单体设备调试

① 检查新风机控制柜的全部电气元器件有无损坏，内部与外部接线是否正确无误，严防强电电源串入分站，如需 24V 交流电应确认接线正确，无短路故障。

② 按监控点表要求，检查装在新风机上的温、湿度传感器、电动阀、风阀、压差开关等设备的位置、接线是否正确，输入、输出信号的类型、量程是否和设计相一致。

③ 在手动位置确认风机在非 BAS 受控状态下已运行正常。

④ 确认分站控制器和 I/O 模块的地址码设置是否正确。

⑤ 确认分站送电并接通主电源开关后，观察分站和各元件状态是否正常。

⑥ 检测所有模拟量输入点的送风温度和风压值，并核对其数值是否正确。①记录所有开关量输入点（风压开关和防冻开关等）工作状态是否正常。②强制所有的开关量输出点的开与关，确认相关的风机、风门、阀门等工作是否正常。③强制输出所有模拟量输出点的输出信号，确认相关的电动阀（冷热水调节阀）的工作是否正常及其位置调节是否跟随变化。

⑦ 启动新风机，新风阀门应联锁打开，送风湿度调节控制应投入运行。

⑧ 如新风机是变频调速或高、中、低三速控制时，应模拟变化风压测量值或其他工艺要求，确认风机转速能相应改变或切换到测量值或稳定在设计值，风机转速这时应稳定在某一点上，并按设计和产品说明书的要求记录 30%、50%、90% 风机速度时高、中、低三速相对应的风压或风量。

⑨ 新风湿度调节。使模拟送风湿度小于送风湿度设定值，这时加湿器应按预定要求投入工作，并且到使送风湿度趋于设定值。

⑩ 盘管温度调节。

a. 模拟送风温度大于送风温度设定值（一般为 3℃左右），这时热水调节阀应逐渐减少，开度直至全部关闭（冬天工况）；或者冷水阀逐渐加大，开度直至全部打开（夏天工况）。

b. 模拟送风温度小于送风温度设定值（一般为 3℃左右）时，确认其冷热水阀运行工况与上述完全相反。

⑪ 新风机停止运转，新风进口阀以及冷、热水调节阀门、加湿器等应回到全关闭位置。

⑫ 确认按设计图样、设备供应商的技术资料、软件功能和调试大纲规定的其他功能和联锁、联动的要求。

⑬ 单体调试完成后，应按工艺和设计要求在系统中设定其送风湿度、湿度和风压的初始状态。

（2）空气处理机（二管制）单体设备调试

① 按上述新风机设备的调试要求完成测试、检查与确认。

② 启动空调机时，新风风门、回风风门、排风风门等应联锁打开，各种调节控制应投入工作。

③ 调节操作过程：

a. 空调机启动后，回风温度应随着回风温度设定值的改变而变化，在经过一定时间后应能稳定在回风温度设定值的附近。

b. 如果回风温度跟踪设定值的速度太慢，可以适当提高 PID 调节的比例放大作用；

c. 如果系统稳定后，回风温度和设定值的偏差较大，可以适当提高 PID 调节的积分作用；

d. 如果回风温度在设定值上下明显地作周期性波动，其偏差超过范围，则应先降低或取消微分作用，再降低比例放大作用，直到系统稳定为止。

④ PID 参数设置的原则为首先保证系统稳定，其次满足其基本的精度要求，各项参数设置不宜过分，应避免系统振荡，并有一定余量。当系统经调试不能稳定时，应考虑有关的机械或电气装置中是否存在妨碍系统稳定的因素，做仔细检查并排除这样的干扰。

如果空调机是双环控制，那么内环以送风温度作为反馈值，外环以回风温度作为反馈值，以外环的调节控制输出作为内环的送风温度设定值。一般内环为 PI 调节，不设置微分参数。

⑤ 空调机停止运转时，新风风门、排风风门、回风风门、冷热水调节阀、加湿器等应回到全关闭位置。

⑥ 确认按设计图样、产品供应商的技术资料、软件和调试大纲规定的其他功能以及联锁、联动程序控制的要求。

⑦ 变风量空调机应接控制功能变频或分档变速的要求，确认空气处理机的风量、风压随风机的速度也相应变化。

⑧ 调试时应使新风风阀、排风风阀、回风风阀的开度限位设置满足空调工艺所提出的百分比要求。

（3）送排风机单体设备调试

① 检查送排风机和相关空调设备，按系统设计要求确认其联锁启停控制是否正常。按通风工艺要求，确认其设置参数是否正常，以确保风机能正常运行。

② 为了维持室内相对于室外有 +20Pa 的通风要求（按设计要求），先进行变风量新风机的风压控制调试，然后使其室内有一定的正压，进行变速排风机的调试。

③ 模拟变化建筑物室内风压测量值，风机转速应能相应改变：

a. 当测量值大于设定值时，风机转速应减小；

b. 当测量值小于设定值时，风机转速应增大；

c. 当测量值稳定在 +20Pa 时，风机转速应稳定在某一点上。

④ 变频调速排风机启动后，建筑物室内风压测量值应跟随风压设定值的改变而变化；当风压设定值固定时，经过一定时间后测量值应能稳定在风压设定值的附近。

（4）空调冷热源设备调试

① 按设计和产品技术说明书规定，在确认主机、冷冻水泵、冷却水泵、冷却塔、风机电动蝶阀等相关设备单独运行正常下，在分站侧或主机侧检测该设备的全部 AO、AI、DO、DI 点，确认其满足设计和监控点表的要求。启动自动控制方式，确认系统各设备按设计和工艺要求的顺序投入运行和关闭自动退出运行这两种方式。

② 增加或减少空调机运行台数，增加其冷热负荷，检验平衡管流量的方向和数值，确认能启动或停止的冷热机组的台数能否满足负荷需要。

③ 模拟一台设备故障停运以及整个机组停运，检验系统是否自动启动一个预定的机组投入运行。

④ 按设计和产品技术说明规定，模拟冷却水温度的变化，确认冷却水温度旁通控制和冷却塔风机高、低速控制的功能，并检查旁通阀动作方向是否正确。

（5）VAV 末端装置单体调试

① VAV 末端单体检测的项目和要求应按设计和产品供应商说明书的要求进行。

② VAV 末端通常应进行如下检查与测试：

a. 按设计图样要求检查 VAV 末端、VAV 控制器、传感器、阀门、风门等设备的安装就位和 VAV 控制器电源、风门和阀门的电源是否正确。

b. 按设计图样检查 VAV 控制器与 VAV 末端装置、上位机之间的连接线（包括各种传感器、阀门、风门等）。

c. 用 VAV 控制器软件检查传感器、执行器及检查风机运行是否正常。

d. 测定并记录 VAV 末端一次风最大流量、最小流量及二次风流量是否满足设计要求。

e. 确认 VAV 控制器与上位机通信是否正常。

（6）风机盘管单体调试

① 检查电动阀门和温度控制器的安装和接线是否正确。

② 确认风机和管路是否已处于正常运行状态。

③ 设置风机高、中、低三速和电动开关阀的状态，观察风机和阀门工作是否正常。

④ 操作温度控制器的温度设定按钮和模式设定按钮，这时风机盘管的电动阀应有相应的变化。

⑤ 如风机盘管控制器与分站相连，则应检查主机对全部风机盘管的控制和监测功能（包括设定值修改、温度控制调节和运行参数）。

（7）空调水二次泵及压差旁通调试

① 如果压差旁通阀门无限位反馈，则应做如下测试：打开调节阀驱动器外罩，观测并记录阀门从全关至全开所需时间和全开到全关所需时间，取此两者较大者作为阀门“全行程时间”参数输入分站输出点数据区。

② 按照原理图和技术说明的内容，进行二次泵压差旁通控制的调试。先在负载侧全开

一定数量调节阀，其流量应等于一台二次泵额定流量，接着启动一台二次泵运行，然后逐个关闭已开的调节阀，检验压差旁通阀门旁路。在上述过程中应同时观察压差测量值是否基本稳定在设定值附近，否则应寻找不稳定的原因并排除之。

③ 按照原理图和技术说明的内容，检验二次泵的台数控制程序是否能按预定的要求运行。其中负载侧总流量先按设备工艺参数规定，这个数值可在经过一年的负载高峰期，获得实际峰值后，结合每台二次泵的负荷适当调整。在发生二次泵台数启停切换时，应注意压差测量值也应基本稳定在设定值附近，否则可适当调整压差旁通控制的PID参数，试验是否能缩小压差值的波动。

④ 检验系统的联锁功能：每当有一次机组在运行，二次泵台数控制便应同时投入运行，只要有二次泵在运行，压差旁通控制便应同时工作。

5. 电梯系统运行状态的监测

按设计和监控点表要求检查分站与电梯控制柜及装于电梯内的读卡机之间的连接线或通信线是否连接正确，确认其相互之间的通信接口、数据传输格式、传输速率等是否满足设计要求。

在分站侧或主机侧按规定的要求，检测电梯设备的全部监测点，确认其是否满足设计、监控点表和联动、联锁的要求。

6. 基本应用软件设定与确认

确认BAS系统图与实际运行设备是否一致，按系统设计确认BAS中主机、分站、网络控制器、网关等设备运行及故障状态等。按监控点表的要求确认BAS各子系统设备的传感器、阀门、执行器等运行状态。报警、控制方式等。

确认BAS受控设备的平面图。确认BAS受控设备的平面位置与实际位置一致，确认其监控点的状态、功能与监控点表的功能是否一致。确认在主机侧对现场设备是否可进行手动控制操作。

7. 系统调试

（1）系统的接线检查

按系统设计图样要求，检查主机与网络控制器、网关设备、分站、系统外部设备（包括UPS电源、打印设备）、通信接口（包括与其他子系统）之间的连接、传输线型号规格是否正确，通信接口的通信协议、数据传输格式、数据速率等是否符合设计要求。

（2）系统通信检查

主机及其相应设备通电后，启动程序检查主机与本系统其他设备通信是否正常，确认系统内设备无故障。

（3）系统监控性能的测试

① 在主机侧按监控点表和调试大纲的要求，对本系统的DO、DI、AO、AI进行抽样测试。

② 系统若有热备份系统，则应确认其中一机处于人为故障状态下，确认其备份系统运行正常并检查运行参数不变，确认现场运行参数不丢失。

③ 系统联动功能的测试。

a. 本系统与其他子系统采取硬连接方式联动，则按设计要求全部或分类对各监控点进行测试，并确认其功能是否满足设计要求。

b. 本系统与其他子系统采取通信方式连接，则按系统集成的要求进行测试。

10.3 建筑设备自动化系统的运行维护

10.3.1 建筑设备自动化系统的运行维护

设备运行维护管理要合理配置人力，分工协作，合理确定劳动组织形式，制定合理的运行管理制度。设备运行的管理制度包括设备的安全操作规程、设备的巡视工作制度、岗位责任制度、值班与交班制度、记录与报表制度、报告制度和服务规范等。建筑设备运行维护具有日常性、安全性、广泛性的特点。

1. BAS 设备维护的内容

（1）给排水系统的维护

① 维护供水设备及设施可分为总蓄水池、水泵、分蓄水池、高位水箱、水阀、水表及供水管网等。

② 维护排水设备及设施包括排水管道、排污管道、通风管、清通设备、提升设备、室外排水管道、污水井、化粪池等。

③ 维护热水供应设备主要包括热水管道、热水表、加热器、循环管、冷水箱、疏水器、自动温度调节器、减压阀等。

（2）消防设备的维护

消防设备的维护主要有灭火器、消防栓、消防龙头、消防泵、喷淋系统、烟感、温感、光感探测器、消防报警系统、防火卷帘、防火门、排烟送风系统、防火阀、消防电梯、消防走道及事故照明、应急照明设备等。

（3）空调、通风系统的维护

① 维护供暖设备主要包括锅炉、输热管网、散热设备（如散热器、暖风机、辐射板等）；辅助设备包括鼓风机、循环泵、膨胀水箱、除污器等。

② 维护供冷设备主要包括冷水机组、循环泵、冷却塔及输送管网、末端设施等。

（4）电气设备的维护

电气设备的维护包括供配电系统、照明及动力系统、其他弱电系统的设备和设施。

① 维护供电及照明设备主要包括高压开关柜、变压器、低压开关柜及各种温控仪表、计量仪表、配电干线、楼层配电箱、备用电源、电表、各种控制开关、照明设施等。

② 维护弱电设备主要包括广播设备、电信通信设备、电视系统设备、共用天线及电视监控设备和电脑设备等。还包括楼宇自动化、通信自动化、办公自动化、保安自动化、消防自动化、管理自动化等。

2. 给排水监控系统的运行维护要求

给排水系统的运行调试应在所有的供水泵、排水泵、污水泵等设备多能正常工作的情况下进行。

（1）检查给排水系统的所有检测点 DI、AI、DO、AO 是否符合设计点表的要求。

（2）检查所有检测点 DI、AI、DO、AO 接口设备是否符合 DDC 接口要求。

（3）检查所有检测点 DI、AI、DO、AO 的接线是否符合设计图纸的要求。

（4）检查所有传感器、执行器安装、接线是否正确。

（5）手动启停系统的每一台水泵，检查上位机显示、记录与实际工作状态是否一致。

（6）手动输入系统每一台水泵的故障信号，检查上位机显示、记录与实际工作状态是否一致。

（7）在上位机控制每台水泵的启停。检查上位机的控制是否有效。

（8）模拟一台水泵故障，停止运行，备用水泵、风机能否自动启动投入运行。

（9）模拟供水管道出水压力，检测变频器输出是否符合设计要求。

（10）模拟水箱、污水池液位变化，检测水泵运行变化是否满足设计要求。

3. 变配电监控系统的运行维护要求

（1）检查给变配电系统所有检测点DI、AI是否符合设计点表的要求。

（2）检查所有检测点DI接口是否符合DDC接口要求。

（3）检查所有检测点AI的量程（电压、电流）与变送器的量程范围是否相符，接线是否正确。

（4）比较上位机电压、电流、有功功率、功率因数、电能显示读数与现场仪表显示读数，检测是否符合设计要求。

（5）检查柴油发电机组的DI、AI、DO是否符合设计点表的要求。

（6）检查柴油发电机组所有检测点DI、AI、DO接口是否符合DDC接口要求。

（7）手动启/停柴油发电机组，检查上位机显示、记录与实际工作状态是否一致。

（8）手动输入柴油发电机组故障信号，检查上位机显示、记录与实际工作状态是否一致。

（9）在上位机控制柴油发电机组的启/停。检查上位机的控制是否有效。

（10）模拟主电路断电情况，在上位机监视柴油发电机组自启动的时间、开关设备动作、输出电压等指标是否符合设计要求。

4. 照明监控系统的运行维护

（1）检查照明系统的所有检测点DI、DO是否符合设计点表的要求。

（2）检查所有检测点DI、DO接口是否符合DDC接口要求。

（3）检查所有检测点DI、DO的接线是否符合设计图纸的要求。

（4）手动启/停照明系统的每一个被控回路，检查上位机显示、记录与实际工作状态是否一致。

（5）在上位机控制照明系统的每一个被控回路，检查上位机的控制是否有效。

（6）在上位机启动顺序、时间控制程序，检查每一个被控回路，是否符合设计要求。

5. 电梯监控系统的运行维护要求

（1）检查电梯系统的所有检测点DI、DO是否符合设计点表的要求。

（2）检查所有检测点DI、DO接口是否符合DDC接口要求。

（3）启停、上、下运行电梯，检查上位机显示、记录与实际工作状态是否一致。

（4）在上位机控制电梯系统的每一部电梯启停、上、下运行，检查上位机的控制是否有效。

6. 机房冷热源设备监控系统的运行维护要求

（1）机房冷热源设备的调试（验收）应在冷水机组、冷、热水泵、冷却水泵、冷却塔等设备多能正常工作的情况下进行。

（2）检查机房冷热源设备的所有检测点DI、AI、DO、AO是否符合设计点表的要求。

（3）检查所有检测点DI、AI、DO、AO接口设备是否符合DDC接口要求。

（4）检查所有检测点DI、AI、DO、AO的接线是否符合设计图纸的要求。

（5）检查所有传感器、执行器、水阀的安装、接线是否正确。

（6）手动启停每一台冷、热水泵、冷却水泵、冷却塔风机，检查上位机显示、记录与实际工作状态是否一致。

（7）手动输入每一台冷、热水泵、冷却水泵、冷却塔风机故障信号，检查上位机显示、记录与实际工作状态是否一致。

（8）在上位机控制每台冷、热水泵、冷却水泵、冷却塔风机的启/停。检查上位机的控制是否有效。

（9）模拟一台冷、热水泵、冷却水泵、冷却塔风机故障，停止运行，备用水泵、风机能否自动启动投入运行。

（10）关闭分水器输出部分阀门，降低系统负荷，检测分水器、集水器的压力差，检测旁通阀门的开度，是否符合设计的要求。

（11）检测流量计的流量变化、检测冷、热机组的运行变化是否满足设计要求。

（12）模拟冷却水的回水温度变化，检测冷却塔风机的运行状态是否符合设计要求。

（13）检测机房冷热源设备是否按设计和工艺要求的顺序自动投入运行和自动关闭。

7. 新风、空调机机组监控系统的运行维护

（1）新风、空调机机组的调试应在新风、空调机机组单机运行正常的情况下进行。

（2）检查新风、空调机机组的所有检测点 DI、AI、DO、AO 是否符合设计点表的要求。

（3）检查所有检测点 DI、AI、DO、AO 接口设备是否符合 DDC 接口要求。

（4）检查所有检测点 DI、AI、DO、AO 的接线是否符合设计图纸的要求。

（5）检查所有传感器、执行器、水阀、风阀的安装、接线是否正确。

（6）手动启/停新风、空调机机组，检查上位机显示、记录与实际工作状态是否一致。

（7）手动输入新风、空调机机组的故障信号，检查上位机显示、记录与实际工作状态是否一致。

（8）在上位机控制新风、空调机机组的启/停。检查上位机的控制是否有效。

（9）模拟回风温、湿度变化（新风机无此项），检测电动水阀、电动加湿阀的开度变化是否符合设计要求。

（10）模拟回风温、湿度变化（新风机无此项），检测电动风阀的开度变化是否符合设计要求。

（11）模拟压差开关二端压力变化，上位机应有过滤网堵塞报警。

（12）模拟低温空气输入、防霜冻开关应有信号输出，上位机应有低温报警。并应有相关的联动控制。

（13）检测新风、空调机机组是否按设计和工艺要求的顺序自动投入运行和自动关闭。

10.3.2 建筑设备自动化系统设备的维护管理

1. BAS 设备的维护管理

BAS 设备维护管理包括 BAS 设备的使用、维修保养、安全管理、技术档案资料管理、零备件管理、工量具及维修设备管理等内容。

BAS 设备的维护类别有预防性维护、事后维护、紧急抢修等。按周期分有年维护、季维护、月维护，维护计划可以根据设备运行周期、安全环境、现状、管理目标为依据进行编制。

BAS 设备维护的实施应该制定合理的运行计划、配备合格的运行管理人员、建立健全

各项规章制度、对设施设备的状态进行检查、检测、预防性实验。

2. BAS设备设施日常维护

建筑设备设施的管理是用科学的管理方法、程序、技术要求，对各种建筑设备设施的日常运行和维修进行管理。建筑设备管理的内容主要包括：

（1）建筑设备的基础管理

① 资料档案管理。主要是保存建筑设备的基础资料，包括：设备原始资料、设备维修资料、设备管理资料。设备资料管理可以为设备运行、维护、管理提供信息依据。

② 标准管理。含技术标准（设备的验收标准、完好标准、维修等级标准）；管理标准（报修程序、信息处理标准、服务规范标准、考核奖惩标准）。通过标准管理为操作者提供共同行为准则和标准、为制定管理方法提供基本依据与手段，

③ 规章制度建设。包括：技术操作规程（设备安全操作规程、保养维修规程）；管理工作制度（运行管理制度、安全管理制度、检修制度、值班工作制度等）；责任制度（岗位责任制度、记录与报告制度、安全制度、交接班制度等）

（2）建筑设备的安全管理

① 维修操作人员安全作业的培训与教育。培训内容包括：安全作业训练、安全意识教育、安全作业管理。

② 建立设备的安全管理措施。对特殊、具危险性设备加保护装置；定期进行设备的安全检查和性能测试；制定设备的安全管理制度、建立安全责任制度。

（3）建筑设备的维修管理

① 日常保养：设备的清洁、润滑、紧固、调整、防腐等。

② 定期检查：包括日常检查与定期检查。

③ 计划修理：根据设备的特点，制定维护计划。

（4）设备维修制度

① 预防性维护。为了尽可能延长设备使用寿命，减少设备的紧急维修，要求根据维修保养手册及相关规程，对建筑设备进行定期检修及保养，并制订相应年度、季度、月度保养计划及保养项目。建立设备维修档案，对保养检修及更换零配件情况进行完整、真实记录，以便分析故障原因，确定责任。

② 紧急维修。设备出现紧急故障时，必须进行紧急维修。发生故障的设备在保修期内，在做出适当应急处理后，需立即通知有关供应商。紧急维修结束后，须填写维修记录及更换零配件记录，并以书面形式将事故障原因、处理方法、更换零配件之名称、规格及数量、品牌等、处理结果、事故发生时间、恢复正常时间记录存档、备查。

③ 建立设备维护的报告制度、值班制度、交接班制度、巡检制度。

10.3.3　建筑设备维护示例

1. 供电系统的维护制度

（1）变压器在察看运行中观察其声音、温度是否正常，观察电压电流的测量读数。

（2）察看所有计量仪表的测量读数及指示灯、信号装置等是否正常工作。

（3）运行中的开关、母线、接头等一切载流导体有无跳火、冒烟、烧焦、发热、变色等现象。

（4）各开关回路标明需供电范围以便工作，每星期检查开关一次，每天检查电表一次，发现问题及时处理。

（5）变压器外壳及电缆系统有良好的接地，接地电阻每年测一次。

（6）配电室做好通风和降温工作，一般室内温度以不超过40℃为宜。

（7）检查电缆坑有无积水，如发现积水应及时清除。

（8）配电室每月吸尘一次，保持室内清洁、干净。

（9）有检修记录和测试记录，试验有效期为二年。

2. 暖通空调系统运行维护

（1）根据实际需求设定冷水机组的出水温度（设定点的更改必须经过部门主管同意）。

（2）根据系统运行工况，开启循环水泵和冷却塔风扇，使系统处于最佳匹配状态。

（3）每天对机组的运行参数进行记录、对比，发现异常要分析原因并及时报告。

（4）发现机组异常噪声或振动时要检查异常原因，采取相应措施。

（5）当冷冻水、冷却水温差超过5℃时要对系统各参数进行分析对比，采取相应改善措施。

（6）冷却水进水温度上限32℃、冷却水出水温度上限37℃。冷却水进水温度过低时，要根据实际情况对旁通管道阀门、循环水泵、冷却塔风扇做相应调整，保证机组高效节能运行。

本章小结

本章介绍了一般建筑设备的设计、施工、检验、维修维护方法，由于BAS系统的复杂性，本章内容仅具有一般的参考价值。BAS的其他设备控制的设计、施工、检验方法，可参考具体专业的各类规范进行。

习　题

1. 楼宇设备自动化系统设计的一般步骤是什么？
2. 监控表中，监控点的属性是如何划分的？
3. BAS系统中常用的温度传感器有哪些类型，各自的特点分别是什么？
4. 在冷热源及空调系统中，BAS供应商应提供哪些设备？

参考文献

[1] 王继明，卜城，屠峥嵘等．建筑设备［M］．北京：中国建筑工业出版社，1997.

[2] 白莉．建筑环境与设备工程概论［M］．北京：化学工业出版社，2010.

[3] 姚卫丰．楼宇设备监控及组态［M］．北京：机械工业出版社，2012.

[4] 中国建筑标准设计研究院．国家建筑标准设计图集——建筑设备监控系统设计安装（03X201-2）［M］．北京：中国计划出版社，2003.

[5] 段春丽，黄仕元．建筑电气［M］．北京：机械工业出版社，2010.

[6] 陈志新．智能建筑概论［M］．北京：机械工业出版社，2008.

[7] 程大章．智能建筑理论与工程实践［M］．北京：机械工业出版社，2009.

[8] 杨绍胤．智能建筑工程及其设计［M］．北京：电子工业出版社，2009.

[9] 戴瑜兴．建筑智能化系统工程设计［M］．北京：中国建筑工业出版社，2012.

[10] 齐俊峰，江萍．建筑设备概论（下）［M］．武汉：武汉理工大学出版社，2008.

[11] 樊伟梁．智能建筑（弱电系统）工程设计方案及示例［M］．北京：中国建筑工业出版社，2007.

[12] 董春桥等．建筑设备自动化［M］．北京：中国建筑工业出版社，2006.

[13] 中国建筑标准设计研究院．建筑设计防火规范图示［M］．北京：中国计划出版社，2014.

[14] 中国建筑标准设计研究院．火灾自动报警系统设计规范图示［M］．北京：中国计划出版社，2014.

[15] 中华人民共和国住房和城乡建设部．建筑设计防火规范（GB 50016—2014）［S］．北京：中国计划出版社，2014.

[16] 中华人民共和国建设部．智能建筑设计标准（GB/T 50314—2006）［S］．中国计划出版社，2007.

[17] 中华人民共和国住房和城乡建设部．智能建筑工程质量验收规范（GB 50339—2013）［S］．北京：中国建筑工业出版社，2014.

[18] 中华人民共和国住房和城乡建设部．电气装置安装工程盘、柜及二次回路接线施工及验收规范（GB 50171—2012）［S］．北京：中国计划出版社，2013.

[19] 中华人民共和国住房和城乡建设部．民用建筑电气设计规范（JGJ/T 16—2008）［S］．北京：中国计划出版社，2009.

[20] 中华人民共和国建设部，国家质量监督检验检疫总局．自动化仪表工程施工质量验收规范（GB 50131—2007）［S］．北京：中国计划出版社，2008.

[21] 中华人民共和国住房和城乡建设部．民用建筑供暖通风与空气调节设计规范（GB 50736—2012）［S］．北京：中国计划出版社，2012.

[22] 陆耀庆．实用供热空调设计手册（第二版）［M］．北京：中国建筑工业出版社，2007.

[23] 刘国林．建筑物自动化系统［M］．北京：中国建筑工业出版社，2007.

[24] 陆亚俊等. 暖通空调 [M]. 北京：中国建筑工业出版社，2012.
[25] 贺平，孙刚等. 供热工程（第四版）[M]. 北京：中国建筑工业出版社，2013.
[26] 黄翔. 空调工程 [M]. 北京：机械工业出版社，2010.
[27] 李玉云. 建筑设备自动化系统 [M]. 北京：机械工业出版社，2010.
[28] 安大伟. 暖通空调系统自动化 [M]. 北京：机械工业出版社，2013.
[29] 姚卫丰. 楼宇设备监控及组态 [M]. 北京：机械工业出版社，2008.
[30] 陈送财. 建筑给排水 [M]. 北京：机械工业出版社，2014.
[31] 中国建筑标准设计研究院. 国家建筑标准设计图集——分布式冷热输配系统用户装置设计与安装（13X511）[M]. 北京：中国计划出版社，2003.